高职高专计算机任务驱动模式教材

计算机应用基础
（Windows 2010＋Office 2019）（微课版）

王雪蓉　主　编

张扬之　周　旋　连　丹
麻少秋　郑　泽　林晓东　副主编

清华大学出版社

北　京

内容简介

本书精选日常办公和生活中的典型案例，以任务驱动的形式组织内容，每个学习任务都按照学习目标、任务描述、相关知识、任务实施、课后练习等内容和顺序展开。全书共分为七部分，每部分涵盖3～4个任务、7～10个视频，内容包括计算机基础知识、Windows 10操作系统、Word 2019文档处理、Excel 2019电子表格、PowerPoint 2019演示文稿、计算机网络基础与安全防范、计算机应用新技术。通过各任务的学习，重点培养学生计算机基本操作、办公应用、网络应用等方面的技能以及对计算机前沿技术的认知能力。

本书既可以作为高职高专院校、应用型本科院校和普通高等院校非计算机专业的计算机基础课程教材，也可以作为计算机初学者和各类办公人员的自学用书，还可以作为各类计算机培训班的培训教材。

本书封面贴有清华大学出版社防伪标签，无标签者不得销售。
版权所有，侵权必究。举报：010-62782989，beiqinquan@tup.tsinghua.edu.cn。

图书在版编目(CIP)数据

计算机应用基础：Windows 2010＋Office 2019：微课版/王雪蓉主编．—北京：清华大学出版社，2020.6(2021.8重印)
高职高专计算机任务驱动模式教材
ISBN 978-7-302-55772-2

Ⅰ.①计… Ⅱ.①王… Ⅲ.①Windows操作系统－高等职业教育－教材 ②办公自动化－应用软件－高等职业教育－教材 Ⅳ.①TP316.7 ②TP317.1

中国版本图书馆CIP数据核字(2020)第104531号

责任编辑：张龙卿
封面设计：范春燕
责任校对：李 梅
责任印制：沈 露

出版发行：清华大学出版社
网 址：http://www.tup.com.cn，http://www.wqbook.com
地 址：北京清华大学学研大厦A座　　邮 编：100084
社 总 机：010-62770175　　邮 购：010-62786544
投稿与读者服务：010-62776969，c-service@tup.tsinghua.edu.cn
质量反馈：010-62772015，zhiliang@tup.tsinghua.edu.cn
印 装 者：大厂回族自治县彩虹印刷有限公司
经 销：全国新华书店
开 本：185mm×260mm　　印 张：22.25　　字 数：539千字
版 次：2020年6月第1版　　印 次：2021年8月第2次印刷
定 价：59.00元

产品编号：087208-01

前　言

当今人类社会已经进入数字化和信息化时代，计算机技术在各行各业中得到了广泛的应用，用人单位对大学毕业生计算机应用能力的要求也随之不断提高，并已经成为衡量大学生业务素质与能力的重要指标之一。高等学校计算机基础教育旨在提高学生的计算机素质，为解决专业领域的实际问题打下基础。

本书遵循“理论够用，实践为主”的原则，精选日常办公和生活中的典型案例，以任务驱动的形式组织内容，将整个学习过程贯穿于完成工作任务的全过程。全书共分为七部分，由经验丰富、多年从事计算机基础教学的一线教师共同编写完成。内容包括计算机基础知识、Windows 10 操作系统、Word 2019 文档处理、Excel 2019 电子表格、PowerPoint 2019 演示文稿、计算机网络基础与安全防范、计算机应用新技术。每部分涵盖 3～4 个任务、7～10 个视频，内容充实且精练，通俗易懂，知识性、阅读性强，讲解深入浅出。最有特色的是第七部分计算机应用新技术，专门介绍了计算机的发展方向及前沿知识，可以有效地开阔学生的视野，提高学生的信息素养水平。

本书由浙江东方职业技术学院王雪蓉担任主编，张扬之、周旋、连丹、麻少秋、郑泽、林晓东担任副主编。感谢浙江东方职业技术学院对本书编写给予的大力支持，并感谢杨云教授在本书编写过程中提出的宝贵意见。

本书提供微课视频、实例素材和课后习题答案等教学资源，可通过扫描书中二维码随时观看微课视频和获取课后习题答案。

因时间仓促，本书疏漏之处在所难免，恳请广大读者批评、指正。

编　者

2020 年 2 月

目录

第一部分 计算机基础知识

第二部分　Windows 10 操作系统

第三部分　Word 2019 文档处理

第四部分 Excel 2019 电子表格

第五部分 PowerPoint 2019 演示文稿

第六部分 计算机网络基础与安全防范

第七部分 计算机应用新技术

第一部分
计算机基础知识

计算机(computer)俗称电脑,是20世纪最伟大的发明之一,是一种能够按照程序,自动、高速处理海量数据的现代化智能电子设备。在现代社会,计算机的应用无处不在,与人们的工作、学习和生活息息相关。因此,学习和掌握计算机基础知识已经成为人们的迫切要求。

任务1　计算机快速入门

学习目标

➢ 了解计算机的发展史。

➢ 了解计算机的特点、分类及应用领域。

➢ 掌握计算机系统的组成与基本工作原理。

任务描述

小林是一名刚踏入大学校园的新生，他对计算机相关知识知之甚少，现在他想通过学习，掌握计算机的一些基础知识，并能够根据本任务所学的知识绘制一张计算机基础知识的思维导图。

1.1　计算机概述

随着信息技术的飞速发展，计算机已经渗透人类社会生活的方方面面，对人类的生产活动和社会活动产生了极其重要的影响，成为一个不可或缺的工具，人们无论是学习、工作还是生活，都已离不开它。本节着重介绍计算机的一些基础知识。

1.1.1　计算机的诞生与发展史

人类所使用的计算工具随着生产的发展和社会的进步，经历了从简单到复杂、从低级到高级的发展过程。早在现代计算机问世之前，计算机的发展经历了机械式计算机、机电式计算机和萌芽期的电子计算机三个阶段。早在17世纪，欧洲一批数学家就已经开始设计和制造以数字形式进行基本运算的数字计算机。

计算机的诞生与发展史

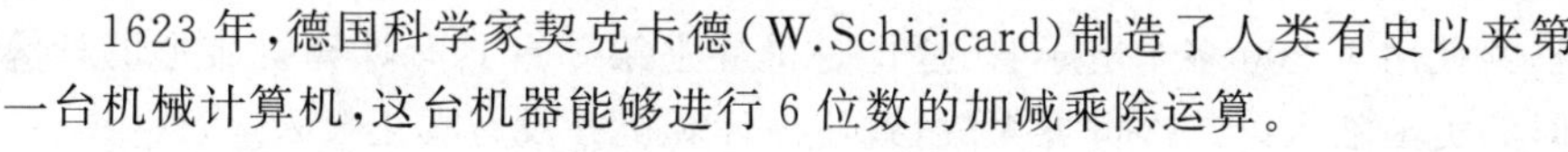

1623年，德国科学家契克卡德(W.Schicjcard)制造了人类有史以来第一台机械计算机，这台机器能够进行6位数的加减乘除运算。

1642年，法国科学家帕斯卡(B.Pascal)发明了著名的帕斯卡机械计算机，首次确立了计算机器的概念。

1674年，莱布尼茨改进了帕斯卡的计算机，使之成为一种能够进行连续运算的机器，并且提出了“二进制”数的概念。

1822年，英国科学家巴贝奇(C.Babbage)制造出了第一台差分机，它可以处理3个不同的5位数，计算精度达到6位数。

1834年，巴贝奇提出了分析机的概念，机器共分为堆栈、运算器、控制器三部分。他的助手，英国著名诗人拜伦的独生女阿达·奥古斯塔(Ada Augusta)为分析机编制了人类历史上第一批计算机程序。

巴贝奇和阿达为计算机的发展创造了不朽的功勋，他们对计算机的预见超前了一个世纪以上，正是他们的辛勤努力，为后来计算机的出现奠定了坚实的基础。

1854 年，布尔发表了《思维规律的研究——逻辑与概率的数学理论基础》一文，并综合自己的另一篇文章《逻辑的数学分析》，然后创立了一门全新的学科——布尔代数，为百年后出现的数字计算机的开关电路设计提供了重要的数学方法和理论基础。

1868 年，美国新闻工作者克里斯托夫·肖尔斯(C. Sholes)发明了沿用至今的 QWERTY 键盘。

1873 年，美国人鲍德温(F.Baldwin)利用齿数可变齿轮制造了第一台手摇式计算机。

1893 年，德国人施泰戈尔研制出一种名为"大富豪"的计算机，该计算机是在手摇式计算机的基础上改进而来，并依靠良好的运算速度和可靠性占领了当时的时长，直到 1914 年第一次世界大战爆发之前，这种"大富豪"计算机一直畅销不衰。

1913 年，美国麻省理工学院教授万·布什(V.Bush)领导制造了模拟计算机"微分分析仪"。机器采用一系列电机驱动，利用齿轮转动的角度模拟计算结果。

1935 年，IBM 制造了 IBM 601 穿孔卡片式计算机，该计算机能够在一秒钟内计算出乘法运算。

1936 年，阿兰·图灵(见图 1-1)发表了论文《论可计算数及其在判定问题中的应用》，首次阐明了现代计算机的原理，从理论上证明了现代通用计算机存在的可能性。图灵把人在计算时所做的工作分解成简单的动作，与人的计算类似，机器需要：①存储器，用于储存计算结果；②一种语言，表示运算和数字；③扫描；④计算意向，即在计算过程中下一步打算做什么；⑤执行下一步计算。整个计算过程采用了二进制，这就是后来人们所称的"图灵机"。

图 1-1　阿兰·图灵

1941 年，德国工程师楚泽完成了 Z3 计算机的研制工作，这是第一台可编程的电子计算机。它使用了大量的真空管，可处理 7 位指数、14 位小数，每秒钟能作 3～4 次加法运算，一次乘法运算需要 3～5 秒。

1942 年，时任美国艾奥瓦州立大学数学物理教授的阿塔纳索夫与研究生贝瑞组装了著名的 ABC 计算机，共使用了 300 多个电子管，这也是世界上第一台具有计算机雏形的计算机。但是由于当时的美国陷入第二次世界大战，致使该计算机并没有真正投入运行。

1946 年 2 月 14 日，由美国宾夕法尼亚大学莫奇利和埃克特领导的研究小组研制出世界上第一台计算机 ENIAC(即埃尼阿克)，如图 1-2 所示。该计算机最初专门用于火炮弹道的计算，后经多次改进而成为能进行各种科学计算的通用计算机。这部机器长约 15.2m，宽约 9.1m，使用了 18800 个真空管，重达 30t(约 6 头大象的重量)。这台完全采用电子线路执行算术运算、逻辑运算和信息存储的计算机，运算速度比继电器计算机快 1000 倍。但是，这种计算机的程序仍然是外加式的，存储容量也非常小，尚未完全具备现代计算机的主要特征。

再一次的重大突破是由美籍匈牙利科学家冯·诺依曼领导的设计小组完成的。1945 年

图 1-2 第一台计算机 ENIAC

3 月,设计小组发表了一个全新的存储程序式通用电子计算机方案——电子离散变量自动计算机(EDVAC)。1949 年 8 月 EDVAC 交付给弹道研究实验室,在发现和解决许多问题之后,直到 1951 年 EDVAC 才开始正式运行。冯·诺依曼提出了程序存储的思想,并成功将其运用在计算机的设计之中,根据这一原理制造的计算机被称为冯·诺依曼结构计算机,这是所有现代电子计算机的范式,被称为冯· 诺依曼结构,冯·诺依曼又被称为"现代计算机之父"。

同一时期,英国剑桥大学数学实验室在 1949 年率先研制成功电子离散时序自动计算机(EDSAC),美国则于 1950 年研制成功东部标准自动计算机(SFAC)等。至此,电子计算机发展的萌芽时期宣告结束,开始了现代计算机的发展时期。

回顾电子计算机的发展历史,自第一台电子计算机(ENIAC)诞生以来,根据所采用的物理器件,大致可将计算机的发展划分为 4 个阶段。

第一代(1946—1957 年):采用电子管作为逻辑元件,也称为电子管计算机。这类计算机的特点是体积大、耗电多、运算速度较低、故障率较高而且价格昂贵。本阶段的计算机主要用于科学计算方面,此时符号语言已经出现并被使用。

第二代(1958—1964 年):采用晶体管作为逻辑元件,也称晶体管计算机。在运算部件和存储器方面有了较大的改进,运算速度有了极大的提高。在程序设计方面,研制出了一些通用的算法和语言,出现了高级程序设计语言,操作系统的雏形开始形成。

第三代(1965—1970 年):采用集成电路作为逻辑元件,使体积大大减小,工作速度加快,可靠性提高,使用范围更广。在程序设计技术方面有了进一步的发展,出现了操作系统、编译系统和应用程序三个独立的系统,即总称为软件。

第四代(1971 年至今):采用大规模集成电路作为逻辑元件和存储器,使计算机向着微型化和巨型化两个方向发展。

从第一代到第四代,都采用了冯·诺依曼体系结构,即都是由控制器、存储器、运算器和输入/输出设备组成。

现在,计算机又朝着人工智能的方向发展,目标是使计算机能像人一样思维,并且运算速度极快。同时,多媒体技术得到广泛应用,使人们能以更自然的方式与计算机进行信息交互。

1.1.2 计算机的特点

1. 运算速度快

运算速度是计算机的一个重要性能指标。计算机的运算速度指的是单位时间内能执行指令的条数,一般以每秒能执行多少条指令进行描述。计算机的运算速度已由早期的每秒几千次(如ENIAC机每秒仅可完成5000次定点加法),发展到现在的最高可达每秒几千亿次乃至万亿次。计算机高速运算的能力极大地提高了工作效率,例如,一个航天遥感活动数据的计算,如果用一千个工程师手工计算需要1000年,而用大型计算机计算则只需1~2分钟。

2. 计算精度高

由于计算机采用二进制表示数据,因此其精确度主要取决于机器码的字长,即常说的8位、16位、32位和64位等,字长越长,有效位数越多,精确度也就越高。在科学研究和工程设计中,对计算的结果精度有很高的要求。一般的计算工具只能达到几位有效数字,而计算机对数据的结果精度可达到十几位、几十位有效数字,根据需要甚至可达到任意的精度,满足了人们对精确计算的需求。

3. 存储容量大

计算机的存储器可以存储大量数据,可以将运行的数据、指令程序和运算的结果存储起来,供计算机本身或用户使用,还可即时输出,这使计算机具有了“记忆”功能,也是计算机区别于其他计算工具的重要特征。目前计算机的存储容量越来越大,已高达千兆字节数量级的容量,并仍在提高。

4. 具有数据分析和逻辑判断能力

计算机的运算器除了能够完成基本的算术运算外,还具备数据分析和逻辑判断能力。由于采用了二进制,计算机能够进行各种基本的逻辑判断,并且根据判断的结果自动决定下一步应该做什么,从而能求解各种复杂的计算任务、进行各种过程控制和完成各类数据处理任务。高级计算机还具有推理、诊断、联想等模拟人类思维的能力,因此计算机又俗称为电脑。

5. 自动化程度高

由于计算机的工作方式是将程序和数据先存放在机器内,工作时按程序规定的操作一步一步地自动完成,一般无须人工干预,因此自动化程度较高。在工农业生产、国防、文化教育、科学研究以及日常生活等诸多领域都有着广泛应用。例如,利用计算机实行商场、仓库和企业管理,飞机票联网预订、银行联网储蓄等信息处理和管理,使我们的工作和生活获得了极大的便利。

1.1.3 计算机的分类

计算机发展到今天已是琳琅满目、种类繁多,并表现出各自不同的特点。可以从不同的角度对计算机进行分类。

1. 按信息表现形式和被处理方式划分

计算机按信息表现形式和被处理方式划分,可分为数字计算机、模拟计算机和数字模拟混合计算机。

(1) 数字计算机：处理数据都是以0和1表示的二进制数字，是不连续的离散数字，具有运算速度快、准确、存储量大等优点，已广泛应用于科学计算、数据处理、辅助技术、过程控制、人工智能、网络应用等领域。

(2) 模拟计算机：使用的电信号模拟自然界的实际信号，所有的处理过程均需模拟电路实现，处理问题的精度差，运算速度较慢，抗外界干扰能力极差。随着数字计算机的发展，模拟计算机被数字计算机所取代，一般只作为专用仿真设备、教学与训练工具等用途。

(3) 数字模拟混合计算机：集数字计算机和模拟计算机的优点于一身，输入和输出既可以是数字数据，也可以是模拟数据。

2. 根据用途划分

计算机根据用途划分，可分为专用计算机和通用数字计算机两种。

(1) 专用计算机：为适应某种特殊需要而设计的计算机，通常增强了某些特定功能，忽略了一些次要要求，所以专用计算机能高速度、高效率地解决特定问题，具有功能单纯、使用面窄甚至专机专用的特点。

(2) 通用数字计算机：广泛适用于一般科学运算、学术研究、工程设计和数据处理等，具有功能多、配置全、用途广、通用性强的特点，市场上销售的计算机多属于通用数字计算机。

3. 按其运算速度快慢、存储数据量大小、功能强弱及软硬件的配套规模划分

计算机按其运算速度快慢、存储数据量大小、功能强弱，及软硬件的配套规模等不同，可分为巨型机、大型及中型机、小型机、微型机、工作站与服务器等。

(1) 巨型机：又称超级计算机，是指运算速度超过每秒1亿次的高性能计算机，它是目前功能最强、速度最快、软硬件配套齐全、价格最贵的计算机，主要用于解决诸如气象、太空、能源、医药等尖端科学研究和战略武器研制中的复杂计算机。世界上只有少数几个国家能生产这种机器，它的研制开发是一个国家综合国力和国防实力的体现，我国研制的银河计算机就属于巨型机。

(2) 大型及中型机：指运算速度在每秒几千万次左右的计算机，结构上较巨型机简单，价格也较巨型机便宜，因此使用的范围较巨型机广泛，是事务处理、商业处理、信息管理、大型数据库和数据通信的主要支柱。但随着微机与网络的迅速发展，正在被高档微型机所取代。

(3) 小型机：运算速度在每秒几百万次左右，它具有体积小、价格低、性能价格比高等优点，适合中小企业、事业单位用于工业控制、数据采集、分析计算、企业管理以及科学计算等，也可作为巨型机或大、中型机的辅助机。目前小型机同样受到高档微型机的挑战。

(4) 微型机：简称微机，是当今使用最普及、产量最大的一类计算机。微型机具有体积小、功耗低，成本少、灵活性大的特点，性价比明显优于其他类型的计算机，因此得到了广泛应用。目前微型机使用的微处理芯片主要有Intel公司的Pentium系列、AMD公司的Athlon系列，还有IBM公司Power PC等。

(5) 工作站：介于PC和小型机之间的高档微型计算机，通常配备有高分辨率的大屏幕显示器和大容量存储器，具有较强的信息处理功能和高性能的图形、图像处理功能以及联网功能，主要应用在专业的图形处理和影视创作等领域。

(6) 服务器：随着计算机网络的普及和发展，一种可供网络用户共享的高性能计算机应运而生,这就是服务器。服务器一般具有大容量的存储设备和丰富的外部接口,运行网络操作系统,要求较高的运行速度,为此很多服务器都配置双 CPU。服务器常用于存放各类资源,为网络用户提供丰富的资源共享服务。常见的资源服务器有 DNS(域名解析)服务器、E-mail(电子邮件)服务器、Web(网页)服务器等。

1.1.4 计算机的应用领域

人类已经进入以计算机为基础的信息化时代,计算机的应用已渗透社会的各行各业,日益改变着传统的工作、学习和生活方式,推动着社会的发展。归纳起来,计算机主要有以下6大应用领域。

1. 科学计算

科学计算也称数值计算,是指利用计算机完成科学研究和工程技术中提出的数学问题的计算。早期的计算机主要用于科学计算,计算机具有高运算速度和精度以及逻辑判断能力,可以实现人工无法解决的各种科学计算问题。目前,科学计算仍然是计算机应用的一个重要领域。如高能物理、工程设计、地震预测、气象预报、航天技术等。

2. 数据处理

数据处理也称信息管理,是指利用计算机加工、管理与操作任何形式的数据资料,如企业管理、物资管理、报表统计、账目计算、信息情报检索等。据统计,80%以上的计算机主要用于数据处理,它是目前计算机应用最广泛的一个领域,决定了计算机应用的主导方向。

3. 计算机辅助技术

(1) 计算机辅助设计

计算机辅助设计(Computer Aided Design,CAD)是利用计算机系统辅助设计人员进行工程或产品设计,以实现最佳设计效果的一种技术。目前,此技术已广泛应用于飞机、汽车、机械、电子、建筑和轻工等领域。例如,在建筑设计过程中,可以利用 CAD 技术进行力学计算、结构计算、绘制建筑图纸等,不但提高了设计速度,而且可以大大提高设计质量。

(2) 计算机辅助制造

计算机辅助制造(Computer Aided Manufacturing,CAM)是指利用计算机进行生产设备的管理、控制与操作,从而提高产品质量、降低生产成本,缩短生产周期,并且还大大改善了制造人员的工作条件。例如,在产品的制造过程中,用计算机控制机器的运行,处理生产过程中所需的数据,控制和处理材料的流动以及对产品进行检测等。

(3) 计算机辅助测试

计算机辅助测试(Computer Aided Test)是指利用计算机进行复杂且大量的测试工作,它可以应用在不同的领域。在教学领域,可以使用计算机对学生的学习效果进行测试和学习能力评估,一般分为脱机测试和联机测试两种方法。在软件测试领域,可以使用计算机进行软件的测试,提高测试效率。

(4) 计算机辅助教学

计算机辅助教学(Computer Aided Instruction,CAI)是指利用计算机帮助教师教授和帮助学生学习的自动化系统,使学生能够轻松地从中学到所需要的知识。CAI 的主要特色是交互教育、个别指导和因人施教。

4. 过程检测与控制

过程检测与控制是利用计算机实时采集、分析数据，按最优值迅速对控制对象进行自动调节或控制。它已在机械、冶金、石油、化工、电力等领域得到广泛应用，将工业自动化推向了一个更高的水平。

5. 人工智能

人工智能（Artificial Intelligence，AI），是指计算机模拟人类的智能活动，诸如感知、判断、理解、学习、问题求解和图像识别等。近年来人工智能的研究开始走向实用化，在医疗诊断、模式识别、智能检索、语言翻译、机器人等方面已有显著成效。

6. 网络应用

计算机技术与现代通信技术的结合构成了计算机网络。计算机网络的建立，实现了全球性的资源共享和信息传递，极大地促进人类社会的进步和发展。

1.2　计算机系统的组成与基本工作原理

1.2.1　计算机系统的组成

计算机系统由硬件系统和软件系统两大部分组成，而硬件系统和软件系统又由若干个部件组成，具体如图 1-3 所示。

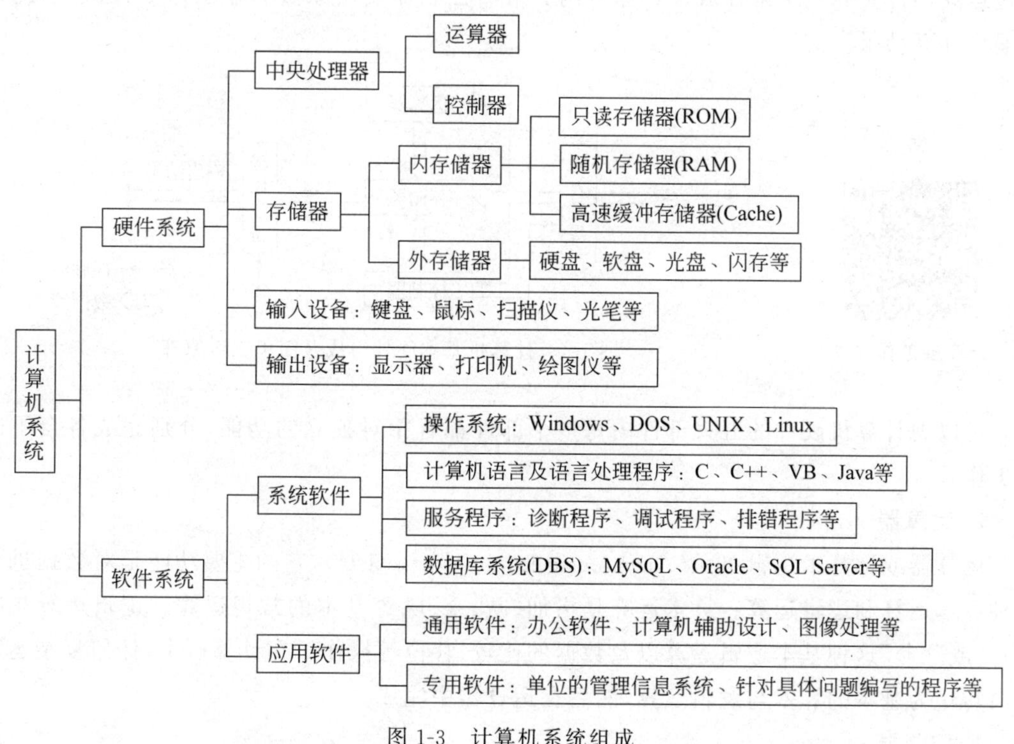

图 1-3　计算机系统组成

硬件系统是计算机的“躯干”,是物质基础;软件系统则是建立在这个“躯干”上的“灵魂”。如果计算机硬件脱离了计算机软件,那么它就成了一台无用的机器;如果计算机软件脱离了计算机的硬件,就失去了运行的物质基础。所以说二者相互依存,缺一不可,共同构成一个完整的计算机系统。

1.2.2 计算机的基本工作原理

现代计算机尽管在性能和用途等方面有所不同,但都是遵循了冯·诺依曼提出的“存储程序和程序控制”的原理,采用了冯·诺依曼的体系结构。根据冯·诺依曼体系结构设计的计算机,其基本组成和工作方式如下。

(1) 计算机硬件由运算器、控制器、存储器、输入设备和输出设备五个基本部分组成。

(2) 计算机内部采用二进制表示程序和数据。

(3) 采用“存储程序”的方式,将程序和数据放入同一个存储器中(内存储器),计算机能够自动高速地从存储器中取出并执行指令。

按照冯·诺依曼存储程序的原理,五大部件实际上是在控制器的控制下协调统一地工作,如图 1-4 所示。首先,控制器发出输入命令,把表示计算步骤的程序和计算中需要的相关数据,通过输入设备送入计算机的存储器存储。然后在取指令作用下把程序指令逐条送入控制器,控制器根据程序指令的操作要求向存储器和运算器发出存储、取数和运算命令,经过运算器计算并把结果存放在存储器内。最后控制器发出取数和输出命令,通过输出设备输出计算结果。

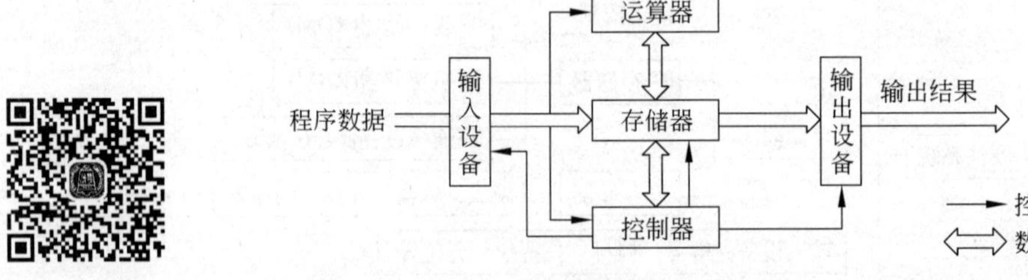

计算机工作原理

图 1-4　计算机基本硬件组成及简单工作原理

可以说计算机硬件的五大部件中每一个部件都有相对独立的功能,分别完成各自不同的工作。

1. 运算器

运算器或称算术逻辑单元(Arithmetic Logic Unit,ALU),它的主要功能是对数据进行各种算术运算和逻辑运算。算术运算是指加、减、乘、除等基本的常规运算。逻辑运算是指“与”“或”“非”这种基本逻辑运算以及数据的比较、移位等操作。在计算机中,任何复杂运算都会转化为基本的算术与逻辑运算,然后在运算器中完成。

2. 控制器

控制器(Controller Unit,CU)是整个计算机系统的控制中心,它指挥计算机各部分协调工作,保证计算机按照预先规定的目标和步骤有条不紊地进行操作及处理。它的基本功能是从内存取指令和执行指令。指令是指示计算机如何工作的一步操作，由操作码(操作方法)及操作数(操作对象)两部分组成。控制器从内存中逐条取出指令，分析指令，并根据分析的结果向计算机其他部分发出控制信号，统一指挥整个计算机完成指令所规定的操作。计算机自动工作的过程，实际是自动执行程序的过程，而程序中的每条指令都是由控制器分析执行的，因此，控制器是计算机实现"程序控制"的主要部件。

通常将运算器、控制器和寄存器统称为中央处理器，即CPU(Central Processing Unit)，它是整个计算机的核心部件，是计算机的"大脑"，它控制了计算机的运算、处理、输入和输出等工作。

3. 存储器

存储器(Memory Unit)的主要功能是存储程序和各种数据信息，并能在计算机运行过程中高速、自动地完成程序或数据的存取。存储器是具有记忆功能的设备，它以二进制形式存储信息。根据存储器与CPU联系的密切程度可分为内存储器(主存储器)和外存储器(辅助存储器)两大类。内存直接与CPU交换信息，它的特点是容量小，存取速度快，一般用来存放正在运行的程序和待处理的数据。外存作为内存的延伸，间接和CPU联系，用来存放系统必须使用，但又不急于使用的程序和数据，程序必须从外存调入内存才可执行。外存的特点是存取速度慢，存储容量大，可以长时间地保存。CPU与内存、外存之间的关系如图1-5所示。

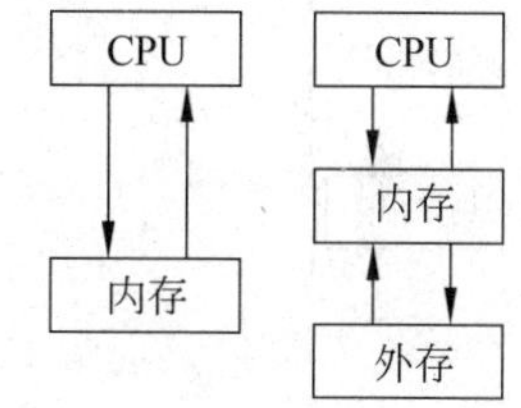

图1-5 CPU访问内、外存储器的方式

4. 输入设备

输入设备是用来向计算机输入各种原始数据和程序的装置。其功能是把各种形式的信息，如数字、文字、图像等转换为计算机能够识别的二进制代码，并把它们输入计算机存储起来。常用的输入设备有键盘、鼠标、光笔、扫描仪、数字化仪、条形码阅读器、视频摄像机等。

5. 输出设备

输出设备是将计算机的处理结果传送到计算机外部供计算机用户使用的装置。其功能是把计算机加工处理的结果(二进制形式的数据信息)转换成人们所需要的或其他设备能接受和识别的信息形式，如文字、数字、图形、声音等。常用的输出设备有显示器、打印机、绘图仪等。

1.3 任务实施

通过本任务的学习，小林同学已经对计算机相关基础知识有了初步的了解。为了梳理知识脉络，加深对计算机基础知识的掌握，他绘制了如图1-6所示的思维导图。

思维导图

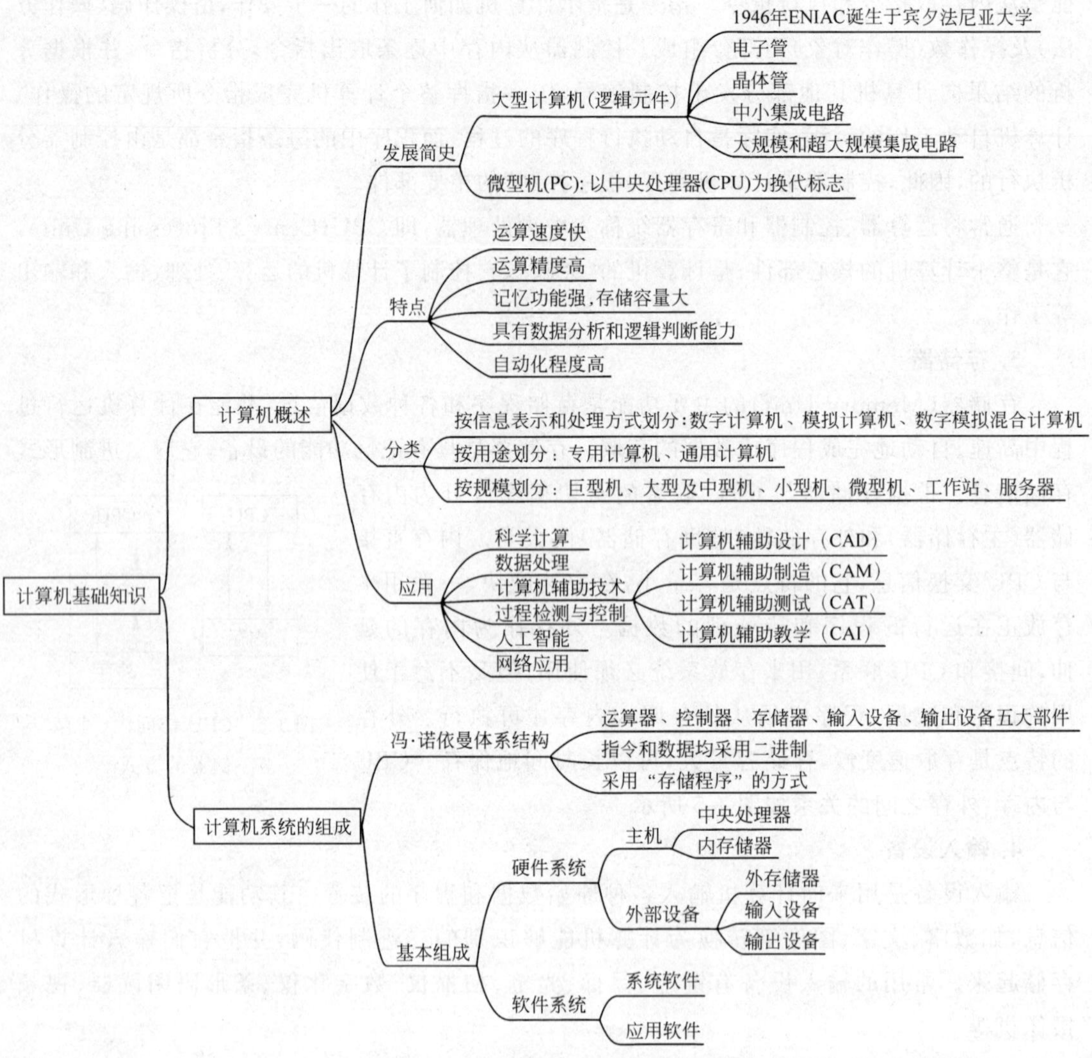

- 计算机基础知识
  - 计算机概述
    - 发展简史
      - 大型计算机(逻辑元件)
        - 1946年ENIAC诞生于宾夕法尼亚大学
        - 电子管
        - 晶体管
        - 中小集成电路
        - 大规模和超大规模集成电路
      - 微型机(PC):以中央处理器(CPU)为换代标志
    - 特点
      - 运算速度快
      - 运算精度高
      - 记忆功能强,存储容量大
      - 具有数据分析和逻辑判断能力
      - 自动化程度高
    - 分类
      - 按信息表示和处理方式划分:数字计算机、模拟计算机、数字模拟混合计算机
      - 按用途划分:专用计算机、通用计算机
      - 按规模划分:巨型机、大型及中型机、小型机、微型机、工作站、服务器
    - 应用
      - 科学计算
      - 数据处理
      - 计算机辅助技术
        - 计算机辅助设计(CAD)
        - 计算机辅助制造(CAM)
        - 计算机辅助测试(CAT)
        - 计算机辅助教学(CAI)
      - 过程检测与控制
      - 人工智能
      - 网络应用
  - 计算机系统的组成
    - 冯·诺依曼体系结构
      - 运算器、控制器、存储器、输入设备、输出设备五大部件
      - 指令和数据均采用二进制
      - 采用“存储程序”的方式
    - 基本组成
      - 硬件系统
        - 主机
          - 中央处理器
          - 内存储器
        - 外部设备
          - 外存储器
          - 输入设备
          - 输出设备
      - 软件系统
        - 系统软件
        - 应用软件

图 1-6　计算机基础知识思维导图

课 后 练 习

一、单项选择题

1. 世界上第一台电子计算机是于(　　)年诞生在(　　)。

A. 1945　法国　　　　B. 1946　美国

C. 1946　英国　　　　D. 1947　德国

任务 1 课后练习

2. 科学家(　　)被计算机界称誉为“计算机之父”,他的存储程序原则被誉为计算机发展史上的一个里程碑。

A. 查尔斯·巴贝奇　　　　B. 莫奇莱

C. 冯・诺依曼　　D. 艾肯

3. 从第一代电子数字计算机到第四代计算机,大部分的体系结构都是相同的,是由运算器、控制器、存储器以及输入/输出设备组成的,称为(　　)体系结构。

A. 艾伦・图灵　　B. 罗伯特・诺伊斯

C. 比尔・盖茨　　D. 冯・诺依曼

4. 巨型计算机指的是(　　)。

A. 重量大　　B. 体积大　　C. 功能强　　D. 耗能多

5. 计算机最主要的工作特点是(　　)。

A. 存储程序与程序控制　　B. 高速度与高精度

C. 可靠性与可用性　　D. 有记忆能力

6. 计算机向使用者传送计算、处理结果的设备称为(　　)。

A. 输入设备　　B. 输出设备　　C. 存储设备　　D. 微处理器

7. 如果想把一幅图片送入计算机,可以使用的输入设备是(　　)。

A. 鼠标　　B. 扫描仪　　C. 键盘　　D. 数字化仪

8. ROM 的意思是(　　)。

A. 软盘存储器　　B. 硬盘存储器　　C. 只读存储器　　D. 随机存储器

9. 计算机自诞生以来,无论在性能、价格等方面都发生了巨大的变化,但是(　　)并没有发生多大的改变。

A. 耗电量　　B. 体积　　C. 运算速度　　D. 基本工作原理

10. 计算机辅助设计的英文缩写是(　　)。

A. CAD　　B. CAI　　C. CAM　　D. CAT

二、判断题

1. 现代信息社会的主要标志是计算机技术的大量应用。(　　)

2. 从第一台计算机诞生至今,按计算机采用的电子器件可将计算机的发展分为 4 个阶段。(　　)

3. 一台计算机所拥有的指令集合称为计算机的指令系统。(　　)

4. 巨型计算机指的是体积大。(　　)

5. 信息论的创始人是冯・诺依曼。(　　)

6. 计算机最主要的工作特点是存储程序与程序控制。(　　)

7. ROM 中存储的信息断电即消失。(　　)

8. 计算机的所有计算都是在内存中进行的。(　　)

9. 裸机是指不带外部设备的主机。(　　)

10. 掌上电脑又称个人数字助理,或简称 PDA。(　　)

任务 2　选购并组装计算机

学习目标

- ➢ 了解微型计算机的基本构成。
- ➢ 了解计算机的主要性能指标。
- ➢ 了解微型计算机的选购原则。

任务描述

小林同学在掌握了一些计算机基础知识后，想继续深入了解计算机硬件的相关知识，并计划自己选购并组装一台用于学习的台式计算机。

2.1　微型计算机介绍

微型计算机简称"微型机""微机"，由于其具备人脑的某些功能，所以也称其为"微电脑"。微型计算机以微处理器为基础，配以存储器、输入/输出接口电路及相应的辅助电路而组成，我们日常接触的个人计算机都属于微机范畴。微机的基本构件如图 2-1 所示，主要包括主机箱、显示器、鼠标和键盘，其中主机箱内有主板、CPU、硬盘驱动器、CD-ROM 驱动器、电源、显示适配器(显示卡)等。

图 2-1　微机的基本构件

微型计算机

1. 主板

主板(MotherBoard)也称为系统板或母板，安装在机箱内，是微机最基本的、也是最重要的部件之一。主板一般为矩形电路板，上面安装了组成计算机的主要电路系统，一般有 BIOS 芯片、I/O 控制芯片、键盘和面板控制开关接口、指示灯插接件、扩充插槽、主板及插卡的直流电源供电接插件等元件，如图 2-2 所示。

图 2-2 主板

主板采用了开放式结构。主板上大都有 6～15 个扩展插槽，供 PC 外围设备的控制卡（适配器）插接。通过更换控制卡，可以对微机的相应子系统进行局部升级，使厂家和用户在配置机型方面有更大的灵活性。总之，主板在整个微机系统中扮演着举足轻重的角色，可以说，主板的类型和档次决定着整个微机系统的类型和档次。主板的性能影响着整个微机系统的性能。

2. CPU

CPU(Central Processing Unit)即中央处理器，又称微处理器，如图 2-3 所示。它由运算器、控制器和寄存器组成，在计算机中的作用相当于人的大脑，控制计算机的一切工作。其中运算器主要完成各种算术运算（加、减、乘、除等）和逻辑运算（与、或、非）；控制器主要负责读取指令，分析指令，并作出相应的控制与操作；寄存器可直接参与运算并存放参与运算的中间结果。CPU 的性能是决定计算机性能的最重要的部件。

图 2-3 CPU

CPU 的发展非常迅速，主要朝着频率越来越高、高速缓存越来越大以及多核方向发展。目前生产 CPU 产品的公司主要有 Intel 公司、AMD 公司、Cyrix 公司和 VIA 公司。

3. 内存储器

存储器是计算机的重要组成部分，用来存储计算机工作所需要的信息（程序和数据），是构成计算机信息记忆功能的部件，分为内存储器和外存储器两大类。

内存储器也叫主存储器，简称内存，由半导体器件构成，主要由只读存储器（Read Only Memory，ROM）和随机存储器（Random Access Memory，RAM）两部分构成。只读存储器的特点是只能读出而不能写入信息。在主板上的 ROM 中固化了一个基本输入/输出系统，称为 BIOS。其主要功能是完成对系统的加电自检、系统中各功能模块的初始化、系统的基本输入/输出的驱动程序及引导操作系统。RAM 随机存储器可以进行任意的读或写的操作,它主要用来存放操作系统、各种应用程序、数据等。数据、程序在使用时从外存读入内存中,使用完毕在关机前再存回外存中。当计算机电源关闭时,存于 ROM 中的数据不会丢失,而存于 RAM 中的数据会丢失。通常说的内存条就属于 RAM,如图 2-4 所示。计算机其他硬件如显卡和 CPU 上也有 RAM,只不过换了个名称叫缓存。

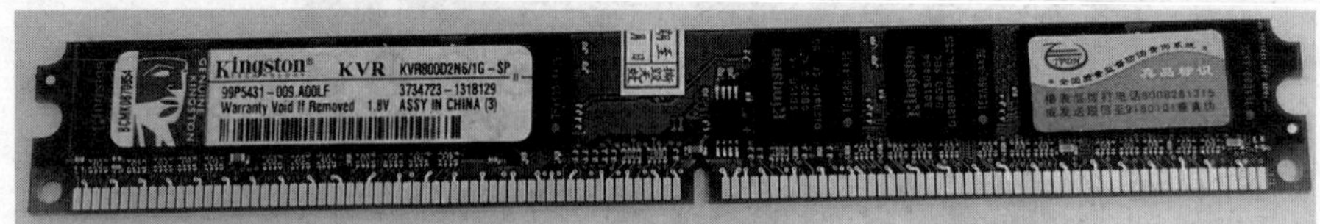

图 2-4　内存条

4. 外存储器

外存储器也叫辅助存储器,简称外存,用于存储暂时不用的程序和数据,常用的有硬盘、光盘和磁带存储器等。硬盘作为微机系统的外存储器成为微机的主要配置之一,它是计算机中最大的存储设备,通常用于存放永久性的数据和程序。硬盘由硬盘片、硬盘驱动电机和读写磁头等组装并封装在一起,被称为温彻斯特驱动器。硬盘工作时,固定在同一个转轴上的数张盘片以每分钟 7200 转甚至更高的速度旋转;磁头在驱动马达的驱动下在磁盘上做径向移动,寻找定位点,完成写入或读出数据的工作。硬盘使用前要经过低级格式化、分区及高级格式化后才可正式使用。硬盘的低级格式化出厂前已完成。图 2-5 所示为硬盘。

5. 光驱

光盘驱动器简称光驱,如图 2-6 所示,是用来读写光盘内容的机器,也是台式机和笔记本便携式计算机里比较常见的一个部件。随着多媒体的应用越来越广泛,光驱在计算机诸多配件中已经成为标准配置。光驱可分为 CD-ROM 驱动器、DVD 光驱(DVD-ROM)、康宝(COMBO)、蓝光光驱(BD-ROM)和刻录机等。

图 2-5　外存储器

图 2-6　光驱

6. U 盘

U 盘或称闪存盘,是采用 USB 接口和非易失随机访问存储器技术设计的便携式移动存储器。它无须外接电源,即插即用,具有速度快,防磁、防震、防潮等优点。断电后数据不会消失,可擦写 100 万次以上,数据至少保存 10 年,是目前使用最广泛的外存储设备之一,其存储容量从几十到几百吉字节不等。图 2-7 所示为 U 盘。

7. 显示器

显示器是计算机必备的输出设备，用来显示计算机的工作状态以及输出信息的处理结果。显示器的外形与电视机相似，分辨率比一般的电视机要高。常用的有阴极射线管显示器（简称 CRT）、液晶显示器（简称 LCD），如图 2-8 所示，其中 LCD 显示器是目前市场的主流产品。

图 2-7　U 盘

显示器应配备相应的显示适配器（又称显卡）才能工作。显卡一般被插在主板的扩展槽内，通过总线与 CPU 相连。当 CPU 有运算结果或图形需要显示时，首先将信号送到显卡，由显卡的图形处理芯片把它们翻译成显示器能够识别的数据格式，并通过显卡后面的显示接口和显示电缆传给显示器。常用的显示接口卡有多种，如 CGA 卡、VGA 卡、MGA 卡等。所有的显卡只有配上相应的显示器和显示软件，才能发挥它们的最高性能。

(a) CRT显示器

(b) LCD显示器

图 2-8　两种典型的显示器

8. 键盘、鼠标

键盘和鼠标是计算机必不可少的输入设备。通过键盘可以将文字、数字、标点符号等输入计算机，从而实现向计算机发出指令和输入数据等操作。随着 Windows 等图形界面操作系统的流行，鼠标变成了必需品，并且有些软件必须安装鼠标才能运行。所以性能优良的键盘和鼠标，不仅能使用户操作计算机时得心应手，大大提高工作效率，而且还能有效地减轻手部疲劳。图 2-9 为目前市场上比较流行的键盘和无线鼠标。

图 2-9　键盘、鼠标

2.2 计算机的主要性能指标

计算机功能的强弱或性能的好坏，是由多项技术指标综合确定的，一般从以下几个方面衡量计算机的性能。

1. 运算速度

运算速度是衡量计算机性能的一项重要指标。通常说的计算机运算速度(平均运算速度)，是指每秒能执行的指令条数，一般以每秒所能执行的百万条指令数来衡量，单位为MIPS(百万条指令/秒)。微型计算机一般采用主频描述运算速度，一般来说，主频越高，运算速度越快。

2. 字长

计算机在同一时间内处理的一组二进制数称为一个计算机的"字"，而这组二进制数的位数就是"字长"。字长越长，数据的运算精度越高，计算机的运算功能越强。在其他指标相同时，字长越大计算机处理数据的速度就越快。目前主流微型计算机的字长都为64位。

3. 内存容量

内存储器简称主存，是CPU可以直接访问的存储器，需要执行的程序与需要处理的数据都存放在主存中。内存储器容量的大小反映了计算机即时存储信息的能力。随着操作系统的升级，应用软件的不断丰富及其功能的不断扩展，人们对计算机内存容量的需求也不断提高。运行Windows 95或Windows 98操作系统至少需要16MB的内存容量，Windows XP则需要128MB以上的内存容量。内存容量越大，系统功能就越强大，能处理的数据量就越庞大。

内存容量是指内存储器中能存储的信息总字节数，它的大小反映了计算机即时存储信息的能力。内存容量越大，计算机处理时与外存交换数据的次数就越少，处理速度也就越快。内存容量的基本单位是字节，一个字节等于8个二进制位(bit)。除此之外，常用的存储容量单位还有KB(千字节)、MB(兆字节)、GB(吉字节)、TB(太字节)和PB(皮字节)。具体换算关系如下：

$$1\text{KB}=2^{10}\text{B}=1024\text{B}$$

$$1\text{MB}=2^{20}\text{B}=1024\text{KB}$$

$$1\text{GB}=2^{30}\text{B}=1024\text{MB}$$

$$1\text{TB}=2^{40}\text{B}=1024\text{GB}$$

$$1\text{PB}=2^{50}\text{B}=1024\text{TB}$$

4. 存取周期

存取周期是指存储器连续二次独立的读或写操作所需的最短时间，单位用纳秒($1\text{ns}=10^{-9}\text{s}$)表示。存储器完成一次读或写操作所需的时间称为存储器的访问时间(或读写时间)。存取周期越短，计算机的运算速度越快。

除了上述这些主要性能指标外，计算机还有其他一些指标，如机器的兼容性、系统的可靠性、系统的可维护性、硬件的可扩展性等。另外，各项指标之间也不是彼此孤立的，在实际应用时，应该把它们综合起来考虑，而且还要遵循"性能价格比"的原则。

2.3 微型计算机的选购原则

计算机技术的飞速发展,使计算机软硬件不断更新换代,如何选配一台符合自己要求且性价比较高的计算机,已成为大家共同追求的目标。总的来说,在选购过程中应该从以下几个原则出发选购计算机配件。

1. 用途至上

选购计算机配件之前,应该明确计算机的用途,在合理搭配各个配件的同时,强化专业用途。合理搭配,能使各个部件协调工作,充分发挥各部件的性能;强化用途,可以在有限的资金上,凸显用户使用方面的性能。对于家庭娱乐、上网及日常办公的用户,CPU速度、内存容量及显卡性能可以不要求那么高,而显示器最好能选择尺寸较大及宽屏的LCD显示器。

2. 节约够用

一味追求高配置并不一定能够发挥其强大的性能,同样盲目选购低价位、低性能也会导致计算机无法满足用户的需求。权衡价格与性能,选择性价比较高的计算机是首选之策。如计算机主要用于家庭上网、文稿编辑等一般用途,市场上较低配置的计算机就能满足要求。另外,购买计算机也要有一定的前瞻性,如一至两年内需要的功能就应该考虑在内,而两年以后需用的功能就不必考虑。

3. 合适好用

选择名牌机还是杂牌机,组装机还是品牌机,台式机还是笔记本电脑,要依据具体情况而定。名牌机质量可靠,售后服务完善;杂牌机价格低廉,质量没有任何保障。品牌机对于初学者来说是个省时省力的选择;组装机对于掌握了一定计算机知识的人来说可以随时根据自己的需要进行升级。要实现移动办公则选择笔记本电脑。若是普通用户,台式机则是较好的选择,因为同性能的台式机价格要比笔记本电脑低很多。

4. 市场主流

不要为了高性能,刻意追求技术最先进的产品,因为技术最先进的产品,往往也是刚刚上市的产品,技术不一定成熟,性能也不一定稳定,而且价格又非常昂贵。市场主流产品虽然可能有广告造势、众人跟风等因素存在,但也一定有用户需求、价格、技术、商家信誉、产品质量、性价比等诸多因素的支撑,所以市场主流产品是省心和保险的选择。一般既是技术主流又是市场主流的产品,往往也是性能价格比较高的产品。

一般来说,购买个人计算机总的原则是:根据用户的用途和资金,选购适用、够用、好用及配置平衡、重点突出的主流计算机。

2.4 任务实施

组装计算机

通过本任务的学习,小林同学已经掌握了一些基础的计算机硬件知识,也了解了选购计算机的基本原则,考虑到今后要学习3D绘图、视频制作等技术,因此选购了配置比较高的设备,最终购买的计算机硬件配置如表 2-1 所示。

表 2-1　所选购计算机的硬件配置

序号	设备名称	品牌、规格、型号
1	主板(含集成显卡、声卡、网卡)	Intel B250
2	CPU	Intel 酷睿 I7、七代
3	内存	金士顿 16GB DDR4、2133MHz,支持双通道内存
4	固态硬盘	Intel 256G 固态硬盘
5	显示器	AOC 的 23.8 英寸、广视角屏、低蓝光、HDMI 接口
6	机箱、电源	标准机箱,电源为 300W
7	音响	漫步者(EDIFIER)R206P
8	键盘、鼠标	罗技 USB 接口、防水抗菌键盘、鼠标

硬件选购完毕后,接下来的任务就是把所选的设备组装成一台计算机,下面就是组装台式计算机的步骤。

(1) 将电源安装在机箱的电源位上。

(2) 将硬盘安装在机箱的硬盘驱动器舱上。

(3) 将 CPU 安装在主板处理器插座上,再将散热风扇固定在 CPU 上方。

(4) 将内存条插入主板内存插槽中。

(5) 将主板安装在机箱主板托架上。

(6) 根据显卡总线选择合适的插槽,并将显卡插入该插槽中。

(7) 连接好机箱与主板之间的电源线。

(8) 整理内部连线并合上机箱盖。

(9) 连接键盘、鼠标、显示器与主机,完成计算机一体化。

(10) 检测主机是否正常工作。给机器加电,若显示器能够正常显示,表明初装正确;若开机不显示,再重新检查各个接线。

这样一台计算机就安装完成了。

课后练习

一、单项选择

1. 微机的外存储器可以与(　　)直接进行数据传送。

A. 运算器　　B. 控制器

C. 微处理器　　D. 内存储器

任务 2 课后练习

2. 键盘是一种(　　)。

A. 输入设备　　B. 输出设备

C. 存储设备　　D. 输入/输出设备

3. CPU 中控制器的功能是(　　)。

A. 进行逻辑运算　　B. 进行算术运算

C. 控制运算的速度　　　　D. 分析指令并发出相应的控制信号

4. 键盘上的“基准键”指的是(　　)。

A. D 和 K 这两个键

B. A、S、D、F 和 J、K、L、;这八个键

C. 1、2、3、4、5、6、7、8、9、0 这十个键

D. 左右两个 Shift 键

5. 在下列设备中,(　　)是计算机的输入设备。

A. 显示器　　B. 键盘　　C. 打印机　　D. 绘图仪

6. 在微型计算机中,常见到的 VGA、SVGA 等是指(　　)。

A. 微机型号　　B. 显示适配卡的显示模式

C. CPU 类型　　D. 键盘类型

7. 管理计算机的硬件设备,并使软件能方便、高效地使用这些设备的是(　　)。

A. 数据库　　B. 编译程序　　C. 编译软件　　D. 操作系统

8. 电子计算机的性能可以用很多指标来衡量,除了用其运算速度、字长等指标以外,(　　)也作为主要指标。

A. 主存储器容量的大小　　B. 硬盘容量的大小

C. 显示器的尺寸　　D. 计算机制造成本

9. 内存储器存储信息时的特点是(　　)。

A. 存储的信息永不丢失,但存储容量相对较小

B. 存储信息的速度极快,但存储容量相对较小

C. 关机后存储的信息将完全丢失,但存储信息的速度不如硬盘

D. 存储信息的速度快,存储的容量极大

10. 以下(　　)不属于微型计算机。

A. 便携式计算机　　B. 工作站

C. 掌上电脑　　D. 嵌入式计算机

二、判断题

1. U 盘、硬盘和光盘都是外存储器。(　　)

2. 计算机的外存储器比内存储器存取速度快。(　　)

3. 计算机系统中的任何存储器在断电的情况下,所存信息都不会丢失。(　　)

4. 微型计算机系统是由 CPU、内存储器和输入/输出设备组成的。(　　)

5. 一般所说的计算机内存容量是指随机存取存储器的容量。(　　)

6. 外存储器既可作为输入设备,也可作为输出设备。(　　)

7. 操作系统用于管理计算机系统的软、硬件资源。(　　)

8. 键盘上功能键表示的功能是由计算机硬件确定的。(　　)

9. PC 开机时应先接通外部设备电源,后接通主机电源。(　　)

10. 在一般情况下,外存储器中存放的数据在断电后不会丢失。(　　)

任务3　安装计算机软件

学习目标

➢ 了解计算机软件系统知识。

➢ 掌握计算机操作系统的安装方法。

➢ 了解常用的应用软件功能。

任务描述

小林同学根据自己所掌握的计算机知识,结合自己的需求,选购并配置了一台适合自己学习使用的台式计算机,现在他想通过学习计算机软件方面的知识,配置他的计算机软件系统。

3.1　计算机软件系统

计算机的软件系统是指在计算机上运行的各种程序、数据及相关的文档资料。没有安装任何软件的计算机通常称为"裸机",裸机是无法工作的。软件是计算机系统设计的重要依据。为了使计算机系统拥有较高的总体效用,在设计计算机系统时,必须全面考虑软件与硬件的结合,以及用户的要求和软件安装的要求。计算机软件系统通常被分为系统软件和应用软件两大类。

3.1.1　系统软件

系统软件是用户和计算机交互的第一界面,与具体应用领域无关。它负责管理计算机系统中各种独立的硬件,使它们可以协调工作。有了系统软件,计算机使用者和其他软件就可把计算机当作一个整体,不需要顾及底层每个硬件是如何工作的。一般来讲,有代表性的系统软件有操作系统、语言处理程序、数据库管理系统和服务性程序四大类。

1. 操作系统

操作系统是最底层的软件,是计算机裸机与应用程序及用户之间的桥梁,它控制所有计算机运行的程序并管理整个计算机的软硬件资源,为用户提供高效、全面的服务。常见的操作系统有 Windows、UNIX、Linux 等,其中 Windows 占领了目前的主流市场。

2. 语言处理程序

计算机只能直接识别和执行机器语言,而其他所有语言编写的程序都必须经过一个翻译过程转换为机器语言程序才能被执行,实现这个翻译过程的工具就是语言处理程序,即翻译程序。常见的语言处理程序有汇编语言汇编器,C 语言编译、连接器等。

3. 数据库管理系统

数据库管理系统指在具体计算机上实现数据库技术的系统软件,由它来实现用户对数据库的创建、管理、维护和使用等功能。常见的数据库管理系统有 SQL Server、Oracle 和 Access 等。

4. 服务性程序

服务性程序如诊断程序、排错程序、练习程序等，是计算机系统的支撑软件，其作用是确保计算机能够正常运行。

3.1.2　应用软件

应用软件是指特定应用领域专用的、用于解决处理某个具体问题的软件。由于计算机已经渗透了各个领域，因此，应用软件是多种多样的。应用软件主要有以下几类。

1. 办公软件

微软 Office、永中 Office、WPS、苹果 iWork、Google Docs 等。

2. 图像/动画编辑工具

Adobe Photoshop、Flash、GIF Movie Gear（动态图片处理工具）、Picasa、绘声绘影、影视屏王、光影魔术手等。

3. 媒体播放器

PowerDVD XP、RealPlayer、Windows Media Player、暴风影音、千千静听。

4. 其他软件

通信工具：QQ、百度 Hi，飞信、Imo、飞聊、微信。

阅读器：CAJViewer、Adobe Reader、pdfFactory Pro。

输入法：紫光输入法、智能 ABC、五笔、QQ 拼音、搜狗。

网络电视：PowerPlayer、PPTV、PPMate、PPNTV、PPStream、QQLive、UUSee。

下载软件：Thunder、WebThunder、BitComet、eMule、FlashGet。

压缩软件：WinRar。

3.2　任务实施

通过本任务的学习，小林同学知道要想让自己的计算机运行起来，必须首先安装系统软件——操作系统，再安装自己所需要的各类用于学习的应用软件。下面介绍一下小林同学为他新组装的计算机安装 Windows 10 操作系统的具体步骤。

安装操作系统

1. 将光盘插入新组装的计算机开始安装

将光盘插入新购买的需要安装操作系统的计算机里，启动计算机，因为硬盘是空的，所以不需要任何操作，计算机就会自动进入光盘。在运行到“你想将 Windows 安装在哪里?”界面时，划分出一个 C 盘，大小为 100GB，作为安装系统的主分区。

2. 系统写入并重启

主分区划分完成之后，单击“下一步”按钮，等待系统的写入。写入完成后，单击“立即重启”按钮，此时就可以将光盘拿出来了。

3. 计算机自动引导安装过程

重启后,计算机将自动引导安装,按照提示操作即可。此时最好把网线连上主机,几分钟后就可以成功安装系统了。

4. 安装完成后设置桌面图标

安装完成后,桌面上并没有"此计算机"图标。右击桌面,选择"个性化"命令,在"主题"里单击"桌面图标设置",选中"计算机"选项,这时桌面上就出现了"此计算机"图标。

5. 划分其他分区

因为之前已经划分出C盘,现在要继续划分出其他盘。操作方法是在桌面的"此计算机"图标上右击,选择"管理"命令,在打开的"计算机管理"界面里选择"磁盘管理",这时会显示还有未分配的磁盘。右击未分配的磁盘,选择"创建简单卷"命令,在弹出的对话框中设置磁盘的大小,这样就可以划分出指定大小的分区。采用同样的方法完成其他分区的划分。至此,操作系统安装全部完成。

6. 安装 Office、Photoshop 等应用软件

在完成操作系统的安装之后,接下来就可以根据需要安装各种应用软件了。操作步骤一般就是购买或下载应用软件,解压后,双击安装图标,按照提示操作即可。

课后练习

一、单项选择题

1. 计算机中的(　　)属于"软"故障。

A. 电子器件故障　　B. 存储介质故障

C. 电源故障　　D. 系统配置错误或丢失

2. 为达到某一目的而编制的计算机指令序列称为(　　)。

A. 软件　　B. 字符串

C. 程序　　D. 命令

3. 关于计算机软件的叙述,错误的是(　　)。

A. 软件是一种商品

B. 软件借来复制并不损害他人利益

C.《计算机软件保护条例》对软件著作权进行保护

D. 未经软件著作权人的同意复制其软件是一种侵权行为

任务3课后练习

4. 某公司的销售管理软件属于(　　)。

A. 系统软件　　B. 工具软件

C. 应用软件　　D. 文字处理软件

5. (　　)是指专门为某一应用目的而编制的软件。

A. 系统软件　　B. 数据库管理系统

C. 操作系统　　D. 应用软件

6. 应用软件是指(　　)。

A. 所有能够使用的软件　　B. 能被各应用单位共同使用的某种软件

C. 所有微机上都应使用的基本软件 D. 专门为某一目的而编制的软件

7. 在计算机内部,计算机能够直接执行控制的程序语言是( )。

A. 汇编语言 B. C++ 语言 C. 机器语言 D. 高级语言

8. 记事本是可用于编辑( )文件的应用程序。

A. ASCII 文本 B. 表格

C. 扩展名为 doc 的 D. 数据库

9. 对于计算机来说,首先必须安装的软件是( )。

A. 数据库软件 B. 应用软件 C. 操作系统 D. 文字处理软件

10. 以下软件系统不属于系统软件范畴的是( )。

A. 操作系统 B. 编译系统 C. 诊断程序 D. 财务系统

二、判断题

1. 以图形界面为特征的操作系统已成为 PC 的主流操作系统。 ( )
2. 计算机只要安装了防毒、杀毒软件,上网浏览就不会感染病毒。 ( )
3. 低级语言程序必须翻译成高级语言程序才能被执行。 ( )
4. 操作系统是一种针对所有硬件进行控制和管理的系统软件。 ( )
5. 系统软件是负责管理、控制、维护、开发计算机软硬件资源的软件。 ( )
6. Java 是一种广泛使用的网络编程语言。 ( )
7. 工具软件是系统软件的一部分,诊断程序就属于工具软件。 ( )
8. 汇编语言和机器语言都属于低级语言,但不是都能被计算机直接识别执行。 ( )
9. 应用软件主要用来完成面向用户的某些特定应用。 ( )
10. 计算机软件系统可分为应用系统和操作系统两大类。 ( )

任务 4　了解进制转换与信息编码

学习目标

- 掌握不同进制间的转换规则。
- 了解信息和数据概念。
- 了解计算机中的常用编码。

任务描述

小林同学根据自己所掌握的计算机软硬件知识，已经选购并配置了一台用于学习的个人计算机，目前他只知道所有的信息在计算机中都是以二进制的形式表示的，现在他想比较深入地学习二进制数的相关知识，并希望通过学习能够掌握各进制之间的换算规则。

4.1　数制的概念

数制也称计数制，是指用一组固定的符号和统一的规则表示数值的方法。数制可分为非进位计数制和进位计数制两种。非进位计数制的数码表示的数值大小与它在数中的位置无关；而进位计数制的数码所表示的数值大小则与它在数中所处的位置有关，即取决于基数和位权两个要素。这里讨论的数制指的都是进位计数制。

进制的转换

数码：用不同的数字符号表示一种数制的数值，这些数字符号称为数码。二进制的数码为 0 和 1，八进制数码为 0～7，十进制数码为 0～9，十六进制数码为0～9、A～F。

基数：在一种数制中采用数码的个数称为基数。在采用进位计数制的系统中，如果只用 r 个数码(例如，0、1、2…$r-1$) 表示数值，则称其为 r 数制，r 称为该数制的基数。如二进制，就是 $r=2$，即基本符号为 0 和 1。如日常生活中常用的十进制，就是 $r=10$，即数码为 0、1、2…9。

位权：数制中每一固定位置对应的单位值称为位权。位权实际就是处在某一位上的 1 所表示的数值大小。一般情况下，对于 r 进制数，整数部分右数第 i 位的位权为 r^{i-1}，而小数部分左数第 i 位的位权为 r^{-i}。如在十位制中，个位的位权是 10^0，十位的位权是 10^1……向右依次是 10^{-1}、10^{-2}……常见各进制的位权如表 4-1 所示。

例如，十进制数 13.5 可写为$(13.5)_{10}$或 13.5(10)；也可用后缀 D，如 13.5D 或(13.5)D。

表 4-1 各进制的规则及表现形式

进位制	规 则	基数	数 码	权	表示形式
二进制	逢二进一	2	0、1	2^i	B
八进制	逢八进一	8	0、1、2、3、4、5、6、7	8^i	O
十进制	逢十进一	10	0、1、2、3、4、5、6、7、8、9	10^i	D
十六进制	逢十六进一	16	0、1、2、3、4、5、6、7、8、9、A、B、C、D、E、F	16^i	H

4.2 数制间的相互转换

1. *r* 进制数转换为十进制数

转换规则：*r* 进制转换为十进制数，采用 *r* 进制数的位权展开法，即将 *r* 进制数按“位权”展开形成多项式并求和，得到的结果就是转换结果。

【例 4-1】 分别把下面的二进制数、八进制数和十六进制数转换为十进制数。

(1) $(10101.101)_2=(\qquad)_{10}$

解：$(10101.101)_2=1\times2^4+0\times2^3+1\times2^2+0\times2^1+1\times2^0+1\times2^{-1}+0\times2^{-2}+1\times2^{-3}$
$=16+0+4+0+1+0.5+0+0.125$
$=(21.625)_{10}$

(2) $(54.24)_8=(\qquad)_{10}$

解：$(54.24)_8=5\times8^1+4\times8^0+2\times8^{-1}+4\times8^{-2}$
$=40+4+2/8+4/64=(44.3125)_{10}$

(3) $(3A.C8)_{16}=(\qquad)_{10}$

解：$(3A.C8)_{16}=3\times16^1+10\times16^0+12\times16^{-1}+8\times16^{-2}$
$=48+10+12/16+8/16^2=(58.78125)_{10}$

2. 十进制数转换 *r* 进制数

转换规则：整数部分采用“逐次除以基数取余”法，直到商为 0；再由下往上取余数的数码，即得整数部分转换后的值。小数部分采用“逐次乘以基数取整”法，直到小数部分为 0 或取到有效数位；再由上往下取余数的数码，即得小数部分转换后的值。

【例 4-2】 把十进制数 $(49.375)_{10}$ 转换成二进制数。

整数部分：方法是除以 2 取余法。即逐次除以 2，直至商为 0；再由下往上取余数，即为二进制数各位的数码。

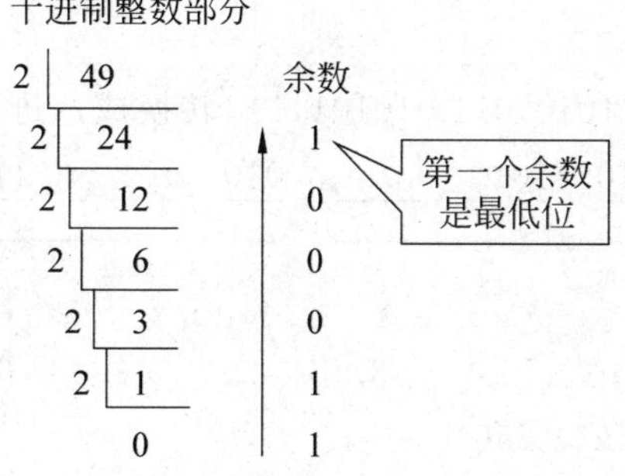

故$(49)_{10}=(110001)_2$。

小数部分：方法是乘2取整法。即逐次乘以2，直到小数部分为0或取到有效数位，再由上往下取乘积的整数部分得到二进制数各位的数码。

注意：十进制小数不一定能转换成完全等值的二进制小数，有时要取近似值。

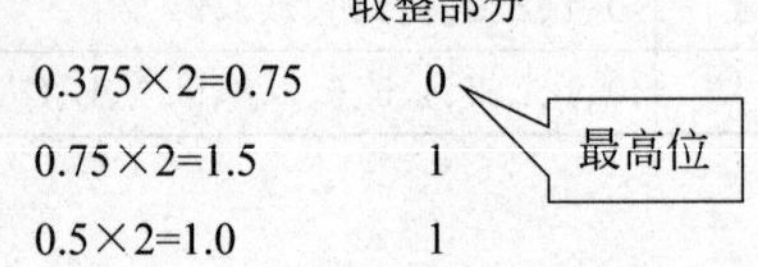

故$(0.375)_{10}=(0.011)_2$。

最终结果：$(49.375)_{10}=(110001.011)_2$。

用同样的方法，可将十进制数转换成八进制数和十六进制数，分别采用“整数部分除8取余，小数部分乘8取整”和“整数部分除16取余，小数部分乘16取整”的方法。

3. 非十进制数之间的转换

两个非十进制数之间的转换方法通常是采用上述两种方法的组合，即先将被转换数转换为相应的十进制数，然后再将十进制数转换为其他进制数。由于二进制、八进制和十六进制之间存在着特殊关系，即$8^1=2^3$，$16^1=2^4$，因此转换方法比较容易，如表4-2所示。

表4-2　二进制、八进制和十六进制之间的关系

二进制	八进制	二进制	十六进制	二进制	十六进制
000	0	0000	0	1000	8
001	1	0001	1	1001	9
010	2	0010	2	1010	A
011	3	0011	3	1011	B
100	4	0100	4	1100	C
101	5	0101	5	1101	D
110	6	0110	6	1110	E
111	7	0111	7	1111	F

(1) 二进制、八进制数之间的转换

由于1位八进制数相当于3位二进制数，因此，二进制数转换成八进制数，只需以小数点为界，整数部分按照由右至左(由低位向高位)、小数部分按照从左至右(由高位向低位)的顺序每3位划分为一组，最后不足3位二进制数时用零补足。根据表4-2，每3位二进制数分别用与其对应的八进制数码来取代，即可完成转换。而将八进制转换成二进制的过程正好相反。

【例4-3】 将二进制数$(10101011.01010111)_2$转换成八进制数。

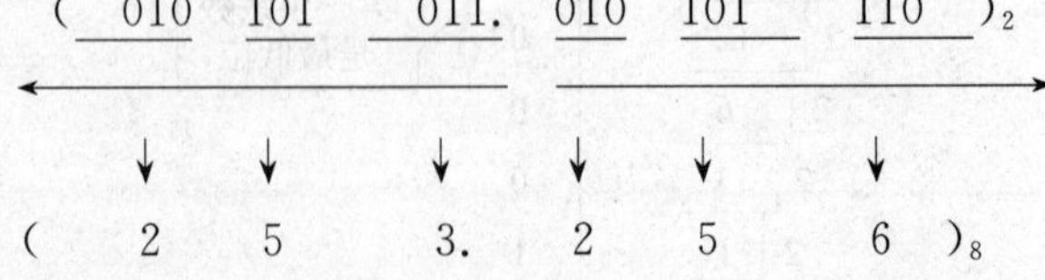

故$(10101011.01010111)_2=(253.256)_8$。

【例 4-4】 将八进制数 $(546.347)_8$ 转换成二进制数。

$$\begin{array}{ccccccc} (& 5 & 4 & 6. & 3 & 4 & 7\ )_8 \\ & \downarrow & \downarrow & \downarrow & \downarrow & \downarrow & \downarrow \\ (& 101 & 100 & 110. & 011 & 100 & 111\ )_2 \end{array}$$

故 $(546.347)_8=(101100110.011100111)_2$。

(2) 二进制、十六进制数之间的转换

由于十六进制的 1 位数相当于二进制的 4 位数，因此二进制与十六进制之间的转换和二进制与八进制之间的转换一样，只是 4 位一组，不足补 0。

【例 4-5】 将二进制数 $(1010111011.0101111)_2$ 转换成十六进制数。

$$\begin{array}{cccccccc} (& \underline{0010} & \underline{1011} & \underline{1011} & . & \underline{0101} & \underline{1110} &)_2 \\ & \downarrow & \downarrow & \downarrow & & \downarrow & \downarrow & \\ (& 2 & 7 & 7 & . & 5 & E &)_{16} \end{array}$$

故 $(1010111011.0101111)_2=(277.5E)_{16}$。

【例 4-6】 把十六进制数 $(F8CB)_{16}$ 转换成二进制数。

$$\begin{array}{cccccc} (& F & 8 & C & B &)_{16} \\ & \downarrow & \downarrow & \downarrow & \downarrow & \\ (& 1111 & 1000 & 1100 & 1011 &)_2 \end{array}$$

故 $(F8CB)_{16}=(1111100011001011)_2$。

总之，数在机器中是用二进制表示的，但是二进制数书写起来太冗长，容易出错，而且目前大部分微机的字长是 4 位、8 位、16 位、32 位和 64 位，都是 4 的整数倍，故在书写时可用十六进制表示。例如，一个字节(8 位)可用两位十六进制数表示，两个字节(16 位)可用4 位十六进制表示，书写方便且不容易出错。

4.3 计算机中的信息编码

4.3.1 信息和数据

计算机最主要的功能是处理各种信息和数据。信息是人们表示一定意义的符号的集合，它可以是数字、文字、图形、图像、动画、声音等，是人们用以对客观世界的直接描述，其内容可以在人们之间进行传递。数据是信息在计算机内部的具体表现形式，是各种物理符号及其组合，反映了信息的内容。数据可以在物理介质上记录或传输，并通过外围设备被计算机接收，经过处理而得到结果。

计算机内部采用二进制保存信息和数据。无论是指令还是数据，若想存入计算机，都必须采用二进制数编码形式，即使是图形、图像、声音等信息，也必须转换成二进制，才能存入计算机中。为什么在计算机中必须使用二进制数，而不使用人们习惯的十进制数呢？主要原因有以下 3 点。

1. 易于物理实现

因为具有两种稳定状态的物理器件很多，例如，电路的导通与截止、电压的高与低、磁性材料的正向极化与反向极化等,它们恰好可用 1 和 0 两个符号表示。

2. 机器可靠性高

由于电压的高低、电流的有无等都是一种跃变,两种状态分明,所以 0 和 1 两个数的传输和处理抗干扰性较强,不易出错,鉴别信息的可靠性较高。

3. 运算规则简单

二进制数的运算法则比较简单,例如,二进制数的四则运算法则只有三条。由于二进制数运算法则较少,使计算机运算器的硬件结构大大简化,控制也就简单多了。

虽然在计算机内部都使用二进制数表示各种信息,但计算机仍采用人们熟悉和便于阅读的形式与外部联系,如十进制、八进制、十六进制数据,以及文字和图形信息等,由计算机系统将各种形式的信息转化为二进制的形式并储存在计算机的内部。

4.3.2 常用编码

信息在计算机内部是用二进制表示的,这种表示方法不利于理解。数字化信息编码就是把少量二进制符号(代码),根据一定规则组合起来,以表示大量复杂多样的信息的一种编码。一般来说,根据描述信息的不同,可分为数字编码、字符编码和汉字编码等。

1. 数字编码

用计算机处理数字时,要进行二进制与十进制的相互转换,这就要进行二进制和十进制编码,即 BCD 码(Binary-Code-Decimal),最常见的 BCD 码就是 8421 码。这种编码最自然,易识别,它是用四位二进制数表示一位十进制数。从高位至低位,这四位二进制数的位权分别是 8、4、2、1。表 4-3 列出了十进制数符与 8421 码的对应关系。

表 4-3 十进制数符与 8421 码的对应表

十进制数	0	1	2	3	4	5	6	7	8	9
8421 码	0000	0001	0010	0011	0100	0101	0110	0111	1000	1001

根据这种对应关系,任何十进制数都可以同 8421 码进行转换,如十进制数 28 转换为 8421 码就是 00101000。

2. 字符编码

计算机除处理数值信息外,还需要处理大量的字符信息。目前,国际上使用的字母、数字和符号的信息、编码系统种类很多,但使用最广泛的是 ASCII 码(American Standard Code of Information Interchange)。该码开始时是美国国家信息交换标准字符码,后来被国际标准化组织 ISO 采纳为一种国际通用的信息交换标准代码。

ASCII 码用 7 位二进制数的不同编码表示 128 个不同的字符(因 $2^7=128$),它包含十进制数符 0～9、大小写英文字母及专用符号等 95 种可打印字符,还有 33 种通用控制字符,如回车、换行等。ASCII 码表如表 4-4 所示。如 B 的 ASCII 码为 1000010,ASCII 码中,每一个编码转换为十进制数的值被称为该字符的 ASCII 码值,所以 B 的 ASCII 码值为 66。

3. 汉字编码

计算机中汉字也是用二进制编码表示的,同样是人为编码。根据应用目的的不同,汉字编码分为输入码、国标码、机内码、地址码、字形码等。

表 4-4　ASCII 码表

$b_4b_3b_2b_1$ \ $b_7b_6b_5$	000	001	010	011	100	101	110	111
0000	NUL	DLE	SP	0	@	P	、	p
0001	SOH	DC	!	1	A	Q	a	q
0010	STX	DC	"	2	B	R	b	r
0011	ETX	DC	#	3	C	S	c	s
0100	EOT	DC	$	4	D	T	d	t
0101	ENQ	NAK	%	5	E	U	e	u
0110	ACK	SYN	&	6	F	V	f	v
0111	BEL	ETB	'	7	G	W	g	w
1000	BS	CAN	(	8	H	X	h	x
1001	HT	EM	)	9	I	Y	i	y
1010	LF	SUB	*	:	J	Z	j	z
1011	VT	ESC	+	;	K	[	k	{
1100	FF	FS	,	<	L	\	l	|
1101	CR	GS	—	=	M	]	m	}
1110	SO	RS	.	>	M	^	n	~
1111	SI	US	/	?	O	-	o	DEL

（1）输入码

汉字输入码也叫外码，用来将汉字输入计算机中的一组键盘符号。常用的输入码有拼音码、五笔字型码、自然码、表形码、认知码、区位码和电报码等。一种好的编码应有编码规则简单、易学好记、操作方便、重码率低、输入速度快等优点，每个人可根据自己的需要进行选择。

（2）国标码(汉字信息交换码)

1981 年我国制定了《中华人民共和国国家标准信息交换汉字编码》(GB 2312—1980 标准)，这种编码称为国标码。在国标码字符集中共收录了汉字和图形符号 7445 个，其中一级汉字 3755 个，二级汉字 3008 个，西文和图形符号 682 个。一级汉字按拼音排序，二级汉字按部首排序。

国标 GB 2312—1980 规定，所有的国标汉字与符号组成一个 94×94 的方阵。在此方阵中，每一行称为一个区(区号分别为 01～94)，每个区内有 94 个位(位号分别为 01～94)的汉字字符集。

汉字与符号在方阵中的分布情况如下。

1～15 区为图形符号区；16～55 区为常用的一级汉字区；56～87 区为不常用的二级汉字区；88～94 区为自定义汉字区。

（3）机内码

机内码是汉字机内码的简称，指计算机内部存储、处理加工和传输汉字时所用的由 0 和 1 符号组成的代码。根据国标码的规定，每一个汉字都有确定的机内码，不管是什么汉字系统和汉字输入方法，输入的汉字输入码到机器内部都要转换成机内码，才能被存储和进行各种处理。

(4) 地址码

地址码是指汉字字库中存储汉字字形信息的逻辑地址码。输出设备输出汉字时,必须通过地址码。字形信息是按一定顺序连续存放在存储介质上,所以汉字地址码大多是连续有序的,它与汉字机内码有着简单的对应关系,以简化机内码到地址码的转换。

(5) 字形码

字形码是汉字的输出码,输出汉字时都采用图形方式。无论汉字的笔画是多少,每个汉字都可以写在同样大小的方块中。字形码通常有点阵和矢量(轮廓)两种表示方法。

用点阵表示字形时,字形码指的是这个汉字字形点阵的代码。根据输出汉字的要求不同,点阵的多少也不同。简易型汉字为16×16点阵,提高型汉字为24×24点阵、32×32点阵、48×48点阵等。点阵规模越大,字形越清晰美观,所占存储空间也越大。字形码所占字节数=点阵行数×点阵列数/8。图4-1所示是一个16×16点阵的汉字"次",用1表示黑点,用0表示白点,则黑白信息就可以用二进制数来表示。每一个点用一位二进制数表示,则一个16×16的汉字字模需要32个字节存储。国标码中的6763个汉字及符号码需要261696个字节存储。以这种形式存储所有汉字字形信息的集合称为汉字字库。可以看出,随着点阵的增加,所需存储容量也会增加,其字形质量越好,但成本也越高。

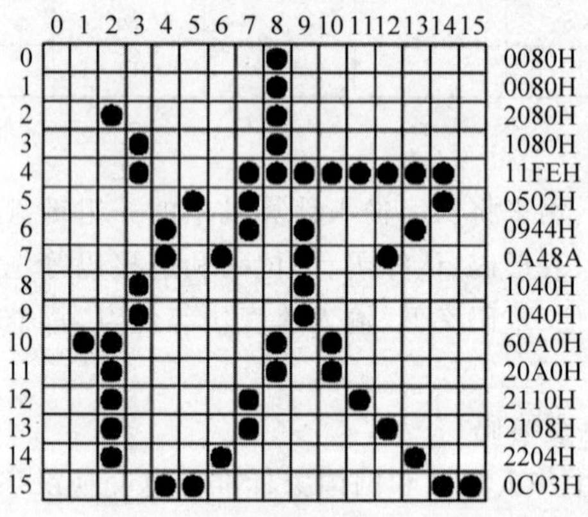

图4-1 16×16点阵的汉字

矢量表示方式存储的是描述汉字字形的轮廓特征。当要输出汉字时,通过计算机的计算,由汉字字形描述生成所需大小和形状的汉字点阵。矢量化字形描述与最终文字显示的大小、分辨率无关,因此可以产生高质量的汉字输出。Windows中使用的TrueType技术就是汉字的矢量表示方式。

4. 各种汉字代码之间的关系

汉字输入、处理和输出的过程实际是汉字的各种代码之间的转换过程,或者说是汉字代码在系统有关部件之间流动的过程,如图4-2所示。

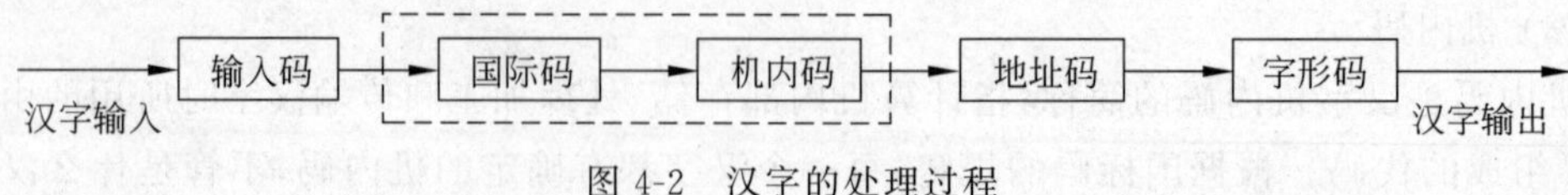

图4-2 汉字的处理过程

4.4　任务实施

通过本任务的学习，小林同学已经学会了各进制之间的转换规则，现在他要解答以下几个进制转换的问题。

数制转换

(1) $(54.75)_{10}=(\qquad\qquad)_2$

(2) $(1010110.01)_2=(\qquad\qquad)_{10}$

(3) $(67.25)_8=(\qquad\qquad)_2$

(4) $(\mathrm{F3B.D4})_{16}=(\qquad\qquad)_2$

(5) $(1010110110.1010)_2=(\qquad\qquad)_8$

(6) $(110110101010.10010)_2=(\qquad\qquad)_{16}$

解答过程如下。

(1) $(54.75)_{10}=(\qquad\qquad)_2$

整数部分：

除数	被除数/商	余数
2	54	
2	27	余0
2	13	余1
2	6	余1
2	3	余0
2	1	余1
	0	余1

故$(54)_{10}=(110110)_2$。

小数部分：

	取整数部分
$0.75\times2=1.5$	1
$0.5\times2=1.0$	1

故$(0.75)_{10}=(0.11)_2$。

最终结果为$(54.75)_{10}=(110110.11)_2$。

(2) $(1010110.01)_2=(\qquad\qquad)_{10}$

$$\begin{aligned}(1010110.01)_2&=1\times2^6+0\times2^5+1\times2^4+0\times2^3+1\times2^2+1\times2^1+0\times2^0+0\times2^{-1}+1\times2^{-2}\\&=64+0+16+0+4+2+0+0+0.25\\&=(86.25)_{10}\end{aligned}$$

最终结果为$(1010110.01)_2=(86.25)_{10}$。

(3) $(67.25)_8=(\qquad\qquad)_2$

$$\begin{array}{ccccccc}(& 6 & 7 & . & 2 & 5 &)_8\\ & \downarrow & \downarrow & & \downarrow & \downarrow & \\(& 110 & 111 & . & 010 & 101 &)_2\end{array}$$

最终结果为$(67.25)_8=(110111.010101)_2$。

(4) $(F3B.D4)_{16}=(\qquad)_2$

$$
\begin{array}{ccccccc}
(& F & 3 & B & . & D & 4\ )_{16} \\
 & \downarrow & \downarrow & \downarrow & & \downarrow & \downarrow \\
(& 1111 & 0011 & 1011 & . & 1101 & 0100\ )_{2}
\end{array}
$$

最终结果为$(F3B.D4)_{16}=(111100111011.11010100)_2$。

(5) $(1010110110.1010)_2=(\qquad)_8$

$$
\begin{array}{cccccc}
(\ 001 & 010 & 110 & 110 & . & 101)_{2} \\
\downarrow & \downarrow & \downarrow & \downarrow & & \downarrow \\
(\ 1 & 2 & 6 & 6 & . & 5\ )_{8}
\end{array}
$$

最终结果为$(1010110110.1010)_2=(1266.5)_8$。

(6) $(110110101010.10010)_2=(\qquad)_{16}$

$$
\begin{array}{cccccc}
(\ 1101 & 1010 & 1010 & . & 1001 & 0000)_{2} \\
\downarrow & \downarrow & \downarrow & & \downarrow & \downarrow \\
(\ D & A & A & . & 9 & 0)_{16}
\end{array}
$$

最终结果为$(110110101010.10010)_2=(DAA.9)_{16}$。

课后练习

一、填空题

1. 二进制数 10011010.1011 转换成八进制数是________。

2. 已知一个十六进制数为 8AE6，其二进制数表示为________。

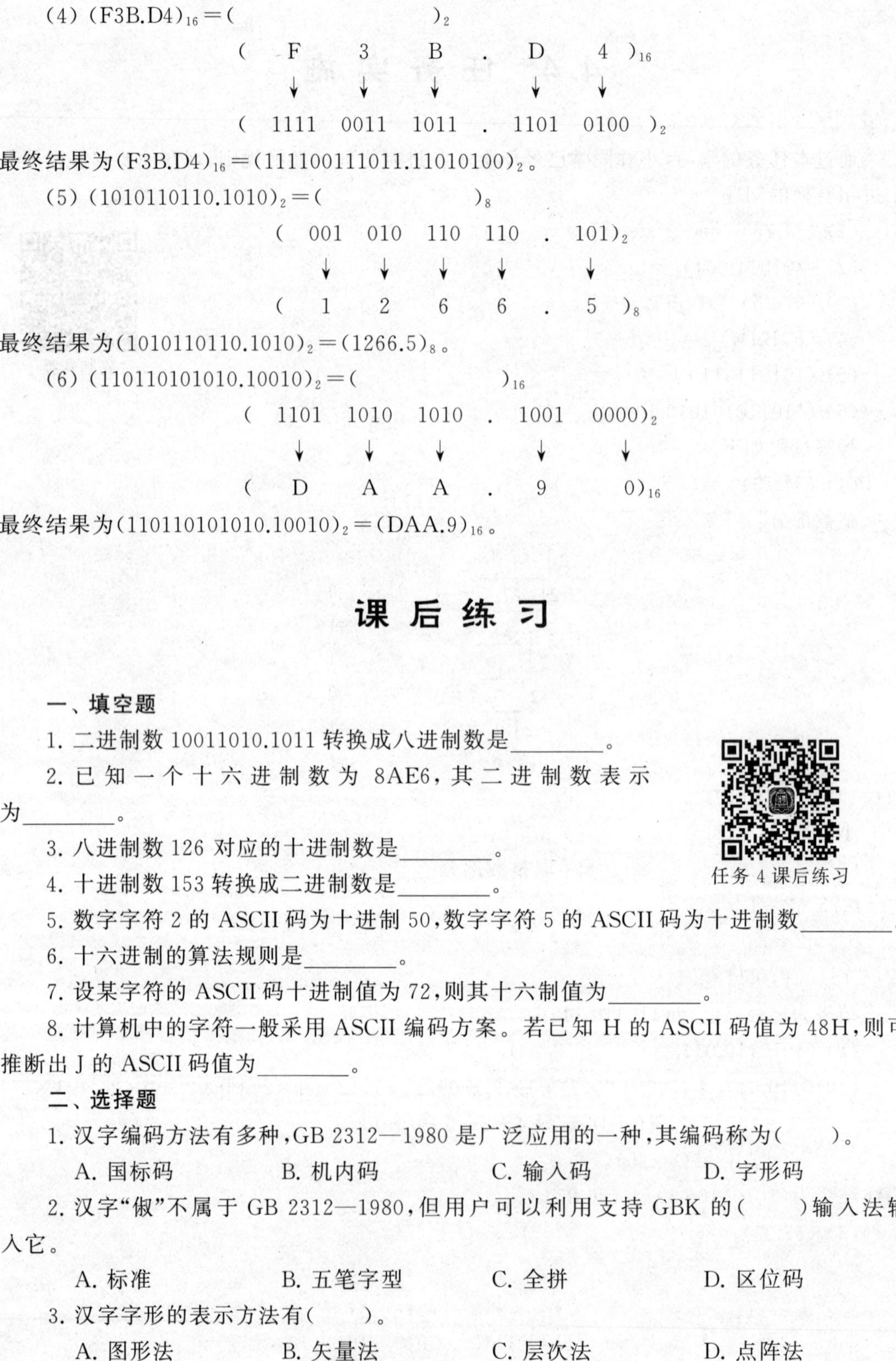

任务 4 课后练习

3. 八进制数 126 对应的十进制数是________。

4. 十进制数 153 转换成二进制数是________。

5. 数字字符 2 的 ASCII 码为十进制 50，数字字符 5 的 ASCII 码为十进制数________。

6. 十六进制的算法规则是________。

7. 设某字符的 ASCII 码十进制值为 72，则其十六制值为________。

8. 计算机中的字符一般采用 ASCII 编码方案。若已知 H 的 ASCII 码值为 48H，则可推断出 J 的 ASCII 码值为________。

二、选择题

1. 汉字编码方法有多种，GB 2312—1980 是广泛应用的一种，其编码称为(　　)。

A. 国标码　　B. 机内码　　C. 输入码　　D. 字形码

2. 汉字"俶"不属于 GB 2312—1980，但用户可以利用支持 GBK 的(　　)输入法输入它。

A. 标准　　B. 五笔字型　　C. 全拼　　D. 区位码

3. 汉字字形的表示方法有(　　)。

A. 图形法　　B. 矢量法　　C. 层次法　　D. 点阵法

4. 640KB 等于(　　)字节。

A. 655360　　B. 640000　　C. 600000　　D. 64000

5. 以下不可能是十六进制数数码的是(　　)。

A. 0　　B. 9　　C. F　　D. H

6. 计算机中通常采用二进制,是因为(　　)。

A. 可以降低硬件成本　　B. 两个状态的系统具有稳定性

C. 二进制运算法则简单　　D. 上述三个原因都存在

7. 二进制数 1111100 转换成十进制是(　　)。

A. 62　　B. 60　　C. 124　　D. 248

8. 按对应的 ASCII 码比较,下列正确的是(　　)。

A. A 比 B 大　　B. f 比 Q 大　　C. 空格比逗号大　　D. H 比 R 大

9. 十进制数 58.75 转换成十六进制数是(　　)。

A. A3.C　　B. 3A.C　　C. 3A.12　　D. C.3A

10. 下列字符中,ASCII 码值最大的是(　　)。

A. 9　　B. D　　C. a　　D. y

第二部分
Windows 10 操作系统

Microsoft Windows 是美国微软公司于 1985 年设计和研发的具有图形用户界面(Graphical User Interface,GUI)的多任务桌面操作系统。随着计算机硬件和软件的不断升级,微软公司一直致力于 Windows 操作系统的开发和完善,系统版本从最初的 Windows 1.0 到大家熟知的 Windows 95、Windows 98、Windows ME、Windows 2000、Windows 2003、Windows XP、Windows Vista、Windows 7、Windows 8、Windows 8.1、Windows 10 和 Windows Server 企业级操作系统。

第二部分 Windows 10 操作系统

Microsoft Windows 是美国微软公司于 1985 年研发的一套操作系统，它采用了图形化(Graphical User Interface,GUI)的多任务窗口操作系统，随着计算机硬件和软件的不断升级，微软的 Windows 操作系统也在不断升级，从架构的 16 位、32 位再到 64 位，系统版本从最初的 Windows 1.0 到大家熟知的 Windows 95、Windows 98、Windows ME、Windows 2000、Windows 2003、Windows XP、Windows Vista、Windows 7、Windows 8、Windows 8.1、Windows 10 和 Windows Server 服务器企业级操作系统。

任务5　了解 Windows 10 的基本操作

学习目标

➢ 掌握操作系统基本知识。

➢ 能够进行操作系统的基本设置。

任务描述

小林已经安装了 Windows 10 操作系统，但对新系统的功能界面还不熟悉，所以他想通过学习掌握系统的基本操作，并能设置常用桌面图标。

5.1　操作系统概述

5.1.1　操作系统的基本概念

操作系统（Operating System，OS）的作用是管理计算机系统的硬件、软件及数据资源；控制程序运行，改善人机界面；为其他应用软件提供支持，让计算机系统所有资源最大限度地发挥作用；提供各种形式的用户界面，使用户有一个良好的工作环境；为其他软件的开发提供必要的服务和相应的接口等。操作系统关系图如图 5-1 所示。

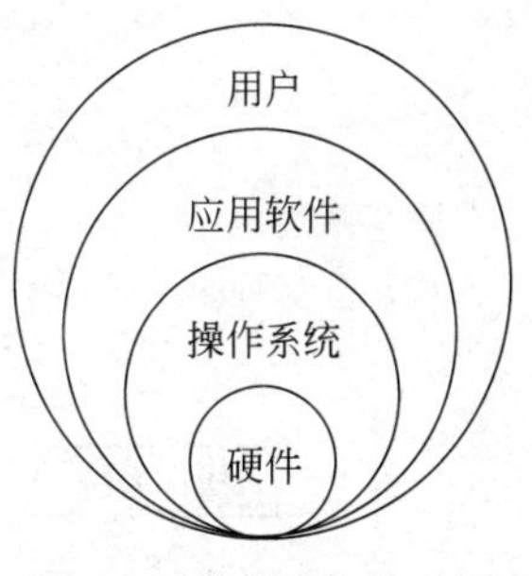

图 5-1　操作系统关系图

5.1.2　操作系统的功能

操作系统位于底层硬件与用户之间，是两者沟通的桥梁。以现代观点而言，一台标准个人计算机（PC）的操作系统（OS）应该具有以下的功能。

1. 处理器管理

处理器管理主要针对 CPU 资源的管理；当多个程序同时运行时，操作系统要解决处理器（CPU）时间的分配问题，充分发挥 CPU 的作用，为所有用户服务，从而提高计算机的使用效率。

2. 存储器管理

存储器管理是对内存储器的管理；操作系统主要是为各个程序及其使用的数据合理分配存储空间，并保证它们互不干扰。

3. 设备管理

根据用户提出的使用设备的请求进行设备分配，同时还能随时接受设备的中断请求等，如要求输入信息。

4. 文件管理

文件管理主要负责文件的存储、检索、共享和保护等一般管理。它主要包括管理文件的目录，执行用户提出的文件命名、更名、存取、修改、删除等实用的各种文件操作。

5. 作业管理

作业是指用户为完成一个任务，要求计算机所做的全部工作。操作系统为用户提供一个使用计算机的界面，使其可以方便地运行自己的作业，并对所有进入系统的作业进行调度和控制，尽可能高效地利用整个系统的资源。

除了以上五大类别管理以外，操作系统还必须实现一些标准的技术处理，如标准输入/输出、系统对可预见的异常进行的中断处理，系统自动实现的纠错功能。

5.1.3 操作系统的分类

操作系统的种类非常多，各种设备安装的操作系统从简单到复杂，很难用单一标准统一分类。下面介绍几种常见的操作系统分类方法，如图 5-2 所示。

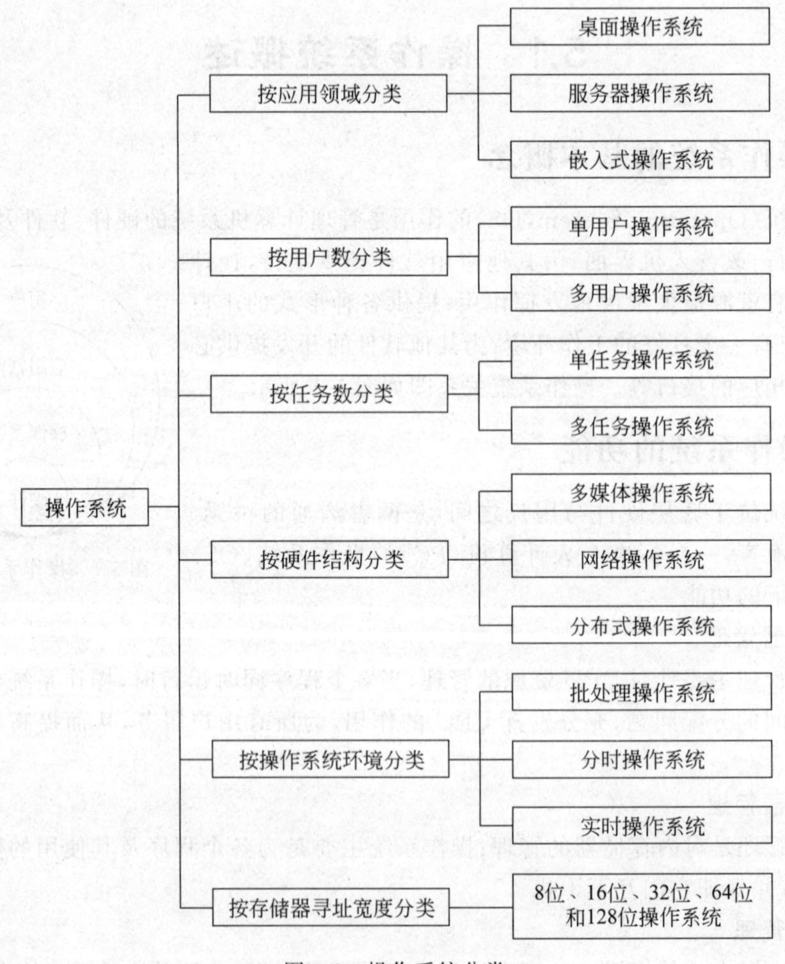

图 5-2 操作系统分类

5.1.4 典型操作系统介绍

提起计算机操作系统，人们首先想到的就是微软公司的Windows操作系统，除Windows之外，Mac OS X、Linux、UNIX都是不错的操作系统。

1. Windows 操作系统

Windows是由微软公司成功开发的多任务操作系统，采用基于MS-DOS的图形窗口界面，用户对计算机的各种复杂操作只需通过单击鼠标就可以实现。Windows系统可以在32位和64位的Intel和AMD处理器上运行，应用软件较为丰富，能够满足大多数人的需要，是全球使用人数最多的操作系统，被广泛应用于日常工作与生活的各个领域。

2. Mac OS X 操作系统

Mac系统是苹果公司基于UNIX操作系统进行深度再开发的操作系统，是苹果产品专属系统。它的优点是图形处理功能和多媒体功能非常出色，界面美观，操作简便；缺点是通常只能运行在苹果品牌的产品，应用软件远远比不上Windows系统丰富，Mac的用户相对较少。

3. Linux 操作系统

Linux是基于POSIX和UNIX的多用户、多任务，且支持多线程和多CPU的操作系统。因开源的特性，系统的漏洞更容易被发现，也更容易被修补，常被用作各种服务器操作系统，Android系统就是基于Linux开发出来的。

4. UNIX 操作系统

UNIX操作系统是一个强大的多用户、多任务操作系统，支持多种处理器架构，属于分时操作系统，具有强大的可移植性，适合多种硬件平台，系统的可操作性很强，其安全性、稳定性方面都高于Linux操作系统。

5.2 Windows 操作系统的发展史及功能

5.2.1 Windows 操作系统的发展史

Windows是美国微软公司研发的一套操作系统，系统版本从最初的Windows 1.0到大家熟知的Windows XP、Windows 7、Windows 10，并且还在不断持续更新和维护中。

Windows 1.0是微软公司第一次对PC操作平台进行用户图形界面的尝试，它用窗口替换了命令提示符，整个操作系统变得更有组织性，屏幕变成了虚拟桌面。而Windows 2.0最大的变化是允许应用程序的窗口在另一个窗口之上显示，从而构建出层次感和深度感，为以后统治用户桌面的Wintel联盟奠定了基础。

从Windows 95开始，微软成为桌面领域的霸主。Windows 98是微软首个专门面向普通家庭用户设计的Windows系统，它的娱乐功能超过同时代的任何计算机产品，最值得一提的是附带了整合式IE浏览器，标志着操作系统开始支持互联网时代的到来。从Windows XP开始，Windows系统开始利用GPU加强系统的视觉效果，半透明、阴影等视觉元素开始出现在Windows系统中。此外，Windows XP生于新旧时代技术交接的夹缝中，软件商和硬件商的跟进让Windows XP的软硬件兼容问题在很大程度上得到了解决，为

Windows XP 的成功创造了有利的条件。

2009 年 10 月 22 日 Windows 7 发布。Windows 7 在上一代产品的基础上对界面进行了更多优化,并就用户对 Windows Vista 所提出的问题进行了改善,剔除了 Windows Vista 许多臃肿的功能。Windows 7 使用了 Windows NT 6.1 内核,与 Windows Vista 相比,内核方面只做了小幅优化,与 Windows Vista 之间没有很严重的兼容性问题,但却比 Windows Vista 更加节省资源。从视觉效果来看,Windows 7 在任务栏上首次引入标签功能,即用户可将某一应用"钉"在任务栏,并能通过鼠标悬放预览非激活状态下的应用程序运行情况。2015 年 7 月 29 日,Windows 10 在美国发行,作为微软公司下一代系统的统一品牌名,覆盖了所有尺寸和品类的 Windows 设备。从微型计算机、手机、平板电脑、桌面计算机及服务器,所有设备共享一个应用商店。这个操作系统意在为传统 Windows(Windows 7 及之前版本)系统用户在保留原有操作和认知习惯的基础上获得最新的 Windows 技术和应用,如图 5-3 所示。

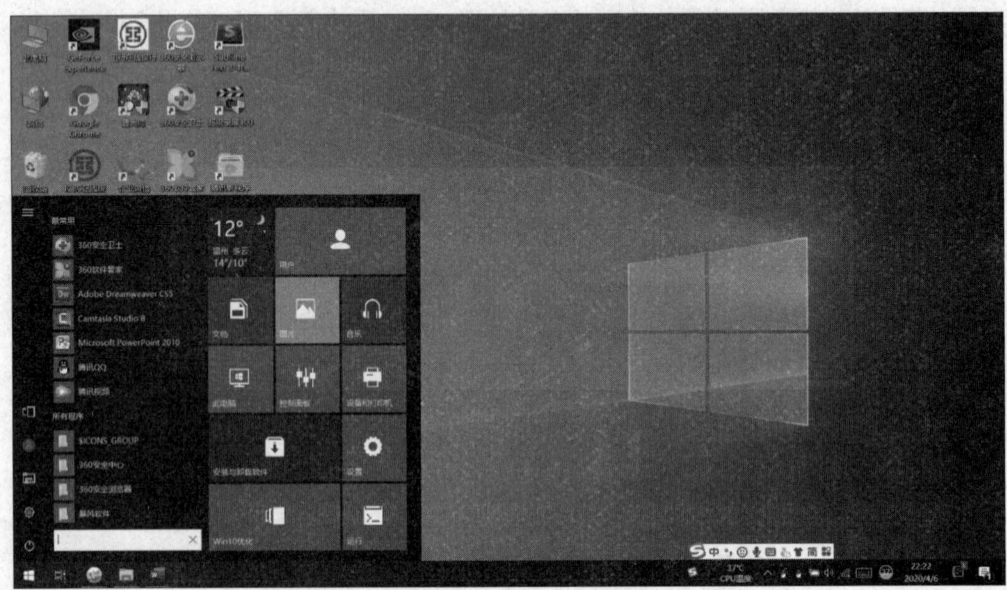

图 5-3　Windows 10 系统界面

5.2.2　Windows 10 操作系统的功能

1. Windows 10 的主要特点

Windows 10 是微软公司开发的新一代具有革命性变化的操作系统,主要特点如下。

(1)"开始"屏幕与"开始"菜单

Windows 10 最重要的功能应当属于"开始"菜单的回归,特别是对于使用鼠标和键盘的普通计算机(非触屏)用户来说。Windows 8 中原本属于"开始"屏幕的动态磁贴被整合到"开始"菜单内,用户还可手动将其拓展至全屏,这样的改动显然更加直观和人性化。

(2)平板电脑模式

为了照顾平板电脑用户的需要,Windows 10 提供了一个新的平板模式。在该模式中,所有的桌面窗口又会再次变成全屏。当然,如果用户需要进入传统的桌面界面进行较为复杂的多任务操作，或是为设备插上鼠标和键盘，也可以选择将平板模式关闭，这样的设定无疑非常实用，也让混合设备的使用更加方便。

(3) 应用商店

Windows 8的应用商店会以全屏状态运行，并不适合普通计算机用户进行操作。而在Windows 10中，应用商店以窗口模式运行，可以让它更好地融入用户的操作和使用中。

(4) 高级用户功能

除了“开始”菜单的加入以及其他界面上的改动之外，Windows 10还为高级用户准备了一些新的功能。

① 虚拟桌面。该功能允许用户假装自己拥有多个显示器，并将窗口跨越多个不同的工作区域进行排列。如果在同一时间内需要处理大量应用，但又受限于屏幕空间，这个功能非常有用。

② Windows 10还对命令提示符功能进行了升级，完善了命令输入工具部分基本的功能，比如复制及粘贴。此外，命令提示符还能支持其他许多新的选项和快捷键，这也使其变得更加强大和易用。

(5) Cortana

Cortana是微软公司为自家手机操作系统所开发的虚拟助手，现在它也服务于Windows用户，如图5-4所示。Cortana可以用来在PC上执行搜索任务，无论是搜索文件、应用还是运行网页搜索，都非常快捷。更重要的是，它还能了解用户的兴趣，并追踪他们的行踪，提供量身定制的实用信息，比如天气预报、会议提醒以及目的地导航。Cortana还将被整合到新的Spartan网页浏览器中，为用户提供所需要的网站相关信息，比如当前浏览餐馆的评论和导航。Cortana还能支持自然语言输入，用户可以像平常说话一样和它进行交流，而不必刻意使用正式的措辞。

(6) 通知

Windows 10的另一个实用功能是通知中心。在这里会看到所有的提醒，包括新邮件、Windows升级或是安全标志，如图5-5所示。尽管这是来源于手机界面的功能，但无论对于PC还是触屏用户，通知中心都是一个非常简单实用的功能。

图5-4　Cortana界面

图5-5　通知中心

(7) Xbox应用、DirectX 12和游戏功能

Windows 10包含了游戏用户非常感兴趣的功能，首先就是Xbox应用。它正在成为系统的游戏中枢，在这里可以追踪自己的Xbox游戏状态，和朋友聊天或是浏览他们的Xbox

动态信息。此外,该应用还整合了其他一些重要的游戏功能,比如游戏串流功能。跨平台游戏也是新功能之一,还可以对任何一款游戏进行视频录制,就像是在 Xbox One 上面一样。除此之外,Windows 10 还将独享微软公司最新开发的游戏 API DirectX 12,预计它能为新款 PC 游戏带来性能和图像上的大幅提升。

(8) 网页浏览

微软公司在其 Build 2015 开发者大会上宣布,微软 Windows 10 操作系统内置的全新网页浏览器 Project Spartan 最终正式命名为 Edge 浏览器。Edge 浏览器也是微软公司首款直接与 Cortana 语音助手进行整合的网页浏览器,用户能够看到的只有网页,而浏览器中任何其他可能会减缓页面加载速度的按键和菜单等都将不复存在。微软公司弃用 IE,使用新简化设计的 Edge 浏览器向谷歌公司和火狐公司发起挑战,用来赢回 Windows 8 和 IE 丢失的用户。

(9) 夜间及色盲模式

经常在晚上使用计算机的人总会觉得屏幕过于刺眼,这主要是由于屏幕发出了过多的蓝光所引起的。Windows 10 中内置了一种夜间模式,可以大幅度滤除屏幕里的蓝色光波,如图 5-6 所示。滤除强度用户可以自行调节,也能随日出日落自动开启。

(10) 色盲模式

Windows 10 内嵌了一项专为色盲、色弱用户打造的“颜色滤镜”。只要告诉计算机色彩障碍倾向(如红弱、绿弱、蓝弱等),Windows 10 就会自动完成校准,如图 5-7 所示。需要注意的是,校准结果会自动应用于所有场合,如文档、网页、视频、游戏,非常实用。

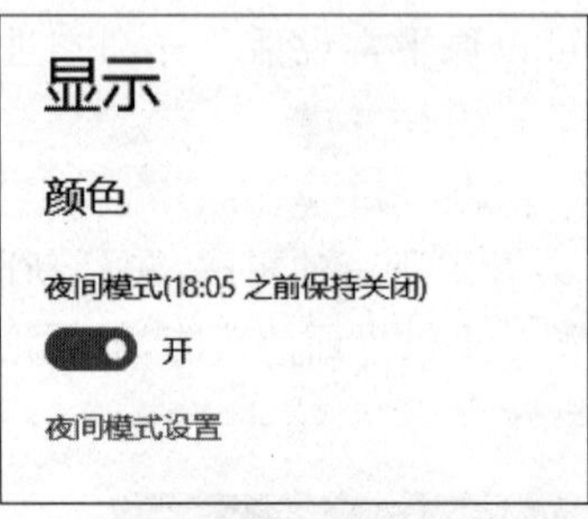

图 5-6　夜间模式

图 5-7　颜色滤镜

2. 安装 Windows 10

安装 Windows 10 需要一定的硬件环境,推荐配置如表 5-1 所示。

表 5-1　Windows 10 推荐配置表

处理器	双核以上处理器
内存条	2GB 或 3GB(32 位);4GB 或更高(64 位)
硬盘可用空间	20GB 或更高(32 位);40GB 或更高(64 位)
显卡	DirectX 9 或更高版本(包含 WDDM 1.3 或更高驱动程序)
固件接口	UEFI 2.3.1,支持安全启动
显示器	分辨率为 800×600 像素或更高

3. Windows 10 的启动与退出

计算机的启动分为冷启动与热启动。冷启动是指通过加电启动计算机;热启动是指计算机的电源已经打开,在计算机的运行过程中重新启动计算机的过程。

成功安装 Windows 10 之后,检查所有设备都已通电,直接开机就可以启动 Windows 10。在启动过程中可能需要输入用户密码,之后出现 Windows 10 的桌面屏幕工作区,启动完成。

进入 Windows 系统后,若出现增加新的硬件设备、软件程序,或修改系统参数,或软件故障,或病毒感染等情况时,需要通过"开始"菜单中的"重启"命令热启动计算机,如图 5-8 所示。

4. Windows10 的桌面

桌面是用户和计算机进行交流的窗口,通过桌面用户可以有效地管理自己的计算机,桌面可以存放用户经常用到的应用程序和文件夹图标。

图标用来表示计算机内的各种资源(文件、文件夹、磁盘驱动器、打印机等),桌面上的常用图标有此电脑、回收站、控制面板、应用程序快捷图标等,如图 5-9 所示。

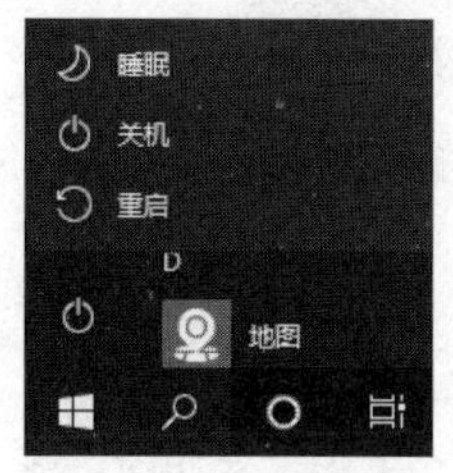

图 5-8 "关闭"选项

图 5-9 桌面图标

纯净版 Windows 10 系统和原版 Windows 10 系统在第一次进入桌面时没有"此电脑"等图标,只要右击桌面空白处,选择"个性化"→"主题"→"桌面图标设置"命令,选中"计算机"等选项即可,如图 5-10 所示。

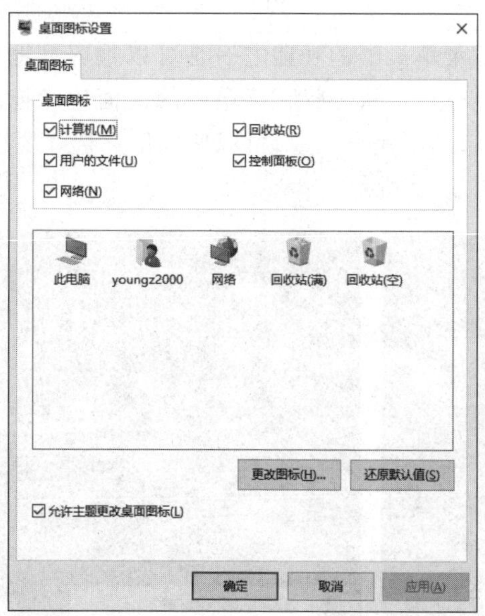

图 5-10 设置桌面图标

随着计算机软件的增加或减少，桌面图标大小有时候看起来不是很美观，可以在桌面空白处右击，选择“查看”命令调整图标的大小。有三种大小可以选择，默认为中等大小，如图 5-11 所示。还有一种随意修改大小的方法：按住 Ctrl 并滚动鼠标滚轮，可以随意缩放图标。另外，还可以通过右键快捷菜单对图标进行排序、显示或隐藏等设置。

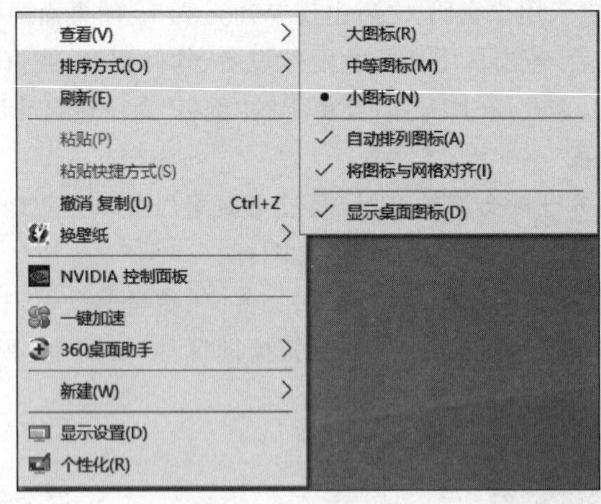

图 5-11 桌面图标的设置

5. “开始”菜单

Windows 10 的“开始”菜单融合了 Windows 7 的“开始”菜单以及 Windows 8/Windows 8.1 的“开始”屏幕的特点，左侧为常用项目和最近添加项目显示区域，另外还用于显示所有应用列表；右侧是用来固定应用磁贴或图标的区域，方便快速打开应用。与 Windows 8/Windows 8.1 相同，Windows 10 中也引入了新类型 Modern 的应用，对于此类应用，如果应用本身支持，还能够在动态磁贴中显示一些信息，用户不必打开应用即可查看一些简单信息。

Windows 10 的“开始”菜单最酷的功能之一是可以很容易地进行调整。如果觉得默认视图过于高且窄，只要用鼠标指针从“开始”菜单中的任何边缘拖动，它就会进行实时调整。如果对“开始”菜单的默认布局不完全满意，可以使用鼠标选择要移动的图标，然后将其拖到合适的地方进行重组，如图 5-12 所示。

图 5-12 “开始”菜单界面

如果想调整“开始”菜单中的任一图标，只需右击它，然后将鼠标光标悬停在“调整大小”选项上，即可缩小或放大。同样，右键快捷菜单可以用来关闭动态磁贴功能的任何应用程序，甚至完全删除图标，如图5-13所示。

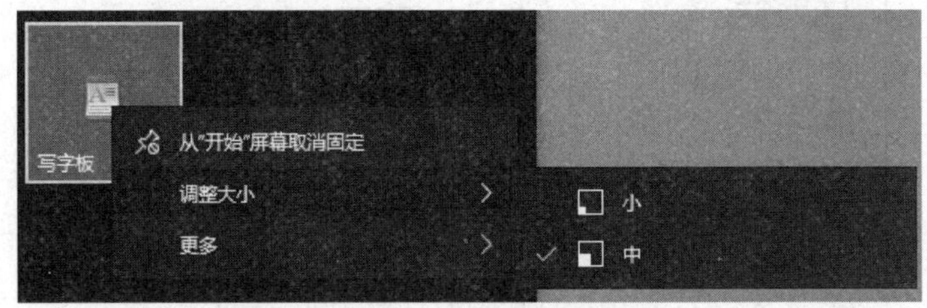

图5-13　调整“图标”布局

Windows 10的“开始”菜单不仅是一个放置更新消息的地方，与以前的Windows版本一样，通过“开始”菜单还可访问安装的应用程序。打开“开始”菜单时，所有安装的应用程序按字母顺序列出，单击字母可按字母顺序查询安装的程序。如果特定的应用程序要经常使用，只需右击应用程序，然后选择“固定到‘开始’屏幕”即可，如图5-14所示。

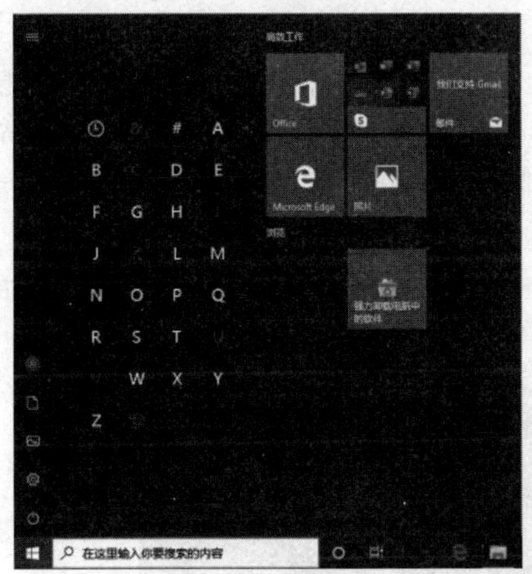
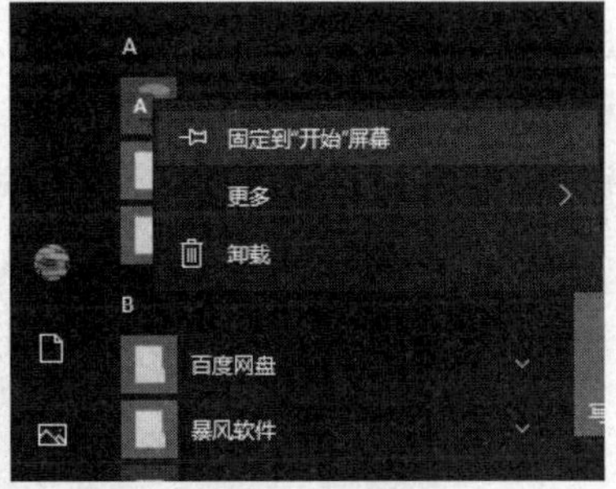

图5-14　“开始”菜单项目的查看与添加

6. Windows 10的任务栏

Windows 10任务栏是系统桌面操作最频繁的组件之一。在使用任务栏的过程中，多人共用计算机或使用了其他设置软件，都有可能造成固有的任务栏设置发生改变，从而引起任务栏出现了问题的“假象”。熟练掌握任务栏的设置方法，有利于顺利解决任务栏使用过程中出现的问题，如图5-15所示。

（1）任务栏跑偏而无法恢复到原位

任务栏移到了桌面左右侧或顶部，无论怎么拖动，均无法移回到默认的屏幕下端，这往往是由于任务栏被锁定造成的。可右击任务栏并选择“任务栏设置”命令，先将“锁定任务栏”开关置于“关”的位置，然后选择“任务栏在屏幕上的位置”列表中的“底部”选项即可。

（2）任务栏占用空间无法释放

无论是切换到平板模式还是在桌面模式，桌面底部的任务栏通常都会占用空间，这对于

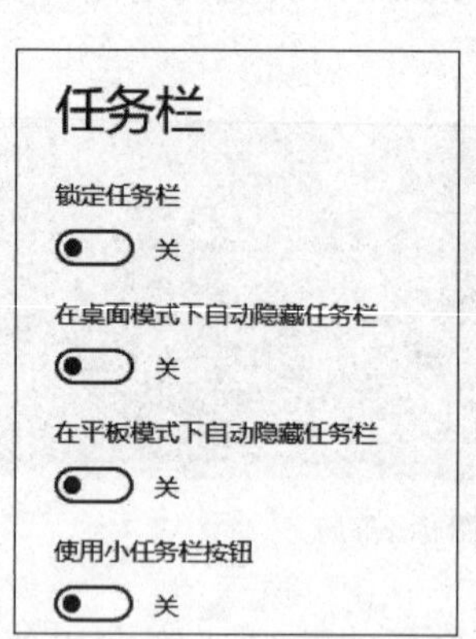

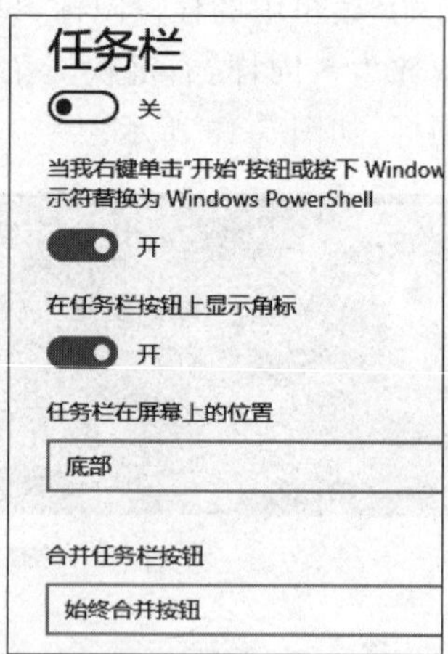

图 5-15　任务栏的设置

小尺寸的显示屏来说非常不利于空间的利用。这部分空间能释放出来吗？只要将任务栏自动隐藏起来，就能腾出更多空间。在系统设置的“任务栏”设置窗口中将“在桌面模式下自动隐藏任务栏”和“处于平板电脑模式时自动隐藏任务栏”两个开关均置于“开”的状态即可。

任务栏本身空间也有不够用的问题。由于一次处理的任务太多，任务栏不能完全显示所有图标时，将任务栏设置列表中的“使用小任务栏按钮”开关打开，就可以让任务栏容纳更多的图标。与此同时，在“合并任务栏按钮”选项列表中选择“任务栏已满时”或“始终合并按钮”选项，也可以让任务栏容纳更多的图标。

如果觉得任务栏的搜索栏所占位置太大，想变小或隐藏，只要右击任务栏上的 Cortana 图标或搜索框，选择“搜索”→“隐藏搜索图标”命令即可，如图 5-16 所示。

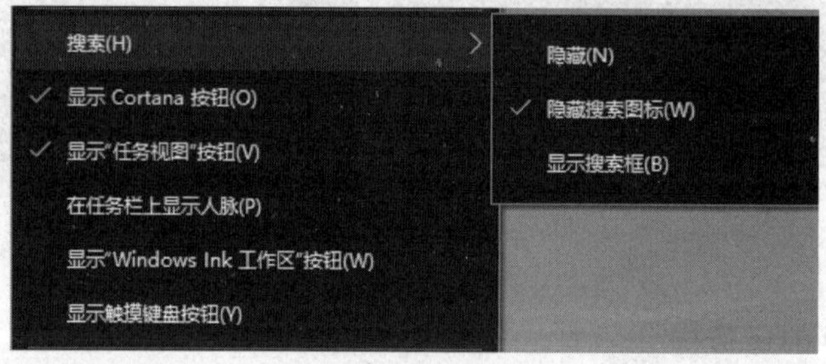

图 5-16　隐藏搜索图标

(3) 使程序图标从系统托盘中消失

如果要显示系统托盘中消失的时钟、音量、网络、电源等图标，可在“任务栏”设置窗口中单击“通知区域”选项区的“打开或关闭系统图标”选项，然后打开系统图标后面的开关即可，如图 5-17 所示。

Windows 10 系统任务栏右下角放置了 QQ 图标、喇叭、时间、日期等常用的程序，如果程序过多会隐藏部分图标，单击小三角形就可看到隐藏的程序。在系统设置的“任务栏”设置窗口中单击“通知区域”选项区的“选择哪些图标显示在任务栏上”选项，选中或取消选中相关选项，如图 5-18 所示。

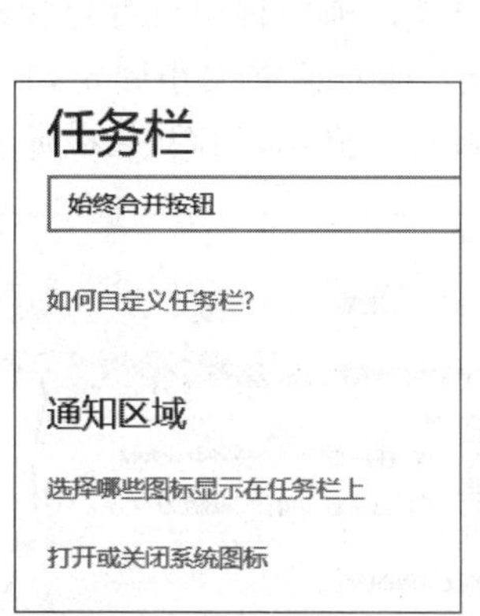

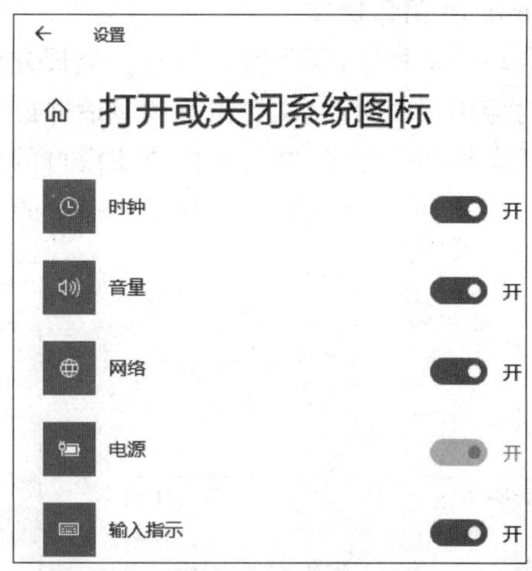

图 5-17　任务栏程序图标的设置

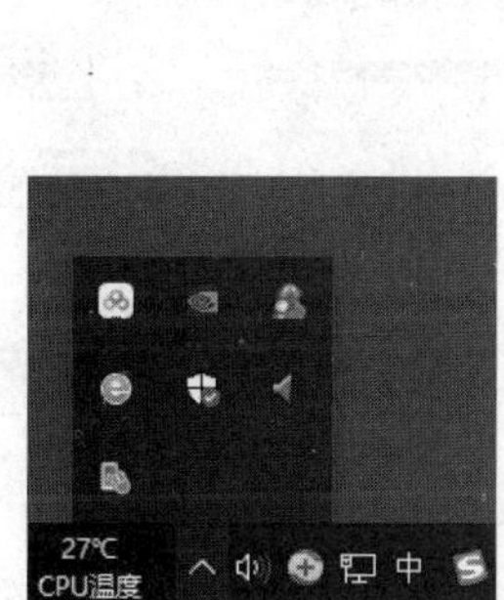

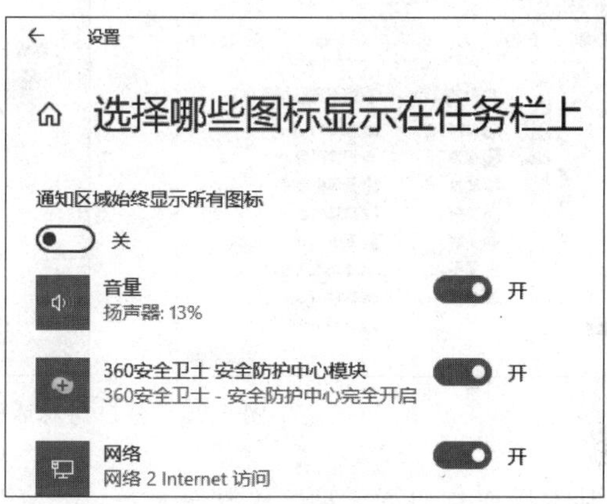

图 5-18　确定通知区域是否显示相关图标

(4) 在任务栏中右击"开始"菜单命令提示符丢失

在"开始"按钮上右击或按 Win+X 组合键,如果无法显示"命令提示符"和"命令提示符(管理员)"命令,可在右键快捷菜单中将命令提示符替换为"Windows PowerShell"命令,开关置于"关"的位置,则"命令提示符"和"命令提示符(管理员)"命令就会再现,如图 5-19 所示。

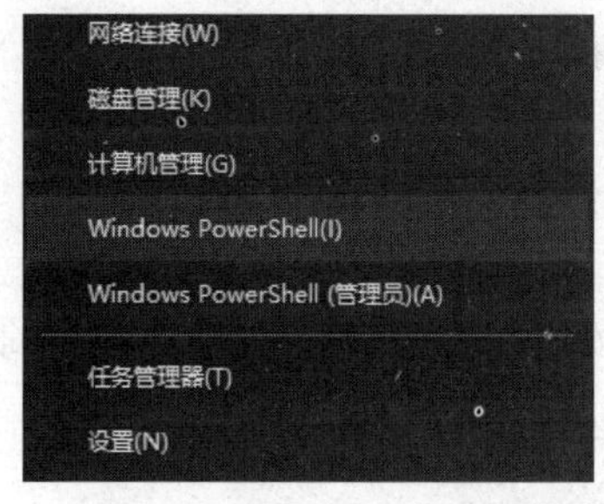

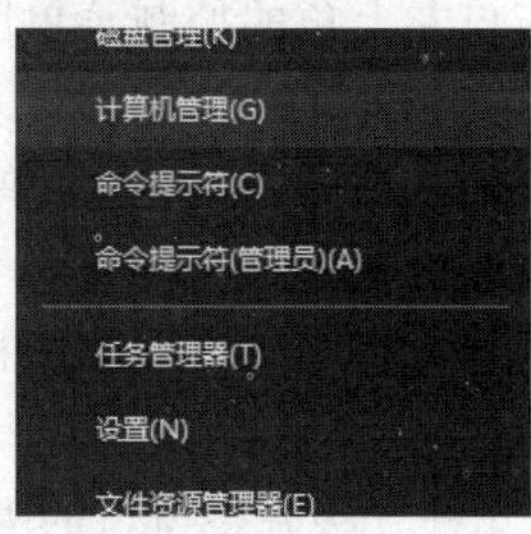

图 5-19　任务栏中命令提示符的设置

7. Windows 10 窗口操作

计算机启动一个程序，桌面就会打开一个长方形区域，通常称这个长方形区域为窗口。窗口一般分为应用程序窗口、文档窗口和对话框窗口三类。前两种窗口都包含标题栏、菜单栏、工具栏、状态栏和工作区，并且可以改变窗口的大小，而对话框大小固定，只包含按钮和各种选项，通过它们可以完成特定的任务或命令的人机交互操作，如图 5-20 所示。

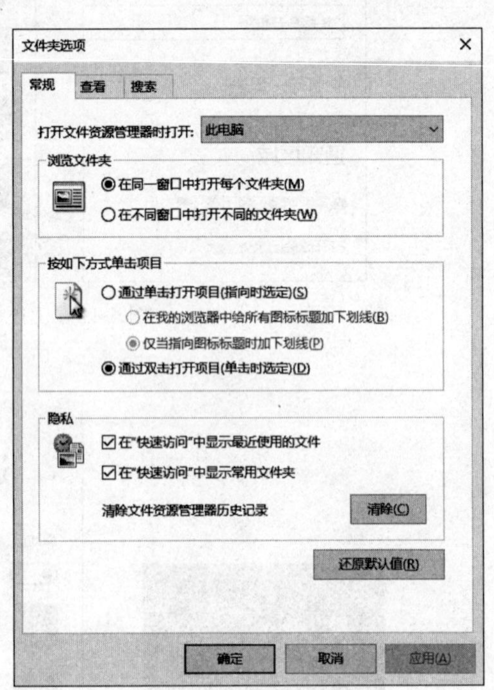

图 5-20　窗口与对话框

窗口的基本操作有如下 5 种。

(1) 窗口的打开和关闭

通过以下几种方法均可以打开相应的窗口。

① 双击桌面上的快捷方式图标。

② 单击“开始”菜单中的“所有程序”下的子菜单。

③ 在“此电脑”中双击某一程序或文档图标。

通过以下几种方法可以关闭相应的窗口。

① 双击程序窗口左上角的控制菜单图标。

② 单击程序窗口左上角的控制菜单图标，选择“关闭”命令。

③ 单击窗口右上角的“关闭”按钮。

④ 右击标题栏的空白处，在快捷菜单中选择“关闭”命令。

⑤ 按 Alt+F4 组合键。

⑥ 将光标指向任务栏中的窗口的图标按钮并右击，然后选择“关闭”命令。

(2) 调整窗口的大小

可以通过以下几种方法调整窗口的大小。

① 单击窗口右上角的控制按钮。

② 右击窗口的标题栏，使用“还原”“最大化”“最小化”命令。

③ 在窗口最大化时，双击窗口的标题栏可以还原窗口；反之则将窗口最大化。

④ 显示桌面，可将所有打开的窗口最小化。

⑤ 当只需使用某个窗口，而将其他所有打开的窗口都隐藏或最小化时，可以通过晃动鼠标实现。

⑥ 将窗口拖到桌面最上方会自动最大化，将窗口略微向下移动会自动还原；将窗口拖到桌面的边缘会自动变成半屏大小，将窗口拖到桌面 4 个角会自动变成四 1/4 窗口大小。

⑦ 当窗口不是最大化时，将鼠标指针放在窗口的 4 个角或 4 条边上，此时指针将变成双向箭头，按住左键向相应方向拖动，即可调整窗口的大小。

(3) 窗口的移动

通过以下几种方法可以移动窗口。

① 自由移动：鼠标指针移到窗口的标题栏上，按住左键不放并移动鼠标，到达预期位置后松开鼠标按键。

② 精确移动：在标题栏上右击，在弹出的快捷菜单中选择“移动”命令，当屏幕上出现✥标志时，通过按键盘上的方向键进行移动，移到合适的位置后用鼠标单击或者按 Enter 键确认即可。

(4) 窗口的切换

Windows 10 窗口切换让系统更加人性化，通过以下方法可以完成窗口的切换。

① 任务栏切换：单击任务栏中的窗口按钮，对应窗口将显示在其他窗口前面，成为击活窗口。

② 用 Alt+Tab 组合键：在 Windows 10 中按下 Alt+Tab 组合键后，就会出现 Task View 界面，它对窗口切换和管理功能进行了整合。按住 Alt 键，同时重复按 Tab 键选择窗口，释放 Alt 键可以显示所选窗口，如图 5-21 所示。

图 5-21　切换任务栏

用 Alt+Tab 组合键还可以有更快捷的切换窗口的方法。首先按住 Alt 键，然后用鼠标单击任务栏左侧的快捷程序图标(已打开两个或两个以上文件的应用程序)，任务栏中该图标上方就会显示该类程序打开的文件预览小窗口。接着放开 Alt 键，每按一次 Tab 键，即会在该类程序几个文件窗口间切换一次，大大缩小了程序窗口的切换范围，切换窗口的速度自然得到了提高。

(5) 窗口的排列

日常工作离不开窗口,尤其对于并行事务较多的桌面用户来说,没有一项好的窗口管理机制简直寸步难行。相比之前的操作系统,Windows 10 在这一点上改变巨大,提供了为数众多的窗口管理功能,能够方便地对各个窗口进行排列、分割、组合、调整等操作。

Aero Snap 是 Windows 7 中新增加的一项窗口排列功能,俗称“分屏”。当把窗口拖至屏幕两边时,系统会自动以 1/2 的比例排列。在 Windows 10 中,这样的热区被增加至7 个,除了之前的左、上、右 3 个边框热区外,还增加了左上、左下、右上、右下 4 个边角热区以实现更为强大的 1/4 分屏。同时新分屏可以与之前的 1/2 分屏共同存在。一个窗口分屏结束后,Windows 10 会自动询问用户另一侧打开哪个窗口,这项功能被称为“分屏助理”,如图 5-22 所示。

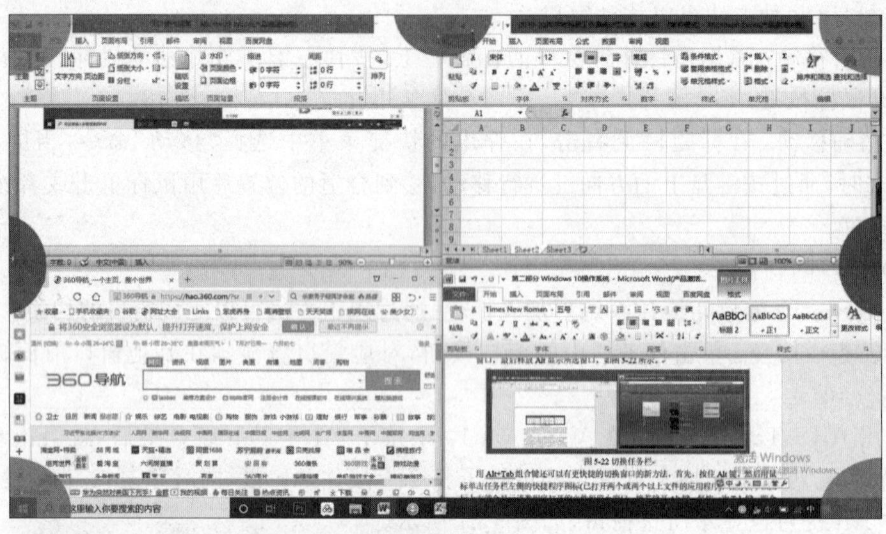

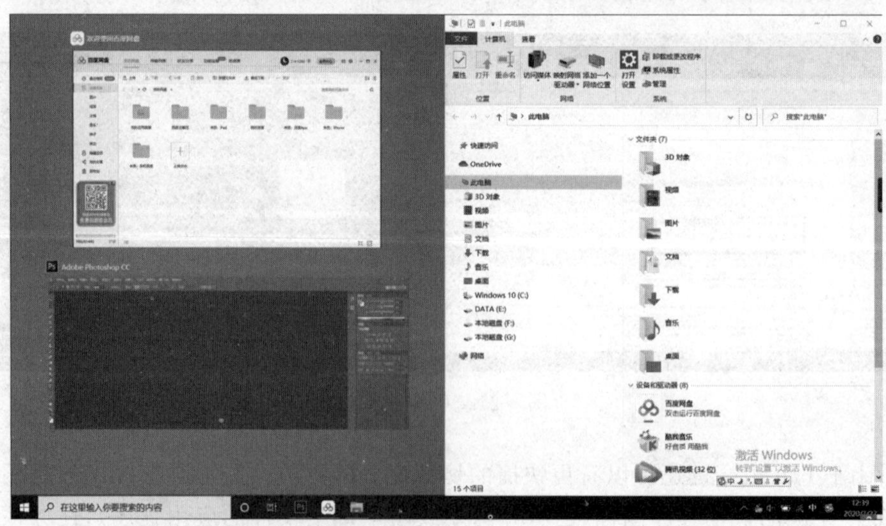

图 5-22 Windows 10 分屏热区示意图与分屏助理

虽然 Snap Mode 的使用非常方便,但过于固定的比例或许并不能每次都让人满意。当用户希望手工调整窗口的大小比例时,在 Windows 10 中,一个比较人性化的改进就是调整后的尺寸可以被系统识别。当一个窗口手工调大后(必须是分屏模式),第二个窗口会自动填充剩余的空间,原本应该出现的留白或重叠部分会自动整理,如图 5-23 所示。

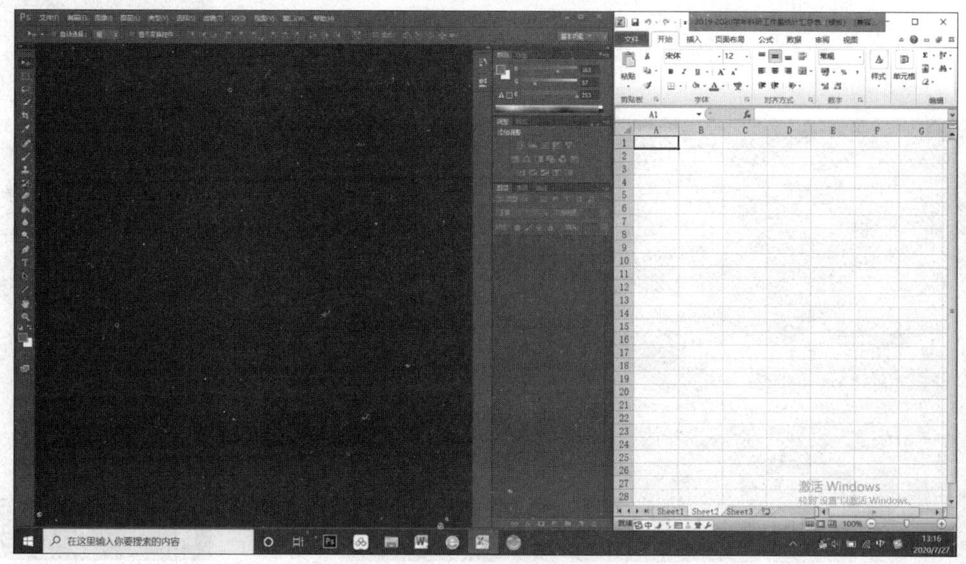

图 5-23 非比例分屏

如果要排列的窗口超过 4 个,分屏功能就显得有些不方便了,这时不妨试一试最传统的窗口排列法。具体方法是,右击任务栏空白处,然后选择"层叠窗口""堆叠显示窗口""并排显示窗口"命令之一,如图 5-24 所示。选择结束后,桌面上的窗口会瞬间变得有秩序起来,最为关键的是,Modem 应用也能使用这一功能,相比 Windows 8 或 Windows 8.1 是一个进步。

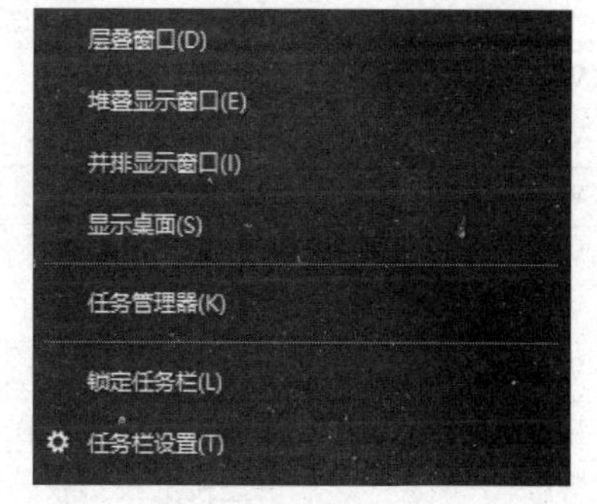

图 5-24 层叠、并排及堆叠窗口的命令

为了使窗口排列得更加高效整洁,Windows 10 还提供了虚拟桌面的功能。虚拟桌面的打开可以使用任务栏按钮,也可按 Win+Tab 组合键进入"任务视图"界面,通过最上侧的"新建桌面"或按 Win+Ctrl+D 组合键建立新桌面,如图 5-25 所示。当感觉当前桌面不够用时,只要将多余窗口用鼠标拖至其他桌面即可。如果需要关闭该桌面,按 Win+Ctrl+F4 组合键;如果要切换桌面,按 Win+Ctrl+左/右箭头组合键即可。

8. Windows 10 常用快捷键

与以往的系统一样,Windows 10 同样有对应的快捷键方便用户快速操作,如表 5-2 所示。

9. Windows 10 附件工具

在 Windows 7 中进行操作时,用户经常会使用附件里的一些小程序,比如画图、写字板等,然而升级到 Windows 10 之后,很多用户找不到附件了,那么 Windows 10 中的附件在哪里呢?单击"开始"菜单按钮,然后往下拖动,找到以 W 开头的命令,那些小程序都在"Windows 附件"中,如图 5-26 所示。

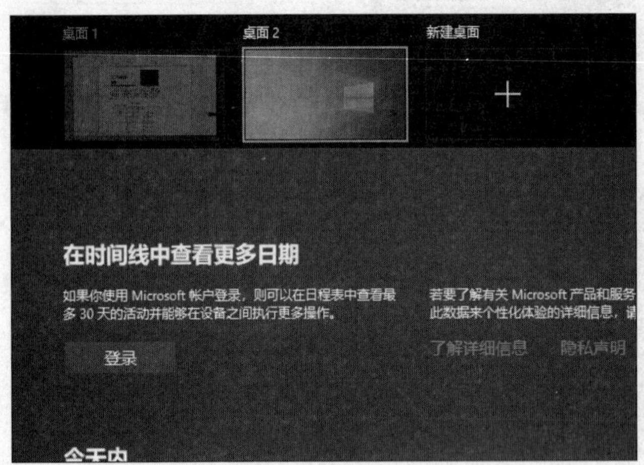

图 5-25　虚拟桌面

图 5-26　附件工具

表 5-2　Windows 10 常用快捷键

名　称	用　　途	名　称	用　　途
Win+A	激活操作中心	Win+C	通过语音激活 Cortana
Win+E	打开“资源管理器”	Win+X	打开高级用户功能
Win+G	打开游戏录制工具栏	Win+H	激活应用分享功能
Win+I	打开 Windows 10 设置	Win+K	激活无线显示器或音频连接
Win+R	打开“运行”对话框	Shift+Del	彻底删除文件或文件夹
Win+L	锁定屏幕	Alt+F4	关闭当前应用程序
Win+T	快速切换任务栏程序	Alt+Tab	切换当前程序
Win+P	快速接上投影仪	Alt+Esc	切换当前程序
Win+D	显示桌面	Print Screen	截屏桌面
Win+F	快速打开搜索窗口	Alt+Print Screen	截屏当前窗口
Win+Tab	激活任务视图	Alt+Backspace	撤销上一步操作
Win+Space	快速显示桌面	Shift+Alt+Backspace	重做上一步被撤销的操作
Win+Break	快速查看“系统属性”	Ctrl+F4	关闭应用程序中的当前文本
Win+方向键	上、下、左、右移动窗口	Ctrl+F6	切换到应用程序中下一个文本
Win+S	激活 Cortana(微软小娜)	Shift+F10	打开当前活动项目的快捷菜单
Win+数字键	快速打开任务栏程序	Ctrl+Shift+Esc	打开“任务管理器”
Win+Ctrl+Tab	打开 3D 桌面浏览并锁定	Ctrl+Alt+Del	打开系统任务列表
Win+Ctrl+D	创建一个新的虚拟桌面	Win+Ctrl+F4	关闭虚拟桌面
Win+Ctrl+左/右箭头	切换虚拟桌面	Win+Shift+左/右箭头	将应用从一个显示屏移至另一个显示屏

(1) “记事本”程序

在“开始”菜单“Windows 附件”中可以打开“记事本”程序。该程序与以前操作系统中的版本似乎没有变化,除了精简的菜单项外,就只有单色的文字编辑区。“记事本”程序的特点是只支持纯文本。

(2) “写字板”程序

在“开始”菜单“Windows 附件”中可以打开“写字板”程序。它是 Windows 系统中自带的、更高级的文字编辑工具,相比“记事本”程序,它具备了格式编辑和排版的功能。

(3) “画图”程序

在“开始”菜单“Windows 附件”中可以打开“画图”程序。从 Windows 7 开始,“画图”程序引入了 Ribbon 菜单,从而使这个小工具的使用更加方便,如图 5-27 所示。

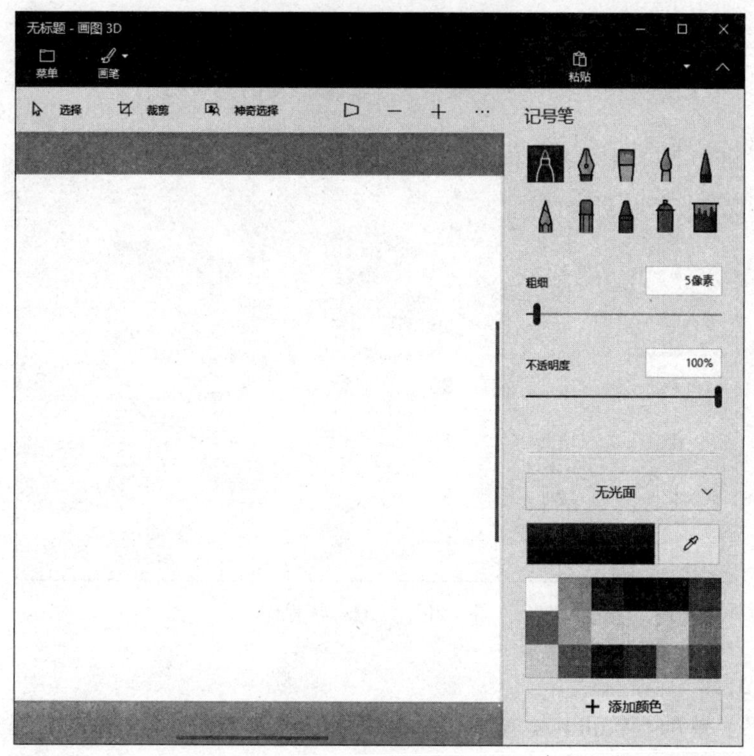

图 5-27 “画图”程序

(4) “截图工具”程序

Windows 10 内嵌了一款专业的“截图工具”程序,支持全屏截图、区域截图,甚至还可以用鼠标画出一个不规则形状,截好的屏幕自动保存到剪贴板中,可以在目录程序中直接粘贴。当然它也提供了一个专门的程序用于保存截图,或者快速完成图片标注与剪裁。可以在“Windows 附件”中打开“截图工具”程序,然后用鼠标拖出一个截屏范围,或者使用 Win+Shift+S 组合键截图,如图 5-28 所示。

(5) “计算器”程序

在“开始”菜单“Windows 附件”中可以打开“计算器”程序。Windows 10 计算器结合了目前所有需要的计算模式,包括标准型、科学型和程序员模式,以及一个单位转换器。可用

“计算器”程序完成复杂的数学计算等。“历史记录”可方便地确认是否已正确地输入了数字,如图 5-29 所示。

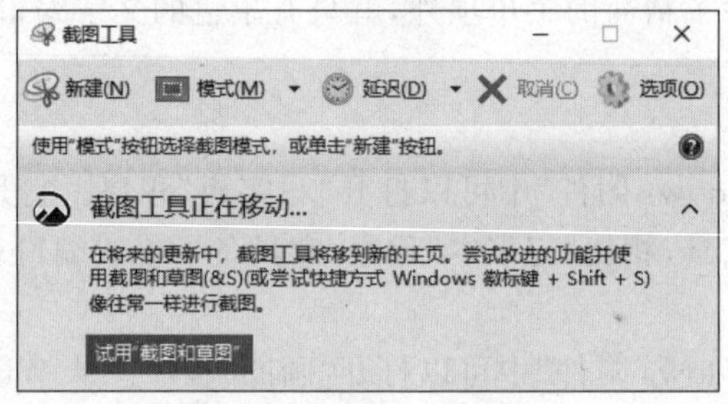

图 5-28 “截图工具”程序

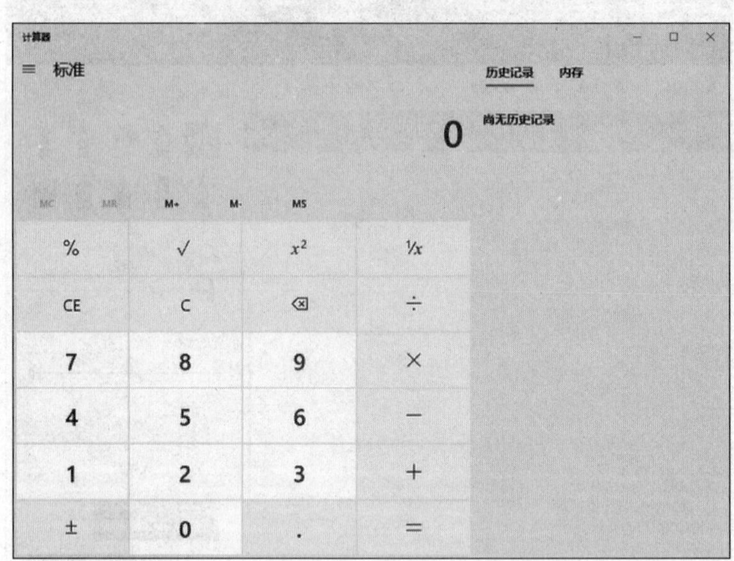

图 5-29 “计算器”程序

10. 系统工具

在“开始”菜单的“Windows 管理工具”中可以看到多个维护系统的程序,如图 5-30 所示。

图 5-30 Windows 管理工具

5.3 任务实施

通过本任务的学习，小林了解了操作系统的功能、分类等知识，并且掌握了 Windows 10 的桌面图标、“开始”菜单、任务栏等一些基本操作。

1. 桌面图标

任务5的实施

Windows 10 安装完成后，请将“此电脑”“控制面板”图标显示在桌面上并设置为以大图标显示。

操作步骤：右击桌面空白处→选择“个性化”命令→单击“主题”→单击“桌面图标设置”→选中“此电脑”“控制面板”选项；右击桌面空白处→选择“查看”命令→选择“大图标”。

2. “开始”菜单

将 Windows 附件中的“写字板”程序固定到“开始”屏幕中，同时将它固定到任务栏上。

操作步骤：单击“开始”菜单→单击任意字母并出现字母列表→选择 W 则可看到以 W 开头的应用程序列表→展开“Windows 附件”→右击“写字板”程序→选择“固定到‘开始’屏幕”命令→单击“更多”→选择“固定到任务栏”。

3. 任务栏

将任务栏的位置设置为“底部”，并在桌面模式下自动隐藏任务栏。将任务栏上的程序图标设置为小图标并单击随时合并按钮，让任务栏可以容纳更多图标。

操作步骤：在任务栏右击并选择“任务栏设置”命令→ 将“在桌面模式下自动隐藏任务栏”开关置于“开”的位置→下移窗口界面并选择“任务栏在屏幕上的位置”列表中的“底部”选项；将“使用小任务栏按钮”开关置于“开”的位置→下移窗口界面并在“合并任务栏按钮”中选择“始终合并按钮”选项。

4. 任务栏程序图标

在任务栏的通知区域打开“触摸键盘”图标，并将所有应用程序图标显示在任务栏上。

操作步骤：右击任务栏并选择“任务栏设置”命令→单击“通知区域”→打开或关闭系统图标→“触摸键盘”设置为打开；右击任务栏并选择“任务栏设置”命令→ 单击“通知区域”→选择“哪些图标显示在任务栏上”选项 →选中“始终在任务栏上显示所有图标和通知”选项。

5. 窗口排列

任意打开 4 个窗口，利用分屏功能将窗口排列在桌面上、下、左、右 4 个区域。

操作步骤：用鼠标左键拖住窗口分别移到屏幕的 4 个方向，同时结合“分屏助理”进行设置。或者按住“Win＋左/右箭头”组合键实现 1/2 分屏，再在 1/2 分屏基础上按住“Win＋上/下箭头”组合键添加需要显示的窗口。

6. 虚拟桌面

要实现多个桌面同时运行，可打开网页浏览器，然后利用快捷键新建一个虚拟桌面，将该网页窗口拖到虚拟桌面上，利用快捷键在不同虚拟桌面之间进行切换，再删除虚拟桌面。

操作步骤：首先利用 Win＋Ctrl＋D 组合键建立新桌面，然后利用 Win＋Tab 组合键进入“任务视图”界面，将“桌面 1”中的网页窗口拖进“桌面 2”，利用“Win＋Ctrl＋左/右箭头”

组合键切换桌面，按 Win＋Ctrl＋F4 组合键关闭虚拟桌面。

7. 屏幕截图

截取“开始”菜单屏幕，并另存为“开始屏幕.jpg”格式，保存到桌面上。

操作步骤：单击“开始”菜单，显示“开始”屏幕，单击任务栏右侧的“通知中心”，单击“屏幕截图”程序，用鼠标拖出一个截屏范围，或者使用 Win＋Shift＋S 组合键，系统自动弹出“截图工具”程序，选择“另存为”命令，将图片命名为“开始屏幕”，保存类型为 jpg，保存于桌面上。

课后练习

1. 如何将快速访问修改成“此电脑”？

操作步骤：右击“开始”菜单，选择“文件资源管理器”命令，选择“查看”选项，再单击“选项”，在“常规”中将“快速访问”修改成“此电脑”，然后确定。

2. 如何将桌面图标设置为大图标并按修改日期排序查看？

操作步骤：首先右击桌面，选择“查看”→“大图标”命令；再右击桌面，选择“排序方式”→“修改日期”命令。

3. 如何把快捷方式固定到任务栏(“开始”屏幕)或从任务栏(“开始”屏幕)移除快捷方式？

操作步骤：选择应用程序，右击“程序图标”并选择“固定到‘任务栏’”命令(固定到“开始”屏幕)；反之即可移除。

4. 如何设置任务栏右侧运行程序图标的显示和隐藏？

操作步骤：右击“任务栏”，打开“任务栏设置”界面，在通知区域单击“选择哪些图标显示在任务栏上”，进入下一个界面，单击需要显示或隐藏图标的开关按钮。

5. 在哪里可以找到“计算器”“画图”等应用程序？

操作步骤：在“开始”菜单中可以找到，或者利用 Cortana 搜索框输入名字进行搜索。

任务 5 课后练习

任务6　个性化 Windows 10 工作环境

学习目标

➢ 了解控制面板的功能及其使用方法。

➢ 掌握 Windows 10 的基本设置方法。

任务描述

小林已经对计算机桌面进行了一些设置，接下来他除了想学习控制面板知识外，还希望能够掌握个性化设置 Windows 10 工作环境的相关方法。

6.1　认识控制面板

控制面板是 Windows 管理和维护计算机系统最重要的操作入口。通过控制面板可以设置相关选项，使计算机系统更符合自己个性化的需要，更方便自己使用。通过系统管理，还可以使自己的计算机系统运行更安全，更快、更方便地排除系统故障。

Windows 10 与 Windows 7 操作差异较大，其中一个让用户非常困扰的问题就是找不到控制面板。下面详细介绍 Windows 10 打开控制面板的具体方法。右击"此电脑"，选择"属性"命令，在"系统"界面中找到"控制面板"界面，如图 6-1 所示。除了以上方法，还可以通过键盘上的快捷键迅速切换出控制面板，只需要同时按住 Win＋Pause 组合键，同样可以打开"系统"界面并找到"控制面板"。

图 6-1　"系统"界面

Windows 10 系统的控制面板仍以类别的形式显示功能菜单，分为系统和安全、用户账户、网络和 Internet、外观和个性化、硬件和声音、时钟和区域、程序、轻松访问等类别，每个类别下会显示该类的具体功能选项，如图 6-2 所示。

图 6-2　Windows 10 控制面板

6.2　认识 Windows 设置

在 Windows 10 正式版本发布之前,微软公司就希望能够让"设置"应用彻底取代传统控制面板。常用系统设置基本都能在这里进行调试,比如个性化显示等。单击"开始"屏幕或者"通知界面"都可以找到⚙按钮,也可以利用 Win+I 组合键打开"Windows 设置"界面,如图 6-3 所示。

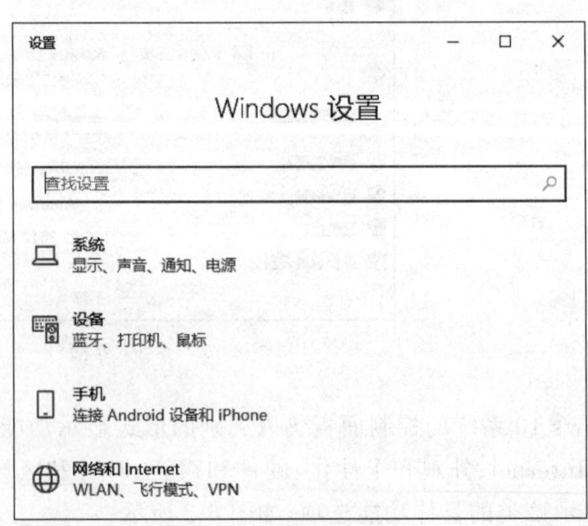

图 6-3　"Windows 设置"界面

“Windows 设置”界面相比于控制面板，增加的“隐私”权限，囊括了“位置”“相机”“麦克风”等个人隐私。将控制面板的“系统和安全”拆分为“系统”和“更新和安全”两部分。在“更新和安全”中，Windows 10 提高了计算机的自我防护能力，增加了“开发者选项”。“网络和Internet”分类将原来控制面板中混杂在一起的网络进行了分类，并可对流量使用量进行统计。

6.2.1 显示设置

Windows 10 系统将控制面板中“外观和个性化”分类下的“显示”移到了“Windows 设置”界面中“系统”的分类下。进入“显示”界面，可以通过选择其中一个选项，改变屏幕上的文本大小，更改显示器设置、屏幕分辨率和对屏幕方向进行调整，如图 6-4 所示。“显示”界面也可以通过右击桌面并选择“显示设置”命令打开。

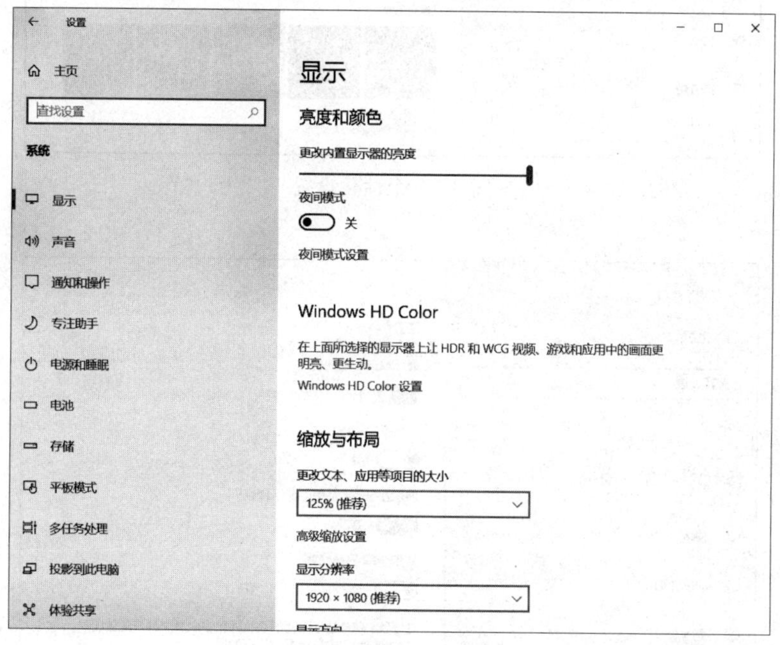

图 6-4 “显示”界面

6.2.2 个性化设置

Windows 10 系统设置的“个性化”分类，将原控制面板中的“字体”“文件资源管理器”删除，将“屏幕保护”变更为“锁屏界面”。用户可以通过右击桌面并选择“个性化”菜单，或者按 Win+I 组合键打开“Windows 设置”界面，选择“个性化”选项来进行操作。Windows 10 系统个性化设置主要包括背景、颜色、锁屏界面、主题、字体、开始、任务栏，如图 6-5 所示。

Windows 10 的“开始”菜单也可以通过“Windows 设置”界面中的“个性化”选项进行一些自定义的设置。可以选择隐藏“最常用”和“最近添加”应用程序在“开始”菜单列表中，甚至可以选择文件夹显示在“开始”菜单中，如图 6-6 所示。

1. 主题设置

系统已经自带了几个 areo 主题，也可以从网上下载主题。要预设系统主题，在“个性化”窗口的主题列表框中选择自己喜爱的主题单击，即可为系统应用该主题。也可以自定义

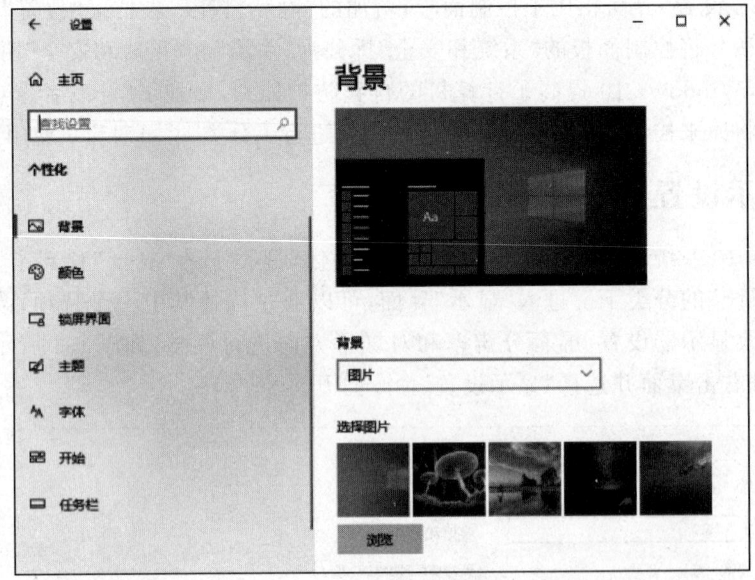

图 6-5　个性化设置

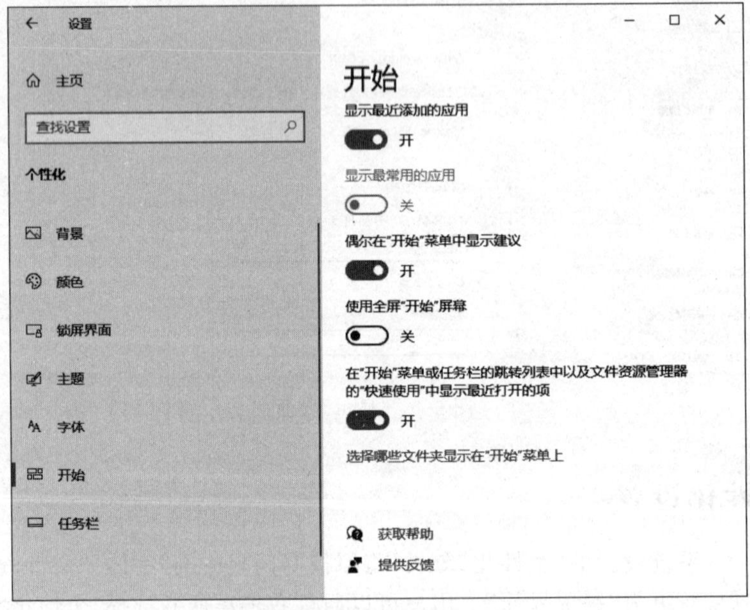

图 6-6　自定义"开始"菜单

主题,包括背景、颜色、声音和鼠标光标,如图 6-7 所示。

(1) 背景:可以设置"图片""纯色"和"幻灯片放映"。直接在需要设置的项目上单击即可。"图片"模式下"选择契合度"是选择图片在桌面的显示效果,有"填充""适应""拉伸""平铺""居中""跨区"等选项。"纯色"模式下需要选择背景色。"幻灯片放映"模式需要选择图片的存放路径,可以自己定义文件夹和图片。"图片切换频率"可以设置背景图片切换的时间,如图 6-8 所示。

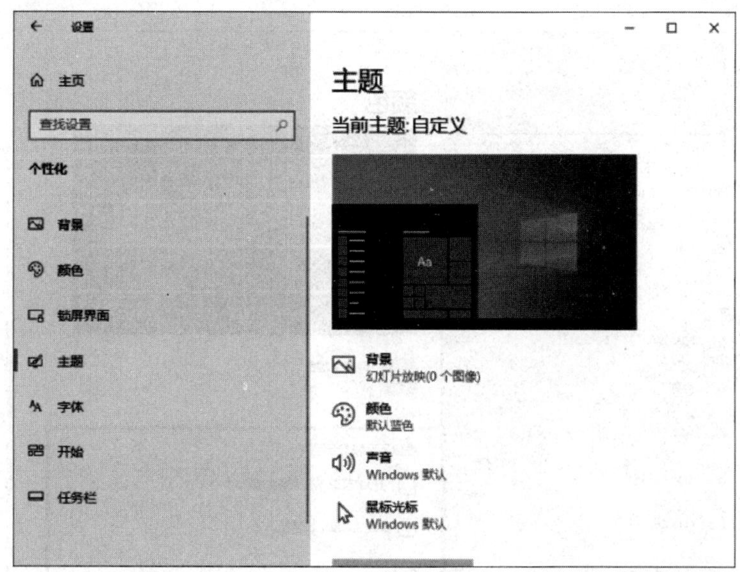

图 6-7　主题的设置

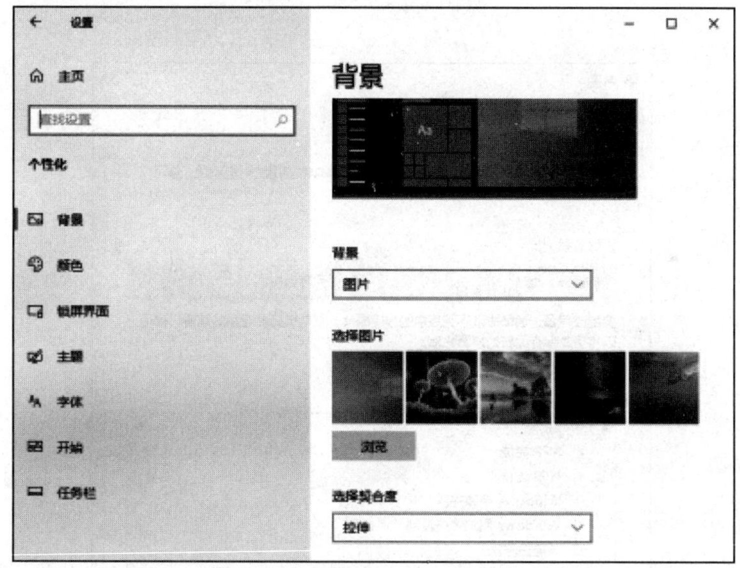

图 6-8　背景的设置

(2) 颜色：主要是给“开始”菜单的背景或软件菜单中的标题设置自己喜欢的颜色。颜色设置中有启用和关闭控制，如图 6-9 所示。

(3) 声音：个性化还可以设置不同主题的声音。声音主题是在 Windows 和程序产生的活动事件中应用的一组声音，可以选择现有方案或保存修改后的方案，如图 6-10 所示。

(4) 鼠标光标：鼠标的使用是 Windows 环境下的主要特点之一。鼠标光标的位置以及和其他屏幕元素的相互关系会反映当前鼠标可以进行什么操作。为了使用户更清晰明了，在不同的情况下鼠标光标的形状会不一样，当然用户也可以自己定义光标的形状，如图 6-11 所示。

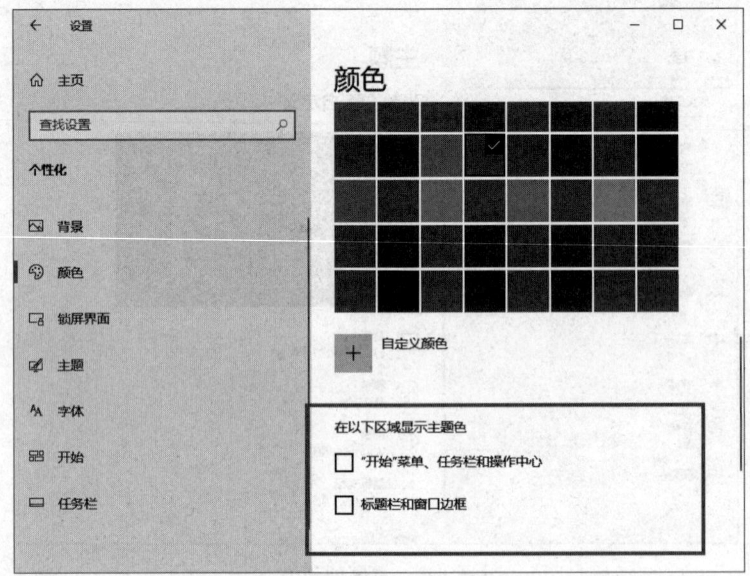

图 6-9　颜色设置

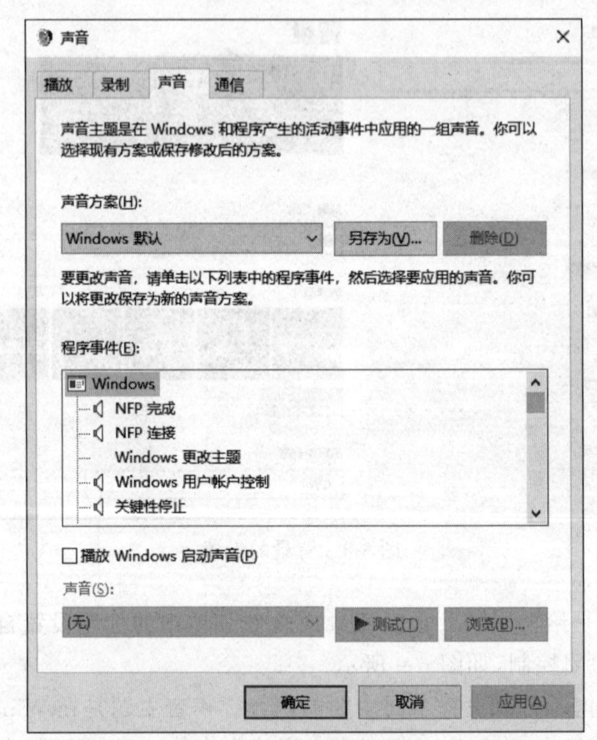

图 6-10　设置声音属性

2. 锁屏界面

为了保护计算机数据的安全，或者防止误触所以会设置锁屏，如图 6-12 所示。可以选择喜欢的锁屏背景，"Windows 聚焦"是微软公司推送的壁纸，"图片"可以自己浏览选择图片,“幻灯片放映”是切换自己指定的文件夹图片。还可以选择锁屏界面显示的应用,注意一定要将“在登录屏幕上显示锁屏界面背景图片”下方的开关打开。

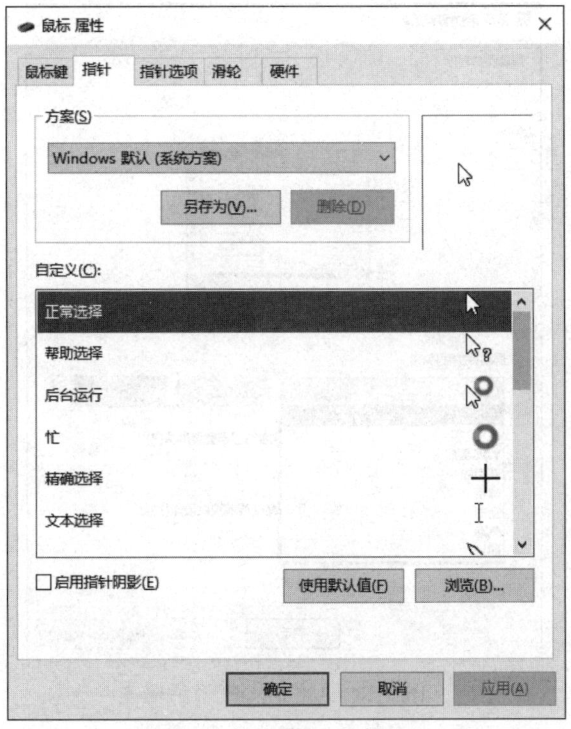

图 6-11　设置鼠标属性

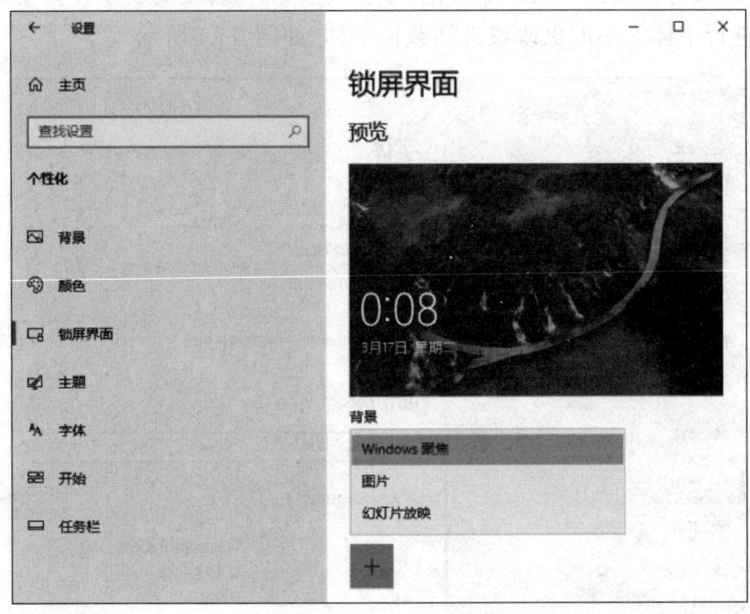

图 6-12　锁屏界面

还可以在此界面选择“屏幕超时设置”进行睡眠时间设定，选择“屏幕保护程序设置”进行屏幕保护设置，如图 6-13 所示。

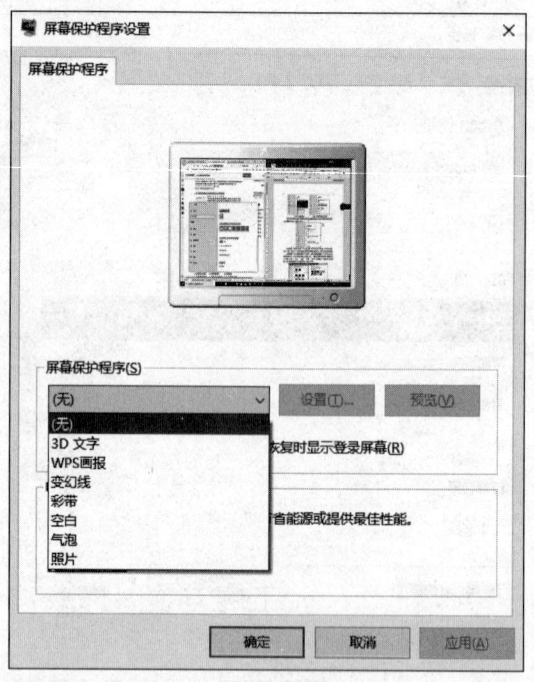

图 6-13 “屏幕保护”对话框

3. 字体

可以将字体文件拖放到“个性化”中的“字体”选项中，以便安装字体。也可以单击已经安装的字体，进行字体大小的更改或者卸载该字体，如图 6-14 所示。

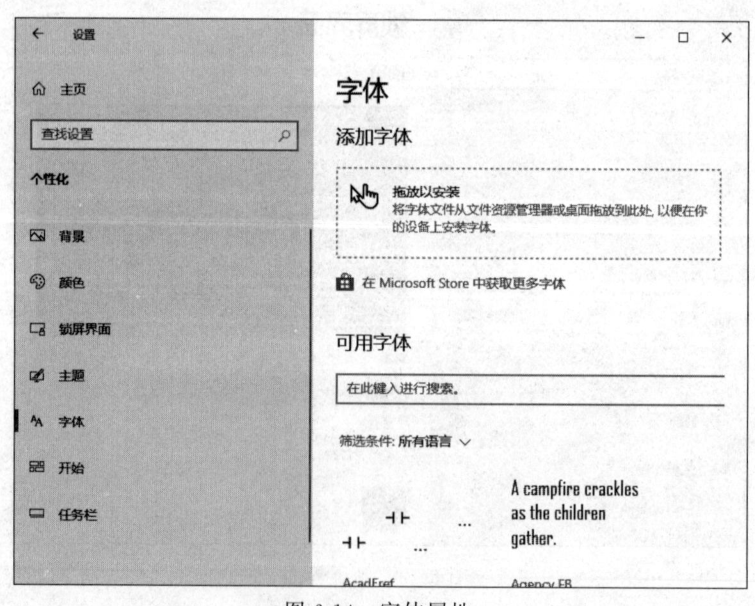

图 6-14 字体属性

6.2.3　计算机时间设置

用户发现计算机桌面右下角的时间经常不准确，而且每次调整之后过一段时间还是会出现偏差，难道每次都要手动调整吗？面对这个问题该如何解决呢？下面详细介绍 Windows 10 任务栏时间显示设置，包括设置日期和时间、改用 12/24 小时制、添加个性化文字等。

1. 日期和时间的设置

"日期和时间"对话框可以通过以下两种方法打开：①在任务栏中右击"时间指示区"，选择"调整日期/时间"命令；②打开 Windows 设置界面下的"日期和时间"设置界面，如图 6-15 所示，就能更改日期和时间了。还可以在"添加不同时区的时钟"界面中设置多个地区时钟，选择"附加时钟"选项卡，选择"显示此时钟"，再选择时区，输入显示的名称，单击"确定"按钮即可。

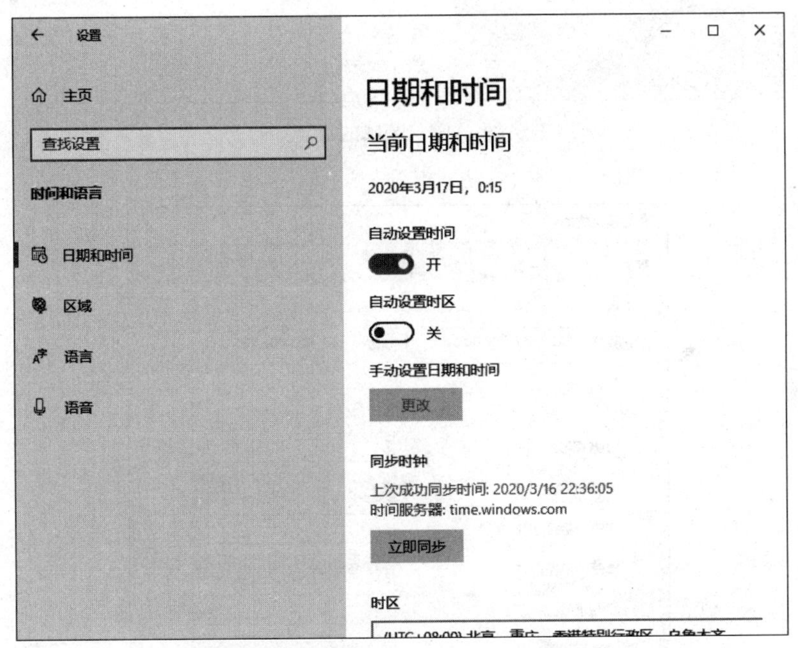

图 6-15　"日期和时间"设置界面

2. 日期和时间格式的设置

Windows 10 系统中，系统时钟默认采用 24 小时制，如果不符合个人习惯，可以改成 12 小时制。在"区域"界面中找到格式下的"更改数据格式"链接，对需要的短日期格式、长日期格式和短时间格式进行设置。如果对时间和日期有更高的要求，可以单击"其他日期、时间和区域设置"链接并在打开的界面中进行设置，如图 6-16 所示。

若还有其他日期、时间和区域格式的更改需求，可进入控制面板下的"时钟和区域"，选择"更改日期、时间或数字格式"，在打开的对话框下单击"其他设置"，就可以对数字、货币、时间、日期等进行设置，如图 6-17 所示。

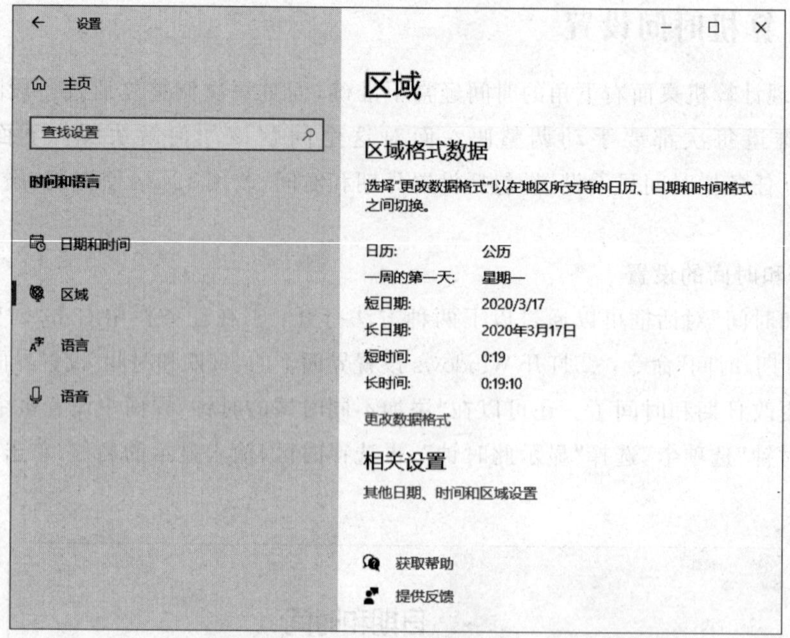

图 6-16 区域的设置

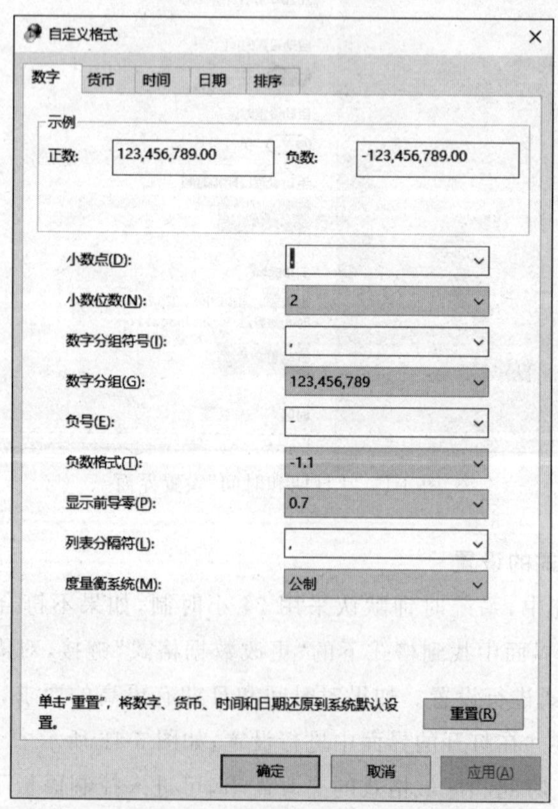

图 6-17 "自定义格式"对话框

6.2.4　设备设置

1. 打印机和扫描仪

现在企业越来越离不开打印机和扫描仪，但是小林不知道怎么连接打印机和扫描仪，下面详细说明 Windows 10 系统连接打印机和扫描仪的方法。打开“Windows 设置”界面，单击“设备”选项区下的“打印机和扫描仪”，可以添加打印机或扫描仪，也可以在“蓝牙和其他设备”界面中完成打印机和扫描仪的安装，如图 6-18 所示。

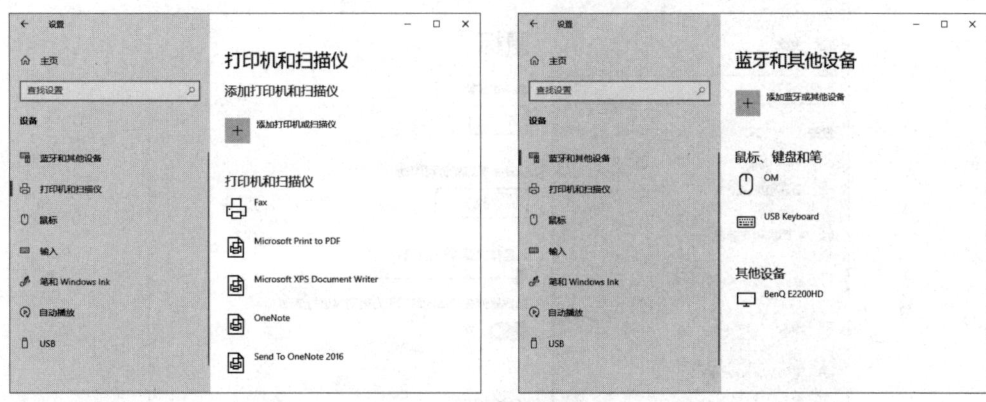

图 6-18　设备界面

如果计算机以前连接过打印机，则会显示打印机列表，默认的打印机左下角有一个√。如果没有安装过打印机，则单击窗口左上角的“添加设备”或“添加打印机”按钮，然后根据向导选择安装的打印机类型、打印机端口、打印机品牌与型号等。安装完成后，右击新安装的打印机图标，选择“打印机属性”中的“打印机测试页”，测试打印机是否可以正常工作，如图 6-19 所示。

图 6-19　打印机和扫描仪的设置

2. 鼠标

Windows 10 的鼠标增加了一个小变化,即可以直接滚动非活动窗口。使用时将鼠标光标悬停到要滚动的窗口上,滚动滚轮,这时无论鼠标光标下面的窗口是否为活动窗口,都能直接实现滚动。选择“设备”中的“鼠标”选项,即可看到“当我悬停在非活动窗口上方时对其进行滚动”设置项,如图 6-20 所示。该项默认处于“开”状态,所以才能实现这个“神奇”的鼠标操作。其他鼠标功能在这个界面中也可以操作。

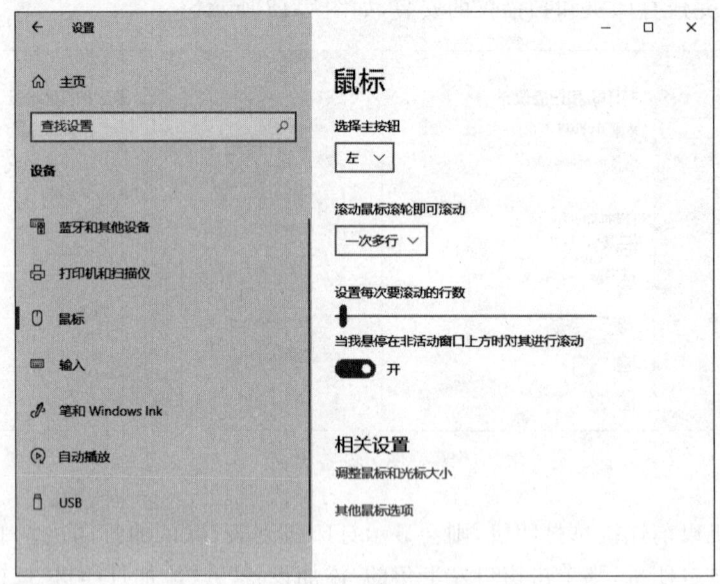

图 6-20 鼠标的设置

3. 输入、笔和 Windows Ink

键盘和手写板是计算机常用的输入设备。键盘和手写板的输入设置也可以通过“设备”界面进行操作,如图 6-21 所示。

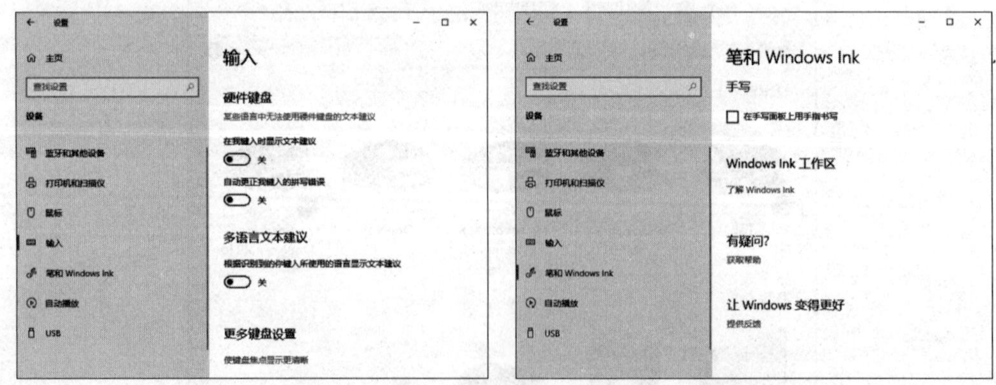

图 6-21 输入、笔和 Windows Ink 的设置

6.2.5 用户账号设置

Windows 10 将控制面板中的“用户账户”从本地用户升级为网络用户,将开机密码更改

为 Microsoft 账号的用户密码。当设置和文件自动同步时，Windows 可以发挥更好的性能。使用 Microsoft 账户可以轻松获取所有设备的内容，而且还可以向家庭组添加新成员，如图 6-22 所示。通过"账户信息"设置界面可以进行账户密码、账户头像的创建，还可以管理其他账户或更改用户账户控制设置。

图 6-22　"账户信息"设置界面

6.2.6　程序的卸载与更改

Windows 10 的程序卸载与更改都归类到了 Windows 设置的"应用"中。单击"应用和功能"选项，在此界面中可以选择卸载程序、修复等功能，如图 6-23 所示，可以对已经安装的程序进行卸载或更新。

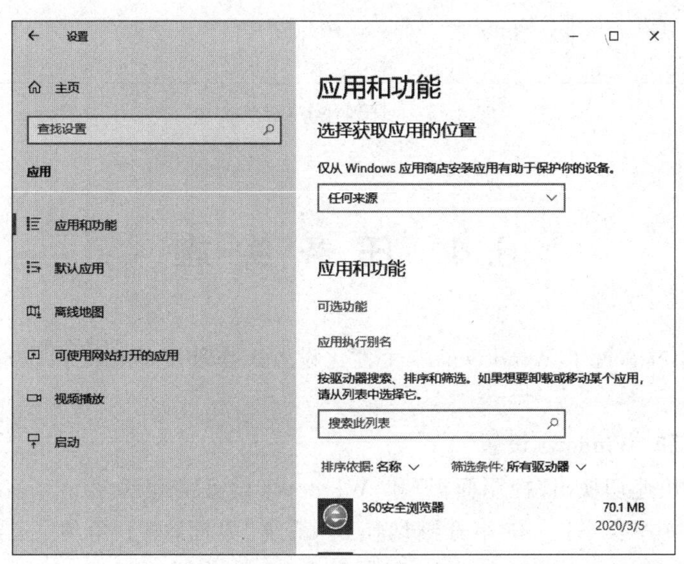

图 6-23　"应用和功能"界面

6.3 计划任务

Windows 10 有一个“计划任务”功能，一般很少使用。其实“计划任务”是系统自带的一个很实用的功能，比如这个功能可以设置定时提醒，这样在使用计算机时就不会因为太过投入而导致错过重要的事务。

在“开始”菜单的“Windows 管理”中选择“任务计划程序”，出现如图 6-24 所示的窗口，单击“创建基本任务”选项，打开“创建基本任务向导”，根据向导输入任务的“名称”以及“描述”，在“触发器”选项里设置任务开始时间、执行何种操作等。

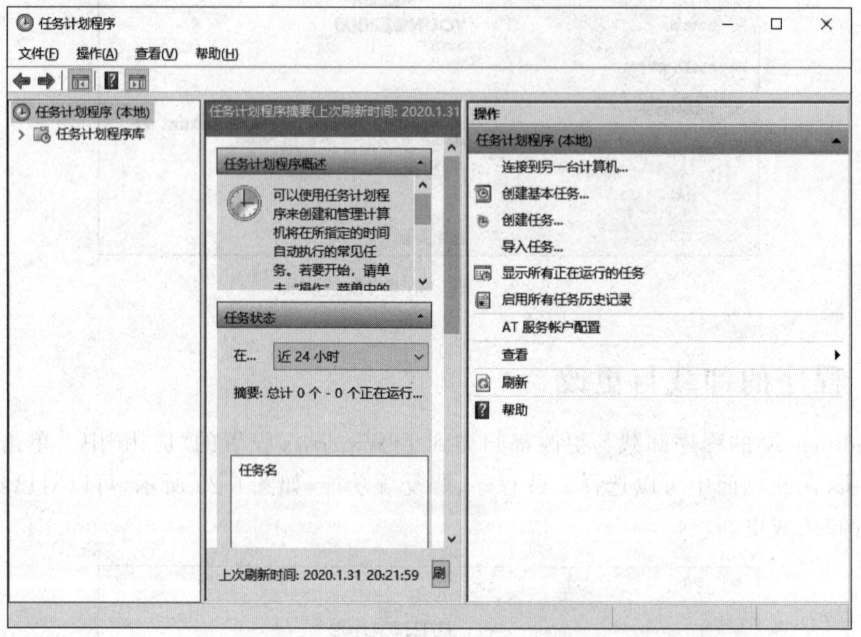

图 6-24 “计划任务程序”窗口

6.4 任务实施

通过学习，小林掌握了 Windows 10 个性化设置工作环境的相关操作，并马上对他的计算机进行了设置。

1. 控制面板和“Windows 设置”

利用快捷键快速切换出“控制面板”和“Windows 设置”界面。

操作步骤：按 Win＋Pause 组合键切换到“系统”界面，左上角为“控制面板主页”按钮。按 Win＋I 组合键打开“Windows 设置”界面。

任务 6 实施

2. 自定义显示器

文本过大或者界面过于模糊时，需要调整屏幕显示效果；同时为了保护眼睛，希望打开“护眼模式”。

操作步骤：右击桌面任意空白处，选择“显示设置”→“夜间模式”命令，再设置“更改文本、应用等项目的大小”为100%（推荐），显示分辨率为1920×1080像素（推荐）。

3. 个性化设置

从网络上选取几张图片作为桌面背景，按“幻灯片放映”的方式每隔1分钟进行图片的无序播放。将图片位置设置为“适应”。

操作步骤：先将图片保存在统一的文件夹并置于桌面上。右击桌面，单击“个性化”，选择背景“幻灯片放映”，单击“浏览”按钮，选择桌面上的图片文件夹，然后将“图片切换频率”设置为1分钟，选择“无序播放”，设置“选择契合度”选项为“适应”。

4. 锁屏界面

将“锁屏界面”背景设置为“图片”，并任选一张图片。将屏幕保护程序设置为“3D文字”，文字内容为“欢迎登录”，字体为华文琥珀、粗体，旋转类型为“跷跷板式”，并设置屏幕保护程序的等待时间为1分钟，在恢复时显示登录屏幕。

操作步骤：右击桌面，选择“个性化”命令，单击“锁屏界面”，“背景”选项选择“图片”。移动屏幕，选择“屏幕保护程序设置”，选择“屏幕保护程序”选项为“3D文字”，单击“设置”按钮，在“自定义文字”选项中输入“欢迎登录”，单击“选择字体”选项，设置“华文琥珀”“粗体”。返回“3D文字设置”对话框，在“旋转类型”下拉列表框中选择“跷跷板式”，设置“等待”时间为1分钟，选中“在恢复时显示登录屏幕”选项。

5. 计算机时间的设置

将Windows的时间格式短时间设置为“上午9:40”，长时间设置为“上午9:40:07”，将短日期格式设置为“2017-04-05”，其余采取默认值。

操作步骤：利用Win+I组合键打开“Windows设置”界面，选择“时间、语言”，单击“区域”，单击“更改数据格式”，短日期格式设置为“2017-04-05”，短时间格式设置为“上午9:40”，长时间格式设置为“上午9:40:07”。

6. 账户设置

在计算机账户中添加没有Microsoft账户的用户Ghost，再设置密码为“123456”，并给该用户添加一个头像。

操作步骤：利用“Win+I”组合键打开“Windows设置”界面，单击“账户”，单击“家庭和其他用户”，单击“将其他人添加到这台电脑”，选择“我没有这个人的登录信息”，再选择“添加一个没有Microsoft账户的用户”，在“用户名”选项中输入Ghost，单击“下一步”按钮完成操作。

按Win+I组合键打开“Windows设置”界面，单击“登录选项”，单击“密码”，单击“添加”按钮，按要求输入“123456”，单击“下一步”按钮完成操作。

按Win+I组合键打开“Windows设置”界面，单击“账户信息”；移动到“创建头像”界面，选择相机拍照或者从本地计算机中选择图片作为头像。

课后练习

1. 为系统管理员设置头像，管理员密码设置为“1111”，密码提示信息为“最简单的连续4个数字”。

操作步骤：按Win+I组合键打开“Windows设置”界面，单击“账户”→“账户信息”。移动到“创建头像”界面设置头像。单击“登录选项”→“密码”，单击“添加”按钮，按要求输入“1111”，密码提示信息为“最简单的连续4个数字”，单击“下一步”按钮完成操作。

2. 设置在桌面模式下自动隐藏任务栏，取消锁定任务栏，并使用小图标，任务栏按钮设置为“任务栏已满时”合并。

操作步骤：右击任务栏，选择“任务栏设置”→“锁定任务栏”选项将任务栏锁定。将“在桌面模式下自动隐藏任务栏”开关和“使用小任务栏按钮”开关打开；在“合并任务栏”下列选项中选择“任务栏已满时”。

3. 将任务栏的搜索栏改为搜索图标，在通知区域显示地址栏。

操作步骤：右击任务栏，选择“搜索”→“显示搜索图标”命令，或右击任务栏，选择“工具栏”→“地址”命令。

4. 将Windows 10桌面背景颜色设置为橙色；再设置桌面背景为“图片”，任选一张图片，图片位置为“适应”。

操作步骤：右击桌面，选择“个性化”命令，在“背景”下拉列表中选择“图片”选项，再任选一张图片，光标移动到屏幕下方，将“选择契合度”选项设置为“适应”。

5. 设置系统数字格式：小数点为“.”，小数位数为“2”，数字分组符为“;”，数字分组为“12,34,56,789”，列表分隔符为“;”，负号为“-”，负数格式为“(-1.1)”，度量衡系统为“公制”，显示前导数为“0.7”。

操作步骤：按Win+I组合键打开“Windows设置”界面，在“时间和语言”下面单击“区域”，在打开的界面中单击“其他日期、时间和区域设置”链接，再依次单击“更改日期、时间或数字格式”“其他设置”，按照要求完成设置。

任务6课后练习

任务7　管理文件和文件夹

学习目标

➢ 了解文件和文件夹的概念。

➢ 掌握文件和文件夹的基本设置。

任务描述

小林是班级宣传委员，因为要为班级制作一个宣传画册，所以收集了很多资料，包括一些文档、图片和视频等。但随着工作的不断深入，素材越来越多，这些文件随意存放，需要时又不容易找到，影响了工作效率。因此，他决定利用 Windows 10 中的文件管理知识对这些文件进行有序管理。下面就跟着小林一起学习 Windows 10 中的文件管理操作吧。

7.1　文件管理的相关操作

7.1.1　认识文件和文件夹

1. 文件系统

文件系统就是操作系统中实现文件统一管理的一组软件、被管理的文件以及为实施文件管理所需要的一些数据结构的总称，目的是方便用户且保证文件的安全可靠。

2. 文件系统的功能

(1) 统一管理文件存储空间(即外存)，实施存储空间的分配和回收。

(2) 确定文件信息的存放位置及存放形式。

(3) 实现文件从名字空间到外存地址空间的映射，即实现文件的按名存取。

(4) 有效实现对文件的各种控制操作和存取操作。

(5) 实现文件信息的共享，并且提供可靠的文件保密和保护措施。

3. 文件和文件夹

文件是具有符号名称的、在逻辑上具有完整意义的一组相关信息项的有序序列。任何程序和数据都是以文件的形式存放在计算机外存储器上的，任何一个文件都必须有文件名，文件名是存取文件的依据，计算机的文件是按文件名存取的。文件名包括文件主名和文件扩展名。

文件夹是系统组织和管理文件的一种形式，是计算机磁盘空间为了分类存储文件而建立独立路径的目录。用户在文件夹中可存放所有类型的文件和下一级文件夹、磁盘驱动器及打印列队等内容。

4. 盘符

盘符是 Windows 系统对于磁盘等存储设备的标识符，一般使用 26 个英文字符加一个冒号进行标识。早期的 PC 一般装有两个软盘驱动器,所以字母 A 和 B 就用来表示这两个软驱,而硬盘设备就从字母 C 开始。

5. 路径

用户在磁盘上寻找文件时,所经历的文件夹路线称为路径。路径是从根目录(或当前目录)开始,到达指定的文件所经过的一组目录名(文件夹名)。盘符与文件夹名之间以"\"分隔,文件夹与下一级文件夹之间也以"\"分隔,文件夹与文件名之间仍以"\"分隔。例如:"D:\picture\view\山水.jpg"。

7.1.2 认识文件资源管理器

"文件资源管理器"是 Windows 系统提供的资源管理工具,可以帮助用户管理和组织系统中的各种软硬件资源,查看各类资源的使用情况,如图 7-1 所示。另外,在"文件资源管理器"中还可以对文件进行各种操作,如打开、复制、移动等。

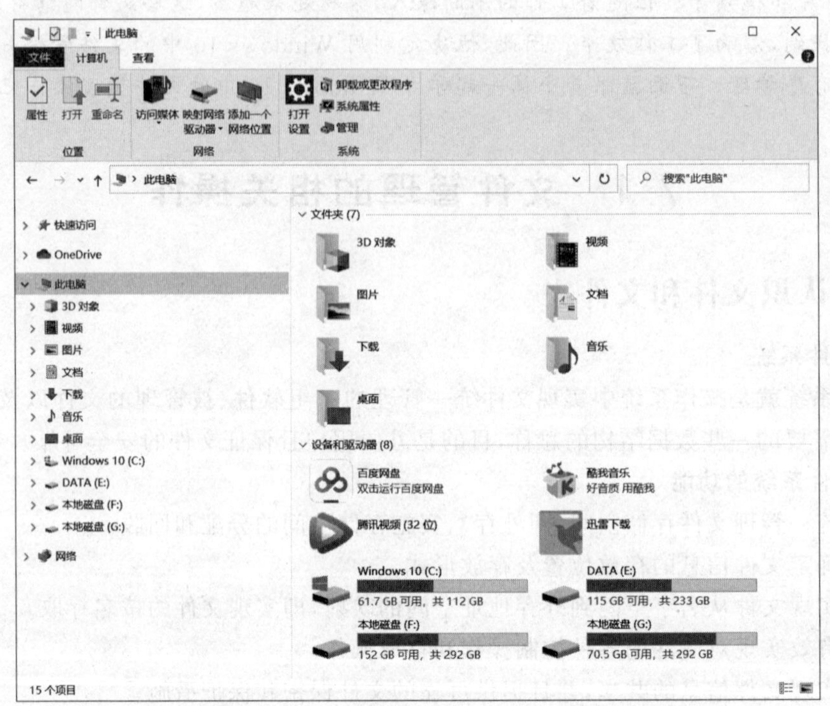

图 7-1 "文件资源管理器"界面

用户可以通过以下几种方式打开"文件资源管理器"。

(1) 右击任务栏上的"开始"菜单,选择"文件资源管理器"命令。

(2) 在搜索中输入"文件资源管理器"。

(3) 使用 Win+E 组合键。

7.1.3 文件和文件夹的基本操作

1. 新建文件和文件夹

创建文件和文件夹的方法有以下两种。

(1) 打开要创建文件夹或文件的驱动器或文件夹，单击“主页”菜单下的“新建文件夹”或者“新建项目”的级联菜单，如图7-2所示，即可在所选驱动器或文件夹中建立文件夹、快捷方式、文本文件、Word文件、Excel工作表等。

图7-2 “主页”功能区

(2) 在窗口空白处右击，在弹出的菜单中选择“新建”→“文件”命令(或“文件夹”命令)，再输入文件或文件夹的名字即可。

2. 重命名文件或文件夹

在Windows 10中，文件的名字由文件名和扩展名组成，格式为“文件名.扩展名”，文件名可以由26个英文字母(不区分大小写)、0～9的数字和一些特殊符号组成，可以有空格(不能出现在开始)、下画线，但禁止使用“\、/、:、*、?、＜、＞、&、]”这9个字符。扩展名一般由多个字符组成，表示文件的类型，不可随意修改，否则系统将无法识别。

文件和文件夹的重命名操作可以采用下述方法之一。

(1) 在“此电脑”窗口中单击要重命名的文件或文件夹，使其处于选中状态，然后再次单击其名称，使其处于可编辑状态进行更改。

(2) 右击需要重命名的文件或文件夹，在弹出的菜单中选择“重命名”命令。

(3) 先选中需要重命名的文件或文件夹，选择“主页”功能区，再单击“重命名”按钮。

(4) 用F2快捷键进行更改。

3. 文件和文件夹的复制或移动

要想复制或移动文件和文件夹，首先在窗口中选择要操作的文件或文件夹并右击，在弹出的快捷菜单中选择“复制”或“剪切”命令；右击目标位置，在弹出的快捷菜单中选择“粘贴”命令，即可完成复制和移动操作。也可以利用“主页”功能区中的“复制到”和“移动到”按钮完成操作。还可以用快捷键Ctrl+C、Ctrl+X、Ctrl+V进行对象的复制或移动。另外可以利用鼠标结合快捷键完成复制和移动操作。

如果是在同一磁盘中，直接用鼠标左键拖动可以移动文件或文件夹，用Ctrl键结合鼠标左键拖动可以复制文件或文件夹；如果是在不同磁盘中，直接用鼠标左键拖动可以复制文件或文件夹，用Shift键结合鼠标左键拖动可以移动文件或文件夹。

4. 文件或文件夹的删除与还原

(1) 在“此电脑”或“文件资源管理器”中选中要删除的文件或文件夹，单击“主页”功能区中的“删除”按钮删除文件或文件夹。

(2) 在“此电脑”或“文件资源管理器”中选中要删除的文件或文件夹，直接按Delete键进行删除。

(3) 在“此电脑”或“文件资源管理器”中右击要删除的文件或文件夹图标，在弹出的快捷菜单中选中“删除”命令即可完成删除。

(4) 在“文件资源管理器”中选中要删除的文件或文件夹,直接拖动到回收站,也能完成删除操作。

执行以上操作后,所有文件或文件夹都会放入回收站中。如果希望彻底删除对象,在做上述操作的同时按下 Shift 键,或者做了上述操作后清空回收站即可。

还原文件或文件夹必须要确认该对象在回收站中。双击打开回收站,选择要恢复的文件或文件夹。选择“回收站管理工具”→“还原”命令;或者右击要恢复的对象,在弹出的菜单中选择“还原”命令,恢复的文件会出现在删除前的位置,如图 7-3 所示。

5. 搜索文件和文件夹

可以在任务栏“搜索”框或者“此电脑”窗口的搜索框中快速查找文件或文件夹。搜索前先在左侧的导航窗格中选定要搜索的范围,当前选中的文件夹路径就会显示在地址栏中,如图 7-4 所示。在“搜索”框中输入要搜索的关键字后,系统就会自动搜索。在搜索过程中,如果只记得部分文件名,可以使用通配符“*”或“?”代替。“*”表示任意长度的字符串,“?”表示任意一个字符。

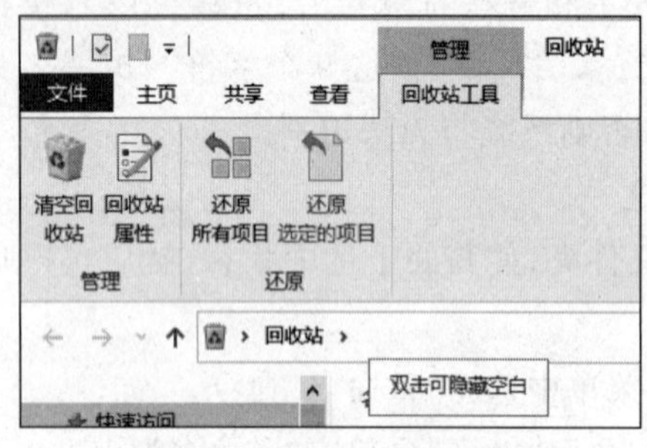

图 7-3 “回收站”还原设置

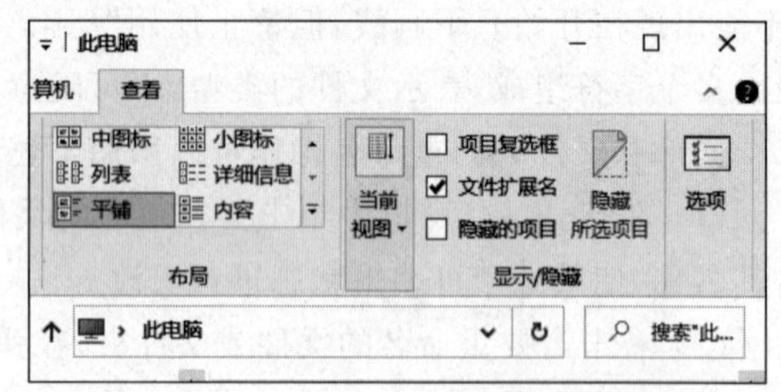

图 7-4 搜索文件和文件夹

6. 选择文件和文件夹

(1) 单个文件或文件夹:用鼠标光标指向图标或单击图标。

(2) 多个文件或文件夹:连续排列时,按住 Shift 键单击第一个文件或文件夹,再单击最后一个,将选中从第一个到最后一个之间所有的文件或文件夹(包含第一个和最后一个)。或者用鼠标在空白处开始,需要选择的对象方向拖出一个矩形框,将要选择的对象一起框住。

(3) 不连续的文件或文件夹:按住 Ctrl 键,在同一窗口(桌面)中可以依次单击选中多个不连续排列的文件或文件夹。

(4) 利用快捷键 Ctrl+A 可以全选,或者在“主页”功能区中单击“选择”选项组中的选项进行选择。

7.1.4 文件和文件夹的属性设置

1. 文件和文件夹的属性

文件和文件夹的属性是指将文件或文件夹分为不同类型,以便存放和传输,它定义了文件的某种独特性质。常见的文件属性有系统属性、隐藏属性、只读属性和归档属性。

(1) 系统属性

文件的系统属性是指系统文件。一般情况下,系统文件会被隐藏起来,不能被查看,也不能被删除,是操作系统对重要文件的一种保护属性,防止这些文件被意外损坏。

(2) 隐藏属性

在查看磁盘文件的名称时,系统不会显示具有隐藏属性的文件名。一般情况下,具有隐藏属性的文件不能被删除、复制和更名。

(3) 只读属性

对于具有只读属性的文件,可以查看它的名字,它能被应用,也能被复制,但不能被修改和删除。如果将可执行文件设置为只读文件,不会影响它的正常执行,但可以避免意外删除和修改。

(4) 归档属性

一个文件被创建之后,系统会自动将其设置成归档属性,这个属性常用于文件的备份。

2. 属性的设置

右击文件或文件夹,在弹出的菜单中选择"属性"命令,弹出属性对话框,如图7-5所示。在"常规"选项卡里的"属性"组中可以选择"只读"或者"隐藏"属性,还可以单击"高级"按钮进入"高级属性"对话框,进行高级属性的设置。

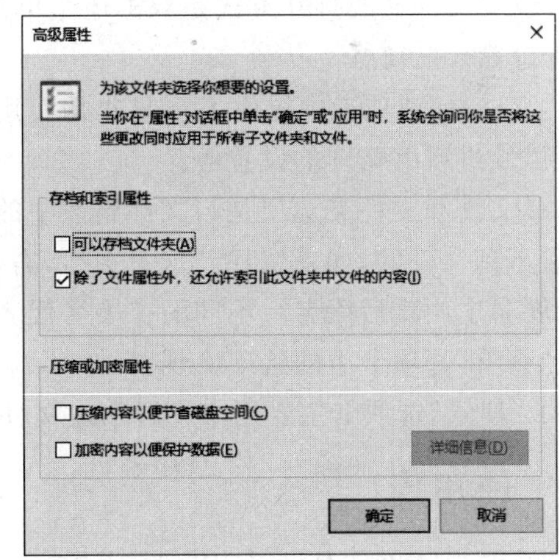

图7-5 文件和文件夹属性对话框

3. 设置文件夹选项

在窗口中可以通过选择"查看"→"布局"命令更改文件或文件夹图标的大小和外观,以及通过"窗格"控制整个"文件资源管理器"窗口的布局。

文件夹选项是一个管理系统文件夹和文件的系统程序,可以通过选择"文件资源管理器"中的"查看"→"选项"命令进入该界面。该程序界面分为"常规""查看""搜索"三个选项卡，如图 7-6 所示。

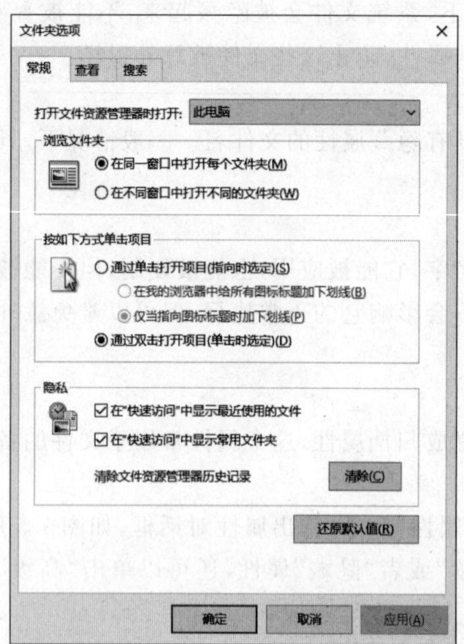

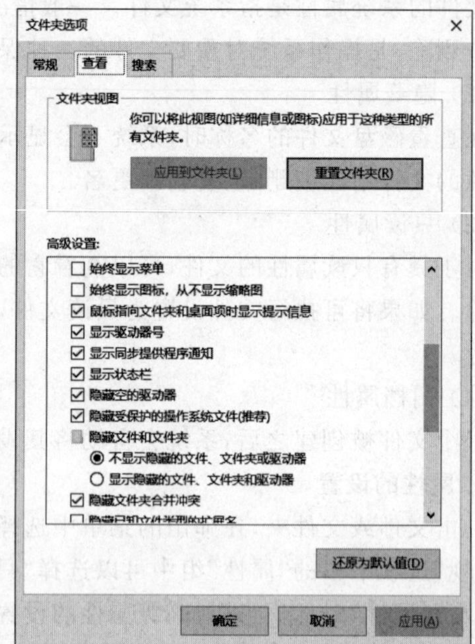

图 7-6 “文件夹选项”对话框

(1)“常规”选项卡中包括了以下三个功能：

① 可以指定文件资源管理器的打开方式；

② 设置文件夹的打开方式是双击还是单击；

③ 设置导航窗格。

(2)“查看”选项卡中提供了一些非常实用的功能，可以自定义是否显示隐藏文件和文件后缀以及进行缩略图的设置等。

隐藏文件和文件夹选项是与文件属性中的隐藏功能配合使用的。当文件的属性为隐藏时，是看不到文件的，如果想找到这个文件，需要更改这个选项卡中的设置才能找到。

扩展名也叫作后缀名。不同的扩展名代表文件的不同格式。如果想要修改扩展名，需要通过“查看”选项卡中的选项实现。

(3)“搜索”选项卡主要用来设置本地文件的搜索，并进行加速。

7.1.5 使用库

Windows 10 系统延续了 Windows 7 系统中一个极具特色的功能——“库”。库的概念并非传统意义上的存放用户文件的文件夹，它其实是一个强大的文件管理器，它能够帮助我们更方便地管理文档、音乐、图片和其他文件。

在 Windows 10 系统中双击打开“此电脑”。在“此电脑”左侧找到库。如果在左窗格中没有出现“库”，可以依次单击窗口左上角的“查看”→“导航窗格”，选中“显示库”选项，如图 7-7 所示。

图 7-7　使用库

库的创建既可以直接单击“主页”功能区的“新建库”按钮，也可以在右边空白处右击并选择“新建”命令，如图 7-8 所示。

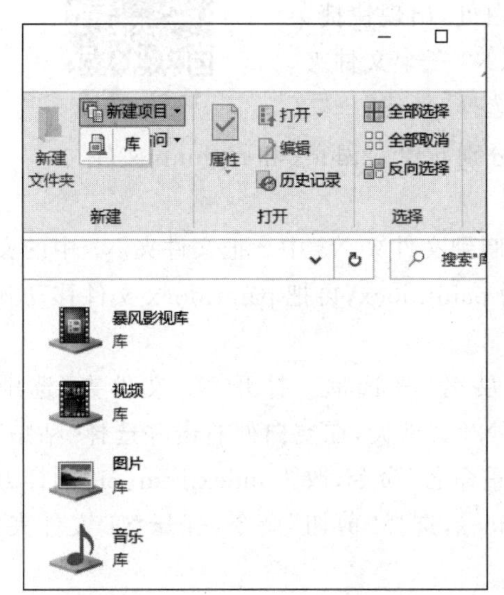

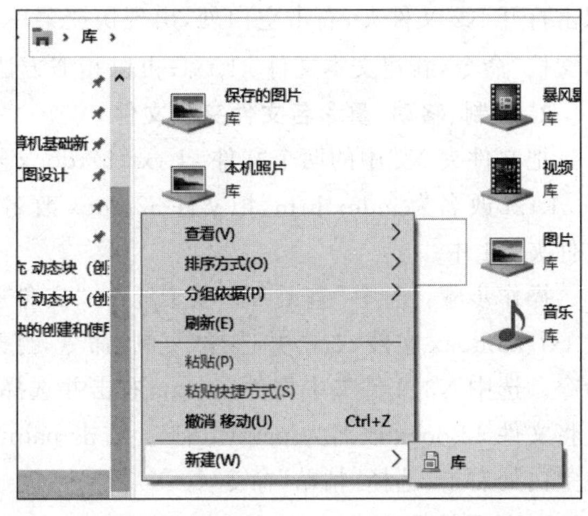

图 7-8　新建库

建好库之后，可以把散落在不同磁盘的文件或文件夹添加到库中。双击新建的库，单击“包括一个文件夹”按钮，在弹出的对话框中找到想添加的文件夹，选中它，单击“加入文件夹”按钮，如图 7-9 所示。

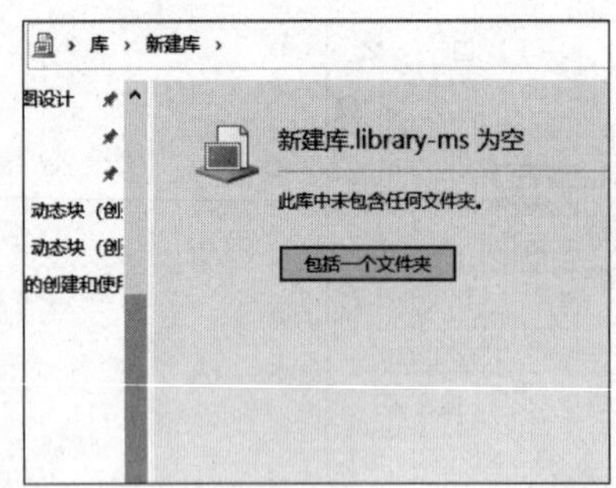

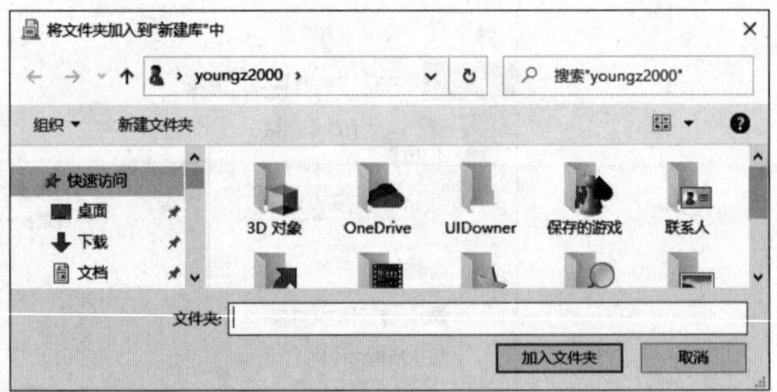

图 7-9　把常用文件添加到库中

7.2　任务实施

小林通过学习掌握了文件或文件夹的新建、复制、删除、重命名以及设置文件属性等操作。

1. 创建文件夹和文件

在 D 盘根目录创建主文件夹，名称为 name。在主文件夹中创建 3 个子文件夹，分别取名为 N1、N2、N3。在文件夹 N2 中新建 3 个文件：文本文件 a1.txt、Word 文件 a2.docx 和位图文件 a3.bmp。（方法不唯一）

任务 7 实施

操作步骤：打开“此电脑”，进入 D 盘，右击空白处，出现快捷菜单，选择“新建”→“文件夹”命令，依次新建 N1、N2、N3 三个文件夹。双击打开 N2 文件夹，右击空白处，出现快捷菜单，选择“新建”→“文本文档”命令，新建文本文件 a1.txt；再以相似方法分别新建 a2.docx 和 a3.bmp 文件。

2. 复制、移动、重命名文件夹和文件

把文件夹 N2 中的两个文件 a1.txt、a2.docx 复制到文件夹 N3 中。把文件夹 N3 中的文件 a1.txt 改名为 index.htm，把文件 a2.docx 改名为 paint.docx，再把 paint.docx 文件移动到文件夹 N1 中。

操作步骤：选中“查看”选项卡上的“文件扩展名”复选框。打开 N2 文件夹，选中 a1.txt、a2.docx 文件，右击并选择“复制”命令，打开 N3 文件夹，在空白处右击并选择“粘贴”命令。选中 N3 文件夹中文件 a1.txt，右击并选择“重命名”命令，改为 index.htm。用同样方法将文件 a2.docx 改名为 paint.docx。右击 paint.docx，选择“剪切”命令，打开 N1 文件夹，在空白处右击，选择“粘贴”命令。

3. 创建快捷方式

打开“画图 3D”程序，画一幅简单的图画，并保存到 N1 文件夹，命名为 draw.jpg。在文件夹中建立快捷方式，命名为“画图”；在桌面建立快捷方式，命名为 desk.jpg。

操作步骤：在“开始”菜单下“Windows 附件”中打开“画图 3D”程序，任意画图，单击“保存”按钮，在“另存为”对话框中将文件重命名 draw，保存类型为 jpg，路径选择“D:\N1”，保存文件。右击该文件，创建快捷方式，双击该名称并将名称改为“画图”。右击 draw.jpg，选择“发送至‘桌面快捷方式’”命令，再在桌面上双击文件名称，然后将名称改为 desk.jpg。

4. 删除和还原文件或文件夹

删除文件夹 N2 中的文件 a1.txt 和 a3.bmp。在回收站中把文件 a3.bmp 还原。

操作步骤：进入 N2 文件夹中，右击 a1.txt，选择“删除”命令。选中 a3.bmp，按 Delete 键删除。进入回收站，右击 a3.bmp 文件，选择“还原”命令。

5. 搜索和保存文件或文件夹

搜索 C 盘下 Windows 字节数在“中等大小”的“.exe”应用程序文件，并将所有的搜索结果复制到 D 盘个人文件夹的 N1 文件夹中。

操作步骤：打开“此电脑”，进入 C 盘 Windows 文件夹，在搜索框中输入“*.exe”，出现“搜索工具栏”，选择大小为“中等”。搜索完毕，选择“搜索工具”→“保存搜索”命令，弹出“另存为”对话框，确定路径为 D 盘 N1 文件夹，单击“保存”按钮。

课后练习

1. 在 D 盘根目录下建立一个 beauty 文件夹，在文件夹中建立两个文件夹 lady1 和 lady2。

操作步骤：打开“此电脑”，进入 D 盘，右击空白处，选择“新建”→“文件夹”命令，新建 beauty 文件夹。双击打开 beauty 文件夹，右击空白处，选择“新建”命令，依次建立两个文件夹 Lady1 和 Lady2。

任务 7 课后练习

2. 在 beauty 文件夹中建立文本文件 L1.txt，文件的内容包括自己的学号、姓名和籍贯。

操作步骤：在 beauty 文件夹中右击空白处，选择“新建”命令，建立文件 L1.txt。

3. 把 beauty 文件夹中的文件 L1.txt 分别复制到 Lady1 和 Lady2 两个文件夹中，将 Lady1 文件夹中的 L1.txt 重命名为“美女.txt”，将 Lady2 文件夹中的 L1.txt 属性设置为“只读”和“隐藏”。

操作步骤：选中 L1.txt 文件，右击并选择“复制”命令。打开 Lady1 和 Lady2 文件夹，在空白处右击并选择“粘贴”。选中 Lady1 中文件 L1.txt，右击并选择“重命名”命令，将文件名改为“美女.txt”。在 Lady2 文件夹中右击 L1.txt 并选择“属性”命令，选中“只读”和“隐藏”选项。

4. 查找 C 盘 Windows 文件夹中的所有位图文件(扩展名为.bmp)，并将其复制到 D 盘的 beauty 文件夹下

操作步骤：打开“此电脑”，进入 C 盘 Windows 文件夹，在搜索框中输入“*.bmp”。搜索完毕，按组合键 Ctrl+A 全选文件，右击并选择“复制”命令，进入 D 盘 beauty 文件夹，按组合键 Ctrl+V 将文件粘贴到名称为 beauty 的文件夹中。

5. 在“此电脑”中显示“库”，并新建一个库“我的库”，任意添加一个文件夹到库中。

操作步骤：在“查看”选项卡“导航窗格”中选择“显示库”。选择“库”，在空白处右击并选择“新建”→“库”命令，将库重命名为“我的库”。双击该库，单击“包括一个文件夹”选项，选择任意文件夹，再单击“加入文件夹”选项。

任务8 文字录入

学习目标

➢ 了解输入法的基本概念与设置。

➢ 能熟练进行文字录入。

任务描述

小林很不习惯使用系统集成的输入法,有些像五笔之类的输入法也不需要,他想通过学习输入法的相关知识,掌握 Windows 10 系统中更改或删除输入法的方法,同时也想通过学习,掌握应用其中一种输入法从而可以快速地进行文字录入。

8.1 设置汉字输入法

8.1.1 汉字输入法分类

中文输入法又称为汉字输入法,是指为了将汉字输入计算机或手机等电子设备而采用的编码方法,是中文信息处理的重要技术。汉字输入法主要包括音码、形码、音形码、无理码及手写、语音录入等方法,广义的输入还包括用于速写记录的速录机等。

1. 拼音输入法

拼音输入法采用汉语拼音作为编码方法,包括全拼输入法和双拼输入法。广义上的拼音输入法还包括我国台湾地区使用的以注音符号作为编码的注音输入法,我国香港地区使用的以粤语拼音作为编码的粤拼输入法。

流行的输入法软件以智能 ABC、中文之星新拼音、微软拼音、拼音之星、紫光拼音、拼音加加、搜狗拼音、智能狂拼和谷歌拼音、百度输入法、必应输入法等为代表。

2. 形码输入法

形码输入法是依据汉字字形,如笔画或汉字部首进行编码的方法。最简单的形码输入法是五笔画输入法,广泛应用在手机等手持设备上。在计算机上广泛使用的形码有五笔字型输入法、郑码输入法。在我国港、澳、台等地区流行的形码输入法有仓颉输入法、行列输入法、大易输入法、呒虾米输入法等,流行的形码输入法软件有 QQ 五笔、搜狗五笔、极点中文输入法等。

3. 音形结合码

音形结合码输入法是以拼音(通常为拼音首字母或双拼)加上汉字笔画或者偏旁为编码方式的输入法,包括音形码和形音码两类。代表输入法有二笔输入法、自然码和拼音之星谭码等。流行的输入法软件有超强两笔输入法、极点二笔输入法、自然码输入法等。

4. 内码输入法

内码是指整体汉字系统中使用的二进制字符编码，是沟通输入、输出与系统平台之间的交换码。内码输入法也称区位输入法，只要输入字的代码即可调用相应的字。国内使用的内码输入法系统主要有国标码(如 GB 2312、GBK、GB 18030 等)、GB 区位码和 GB 内码。

8.1.2 汉字输入法的安装与卸载

输入法是每台计算机上必备的软件，系统安装完成后会有几个默认的输入法，但是这些默认输入法并不好用，所以大多数人都会下载一些自己习惯使用的输入法。下面就来介绍下载输入法的详细方法。

按 Win+I 组合键进入“Windows 设置”界面，找到“时间和语言”，并单击进入“语言”界面，单击“添加首选的语言”，如图 8-1 所示。选择一种语言，然后选择用于配置键盘和其他功能的选项。选择“选项”按钮，在打开的界面中单击“添加键盘”选项，选择已经存在的输入法，如图 8-2 所示。也可以选中已添加的输入法并将其删除。

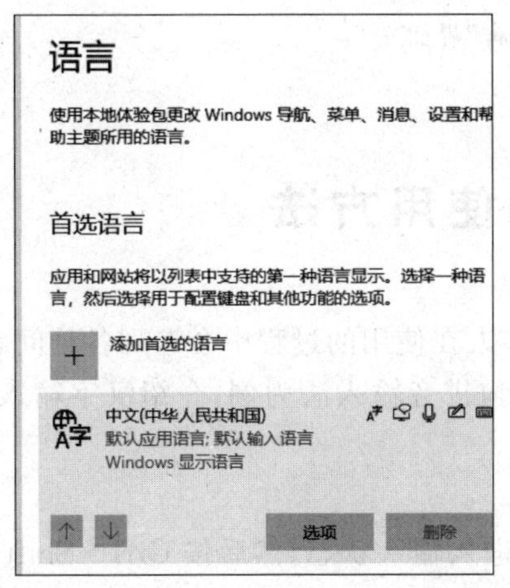

图 8-1 语言界面

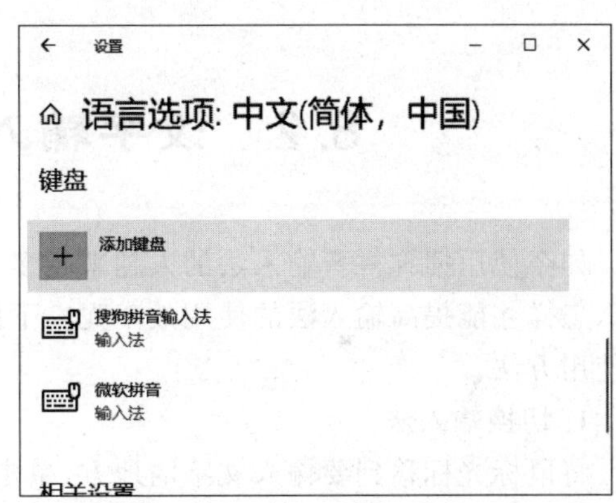

图 8-2 添加输入法

在“Windows 设置”中切换到“设备”界面，然后单击“输入”，选择“高级键盘设置”，可以设置默认输入法，如图 8-3 所示。

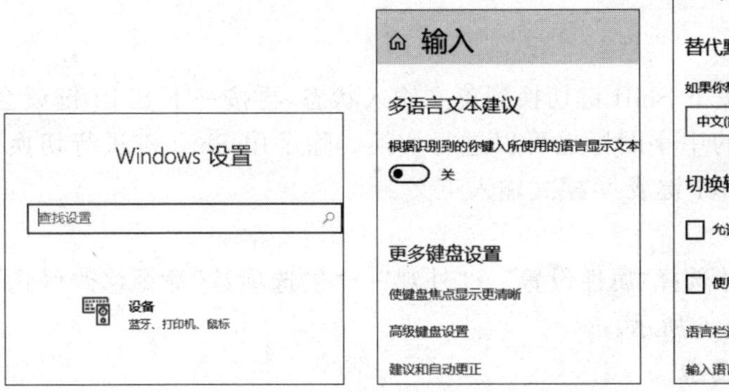

图 8-3 “高级键盘设置”界面

在“文本服务和输入语言”界面的“语言栏”选项卡中,可以进行语言栏显示方式的设置;在“高级键设置”选项卡中,可以对英文大小写进行设置,也可以对输入法快捷键的切换进行自定义设置,如图 8-4 所示。

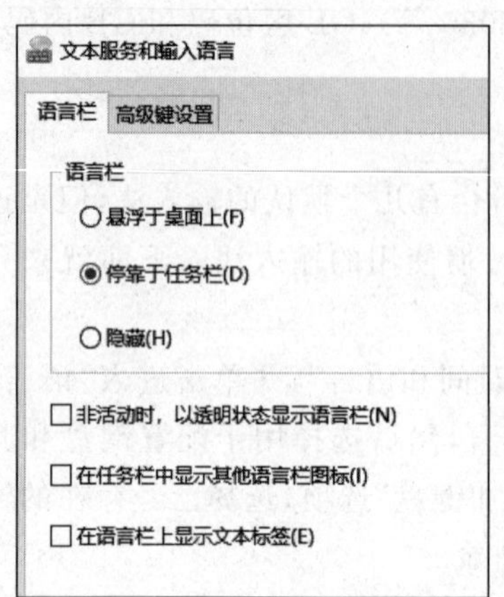

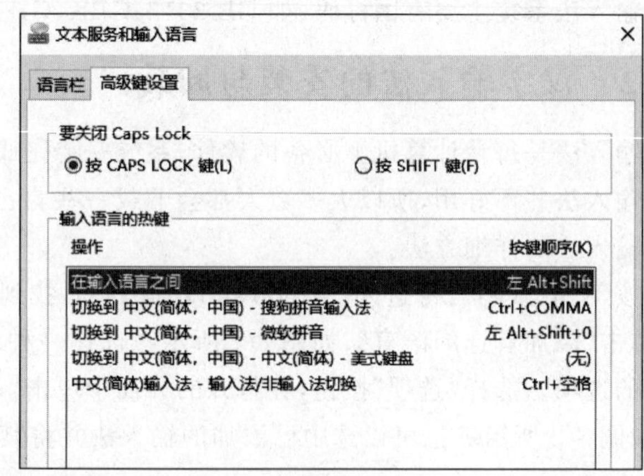

图 8-4 “文本服务和输入语言”界面

8.2 汉字输入法的使用方法

如今使用搜狗拼音输入法的人越来越多,也有很多人在使用的过程中会遇到各种问题。那么怎样才能提高输入法的使用效率呢?下面就以搜狗拼音输入法为例,介绍汉字输入法的使用方法。

1. 切换输入法

将鼠标光标移到要输入文字的地方,单击,使系统进入输入状态,然后按 Ctrl+Shift 组合键切换输入法,并选择搜狗拼音输入法。也可以将搜狗拼音输入法设置为默认输入法。

2. 翻页

搜狗拼音输入法默认的翻页键是逗号和句号,即输入拼音后,按句号进行向下翻页选字,相当于 PageDown 键,找到所选的字后,按其相对应的数字键即可输入。输入法默认的翻页键还有减号、等号及左右方括号,可以通过“属性设置”界面下的“高级”选项卡进行设定,如图 8-5 所示。

3. 中英文切换

搜狗拼音输入法默认按下 Shift 键切换到英文输入状态,再按一下 Shift 键就会返回中文状态。单击状态栏上面的中字图标也可以进行切换。除了用 Shift 键进行切换以外,搜狗拼音输入法也支持按 Enter 键或 V 模式输入英文。

4. 候选词个数

可以通过右击状态栏并选择“属性设置”→“外观”→“候选项数”命令修改候选词个数,选择范围是 3～9 个,如图 8-6 所示。

5. 固定首字和关键字搜索

搜狗拼音输入法可以实现把某一拼音下的某一候选项固定在第一位,即固定首字功能。

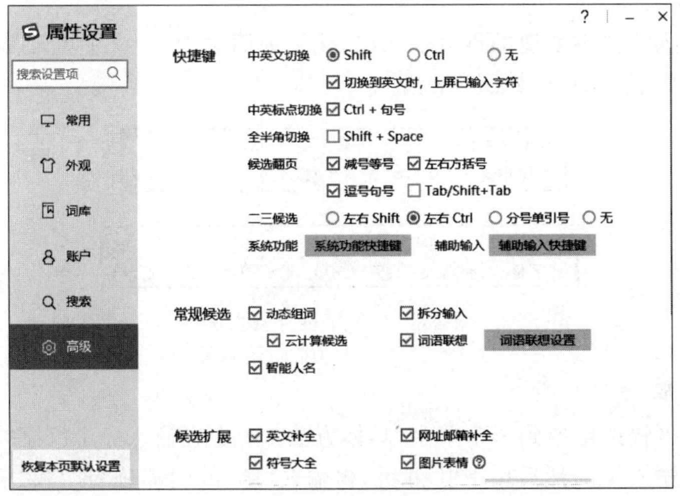

图 8-5 “高级”选项卡

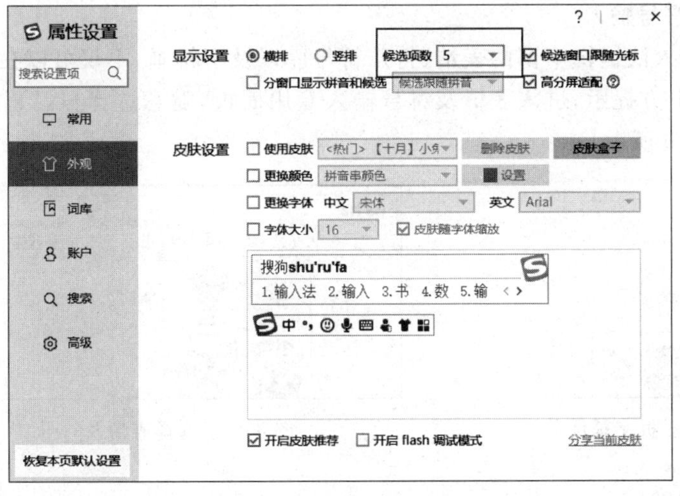

图 8-6 设置候选词个数

输入拼音，找到要固定在首位的候选项，鼠标光标悬浮在候选字词上之后，有固定首位的菜单项出现。

搜狗拼音输入法在输入栏上提供搜索按钮，候选项悬浮菜单上也提供搜索选项。输入搜索关键字后，按上、下箭头选择想要搜索的词条之后，单击“搜索”按钮，将立即显示搜索结果，如图 8-7 所示。

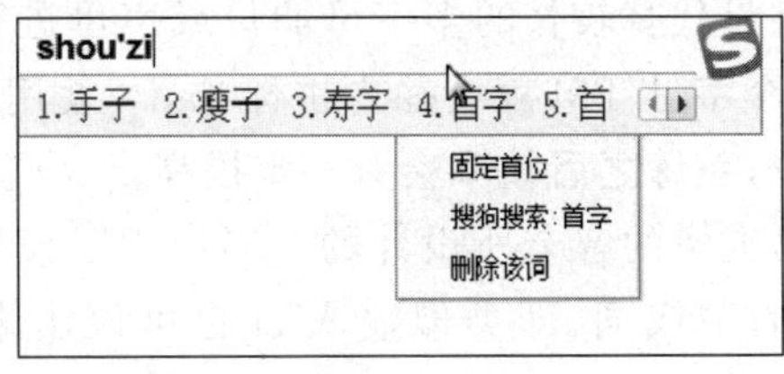

图 8-7 首字与搜索功能

6. 生僻字输入

搜狗拼音输入法提供便捷的拆分输入法,化繁为简,生僻的汉字可轻易输出。直接输入生僻字组成部分的拼音即可,如图 8-8 所示。

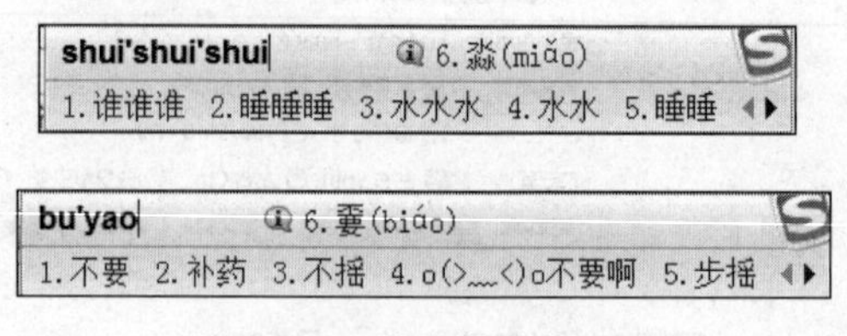

图 8-8 生僻字拆分输入法

7. 拆字辅助码

拆字辅助码可快速定位到一个单字,具体方法如下:想输入一个汉字"脙",但是非常靠后,找不到,那么输入 xiu,然后按下 Tab 键,再输入"脙"的两部分"月"和"求"的首字母 y q,就可以看到了。输入的顺序为 xiu+Tab 键+yq,如图 8-9 所示。独体字由于不能被拆成两部分,所以独体字是没有拆字辅助码的。

8. 表情 & 符号输入

搜狗拼音输入法提供丰富的表情、特殊符号库以及字符画,不仅可以在候选词中进行选择,还可以单击上方提示,进入表情及符号输入专用面板,随意选择自己喜欢的表情、符号、字符画,如图 8-10 所示。

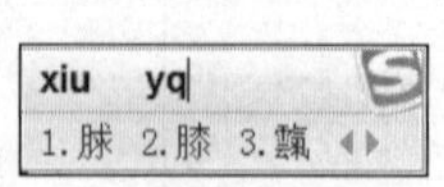

图 8-9 拆字辅助码

图 8-10 选择表情及符号

9. 输入法规则

全拼输入是拼音输入法中最基本的输入方式。只要用 Ctrl+Shift 组合键切换到搜狗拼音输入法,在输入窗口中输入拼音即可。

简拼是用声母或声母的首字母进行输入的一种方式。有效地利用简拼,可以大大地提高输入的效率。搜狗拼音输入法支持的是声母简拼和声母的首字母简拼。例如,输入"武青松",只要输入 wqs 或者 wuqs 即可。同时,搜狗拼音输入法支持简拼及全拼的混合输入,例如,输入 srf、sruf、shrfa 都可以得到"输入法"三个字。

双拼是用定义好的单字母代替较长的多字母韵母或声母进行输入的一种方式。例如,如果 T=t、M=ian,输入两个字母 TM 就会输入拼音 tian。使用双拼可以减少击键次数,但是需要记忆字母对应的键位,熟练之后效率会有一定提高。

模糊音是针对某些容易混淆的音节所设计的。当启用了模糊音后,例如,对 sh 和 s 发音混淆也能快速找到需要的字或词,即类似输入 si 也可以出来"十",输入 shi 也可以出来"四"。

10. 繁体输入

右击状态栏并选择“简繁切换”命令，即可进入繁体中文状态，如图 8-11 所示。再单击一下即可返回简体中文状态。

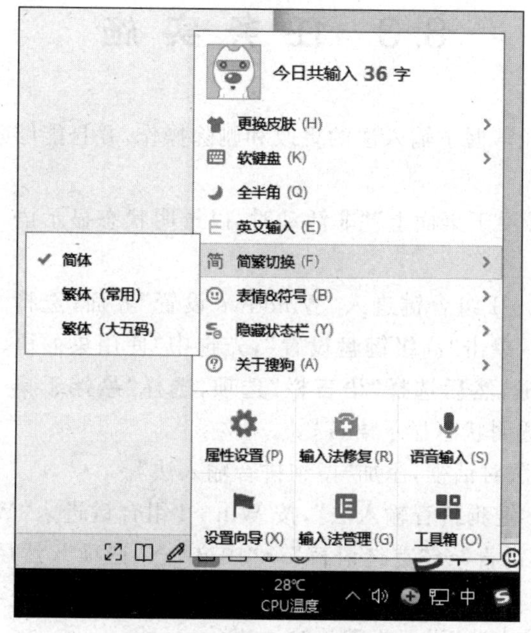

图 8-11 输入法简繁转换功能

11. U 模式笔画输入

U 模式是针对输入不会读的字所设计的方法。在输入 u 后，依次输入一个字的笔顺，笔顺为：h(横)、s(竖)、p(撇)、n(捺)、z(折)，就可以得到该字，同时小键盘上的 1、2、3、4、5 也代表 h、s、p、n、z。其中点也可以用 d 输入，竖身旁的笔顺是点点竖(nns)，而不是竖点点。

12. 笔画筛选

笔画筛选用于输入单字时，用笔顺快速定位该字。使用方法是输入一个字或多个字后，按下 Tab 键(Tab 键如果用于翻页也不受影响)，然后用 h(横)、s(竖)、p(撇)、n(捺)、z(折)依次输入第一个字的笔顺，一直找到该字为止，如图 8-12 所示。

qiu sz
1.囚 2.虬 3.蚯 4.赇 5.唒

图 8-12 笔画筛选功能

13. V 模式

V 模式的中文数字是一个功能组合，包括多种中文数字的功能，只能在全拼状态下使用。

(1) 中文数字金额大小写：输入 v424.52，输出“肆佰贰拾肆元伍角贰分”。

(2) 罗马数字：输入 99 以内的数字，例如 v12，输出 XII。

(3) 年份自动转换：输入 v2008.8.8 或 v2008-8-8 或 v2008/8/8，输出“2008 年 8 月 8 日”。

(4) 年份快捷输入：输入 v2006n12y25r，输出“2006 年 12 月 25 日”。

14. 插入日期

搜狗拼音输入法内置的插入项有：

(1) 输入 rq(日期的首字母)，输出系统日期“2006 年 12 月 28 日”。

(2) 输入 sj(时间的首字母),输出系统时间"2006 年 12 月 28 日 19:19:04"。

(3) 输入 xq(星期的首字母),输出系统星期"2006 年 12 月 28 日 星期四"。

8.3 任务实施

通过学习,小林已经掌握了输入法的更改和删除操作,并且能够熟练应用搜狗拼音输入法进行文字录入了。

(1) 设置语言栏"悬浮于桌面上""非活动时,以透明状态显示语言栏"。

任务 8 实施

操作步骤:按 Win+I 组合键进入"Windows 设置"界面,选择"设备"界面下的"输入",单击"高级键盘设置",先选中"使用桌面语言栏(如果可用)"复选框,然后选择"语言栏"选项,选择"悬浮于桌面上""在非活动时,以透明状态显示语言栏"。

(2) 打开添加输入法对话框,添加"搜狗拼音输入法"。

操作步骤:先安装"搜狗拼音输入法",按 Win+I 组合键进入"Windows 设置"界面,选择"时间和语言",选择"语言"→"首选语言"→"中文"→"选项",然后在"添加键盘"中选择"搜狗拼音输入法"。

(3) 将"搜狗拼音输入法"设置为默认输入法。

操作步骤:打开"Windows 设置"界面,选择"设备"→"输入",单击"高级键盘设置"选项,然后在"替代默认输入法"中选择"搜狗拼音输入法"。

课后练习

(1) 请利用搜狗拼音输入法的生僻字拆分输入法输入汉字"焱"。

操作步骤:将"焱"字拆分成三个"火",输入其拼音即可。

任务 8 课后练习

(2) 请利用搜狗拼音输入法的拆字辅助码方法,利用"声母"辅助找到"鲜",利用笔画辅助找到"贤"。

操作步骤:切换到搜狗拼音输入法,先输入拼音 xian,按 Tab 键,再输入 yy,即可快速定位到"鲜"。先输入拼音 xian,按 Tab 键,再输入 ss,即可定位到"贤"。

(3) 利用搜狗拼音输入法的 U 模式输出汉字"开"。

操作步骤:切换到搜狗拼音输入法,先输入 u 进入 U 模式,输入 hhps,即可得到"开"。

(4) 输出中文大写数字"壹拾贰亿叁仟肆佰伍拾陆万柒仟捌佰玖拾"。

操作步骤:切换到搜狗拼音输入法,先输入 v,然后输入 1234567890,则自动转换为中文大写数字。

第三部分
Word 2019 文档处理

Word 2019 是 Office 2019 办公软件的组件之一,主要用于文档处理,可制作集文字、图像和数据于一身的各种图文并茂的文档,是目前文字处理软件中最受欢迎、用户群最多的文字处理软件。下面将通过多个任务认识一下 Word 2019,并掌握它的基本操作。

任务9　制作会议通知文档

学习目标

➢ 熟悉 Word 2019 工作界面。

➢ 熟练掌握文本的输入、编辑、查找和替换等操作。

任务描述

学院准备组织全体新生参加军训动员大会。辅导员让宣传委员小林制作一个会议通知，小林一边聆听老师布置的任务一边在笔记本上快速记录。回家后，小林对记录进行了整理，并在计算机里利用 Word 2019 相关功能完成了会议通知文档的输入和编辑，完成后效果如图 9-1 所示。

2019级新生军训动员大会通知

会议时间：2019年4月15日上午9点

会议地点：教学楼三楼会议室

出席人：2019级新生

会议内容安排：

1.军训时间：2019-4-16至2019-4-30

2.军训地点：风雨操场

3.军训内容：队伍排列、报数、立定稍息、齐步走、跑步、正步等

4指导员和中队长：李教官

会操时间：2019-4-30下午

图 9-1　“2019 级新生军训动员大会通知”文档效果

9.1　Word 2019 概述

在计算机中安装了 Office 2019 后便可启动相应的组件，包括 Word 2019、Excel 2019 和 PowerPoint 2019。各个组件的启动方法相同，下面以启动 Word 2019 为例进行讲解。

1. 启动 Word 2019

在计算机中安装好 Office 2019 后，便可以启动 Word 2019 程序了，常用的方法有以下几种。

(1) 单击任务栏左侧的“开始”按钮，在弹出的菜单中选择 Word，可启动 Word 2019。

(2) 如果已经创建了 Word 2019 的桌面快捷方式，双击桌面上的 Word 2019 快捷方式图标，即可启动 Word 2019。

(3) 双击已创建的扩展名为.docx 的 Word 文档可启动 Word 2019，并打开相应的 Word 文档内容。

2. 退出 Word 2019

退出 Word 2019 的方法主要有以下两种。

(1) 在功能区中选择“文件”选项卡，单击左侧窗格的“关闭”命令。

(2) 单击 Word 2019 窗口标题栏最右侧的“关闭”按钮✕。

9.1.1 Word 2019 的工作界面

启动 Word 2019 后即可进入其操作界面。操作界面主要由“文件”菜单、标题栏、快速访问工具栏、功能选项卡、功能区、文档编辑区、状态栏等组成，如图 9-2 所示。

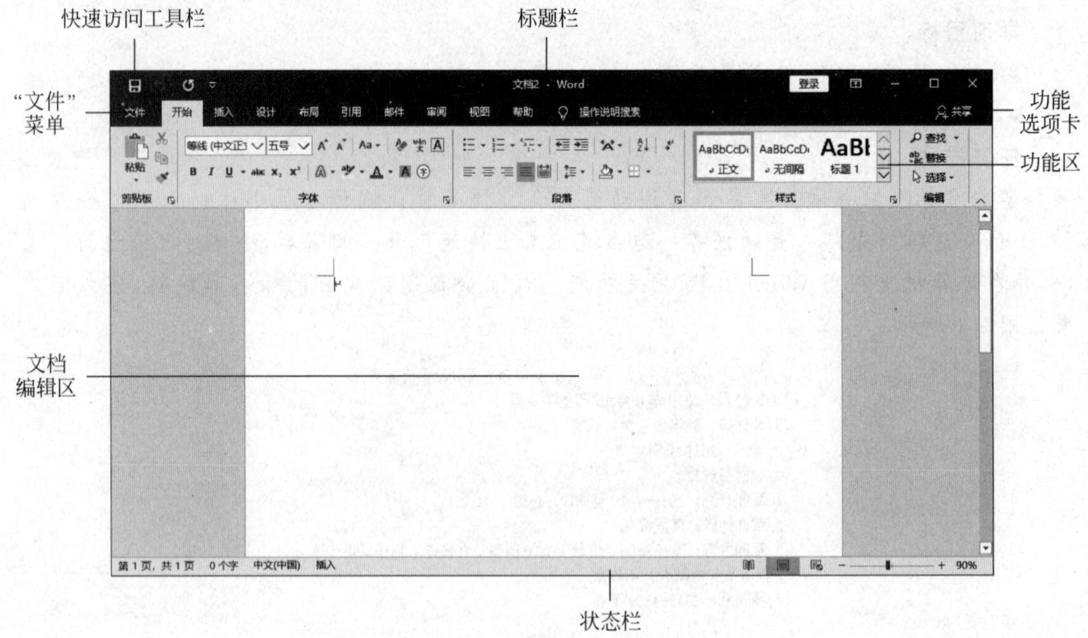

图 9-2 Word 2019 工作界面

1. “文件”菜单

“文件”菜单包括了与文件操作相关的功能。

2. 标题栏

标题栏位于 Word 2019 操作界面的最顶端，其中显示了当前编辑的文档名称和程序名称。标题栏的最右侧有三个窗口控制按钮，分别用于对 Word 2019 的窗口执行最小化、最大化/还原以及关闭操作。

3. 快速访问工具栏

快速访问工具栏用于放置一些使用频率较高的工具。默认情况下，该工具栏包含了“保存”、“撤销输入”和“重复输入”等按钮。用户还可以自定义按钮，只需单击该工具栏右侧的按钮，在打开的下拉列表中选择相应选项即可。另外，通过该下拉列表，还可以设置快速访问工具栏的显示位置。

4. 功能选项卡

Word 2019 默认显示有“开始”“插入”“设计”“布局”“引用”“邮件”“审阅”“视图”“帮助”等多个功能选项卡，绝大部分命令集成在这几个功能选项卡中。这些选项卡相当于菜单命令，单击某个功能选项卡可显示相应的功能区。

5. 功能区

功能区位于功能选项卡的下方，有许多自动适应窗口大小的工具栏，不同的工具栏中又放置了与此相关的命令按钮或列表框。如"开始"选项卡的功能区中包括了"剪贴板""字体""段落""样式""编辑"等类别。

6. 文档编辑区

文档编辑区指输入和编辑文本的区域，所有关于文本的编辑操作都在该区域完成。在文档编辑区中有一个闪烁的鼠标光标，用于显示当前文档正在编辑的位置。

7. 状态栏

状态栏位于窗口的最下方，用于显示当前文档的一些相关信息，如当前的页码、字数和输入状态等。此外，在状态栏右侧还包含了一组用于切换 Word 视图模式和缩放视图的按钮和滑块。

9.1.2 Word 2019 的视图模式

Word 2019 为用户提供了多种浏览文档的方式，并针对用户在查看和编辑文档时的不同需要，提供了阅读视图、页面视图、Web 版式视图、大纲和草稿 5 种视图模式。要切换不同的视图模式，单击"视图"功能选项卡标签，然后单击"视图"功能区中的相应按钮即可，如图 9-3 所示。

图 9-3 视图模式切换按钮

页面视图：页面视图是 Word 2019 默认的视图模式。该视图中显示的效果和打印效果完全一致，是编排文档最常见的模式。

阅读视图：阅读视图适合阅读长篇文档。如果文字比较多，阅读视图可以自动分成多屏，方便阅读。

Web 版式视图：利用 Web 版式视图可以预览 Word 文档在 Web 浏览器中的显示效果。在该视图中，文档中的文本会自动换行以适应窗口的大小，而且文档的所有内容都会显示在同一页面中。

大纲：大纲视图适用于具有多重标题的文档。使用大纲视图不仅可以直接编写文档标题、修改文档大纲，还可以方便地查看文档的结构，以及重新安排文档中标题的层次。

草稿：草稿视图是 Word 中最简化的视图模式，取消了页面边距、分栏、页眉/页脚和图片等元素，适用于编辑内容和格式都比较简单的文档。

9.1.3 Word 2019 的基本操作

Word 文档的基本操作主要包括新建文档、保存文档、打开文档以及关闭文档等。

1. 新建文档

启动 Word 2019 后,在打开的初始页面中单击"空白文档",系统会自动创建一个新的空白文档,可直接在文档编辑区内输入文档内容。若需再次新建一个空白文档,可用以下几种方法。

(1) 单击"文件"菜单,选择"新建"→"空白文档"命令。

(2) 使用快捷键 Ctrl+N 新建一个文档。

(3) 单击快速访问工具栏的"新建"命令新建一个文档。

新建文档

2. 保存文档

Word 文档编辑完成后,文档驻留在计算机的内存中,需要将文档保存到硬盘中,以备日后使用,可用以下几种方法。

(1) 单击快速访问工具栏的"保存"按钮。

(2) 单击"文件"菜单,选择"保存"命令。

(3) 使用快捷键 Ctrl+S。

当新建文件第一次执行"保存"操作时,会弹出"另存为"对话框。在对话框左侧的资源管理器中单击所要选定的路径,在"文件名"输入框中输入新的文件名,单击"保存"按钮,即可将文档保存到相应路径中。

3. 打开文档

不论用户是编辑文档还是阅览文档,都必须先打开该文档。在 Word 2019 中打开文档的方法有以下几种。

(1) 打开存放 Word 文档的文件夹后,直接双击文档图标,系统将在启动 Word 的同时打开该文档。

单击"文件"菜单,选择"打开"→"浏览"命令,在打开对话框的左侧的资源管理器中单击所要选定的磁盘,则对话框右侧的"名称"列表框就列出了该磁盘下包含的文件夹和文档。选择相应文档,单击"打开"按钮即可。

(2) 如果要打开最近使用过的文档,选择"文件"→"打开"→"最近"命令,显示如图 9-4 所示,单击相应文档即可打开文档。

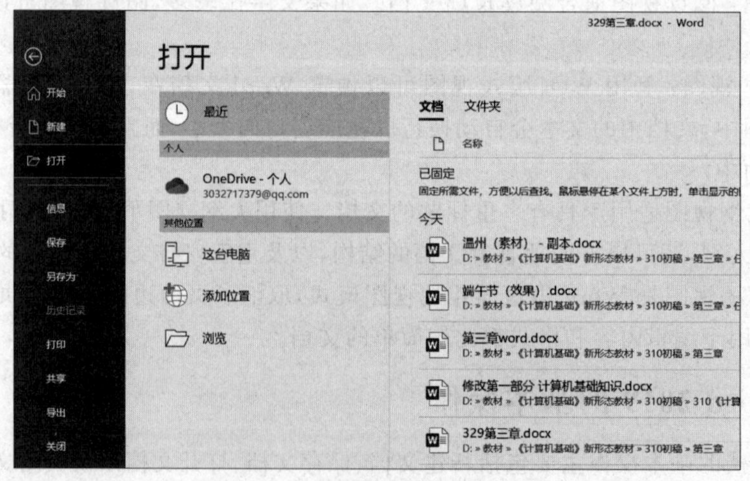

图 9-4 显示最近使用的文档

4. 关闭文档

关闭文档的方法有以下 3 种。

(1) 在“文件”菜单中选择“关闭”命令。

(2) 单击窗口右上角的“关闭”按钮。

(3) 使用快捷键 Alt＋F4。

9.2　文本的输入与编辑

掌握输入和编辑文本的方法是使用 Word 软件的基础。文本是 Word 文档中最重要的组成部分,新建一个文档后,可在其中输入需要的文本。在文档中输入文本内容后,通常还需要对其进行各种编辑操作,文本的输入和编辑是一体的。

9.2.1　输入文本

输入文档内容就是在 Word 2019 的“文本编辑区”中输入文本,文本包括字母、数字、符号和汉字等。新输入的文本内容总是出现在闪烁的光标处,即文本插入点。用户除了可以在文档中插入文字、标点等较为简单的内容之外,还可以在文档中插入各种不能利用键盘直接输入的特殊符号。

1. 输入中文、英文和数字文本

在 Word 文档中输入文本内容时,首先需要激活文档,并将光标定位到要输入文本的位置,然后输入具体内容即可。

若要在文档中输入英文或者数字,可以直接利用键盘进行输入;若要在文档中输入中文,则需要切换至中文输入法,然后再进行输入。

2. 输入时间和日期

若要在 Word 文档中输入时间和日期,除了可以利用键盘直接输入之外,还可以用 Word 提供的插入时间和日期功能来完成。

用户只需选择“插入”功能选项卡,并单击“文本”功能区中的“日期和时间”按钮,然后在弹出的“日期和时间”对话框中选择一种日期和时间格式,并单击“确定”按钮即可,如图 9-5 所示。如果选中“自动更新”选项,则以后对该文档的修改都将显示新的日期和时间。

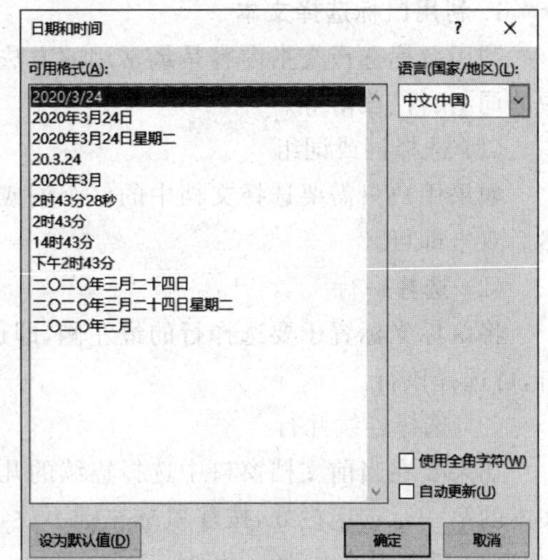

图 9-5　插入日期

3. 输入符号

在 Word 文档中除了可以插入文本和一些简单的标点符号之外,还可以插入一些较为特殊的符号。通过“插入”功能选项卡中的“符号”功能区中的“符号”按钮,选择“其他符号”选项,打开“符号”对话框,如图 9-6 所示,选择一个符号,单击“确定”按钮,即可完成符号的

图 9-6　插入符号

输入。

9.2.2　选择文本

默认情况下，Word 文档中的文本以白底黑字的状态显示，被选中的文本则以灰色底纹的状态显示。用户在文档中的多数操作都只对被选中的文本有效。在选择文本时，用户可以通过鼠标和键盘两种方法进行。

1. 利用鼠标选择文本

利用鼠标选择文本内容是最常用的方法，也是最简单的方法。利用鼠标可以选取文档中的词组、行、段落等。

(1) 选择词或词组

如果用户只需要选择文档中的一个词或者词组，则将光标置于该词或词组的任意位置，然后双击即可。

(2) 选择一行

将鼠标光标置于要选择行的最左侧，即选定栏位置，当光标变成指向右上角的箭头时单击，可选择该行。

(3) 选择连续几行

如果要在当前文档窗口中选择连续的几行文本，常用的方法是将鼠标光标置于要选定文本的第一行选定栏处，按住鼠标左键不放，拖动至需要选定的最后一行即可。

(4) 选择整个段落

将鼠标光标置于要选择段落左侧的任意位置，当光标变成指向右上角的箭头时双击，即可选择该段落。

(5) 选择矩形区域

将鼠标光标置于要选定区域的一角，然后按住 Alt 键不放，拖动鼠标至矩形区域的对角，即可选择该区域。

(6) 选择全部内容

如果要选择文档中的全部内容，选择“开始”功能选项卡，单击“编辑”功能区中的“选择”按钮，选择“全选”命令。

2. 使用键盘选择文本

使用键盘选择文本时，首先应将鼠标光标置于要选定文本的开始位置，然后使用相应的组合键进行操作。各组合键及其作用如表9-1所示。

表9-1 组合键的作用

组合键	功能
Shift+←	选择插入点左边的一个字符
Shift+→	选择插入点右边的一个字符
Shift+↑	选择到上一行同一位置之间的所有字符
Shift+↓	选择到下一行同一位置之间的所有字符
Shift+Home	选择到所在行的行首
Shift+End	选择到所在行的行尾
Ctrl+Shift+↑	选择到所在段落的开始处
Ctrl+Shift+↓	选择到所在段落的结束处
Ctrl+Shift+Home	选择到文档的开始处
Ctrl+Shift+End	选择到文档的结束处
Ctrl+A	选择整个文档

9.2.3 复制、移动和删除文本

1. 复制文本

我们常常需要输入一些已经输入过的文本，使用复制文本的操作可以节省时间，同时可避免重新输入造成的输入错误。复制文本的操作步骤如下。

(1) 选定要输入的文本。

(2) 右击选定的文本，选择“复制”命令，或者使用Ctrl+C组合键。此时选定的文本的副本被临时保存在剪切板中。

(3) 将插入点移到要复制的新位置。

(4) 右击并选择“粘贴”命令，或者使用Ctrl+V组合键，选定的文本即被复制到指定的新位置上。

2. 移动文本

在编辑文档时，经常需要将某些文本从一个位置移到另一个位置，以调整文档的结构。移动文本的方法主要有以下两种。

方法一 同复制文本类似，只是将复制文件操作步骤(2)中的“复制”命令改为“剪切”命令，或者使用Ctrl+X组合键即可。

方法二 适用于所移动的文本比较短小，且要移到的目标位置就在同一个屏幕中，具体操作步骤如下。

(1) 选定要移动的文本。

(2) 将鼠标光标移到所选定的文本位置,按下鼠标左键,此时鼠标光标下方会增加一条灰色的矩形,并出现一条虚线,表明文本要插入的新位置。

(3) 拖动鼠标使虚线移动到的新位置,松开鼠标左键,即完成了文本的移动。

3. 删除文本

删除一个字符或一个汉字可以使用 Backspace 键或 Delete 键。其中 Backspace 键是删除插入点前一个字符或汉字,Delete 键删除插入点后一个字符或汉字。

9.3 文本的查找和替换

在文本编辑过程中经常需要查找某些文字,或根据特定文字定位到文档某处,或替换文档中的某些文字,这些操作可通过"查找"或"替换"命令实现。

1. 查找

(1) 基本查找

单击"开始"功能选项卡中"编辑"功能区中的"查找"按钮,或者按 Ctrl+F 组合键,打开"导航"窗格,在搜索框中输入需要查找的文本,则需要查找的文本将在文档中高亮显示。

(2) 高级查找

单击"开始"功能选项卡中"编辑"功能区中的"查找"按钮右侧的下拉箭头,在打开的列表中选择"高级查找"命令,打开"查找和替换"对话框,如图 9-7 所示。在"查找内容"文本框中输入要查找的文本,或者单击文本框的下拉按钮选择已经输入过的查找文本。单击"查找下一处"按钮,完成第一次查找,被查找到的文本将在文档中高亮显示。如果需要继续查找,单击"查找下一处"按钮即可。单击其他按钮可以设置查找选项。

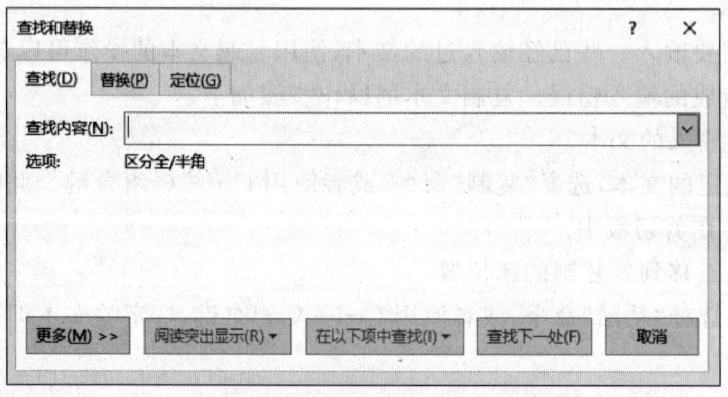

图 9-7 "查找和替换"对话框中的"查找"选项卡

2. 替换

若要替换查找到的文本内容,只需单击"编辑"功能区中的"替换"按钮,或者按 Ctrl+H 组合键,即可打开"查找和替换"对话框的"替换"选项卡。在"查找内容"文本框中输入要被替换的文本,在"替换为"文本框中输入要替换的内容,单击"替换"或者"查找下一处"按钮即可。当查找到要替换的文本内容时,如果用户确定要进行替换操作,可以单击"替换"按钮;

若不希望替换该文本内容，则可以单击“查找下一处”按钮继续查找；如果不需要进行确认而替换所有要查找的内容时，可以直接单击“全部替换”按钮。

9.4　任务实施

小林结合本任务学习的知识，在 Word 2019 中编辑排版了“2019 级新生军训动员大会通知”文稿，具体操作步骤如下。

任务 9 实施

（1）在桌面上右击，选择“文件”→“新建”→“docx 文档”命令，将新文档命名为“2019 级新生军训动员大会通知”。

（2）根据笔记本中记录的内容在文档中输入文档标题、时间、地点等文本，如图 9-8 所示，再次保存文档。

动员大会通知
会议时间：后天上午 9 点
会议地点：三楼会议室
会议内容安排：
1.军训时间：2 周
2.军训地点：FY 操场
3.军训内容：队伍排列报数立定稍息齐步走跑步正步等
4 指导员和中队长：李教官
最后一天会操
出席人：新生

图 9-8　“2019 级新生军训动员大会通知”初始文档

（3）将插入符置于“动员大会通知”文本之前，输入“2019 级新生军训”。单击“开始”→“段落”→“居中”按钮。

（4）选中“后天”文字，按“Backspace”键删除，然后单击“插入”选项卡上“文本”组中的 日期和时间 按钮，在打开的对话框中选择第 2 种日期格式，单击“确定”按钮，在文档中插入日期并修改数字 13 为 15。用鼠标选中“2 周”文字，按 Backspace 键将其删除，输入“2019-4-16 至 2019-4-30”，如图 9-9 所示

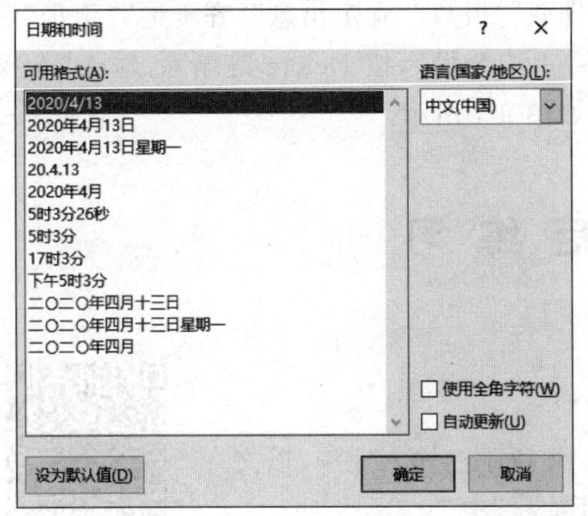

2019 级新生军训动员大会通知
会议时间：2019 年 4 月 15 日上午 9 点
会议地点：三楼会议室
会议内容安排：
1.军训时间：2019-4-16至2019-4-30
2.军训地点：FY 操场
3.军训内容：队伍排列报数立定稍息齐步走跑步正步等
4 指导员和中队长：李教官
最后一天会操
出席人：新生

图 9-9　在文档中插入时间

(5) 选中“出席人：新生”，将鼠标光标移动至其上方，此时鼠标光标显示为 ，如图 9-10(a)所示，按住鼠标左键拖动，至目标位置时释放鼠标，所选文本即被移动到了目标位置，原位置不再保留移动的文本，如图 9-10(b)所示。

2019 级新生军训动员大会通知
会议时间：2020 年 4 月 15 日上午 9 点
会议地点：三楼会议室
会议内容安排：
1. 军训时间：2019-4-16 至 2019-4-30
2. 军训地点：FY 操场
3. 军训内容：队伍排列报数立定稍息齐步走跑步正步等
4. 指导员和中队长：李教官
最后一天会操
出席人：新生

(a)

2019 级新生军训动员大会通知
会议时间：2020 年 4 月 15 日上午 9 点
会议地点：三楼会议室
出席人：新生
会议内容安排：
1. 军训时间：2019-4-16 至 2019-4-30
2. 军训地点：FY 操场
3. 军训内容：队伍排列报数立定稍息齐步走跑步正步等
4. 指导员和中队长：李教官
最后一天会操

(b)

图 9-10　移动文本“出席人：新生”

(6) 将插入符定位在文档开始处，单击“开始”→“编辑”→“替换”按钮，打开“查找和替换”对话框的“替换”选项卡。在“查找内容”编辑框中输入“FY”，在“替换为”编辑框中输入“风雨”，单击“全部替换”按钮完成替换，如图 9-11 所示。

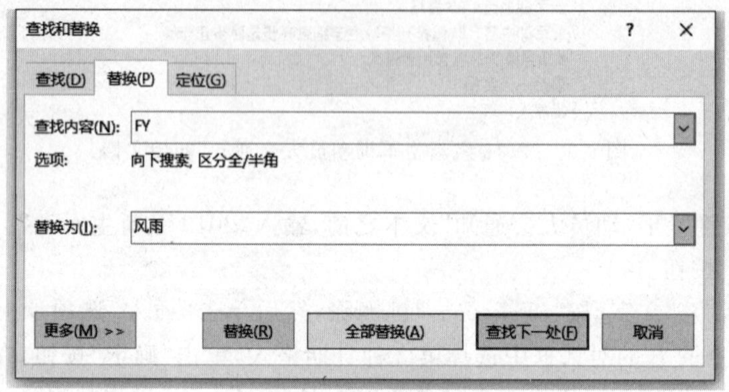

图 9-11　替换操作

(7) 最后，将插入符分别定位在“队伍排列”“报数”“立定稍息”“齐步走”“跑步”后面，利用键盘输入顿号。选中最后一段文字“最后一天会操”，按 Delete 键删除，输入“会操时间：2019-4-30 下午”，然后保存文档，最终效果如图 9-1 所示。

课 后 练 习

Word 编辑操作练习。

(1) 在 D 盘中新建文件夹“Word 练习”。

(2) 打开 Word 输入一段文字，如图 9-12 所示。输入完毕，以文件名“温州美食.docx”保存到文件夹“Word 练习”中。

任务 9 课后练习

(3) 给文档添加一个标题“温州美食”；从“矮人松糕在这里可谓

是家喻户晓”开始分一个段落；删除“这是温州非常出名的小吃”文字，并将“一碗看着不多，”移动到“但是这一碗下肚”之前。

(4) 将文中“矮人松糕”替换为“长人馄饨”。

(5) 将文件以新的文件名“温州美食之长人馄饨”存入“Word 练习 ”文件夹中。

温州是一座名副其实的美食之都，有多少人在这里吃到扶墙而出。瓯菜是中国八大菜系浙菜的四个流派之一。因温州古名东瓯，1949 年后，为了提高温州菜的知名度，将其改称“瓯菜”。矮人松糕在这里可谓是家喻户晓。这是温州非常出名的小吃，相传源于 1930 年左右，制作精细，馄饨皮很薄，用盐适当，肉馅用新鲜瘦肉。以其色泽鲜艳、口感清鲜、底汤清澈，久吃不厌而誉满温州。盖料更是非常讲究，有紫菜、蛋丝、肉松、青菜、浸酒虾米，尤其是汤清见底，形似花朵，美味爽口。但是这一碗下肚，打个饱嗝，令人十分满足！
一碗看着不多，

图 9-12　文档信息

任务10　制作“求职简历”文档

学习目标

➢ 掌握文本与段落排版操作。

➢ 掌握表格相关操作。

任务描述

小李是一位刚刚毕业的大学生，正准备找工作，当务之急需要给自己制作一份求职简历，于是他利用自己掌握的Word知识设计制作了一份自荐书和一份个人简历，如图10-1和图10-2所示。

自荐书

尊敬的公司领导：

您好！

首先请允许我向您致以真诚的问候和良好的祝愿！ 非常感谢您能在百忙之中审阅我的求职材料。我是XX科技大学计算机应用专业2019届毕业生，现在即将离开母校、踏入社会，心情是既兴奋又彷徨。我渴望一个新的生活舞台，找到一份适合自己的工作。

在这四年的求知旅途中，美好的大学生活培养了我科学严谨的思维方法，更造就了我积极乐观的生活态度和开拓进取的创新意识。课堂内外拓展的广博的社会实践、扎实的基础知识和开阔的视野，使我更了解社会；在不断的学习和工作中养成的严谨、踏实的工作作风和团结协作的优秀品质，使我深信自己完全可以胜任这一工作。更愿意以自己的智慧与学识为贵公司贡献自己的微薄之力。

请您相信我，在未来的岗位上，我会以饱满的工作热情和勤奋踏实的工作作风做出成绩，决不让您失望，恳请您给我一次机会。诚盼佳音！诚祝贵单位事业蒸蒸日上！

此致！

敬礼！

自荐人：李伟强

2020-4-1

图10-1　自荐书

个人简历

姓　名	李伟强	出生年月	2000月4月	
民　族	汉	政治面貌	党员	
电　话	135012145**	毕业院校	XX科技大学	
邮　箱	LWQ22@qq.com	学　历	本科	
住　址	浙江省 杭州市 西湖区 湖滨大道178号			
求职意向	互联网、计算机等相关职位			
教育背景	XX科技大学　计算机应用专业　2017.04----2020.05			
实践经验	✧ xx年7月-xx年8月 xx软件公司实习 助理 ✧ xx年7月-xx年8月 xx市科技有限公司实习			
个人技能	✧ xx年-xx年获得三等奖学金 ✧ xx年3月获得信息学院java竞赛三等奖 ✧ xx年10月获得信息学院xx网站设计大赛三等奖 ✧ xx年12月获得xx省大学生高等数学竞赛三等奖 ✧ xx年12月通过“中级软件设计师”考证			
自我评价	本人思想意识觉悟高、有很强的学习意识、很好的学习能力;有较强的语言组织表达能力;有很强的团队合作意识，在同学中有较高的威信;有较强的与人沟通的能力和工作协调能力、有耐心、有严谨认真负责的工作态度。			

图10-2　个人简历

10.1　文本与段落排版

10.1.1　字符格式化

字符是指作为文本输入的文字、标点符号、数字以及各种符号。在Word中，字符格式主要包括字体、字号、字形、字符的颜色、下画线、着重号、上下标、删除线、间距等效果。

Word 在创建新文档时，默认中文是宋体、五号，英文是 Times New Roman 字体、五号。用户可根据需要对字符的格式进行重新设置，方法有以下几种。

1. 使用“字体”组中的命令按钮

单击“开始”功能选项卡，打开该选项卡下的功能区，其中“字体”功能区中包含了部分设置字符格式的命令按钮，如图 10-3 所示。选中文本，单击相关按钮，即可设置文字格式。

2. 使用浮动工具栏

“浮动工具栏”是一个方便快速设置文本格式的工具栏。当选择文本后，在其上面稍微向上移动一下鼠标光标或在选择的文本上右击，都会弹出“浮动工具栏”，如图 10-4 所示。浮动工具栏可设置文本的字体、字形、字号、对齐方式和文本颜色等属性。

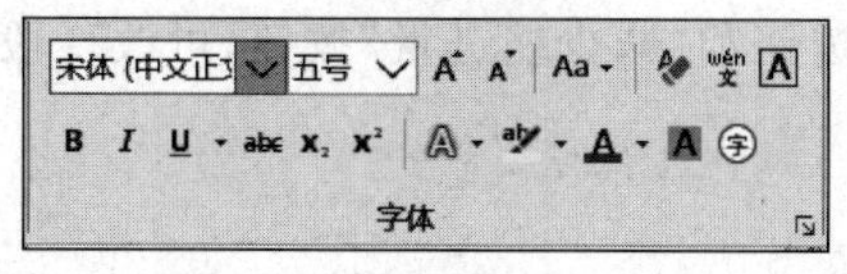

图 10-3　“字体”功能区

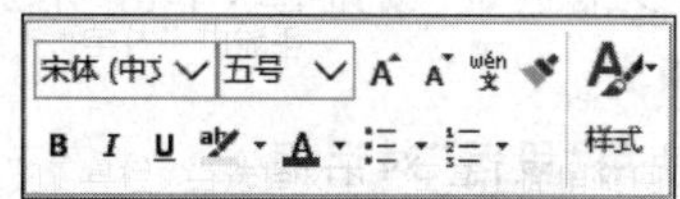

图 10-4　浮动工具栏

3. 使用“字体”对话框

如果“浮动工具栏”不能满足设置字体的要求，可以单击“字体”工具组右下角的按钮，打开“字体”对话框进行更丰富、详细的字符格式设置。

10.1.2　段落格式化

在 Word 中，段落是文档的基本组成单位。段落格式主要包括段落对齐、段落缩进、行距、段间距和段落的修饰等。设置段落格式可以使文档的结构清晰、层次分明、便于阅读。当需要对某一段落进行格式设置时，只需将鼠标光标定位到该段落中的任何一个位置；如果涉及多个段落，则需要同时选中这些段落。

设置段落格式可通过“开始”功能选项卡下的“段落”功能区的按钮、浮动工具栏和“段落”对话框实现。

1. 单击“段落”功能区中的命令按钮

选择段落后，在“开始”功能选项卡下的“段落”功能区中单击相应的按钮，如图 10-5 所示，即可设置相应的段落格式。

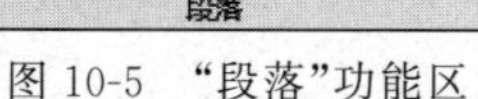

图 10-5　“段落”功能区

“段落”功能区中部分按钮的作用介绍如下。

(1)“文本左对齐”按钮：单击该按钮，可使段落文本与页面左边距对齐。

(2)“居中”按钮：单击该按钮，可使段落文本居中对齐。

(3)“文本右对齐”按钮：单击该按钮，可使段落与页面右边距对齐。

(4)“两端对齐”按钮：单击该按钮，可使段落除最后一行外的所有文本同时与左边距和右边距对齐，并根据需要增加或缩小字间距。

(5)“分散对齐”按钮：单击该按钮，可使文本左右两端对齐。与“两端对齐”不同的是，不满一行的文本会均匀分布在左右文本边界之间。

(6) “行和段落间距”按钮 ↕☰▾: 单击该按钮,在其下拉列表框中可以选择段落中每行的磅值,磅值越大,行与行之间的间距越宽。也可以增加段与段之间的距离。

(7) “项目符号”按钮 ☰▾: 单击该按钮,在其下拉列表框中选择项目符号的样式,可使文档中出现的同级别段落更加突出。

(8) “编号”按钮 ☰▾: 单击该按钮,在其下拉列表框中选择编号样式,使文档中的要点更加清晰。

2. 使用浮动工具栏设置段落格式

使用浮动工具栏设置段落格式更加方便、快捷。当选择段落后或在选定的段落上右击,都会弹出浮动工具栏,其中用于设置段落格式的按钮有“居中”按钮 ☰、“增加缩进量”按钮 ☰和“减少缩进量”按钮 ☰,单击“增加缩进量”按钮和“减少缩进量”按钮,可改变段落与左边界的距离。

3. 使用“段落”对话框

使用“段落”对话框可以设置更多的段落格式,而且可以精确地设置段落的缩进方式、段落间距以及行距等。将光标定位在需要设置格式的段落,然后单击“开始”功能选项卡下“段落”功能区右下角的按钮 ◪,打开“段落”对话框,在该对话框中有三个选项卡,如图 10-6 所示。

(1) 缩进和间距

常规: 主要用来设置段落的水平对齐方式。对齐方式分为水平对齐和垂直对齐,水平对齐用来设置该段落在页面水平方向上的排列方式,垂直对齐用来设置文档中未排满页的排列情况。这里的对齐方式仅设置水平对齐方式: 两端对齐、左对齐、右对齐、居中对齐和分散对齐 5 种,如图 10-7 所示。而垂直对齐方式需要在页面完成。

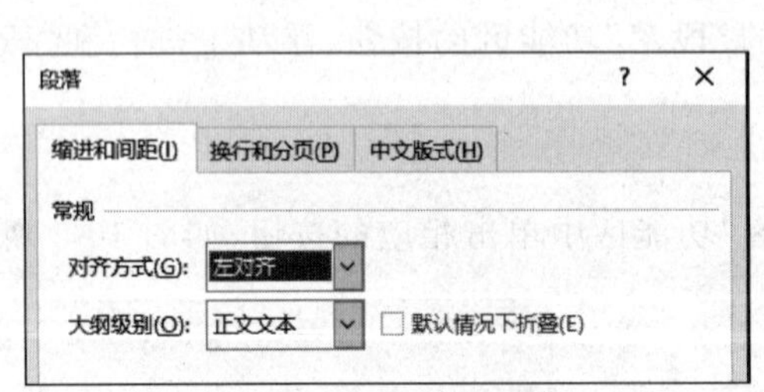

图 10-6 “段落”对话框

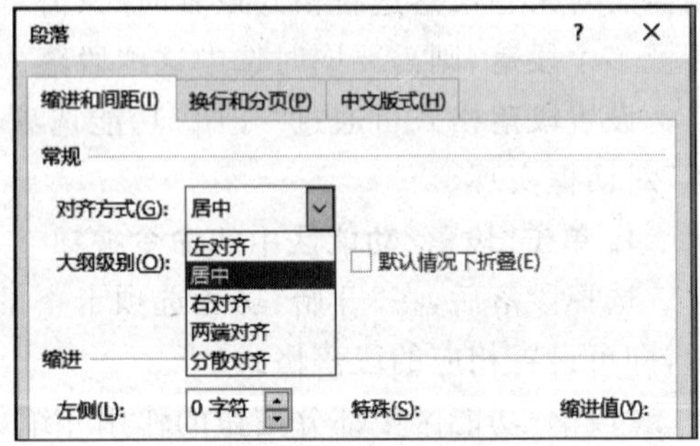

图 10-7 对齐方式

缩进: 主要用来调整一个段落和边距之间的距离。分为左缩进、右缩进、首行缩进、悬挂缩进 4 种。左(右)缩进指段落的左(右)侧与左(右)边界之间的距离;首行缩进指段落的首行向右缩进;悬挂缩进指段落中除了首行以外的所有行的左边距向右缩进。

间距: 包括段间距和行间距。段间距指相邻两个段落之间的间隔,包括“段前”和“段后”间距。行间距指一个段落内行与行之间的间隔,包括单倍行距、1.5 倍行距、2 倍行距、最小值、固定值、多倍行距。例如要设置 1.2 倍行距,则选择多倍行距,并在设置值中输入 1.2。

(2) 换行和分页

Word 有自动分页功能,但为了排版的需要,Word 也为段落提供了“孤行控制”“与下段同页”“段中不分页”“段前分页”“取消行号”“取消断字”等功能。

① 孤行控制：防止在页面顶部打印段落末行或者在页面底部打印段落首行。

② 与下段同页：防止在所选定段落与后一段落之间出现分页符。

③ 段中不分页：防止在段落中出现分页符，即所选段落分别打印在两页上。

④ 段前分页：使选定段落直接打印在新的一页。

⑤ 取消行号：防止选定段落旁边出现行号。此设置对未设置行号的文档或节无效。

⑥ 取消断字：防止段落自动断字。自动断字是 Word 为了保持文档页面的整齐，在行尾的单词由于太长而无法完全放下时，会在适当的位置将该单词分成两部分，并在行尾使用连接符进行连接的功能。

(3) 中文版式

中文版式可对中文文稿的特殊版式进行设置，使文稿更符合中国人的阅读习惯，如按中文习惯控制首尾字符等。

10.1.3　项目符号和编号

项目符号是指在文档中具有并列或层次结构的段落前添加统一的符号；编号是指在这些段落前添加号码，号码通常是连续的。给文档添加项目符号和编码可以使文档的结构更加清晰，层次更加分明。

1. 项目符号

项目符号位于“开始”功能选项卡中的“段落”功能区里。选择需要设置项目符号的段落，单击“项目符号”按钮旁边的下拉按钮，打开“项目符号”下拉列表，在其中可选择不同的项目符号样式，如图 10-8 所示，或者定义新项目符号。

2. 编号

选定需要创建编号的段落，在“开始”功能选项卡的“段落”功能区中单击“编号”按钮，即可创建默认的编号。单击“编号”按钮旁边的下拉按钮，打开“编号”下拉列表，在其中可选择不同的编号样式或者自定义新编号格式，如图 10-9 所示。

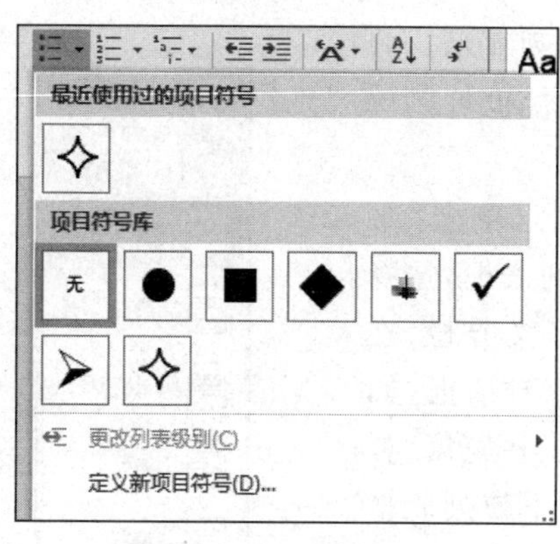

图 10-8　选择项目符号

图 10-9　编号设置

10.1.4 边框和底纹

边框和底纹是美化文档的重要方式之一,在 Word 中可以给某些重要段落或文字添加边框和底纹,使其更为突出和醒目。

单击“开始”→“段落”→“边框”按钮右侧的下拉按钮,在弹出的下拉列表中选择“边框和底纹”命令,弹出“边框和底纹”对话框。

在“边框”选项卡中可设置边框的形式、样式、颜色、宽度等。

在“底纹”选项卡中可为选定的段落或文字添加底纹的填充色和图案等,如图 10-10 所示。

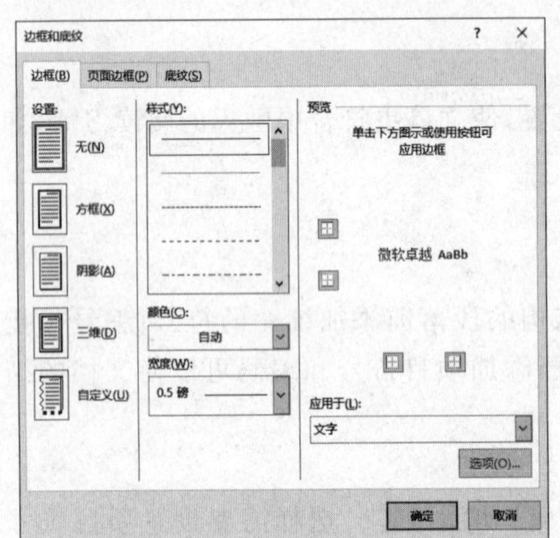

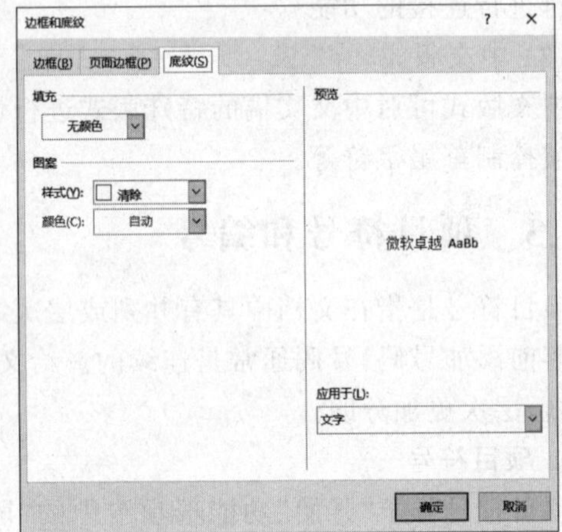

图 10-10 “边框和底纹”对话框

在“页面边框”选项卡中可以设置页面边框的形式、样式、颜色、宽度等。

10.1.5 分栏排版和首字下沉

分栏排版和首字下沉是常见的页面排版方式。分栏排版的文档页面显得更加活泼,同时增加了可读性。使用首字下沉代替首行缩进,能够使内容更加醒目。

1. 分栏排版

分栏是将文档中的一段或多段文字内容分成多列显示。分栏后的文字内容在文档中是单独的一节,而且每一栏也可以单独进行格式设置。

设置分栏时,首先要选定需要分栏的文字内容,单击“布局”→“页面设置”→“分栏”按钮,弹出“分栏”下拉列表框,选择需要的分栏数即可,如图 10-11 所示。如果要自定义分栏,在“分栏”下拉列表框中选择“更多栏”命令,弹出“栏”对话框,如图 10-12 所示。在“栏”对话框中根据需要设置栏数、栏宽度、栏间距以及是否在栏间加分割线等,最后在“应用于”下拉列表框中选择应用范围。

将选定文本设置分栏并添加分割线后的效果如图 10-13 所示。

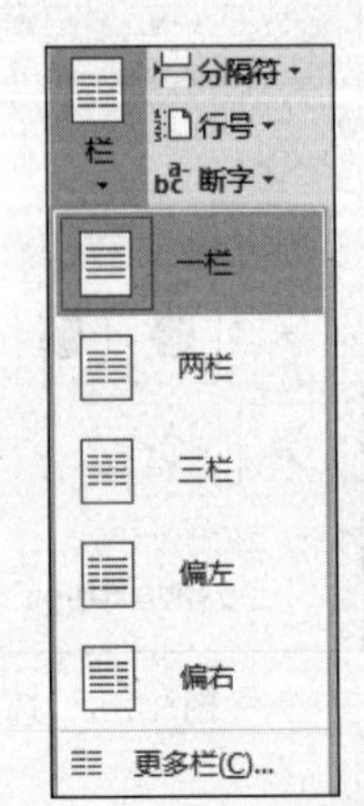

图 10-11 “分栏”下拉列表框

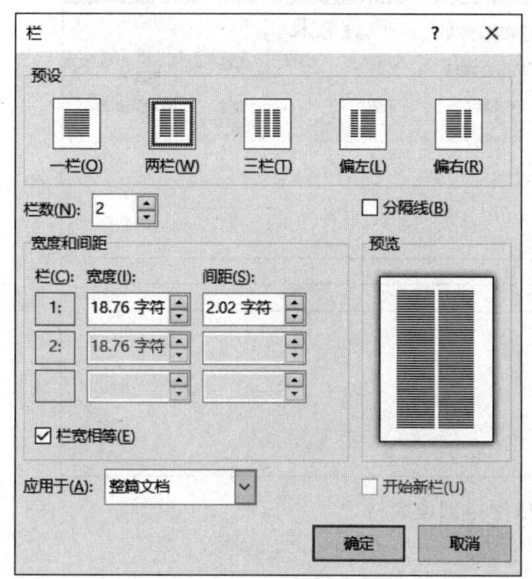

图 10-12　“栏”对话框

✧ 关于公司的定位

鑫鑫国旅作为一家专业化商务旅行公司，主要从事国际文化交流、策划商务考察项目、职业教育和公务培训，同时为各级政府及各大企事业单位提供国际国内会议、会展、等商务服务。始终致力于为政府和企事业单位提供系统的、全方位的、专业化商务旅行服务。我们的服务宗旨是：以合理化价格提供商品质服务；以专业化操作满足个性化需求以国际化标准结合本土化优势。

图 10-13　分栏后的效果

2. 首字下沉

首字下沉是指段落中的第一个字符放大并下沉到下面的几行中。这种排版方式在各种报刊和杂志上随处可见，起到提醒或引人注意的效果。

将插入点移到需要设置首字下沉的段落中。单击“插入”→“文本”→“首字下沉”按钮，在下拉列表框中选择下沉方式。单击“首字下沉”选项，打开“首字下沉”对话框，可以进一步设置首字下沉的格式。

10.2　表格操作

表格是由若干水平的行和垂直的列组成的，行和列的交叉区域称为单元格。在单元格中可以输入文字、数字、图形等，甚至可以嵌套另一个表格。Word 提供了丰富的表格功能，可以很方便地在文档中插入表格、处理表格以及将表格转换成各类统计图表。

10.2.1　创建表格

表格操作

创建表格的方法有多种，可以使用表格网格、“快速表格”选项、“插入表格”对话框等方法创建表格，还可以通过“绘制表格”按钮手动绘制表格。

1. 使用表格网格创建表格

如果要插入的表格行数和列数比较少，可通过表格网格创建。具体操作如下：将光标定位在要插入表格的位置，单击“插入”功能选项卡“表格”功能区的“表格”按钮，在弹出的网格上移动鼠标光标选择行数与列数，比如 2 行 3 列，单击鼠标即可完成表格的创建，如图 10-14 所示。

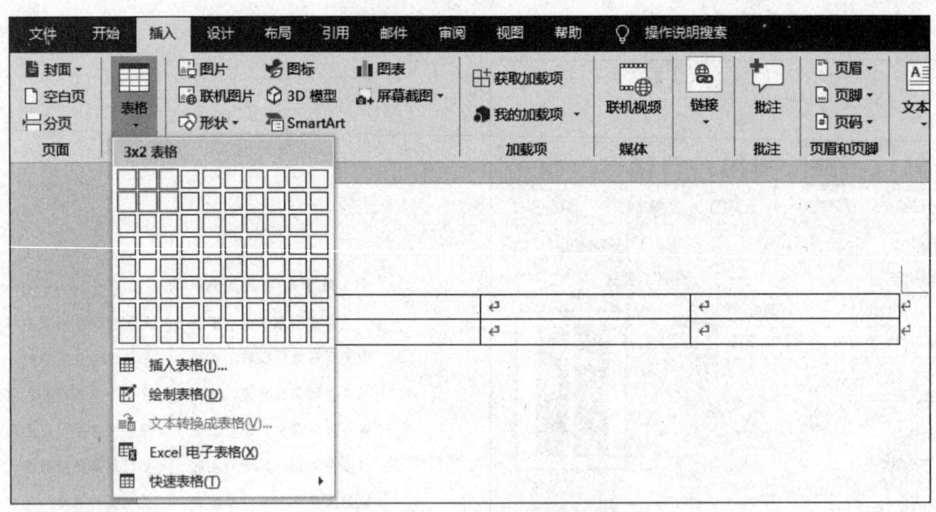

图 10-14　使用表格网格创建表格

2. 使用“快速表格”选项创建表格

单击“插入”功能选项卡“表格”功能区中的“表格”按钮，在弹出的下拉列表中选择“快速表格”选项，再在弹出的下拉列表中选择所需的表格样式，即可在文档中快速插入内置表格。

3. 使用“插入表格”对话框创建表格

单击“插入”功能选项卡“表格”功能区中的“表格”按钮，在弹出的下拉列表中选择“插入表格”选项，弹出“插入表格”对话框，如图 10-15 所示，默认行数为 2 行，列数为 5 列，固定列宽为“自动”，单击“确定”按钮，即可完成一个表格的制作，如图 10-16 所示。

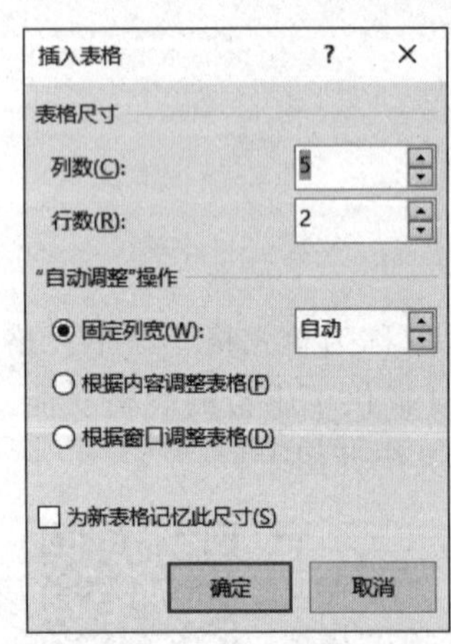

图 10-15　“插入表格”对话框

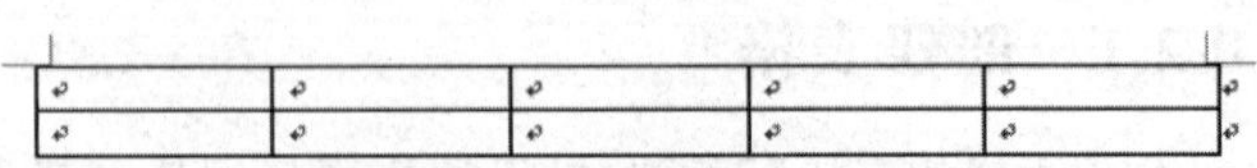

图 10-16　创建一个 2 行 5 列的表格

10.2.2　编辑表格

表格创建后常常需要对其进行修改和编辑，如插入行和列，或删除行和列等。

选择表格，单击表格工具的“布局”功能选项卡，可对表格进行拆分、合并、删除、插入等操作。“布局”功能选项卡如图 10-17 所示。

图 10-17　表格工具的“布局”功能选项卡

1. 选择表格、行、列和单元格

对表格中的单元格、行、列或整个表格进行编辑操作时,需要先选中要操作的对象。

(1) 选定一个或多个单元格

在要选定的起始单元格内单击,然后按住鼠标左键拖动,即可选定多个单元格。

(2) 选定一行或多行

把鼠标光标移到需选定行的最左端,当光标变成向右空心的箭头标志时,单击即可选择该行。按住鼠标左键进行拖动可选择一行或多行。

(3) 选定一列或多列

把光标移到表格顶端边框处,当光标变成向下的实心箭头标志时,单击即可选择该列。按住鼠标左键进行拖动可选择一列或多列。

(4) 选定整个表格

单击表格左上角的标志可选定整个表格。也可通过选定行、选定列和选定单元格的方式选择整个表格。

2. 插入行和列

把光标插入点置于某单元格内,在“布局”功能选项卡的“行和列”功能区中即可选择一种插入行或列的方式,如图 10-18 所示。

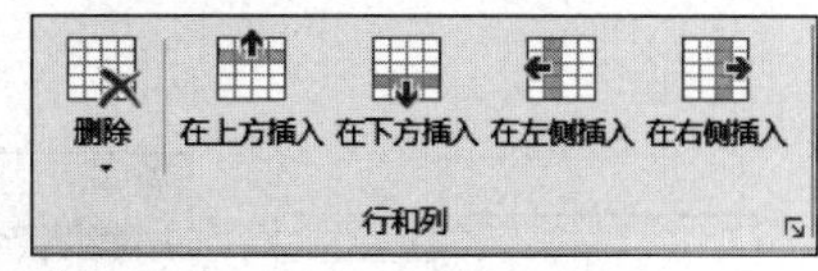

图 10-18　“行和列”功能区

3. 删除行和列

删除行和列有几种方法,下面以删除行为例说明。

(1) 使用“删除行”命令

选择要删除的行后右击,在弹出的快捷菜单中选择“删除行”命令,即可删除行。

(2) 使用“删除单元格”对话框

选择要删除行的一个或多个单元格,右击,在弹出的快捷菜单中选择“删除单元格”命令,打开“删除单元格”对话框,如图 10-19 所示。在对话框中选择“删除整行”选项,单击“确定”按钮即可删除该行。

(3) 使用“删除表格”按钮

选择要删除的行(或该行的一个或多个单元格),单击“布局”功能选项卡“行和列”功能区中的“删除”按钮,在弹出的菜单中选择“删除行”命令,如图 10-20 所示。

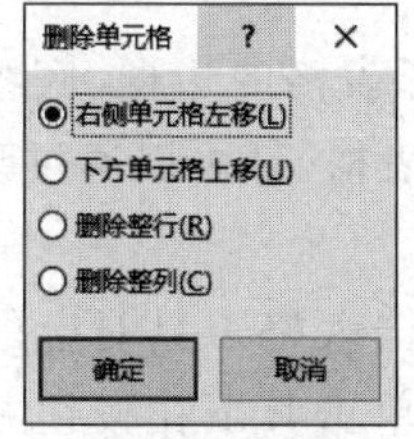

图 10-19　“删除单元格”对话框

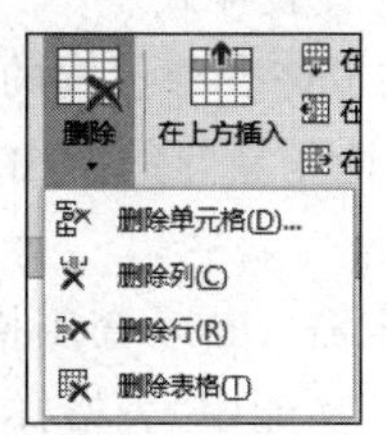

图 10-20　“删除”按钮

4. 合并和拆分单元格

合并单元格是把两个或多个单元格合并成为一个单元格;拆分单元格则是把一个单元格拆分为多个单元格。

(1) 合并单元格

选定要合并的单元格,单击"布局"→"合并"→"合并单元格"按钮即可合并单元格,如图 10-21 所示。

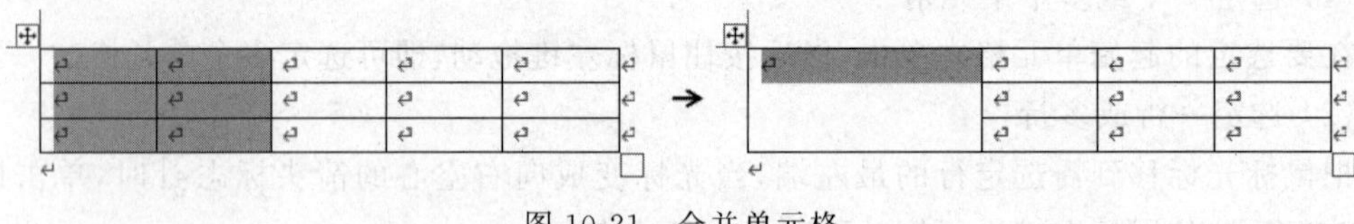

图 10-21 合并单元格

(2) 拆分单元格

选中要拆分的单元格,或将插入符置于要拆分的单元格中,然后单击"布局"→"合并"→"拆分单元格"按钮,在打开的"拆分单元格"对话框中设置要拆分的行数和列数,单击"确定"按钮即可,如图 10-22 所示。

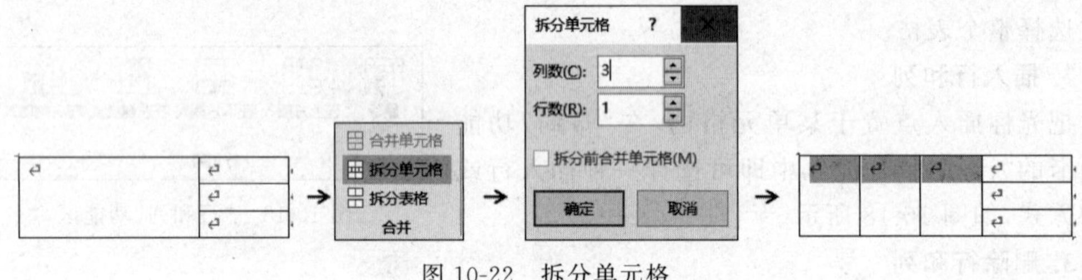

图 10-22 拆分单元格

10.2.3 美化表格

表格创建和编辑完成后,还可进一步对表格进行美化操作,如设置单元格或整个表格的边框和底纹等。此外,Word 2019 还提供了多种表格样式,利用这些表格样式可以快速美化表格。

(1) 设置表格边框和底纹

给表格添加边框和底纹的方法与给文字或段落添加边框和底纹的方法相同。也可以单击表格工具对应的"设计"功能选项卡下"表格样式"功能区中的"边框"和"底纹"按钮给表格添加边框和底纹。

(2) 应用内置表样式

Word 提供了许多种预置的表样式,每种样式都包含了表格的边框、底纹、字体、颜色等格式化设置,无论是新建的空白表格还是已经输入数据的表格,都可以通过套用内置的表样式快速美化表格。

单击或选定需要自动套用格式的表格,再根据需要单击表格工具对应的"设计"功能选项卡"表格样式"功能中"表格样式库"里相应的按钮,或者单击其下拉按钮并在弹出的下拉列表中根据需要选择预定义表格样式,如图 10-23 所示。

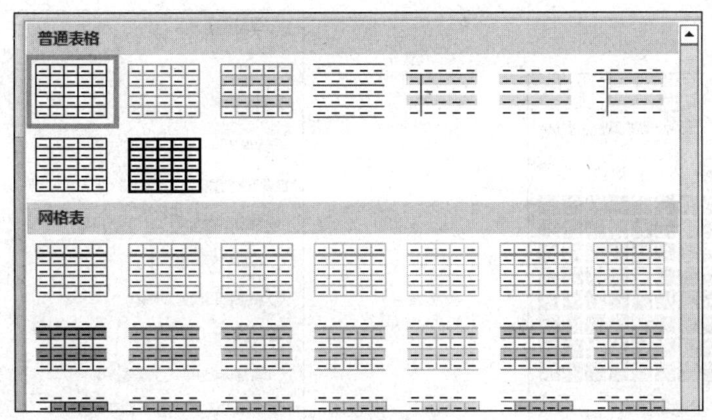

图 10-23　表格样式列表

如果要修改当前显示的表格样式，在其下拉列表框中选择“修改表格样式”命令，打开“修改样式”对话框即可进行修改。

如果要新建表格样式，在其下拉列表框中选择“新建表样式”命令，打开“根据格式设置创建新样式”对话框即可进行表格样式的新建。

10.2.4　表格的其他应用

(1) 表格与文本之间的转换

在 Word 文档中，表格与文本之间可以相互转换。要将表格转换成文本，只需在表格中的任意单元格中单击，然后单击表格工具对应的“布局”功能选项卡上“数据”功能区中的“转换为文本”按钮，打开“表格转换成文本”对话框，在其中选择一种文字分隔符，单击“确定”按钮即可，如图 10-24 所示。

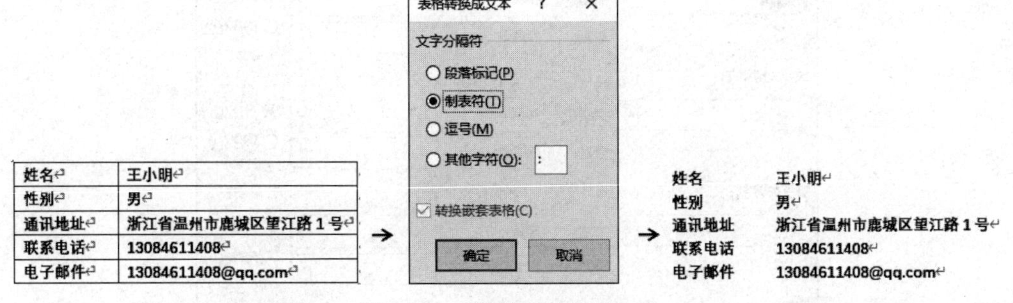

图 10-24　将表格转换成文本

选择刚转换为文本的数据，单击“插入”功能选项卡中的“表格”按钮，显示的下拉列表如图 10-25 所示。选择“文本转换成表格”命令，弹出的对话框如图 10-26 所示。Word 将根据文本内容自动选择行数，列数可以根据实际情况进行设置。表格大小的调整有三种方法，一是设置固定列宽，二是根据内容调整表格，三是根据窗口大小调整表格。生成表格时各单元格中文字的分隔位置根据文字之间的分隔符确定。最后单击“确定”按钮，重新将文字生成了表格。

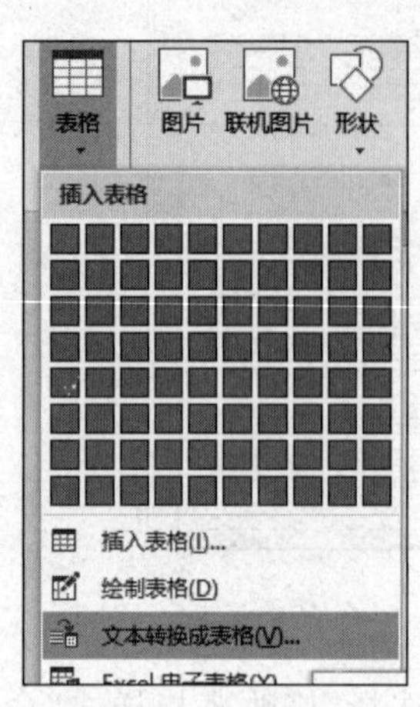

图 10-25 文本转换成表格

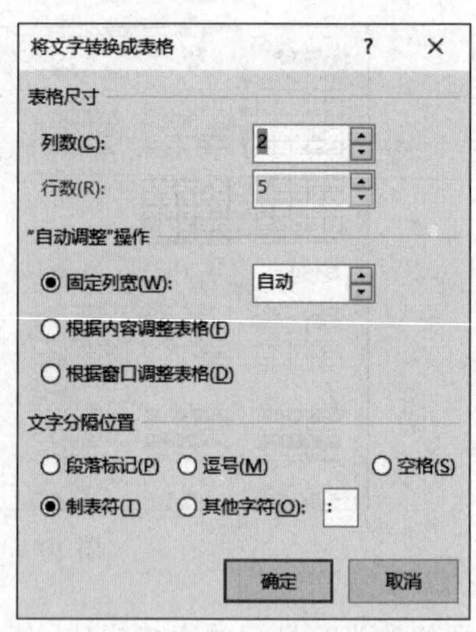

图 10-26 "将文字转换成表格"对话框

(2) 表格排序

在 Word 中,可以按照递增或递减的顺序将表格内容按数字、笔画、拼音或日期等进行排序。排序时最多可以选择 3 个关键字,表格可以有标题行,也可以没有标题行。需要说明的是排序的表格不能有合并的单元格。

单击或选定表格后,单击表格工具对应的"布局"功能选项卡上"数据"功能区的"排序"按钮,打开"排序"对话框,如图 10-27 所示。在该对话框中根据需要设置排序的关键字、类型、方式以及有无标题行。设置完毕,单击"确定"按钮。

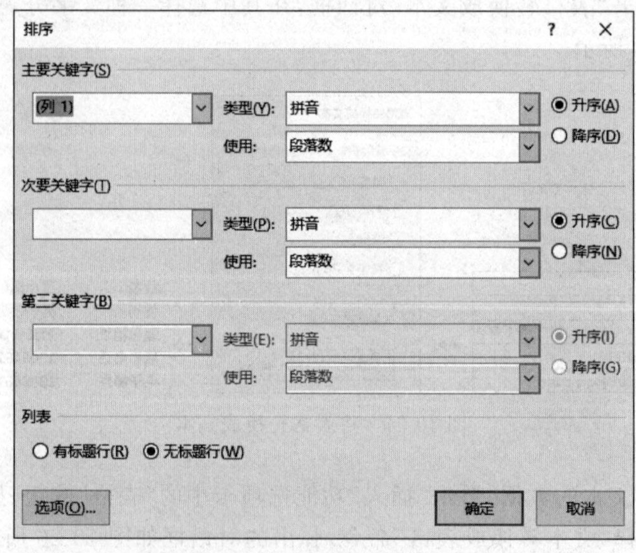

图 10-27 "排序"对话框

(3) 表格计算

Word 表格提供了加、减、乘、除等算术计算功能,还提供了常用的统计函数功能,比如求和、求平均值、求最大值、求最小值、统计个数等函数。

单击需要存放计算结果的单元格，再单击表格工具对应的“布局”功能选项卡的“数据”功能区中的“公式”按钮 f_x 公式，打开“公式”对话框，如图 10-28 所示。在“公式”文本框中输入计算公式或在“粘贴函数”下拉列表框中选择需要的函数，在“编号格式”下拉列表框中选择计算结果的输出格式，最后单击“确定”按钮。

输入公式时，必须以“＝”开始。

在表格中，列号用 A、B、C…表示，行号用 1、2、3…表示。公式中引用单元格可以用“字母＋数字”表示，比如 A2、C5 等。连续的单元格区域可以用 A1:D1、B2:C4 等表示。

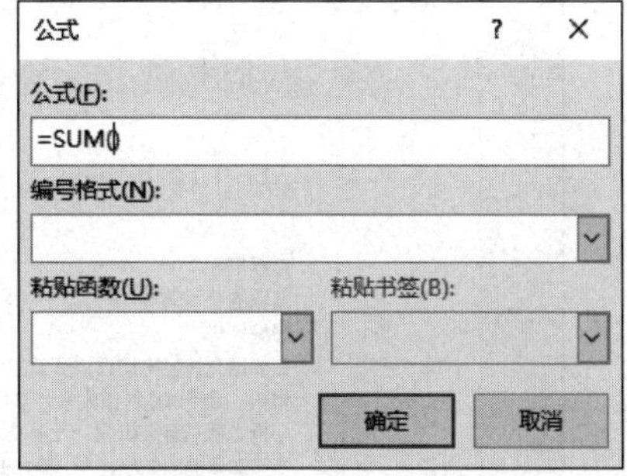

图 10-28　“公式”对话框

（4）表格重复标题行

如果创建的表格超过了一页，Word 会自动拆分表格。要使分成多页的表格在每一页的第一行都显示标题行，可将光标定位在表格标题行的任意位置，然后单击表格工具对应的“布局”功能选项卡中的“数据”功能区里“重复标题行”按钮。

10.3　任务实施

为了求职需要，小李利用自己掌握的 Word 知识开始制作自荐书和个人简历，具体操作如下。

（1）录入文档。在桌面右击，选择“新建”→“docx 文档”命令，输入“自荐书”。双击打开文档，在 Word 中输入准备好的内容，并保存文件，如图 10-29 所示。

制作自荐书

（2）设置标题字体格式。选中第一段标题内容“自荐书”，在“开始”功能选项卡的“字体”功能区中选中字体为华文新魏，字号为“小一”。单击“字体”功能区右下角的按钮，打开“字体”对话框，切换到“高级”选项卡，设置“间距”为加宽，“磅值”为 2 磅，如图 10-30(a)所示。在“段落”功能区中选择水平对齐方式为居中对齐，如图 10-30(b)所示。

（3）设置正文格式。选中正文所有内容，在“开始”功能选项卡的“字体”功能区中选中字体为宋体，字号为“四号”。拖动鼠标选择文本，从“您好！”到“此致！”。在“开始”功能选项卡“段落”功能区中单击右下角的启动按钮，打开“段落”对话框，在该对话框中设置首行缩进 2 字符，如图 10-31 所示。

（4）设置落款和时间。选中最后两段文本内容，在“段落”功能区中选择水平对齐方式为右对齐，最后效果如图 10-1 所示。

（5）设置个人简历表格框架。新建名为“个人简历”的 Word 文档。打开该文档，单击“插入”功能选项卡“表格”功能区中的“表格”按钮，在弹出的下拉列表中选择“插入表格”选项，弹出“插入表格”对话框，设置行数为 11 行，列数为 5 列，列宽自动，单击“确定”按钮，完成一个表格的制作。右击表格，选择“表格属性”命令，在打开对话框的“表格”选项卡中，设

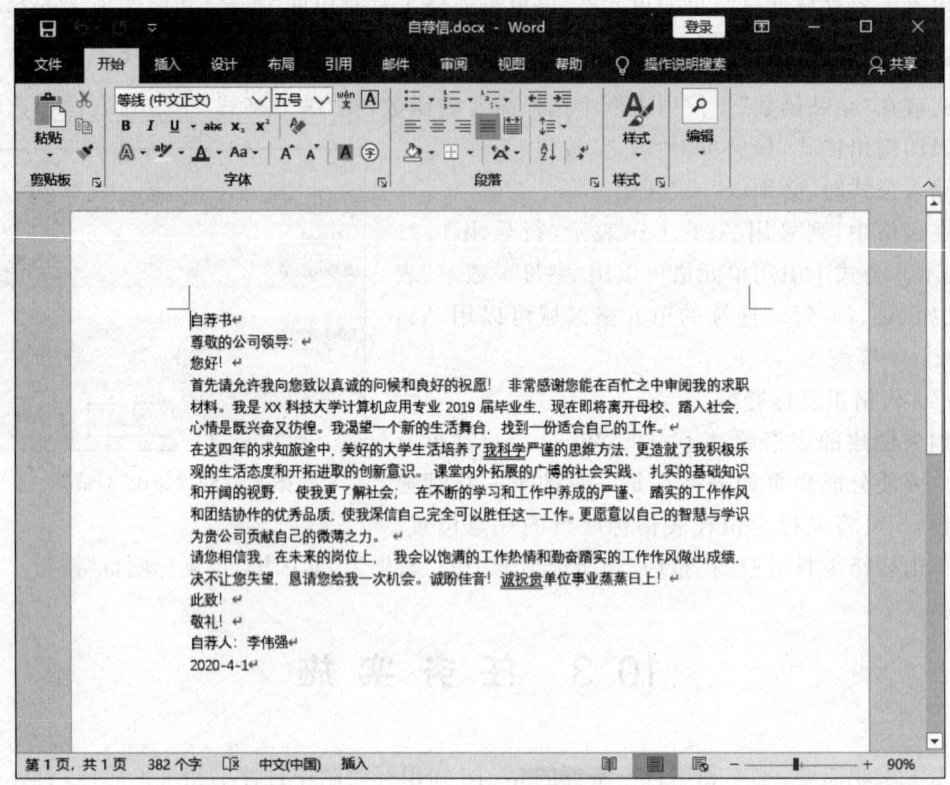

图 10-29 自荐书原稿

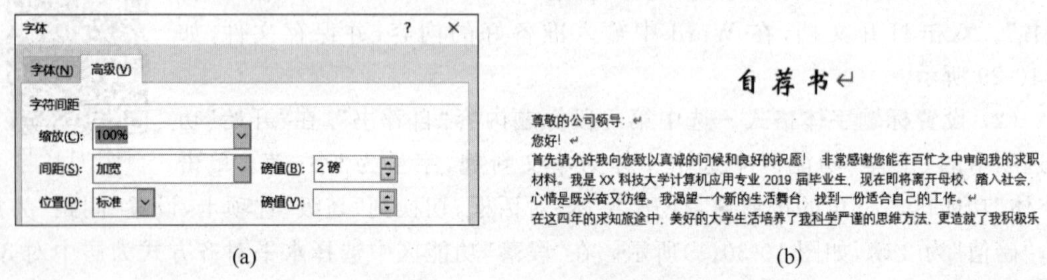

(a) (b)

图 10-30 标题的设置

置表格“指定宽度”为 19 厘米，如图 10-32 所示。

拖动鼠标选择首行的 5 个单元格，单击“布局”→“合并”→“合并单元格”按钮，合并单元格。对照图 10-2 所示，在表格中输入对应文字，如图 10-33 所示。

(6) 设置表格内文本字体格式。第 1 行文字设置为“微软雅黑，小二，加粗”；第 2～6 行文字设置为“微软雅黑、五号、加粗”；第 7～11 行文字设置为“微软雅黑、四号、加粗”。全选所有文字，单击表格工具对应的“布局”功能选项卡“对齐方式”功能区中的“水平居中”按钮，如图 10-34 所示。

(7) 设置表格边框和底纹。选择第一个单元格，打开“边框和底纹”对话框，在“边框”选项卡里选择“自定义”选项，删除上、中、下三条边，保留单元格下方线段，如图 10-35 所示。

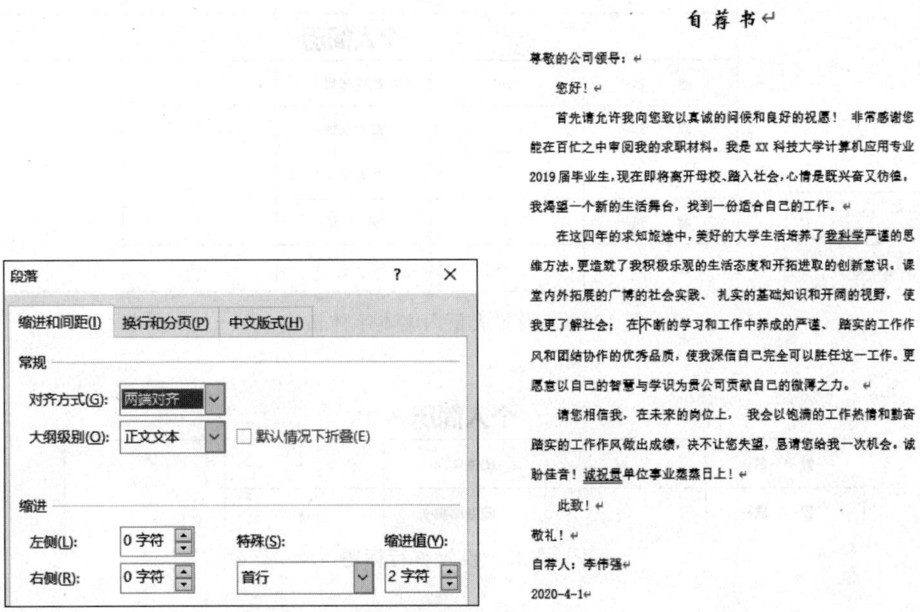

自荐书

尊敬的公司领导：

您好！

首先请允许我向您致以真诚的问候和良好的祝愿！非常感谢您能在百忙之中审阅我的求职材料。我是 XX 科技大学计算机应用专业 2019 届毕业生，现在即将离开母校、踏入社会，心情是既兴奋又彷徨。我渴望一个新的生活舞台，找到一份适合自己的工作。

在这四年的求知旅途中，美好的大学生活培养了我科学严谨的思维方法，更造就了我积极乐观的生活态度和开拓进取的创新意识。课堂内外拓展的广博的社会实践、扎实的基础知识和开阔的视野，使我更了解社会；在不断的学习和工作中养成的严谨、踏实的工作作风和团结协作的优秀品质，使我深信自己完全可以胜任这一工作。更愿意以自己的智慧与学识为贵公司贡献自己的微薄之力。

请您相信我，在未来的岗位上，我会以饱满的工作热情和勤奋踏实的工作作风做出成绩，决不让您失望，恳请您给我一次机会。诚盼佳音！诚祝贵单位事业蒸蒸日上！

此致！

敬礼！

自荐人：李伟强

2020-4-1

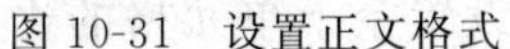

图 10-31　设置正文格式

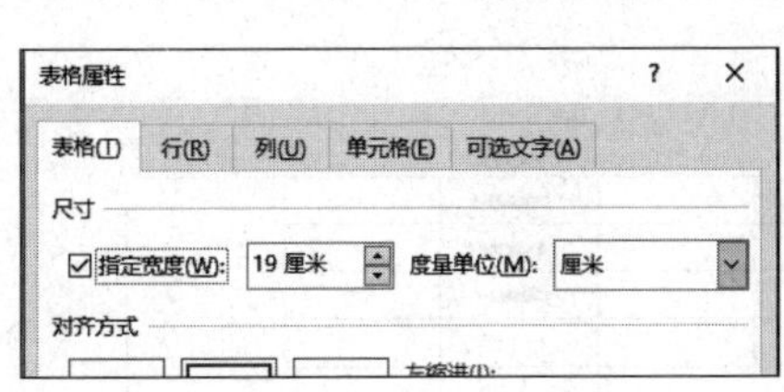

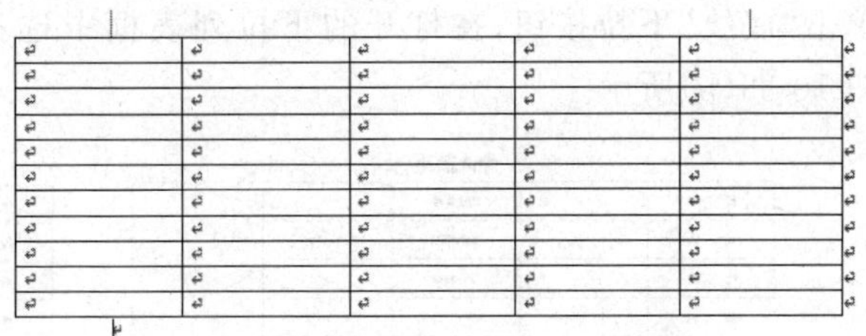

图 10-32　插入表格

个人简历				
姓名		出生年月		
民族		政治面貌		
电话		毕业院校		
邮箱		学历		
住址				
求职意向				
教育背景				
实践经验				
个人技能				
自我评价				

图 10-33　调整表格

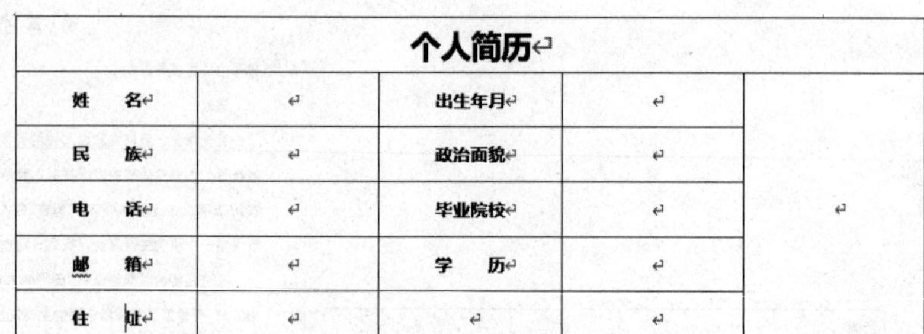

个人简历				
姓 名		出生年月		
民 族		政治面貌		
电 话		毕业院校		
邮 箱		学 历		
住 址				

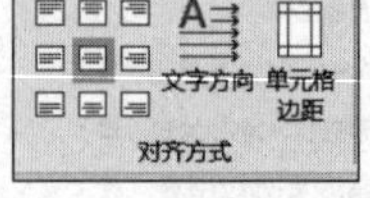

图 10-34 设置表格内文本字体格式

个人简历

姓 名		出生年月		
民 族		政治面貌		

图 10-35 设置首行标题

使用同样的方法,对照效果图设置余下单元格的边框样式,如图 10-36(a)所示。按下 Ctrl 键并选中所有的小标题,在表格工具对应的“设计”功能选项卡“表格样式”功能区中单击“底纹”下拉按钮,在打开的下拉列表框中选择“金色、个性色 4、淡色 80%”,效果如图 10-36(b)所示。

个人简历

姓 名		出生年月		
民 族		政治面貌		
电 话		毕业院校		
邮 箱		学 历		
住 址				
求职意向				
教育背景				
实践经验				
个人技能				
自我评价				

(a)

个人简历

姓 名		出生年月		
民 族		政治面貌		
电 话		毕业院校		
邮 箱		学 历		
住 址				
求职意向				
教育背景				
实践经验				
个人技能				
自我评价				

(b)

图 10-36 设置表格边框和底纹

(8) 设置项目符号和照片。根据实际情况,在余下的单元格内输入文本,并调整字号的大小。选择“实践经验”对应的单元格文字,在“开始”功能选项卡的“段落”功能区中单击“项目符号”下拉按钮,选择符号✧,如图 10-37(a)所示。用同样的方法设置“个人技能”对应的单元格文字,效果如图 10-37(b)所示。

最后单击表格右上角的单元格,在“插入”功能选项卡的“插图”功能区中单击“图片”命令,在弹出的“插入图片”对话框中选择素材的路径,选择合适的照片,单击“插入”按钮插入

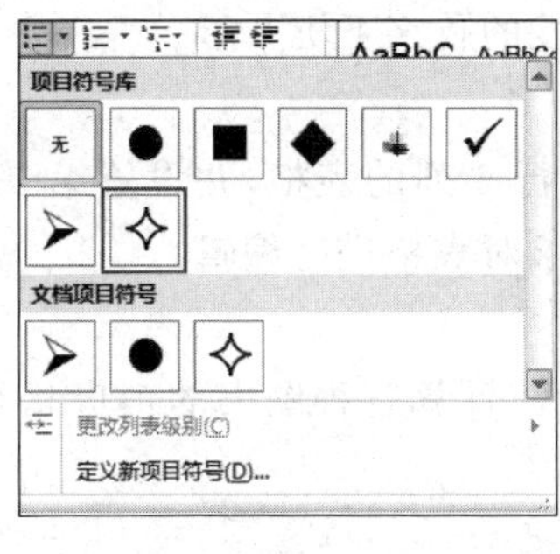

(a)

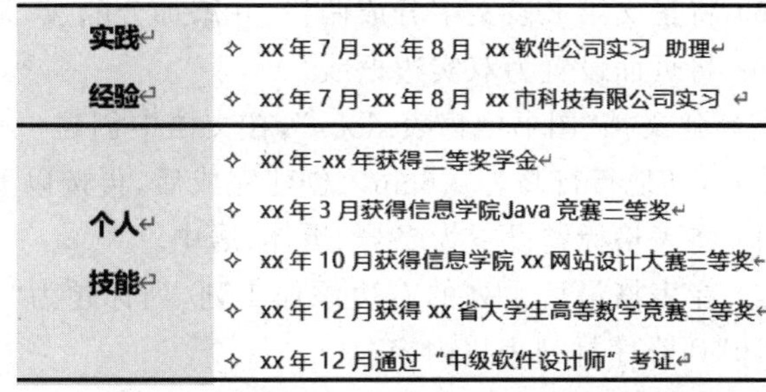

实践 经验	✧ xx 年 7 月-xx 年 8 月 xx 软件公司实习 助理 ✧ xx 年 7 月-xx 年 8 月 xx 市科技有限公司实习
个人 技能	✧ xx 年-xx 年获得三等奖学金 ✧ xx 年 3 月获得信息学院 Java 竞赛三等奖 ✧ xx 年 10 月获得信息学院 xx 网站设计大赛三等奖 ✧ xx 年 12 月获得 xx 省大学生高等数学竞赛三等奖 ✧ xx 年 12 月通过“中级软件设计师”考证

(b)

图 10-37　设置项目符号

照片，调整照片的大小，完成整体设计，最终效果如图 10-2 所示。

课 后 练 习

1. 根据素材“荷塘月色.docx”文档，结合所学的知识，完成以下操作，效果如图 10-38 所示。

(1) 将第 1 行标题设置为华文彩云、小二号字、红色、居中；正文文字设置为华文仿宋、小四号字。

(2) 正文第 1、2 段文字加单波浪下画线，第 3 段文字加着重号。

(3) 正文各段落文字的首行缩进设置为两个字符。

(4) 第 1 行标题的段前设置为 1.2 行，正文各段文字的段前、段后设置为 0.5 行，正文各段文字的行距设置为固定值 20 磅。

任务 10 课后练习 1、2

荷塘月色

这几天心里颇不宁静。今晚在院子里坐着乘凉，忽然想起日日走过的荷塘，在这满月的光里，总该另有一番样子吧。月亮渐渐地升高了，墙外马路上孩子们的欢笑，已经听不见了；妻在屋里拍着闰儿，迷迷糊糊地哼着眠歌。我悄悄地披了大衫，带上门出去。

沿着荷塘，是一条曲折的小煤屑路。这是一条幽僻的路；白天也少人走，夜晚更加寂寞。荷塘四面，长着许多树，蓊蓊郁郁的。路的一旁，是些杨柳，和一些不知道名字的树。没有月光的晚上，这路上阴森森的，有些怕人。今晚却很好，虽然月光也还是淡淡的。

路上只我一个人，背着手踱着。这一片天地好像是我的；我也像超出了平常的自己，到了另一世界里。我爱热闹，也爱冷静；爱群居，也爱独处。像今晚上，一个人在这苍茫的月下，什么都可以想，什么都可以不想，便觉是个自由的人。白天里一定要做的事，一定要说的话，现在都可不理。这是独处的妙处，我且受用这无边的荷香月色好了。

图 10-38　“荷塘月色”文档效果

(5) 将正文第 2 段文字分成两栏,并添加分隔线,第 3 段的首字下沉 2 行。

(6) 将页面设置为双实边框线。

2. 新建文档"图书销售表.docx",在文档中创建一个 6 行 5 列的表格,并设置第一行行高为 1cm,其他行行高为 0.6cm。创建完成后,再按以下要求对表格进行编辑。

(1) 将表格标题设置为二号、黑体、居中。

(2) 在表格最后 1 列的右边添加 1 列,列标题为"总计",计算各种图书的销售总和,并按"总计"列降序排列表格内容。

(3) 表格中所有内容设置为"水平居中"。

(4) 表格外边框线设置为 0.5 磅的双线,第一行添加"金色、个性色 4、淡色 40%"底纹,书名列添加"浅灰色、背景 2"底纹。

最终效果如图 10-39 所示。

图书销售表

书名	第一季度	第二季度	第三季度	第四季度	总计
古代汉语词典	114	156	213	185	668
基本乐理	135	200	146	47	528
父与子全集	89	110	145	108	452
窗边的小豆豆	14	144	23	56	237
小王子	23	56	45	46	170

图 10-39 图书销售表

任务 11　制作“特色美食宣传海报”

学习目标

➢ 掌握页面美化基本设置。

➢ 掌握图文混排相关操作。

任务描述

小林同学对 Word 2019 图文混排的强大功能早有耳闻，他想通过本任务的学习，掌握页面设置和图文混排的相关操作，并能够灵活应用所学知识设计一幅“特色美食宣传海报”，其效果如图 11-1 所示。

图 11-1　特色美食海报最终效果

11.1　页面设置和美化

Word 默认的版式往往不能满足实际的需要，要设计制作个性化的文档，离不开对 Word 页面设置进行相关操作。一般来说，页面设置作为 Word 排版的准备工作，主要涉及页边距设置、纸张方向、版式和文档网格四个方面。

1. 页面设置

Word 2019 中的“页面设置”对话框可以通过“布局”功能选项卡打开；也可以在添加了快捷菜单后，通过相关命令直接打开。

(1) 单击“布局”功能选项卡,在“页面设置”功能区单击右下角的对话框启动器,如图 11-2 所示,即可显示“页面设置”对话框。

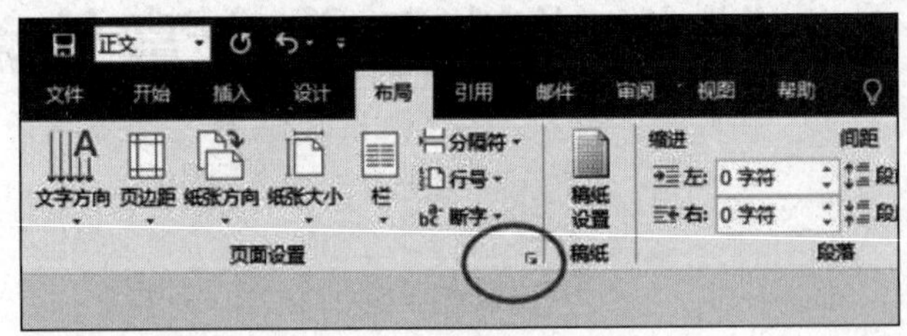

图 11-2　对话框启动器

(2) 单击图 11-3 顶部“自定义快速访问工具栏”中的下三角图标,选择“其他命令”,在所打开对话框的“快速访问工具栏”中找到“页面设置”命令,单击“添加”按钮,再单击“确定”按钮,即可在顶部添加“页面设置”快捷菜单,如图 11-4 所示,以后可以直接单击该快捷菜单显示“页面设置”对话框。

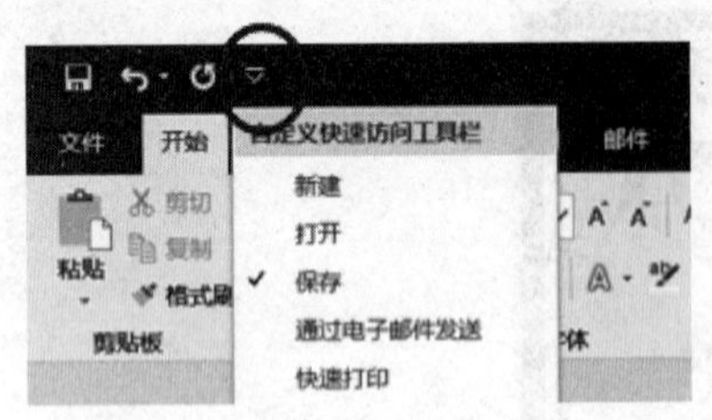

图 11-3　自定义快速访问工具栏

图 11-4　“页面设置”快捷菜单

通过上述两种方法都可以打开如图 11-5 所示的“页面设置”对话框,在该对话框中有“页边距”“纸张”“布局”“文档网格”四个选项卡。

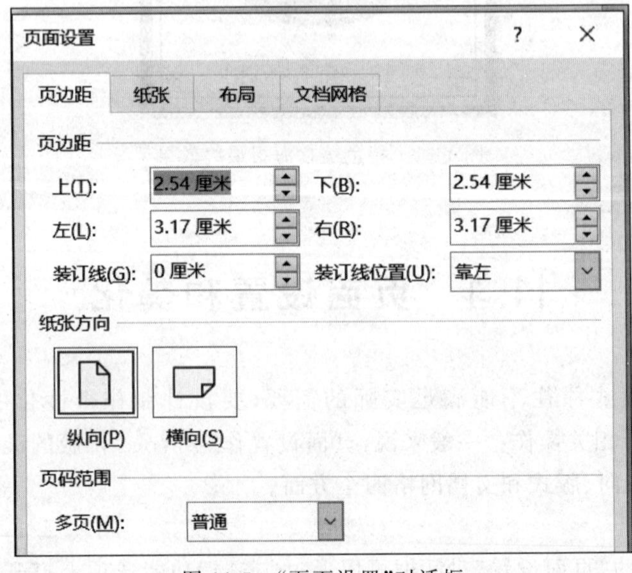

图 11-5　“页面设置”对话框

“页边距”选项卡中有上、下、左、右 4 个选项，用来表示文字距离纸张上、下、左、右的距离。纸张方向分为横向和纵向，默认是纵向。

“纸张”选项卡用来设置纸张的大小，默认大小为 A4。“纸张”选项卡可根据用户需要进行修改。

“布局”选项卡设置节的起始位置、页眉和页脚、页面的垂直对齐方式等。

“文档网格”选项卡用来设置文字排列的方向、栏数、每页行数和每行字符数等。

2. 页面美化

页面美化操作可以给页面添加水印、设置页面颜色和添加页面边框等。

单击“设计”选项卡，在“页面背景”功能区中单击“水印”按钮，可设置预定的页面水印效果；也可以单击“自定义水印”命令，设置自定义的页面图片或文字水印效果。

单击“设计”选项卡，在“页面背景”功能区中单击“页面颜色”按钮，可为页面背景设置纯色、渐变色、纹理、图案和图片等背景效果。

单击“设计”选项卡，在“页面背景”功能区中单击“页面边框”按钮，可为页面设置不同的边框样式、宽度和颜色等效果。

11.2　图文混排

Word 2019 图文混排功能非常强大，用户可以在文档的任意位置插入图片、图形、艺术字、文本框等，从而编辑出图文并茂的文档。

11.2.1　使用图片

图文混排

1. 插入图片

在“插入”功能选项卡“插图”功能区中单击“图片”按钮，弹出“插入图片”对话框，找到图片所在的位置。选中图片，单击“插入”按钮，即可在文档中插入指定的图片。

2. 插入联机图片

在“插入”功能选项卡“插图”功能区中单击“联机图片”按钮，弹出“联机图片”对话框，其中显示了各类图片。单击“鸟类”图片，就会显示各种鸟的图片，选中其中一张鸟的图片，单击“插入”按钮，即可在文档中插入该图片。

除了上述在文档中插入图片和联机图片之外，Word 2019 还可以通过“插入”功能选项卡“插图”功能区在文档中插入“形状”“图标”“3D 模型”“SmartArt”“图表”和“屏幕截图”。屏幕截图既可以快速地向文档中添加桌面上任何已打开的窗口的快照，也可以向文本中插入部分屏幕的快照。

3. 编辑与美化图片

插入图片后往往需要对图片进行调整大小、设定环绕方式、调整颜色、增加艺术效果等编辑和美化操作才能满足文档的要求，这些操作可以通过功能区的“图片工具 格式”功能选项卡实现。在文档中插入图片后，Word 会自动切换到“图片工具 格式”功能选项卡，如图 11-6 所示。

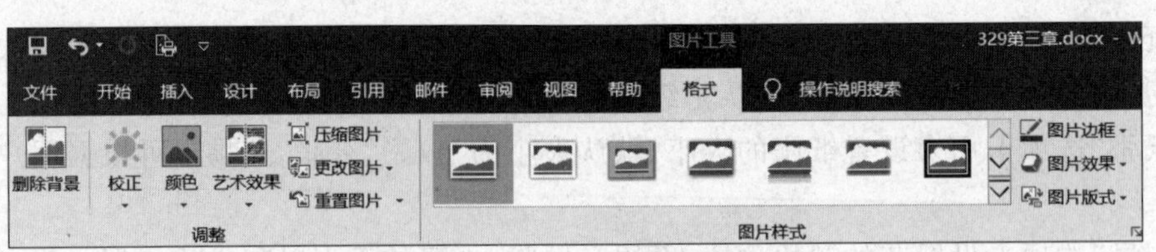

图 11-6 “图片工具 格式”功能选项卡

“图片工具 格式”选项卡由“调整”“图片样式”“排列”和“大小”四个功能区组成，通过它可以编辑插入图片的颜色、设置阴影效果、设置边框、设定排列方式、进行裁剪以及大小的精确修改等。

例如，在一段文本中插入一张“鲜花”图片，然后在“格式”功能选项卡中设置图片的“艺术效果”为“线条画”，设置图片的“图片样式”为“金属椭圆”，并设置图片的“排列”方式为“环绕文字”→“四周型”，最终得到图片的显示效果如图 11-7 所示。

春天了，所有的苍凉都迅迅速撤退，一些深爱或者浅爱，开始在春天里蠢蠢欲动，光阴也开始在叶片或花瓣上细碎低语，所有的烦恼或者忧伤，都开始从春天里浪迹天涯。

站在春光里，和一朵花对视，和一缕风细语，似乎连呼吸也生出了香味。想想，日子里最柔软、最入心的幸福应该莫过如此吧。

图 11-7 编辑后的效果图

11.2.2 使用艺术字

1. 插入艺术字

艺术字可以为文档添加美感。在 Word 文档中，艺术字可作为图形对象插入。插入艺术字的具体操作如下。

单击“插入”功能选项卡“文本”功能区的“艺术字”按钮，弹出艺术字样式列表，如图 11-8 所示。在艺术字样式列表中选择所需的样式并单击，会在编辑区出现艺术字编辑框“请在此放置您的文字”，如图 11-9 所示。在编辑框内输入文字，即可得到所选择的艺术字效果。

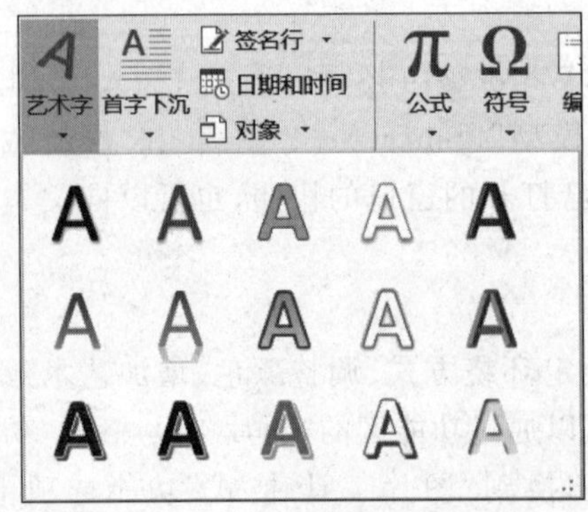

图 11-8 艺术字样式列表

图 11-9 “编辑艺术字”对话框

2. 编辑艺术字

艺术字创建后，可根据需要对其进行相应的编辑与美化，使插入的艺术字更加美观，符合文档的要求。插入艺术字后，功能区将自动显示如图 11-10 所示的“绘图工具 格式”功能选项卡，此功能选项卡中所包含的“插入形状”“形状样式”“艺术字样式”“文本”“辅助功能”“排列”与“大小”功能区可用来实现对艺术字的编辑操作。

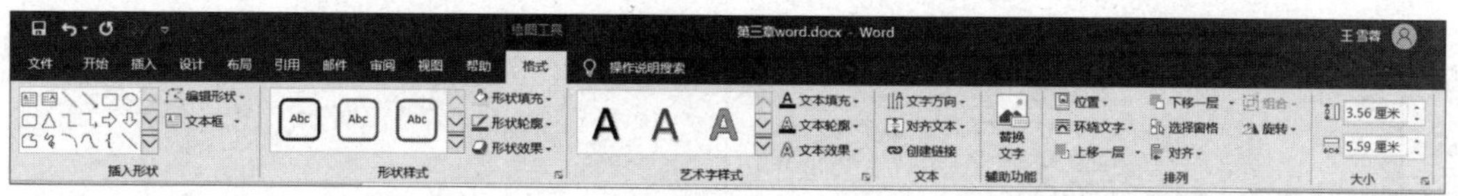

图 11-10　艺术字对应的“绘图工具 格式”功能选项卡

通过该功能选项卡可以修改艺术字的样式，包括文本填充、文本轮廓、文本效果以及对文本的方向、对齐方式的设置等。

下面以设置“我的祖国”文字的艺术字效果为例讲解。选择“我的祖国”文字，单击如图 11-11 所示艺术字库中第二行第二列的艺术字，得到“我的祖国”艺术字的效果，如图 11-12 所示。

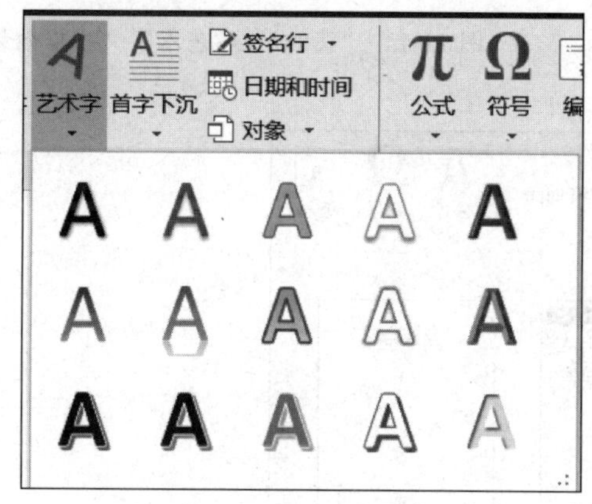

图 11-11　艺术字列表

我的祖国

图 11-12　艺术字效果

选中“我的祖国”艺术字，单击“绘图工具 格式”功能选项卡上“插入形状”功能区中的“编辑形状”→“更改形状”选项，然后在列表中选择某种形状，如选择如图 11-13 所示的“双波形”，然后再单击“形状样式”功能区中的“形状填充”选项，在展开的列表中选择一种样式，如“水绿色，个性色 5，淡色 80%”，即可得到艺术字文本框的样式效果，如图 11-14 所示。

11.2.3　使用文本框

文本框用于存放文本或图形，可任意调整大小并放置在文档中的任意位置。Word 2019 提供了内置的文本框。插入文本框的步骤如下。

单击“插入”功能选项卡“文本”功能区中“文本框”按钮，在打开的如图 11-15 所示的“内置”菜单中选择合适的文本框样式，即可在文档中创建一个文本框。也可单击“绘制横排文本框”或“绘制竖排文本框”命令，再在文档中拖动鼠标绘制文本框。

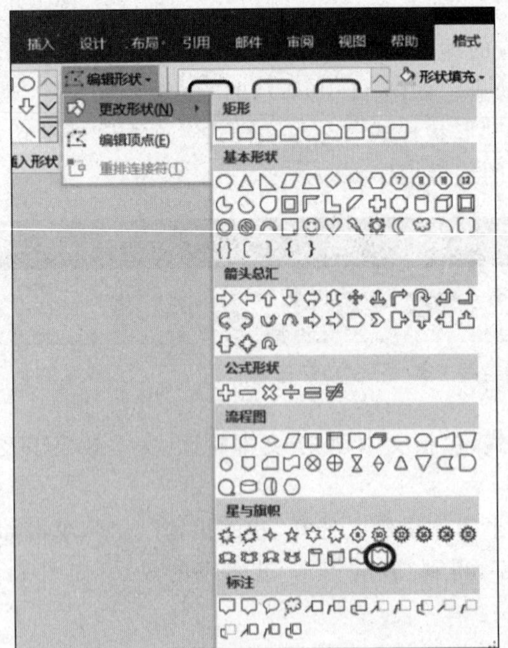

图 11-13　更改艺术字文本框形状

图 11-14　“我的祖国”艺术字文本框效果

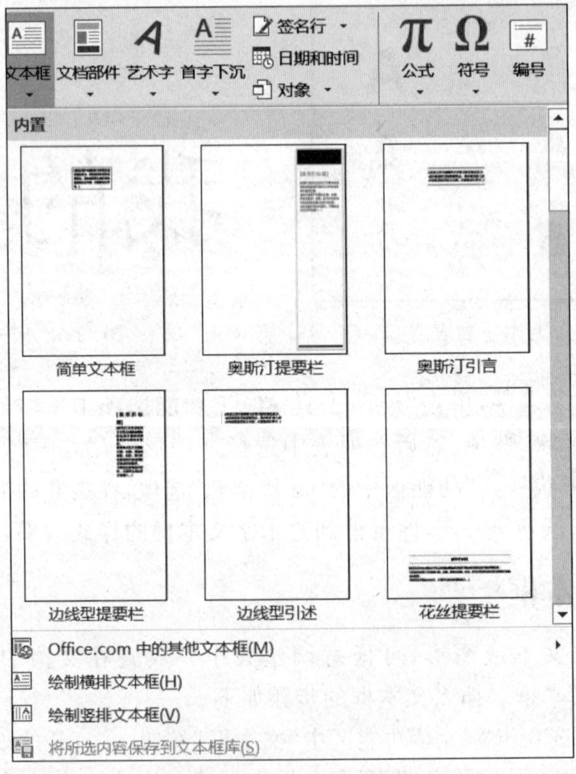

图 11-15　“文本框”选项

如希望对文本框进行美化，操作过程如下：选择文本框，单击“绘图工具 格式”功能选项卡，在其中设置文本框的样式、阴影、文字环绕等属性。

11.3　任务实施

小林同学在学习了 Word 2019 图文混排的知识后，收集了温州特色美食的图片素材，并着手开始了海报的设计。

1. 背景设置

单击“布局”功能选项卡“页面设置”功能区中的“页边距”选项，在弹出的下拉列表中选择“自定义页边距”命令，接着在打开的“页面设置”对话框中设置上、下、左、右的页边距均为 0.5cm，纸张方向为纵向，纸张大小为 A4。

任务 11 实施

单击“插入”功能选项卡“插图”功能区中的形状选项，在弹出的下拉列表中选择“矩形”工具，然后在页面上绘制一个和纸张一样大小的矩形，适当调整该矩形的位置，使矩形刚好覆盖纸张。右击矩形，在弹出的右键菜单中选择“设置形状格式”命令，在文档右侧会出现“设置形状格式”窗格，选择该窗格“填充与线条”选项下“填充”栏的“图片或纹理填充”项，如图 11-16 所示。在“图片源”中单击“插入”按钮，选择“来自文件”，插入素材包中的“背景.jpg”图片，并设置透明度为 85%，得到背景图片效果，如图 11-17 所示。

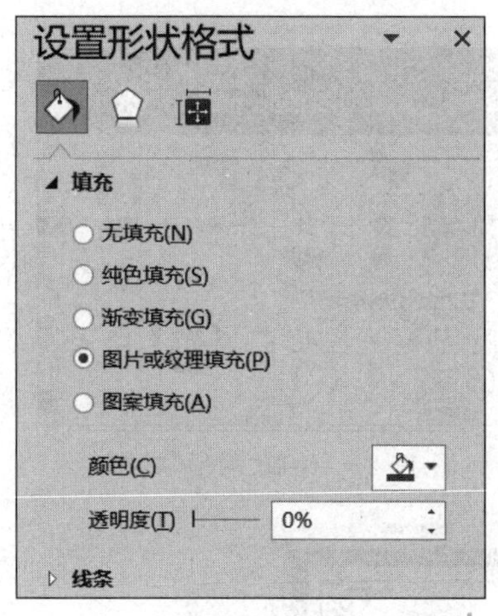

图 11-16　“设置形状格式”窗格

图 11-17　背景图片效果

选择“填充与线条”选项下“线条”栏的“实线”，单击颜色下拉框并选择“其他颜色”，在弹出的“颜色”对话框中设置颜色参数如图 11-18 所示。设置线条透明度为 0，宽度为 40 磅，线端类型为“平”，连接类型为“斜角”，此时得到页面外边框效果如图 11-19 所示。再绘制一个比纸张稍小的矩形，设置该矩形为无填充色，轮廓颜色为最近使用的颜色（与刚设置的页面边框颜色一样），轮廓粗细为 3 磅。确保该矩形线框处于选中状态，单击“绘图工具 格式”功能选项卡“排列”功能区中的“对齐”选项，设置该矩形线框为“水平居中”和“垂直居中”，此时得到的页面内边框效果如图 11-20 所示。

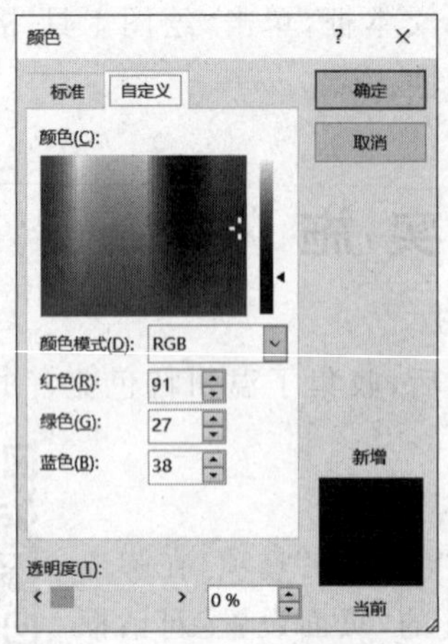

图 11-18 设置页面边框颜色

图 11-19 外边框效果

单击“插入”功能选项卡“插图”功能区中的形状选项，在弹出的下拉列表中选择“连接符：肘形”工具，如图 11-21 所示，在页面中绘制出两个肘形，设置颜色与页面边框颜色一致，轮廓粗细为 3 磅。错位摆放之后，同时选中这两个肘形，右击并选择“组合”命令，再把组合的肘形摆放到页面的右上角，效果如图 11-22 所示。

图 11-20 内边框效果

图 11-21 绘制“肘形”形状

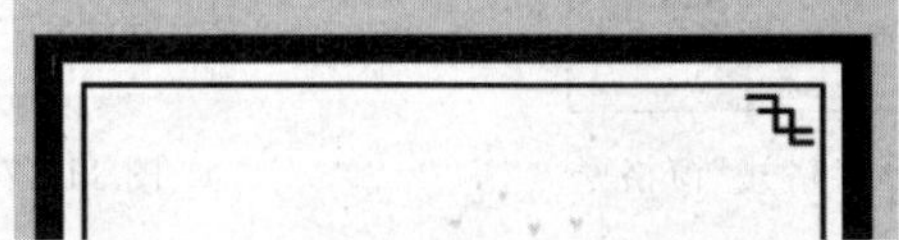

图 11-22 右上角“肘形”叠加效果

复制该肘形组合并将其选中，单击“绘图工具 格式”功能选项卡中“排列”功能区的“旋转”选项，在弹出的下拉列表中选择“水平翻转”，然后再把该肘形移到左上角的位置，得到的效果如图 11-23 所示。复制左上角的肘形组合，将其做“垂直翻转”操作后，移到左下角。复制右上角的肘形组合，将其做“垂直翻转”操作后，移到右下角，此时得到的页面效果如图 11-24 所示。

图 11-23　左上边角“肘形”叠加效果

图 11-24　四个边角“肘形”叠加效果

2. 图片设置

单击“插入”功能选项卡“插图”功能区中的“图片”按钮，从素材包中向页面中插入“竹叶”图片。选中该竹叶图片，在“图片工具 格式”功能选项卡的“排列”功能区中单击“环绕文字”按钮，在弹出的下拉列表中选择“四周型”。然后单击“图片工具 格式”功能选项卡“调整”功能区中的“颜色”按钮，选择如图 11-25 所示的“设置透明色”命令，在竹叶图片的白色空白处单击，即可将竹叶的白色背景去除。把“竹叶”移到页面的右上角。单击“图片工具 格式”功能选项卡“排列”功能区的“下移一层”按钮，在弹出的下拉列表中多次选择“下移一层”命令，直到“竹叶”位于边框的下面，效果如图 11-26 所示。采用与“竹叶”相同的操作方法插入美食图片，设置美食“环绕文字”选项为“四周型”，去掉美食的白色背景，并适当调整美食的大小和位置，此时得到的页面效果如图 11-27 所示。

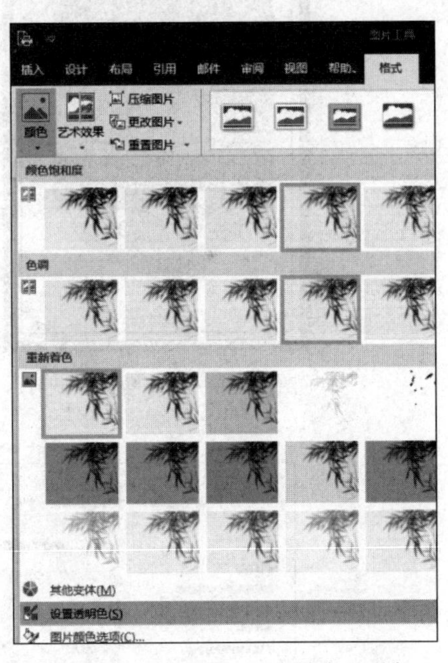

图 11-25　设置“竹叶”背景为透明色

接着采用与上述相同的方法插入“花瓣”图片。设置美食“环绕文字”选项为“四周型”，去掉美食的白色背景。此时发现花瓣图片的边框线很明显，单击“图片工具 格式”功能选项卡“大小”功能区的“裁剪”按钮，这时所选中的花瓣图片出现了如图 11-28 所示的裁剪框，适当调整裁剪框的大小，即可将“花瓣”的边框去除，得到“花瓣”图片的效果，如图 11-29 所示。

3. 文字设置

将素材包中的“叶根友毛笔行书.ttf”字体文件复制到图 11-30 所示控制面板的字体库中，此时 Word 的字体下拉列表里就有了“叶根友毛笔行书”字体，如图 11-31 所示，接下来就可以在用 Word 中使用该字体了。

图 11-26 “竹叶”效果

图 11-27 美食图片效果

图 11-28 裁剪“花瓣”图片

图 11-29 “花瓣”显示效果

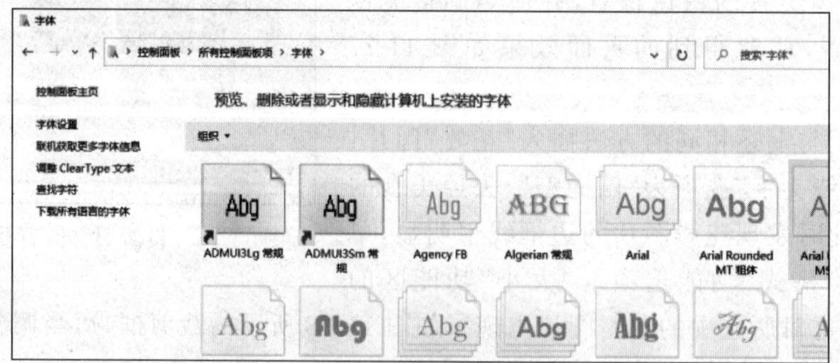

图 11-30 控制面板字体库

单击“插入”功能选项卡“文本”功能区中的“文本框”按钮，在弹出的下拉菜单中选择“绘制横排文本框”命令，然后在页面上单击，出现文本框的文字输入区，输入“传”字，设置字体为“叶根友毛笔行书”，大小为 60 磅，字体颜色与页面边框线颜色一致。

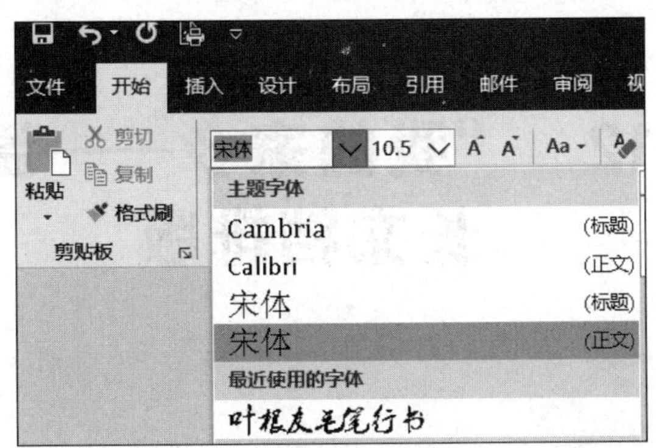

图 11-31　字体安装完成

采用相同的方法先后插入 3 个横排文本框，依次输入"承""温州"和"的味道"，其中"承"和"的味道"的设置与前面设置的"传"一致。"温州"两字字体与"传"一致，颜色为黑色，"温"的字体大小为 120 磅，"州"的字体大小为 80 磅。

在美食图片的下方插入横排文本框，输入"鲜香味美 · 传统工艺 · 家的味道"文字，设置字体为宋体、加粗，大小为 24 磅。至此整张海报就设计完成了，得到的最终效果如图 11-1 所示。

课后练习

结合本节所学习的图文混排知识，利用已提供的素材，设计如图 11-32 所示的幼儿园招生海报。

图 11-32　幼儿园招生海报

任务 11 课后练习

任务 12 “我的家乡——温州”长文档排版

学习目标

- 掌握长文档排版的操作方法。
- 掌握目录的生成方法。

任务描述

小林听老师说大学的最后一个学期要撰写毕业论文，而且对文档排版有较高的要求。通过认真学习，小林掌握了长文档排版的方法，并独立完成了对“我的家乡——温州”长文档的排版。图 12-1 是小林同学排版的长文档的几幅最终效果图。

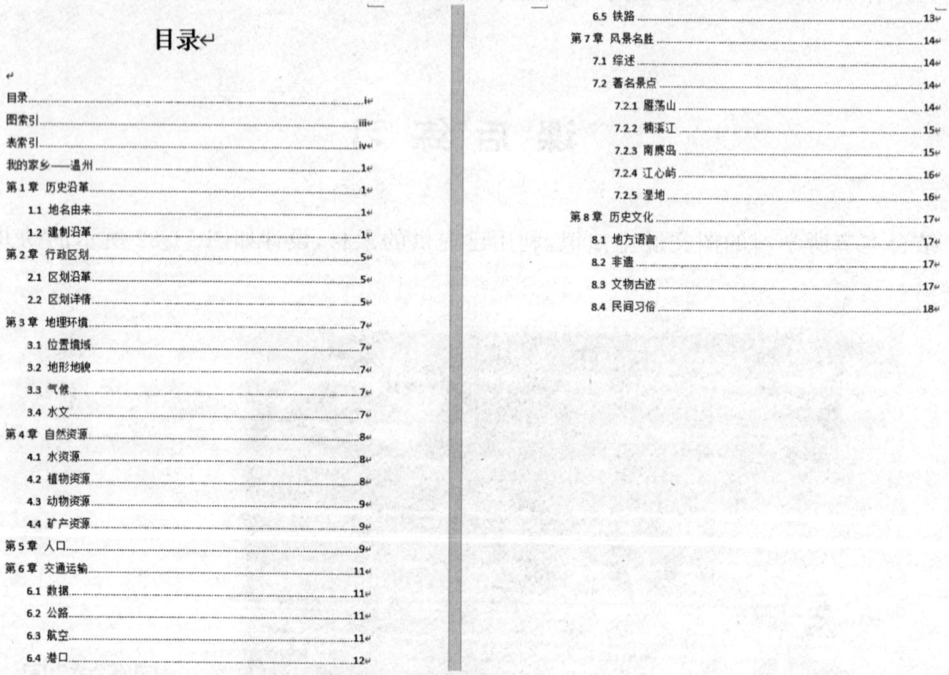

目录

图 12-1 “我的家乡——温州”长文档的排版效果图

图索引

表索引

第1章历史沿革

我的家乡——温州

第1章 历史沿革

1.1 地名由来

唐高宗上元二年（675 年），处州析置温州，这是温州得名的开始。据《浙江通志》引《图经》："温州其地自温峤山西，民多火耕，虽隆冬恒燠"。温州城市风貌如图 1-1。

图 1-1 温州城市风貌

温州古为瓯地，也称"东瓯"，唐时始称温州，简称"瓯"或"温"。瓯是一种陶制器皿，约在新石器时代，温州居住着原始瓯人制作陶器。留学海外的温州学子在看到香港被称作 HONGKONG 的时候根据瓯语发明了 YUJEU 这个称呼。

温州历史上以造纸、造船、鞋革、绣品、漆器著称，亦是中国青瓷的发源地之一。北宋时成为当时的港口重镇，被朝廷辟为对外贸易口岸，南宋时海上贸易尤其发达，是四大海港之一，现仍为浙南、闽北货物进出的咽喉。晋人郭璞在《山海经》中描述温州的地形为"瓯居海中"，这是有关"瓯"的最早文字记载之一。据晚清学者孙诒让考证，夏为瓯，殷为沤，周为欧，因世异字，故"瓯"从夏始。

1.2 建制沿革

新石器时代晚期（约前 2500 年），在温州境内已发现新石器时代文化遗址 100 余处，出土有石犁、石镰、石斧、石锛、石刀、石凿、石镞、石网坠、石矛及纺轮等劳动工具。尚有夹炭陶片和夹粗沙陶片，先民从事渔猎和耕作。

1

1.2 建制沿革

夏商周时期温州地属百越之东瓯。楚威王七年（前 333 年），楚威王破越国，杀越王无疆，越部分族迁东瓯定居。

秦始皇三十七年（前 221 年），秦王政统一中国，划天下为三十六郡，温州地属闽中郡。

西汉惠帝三年（前 192 年）惠帝刘盈立驺摇为东海王，都东瓯，温州地属东海国（俗称东瓯国）。

汉武帝建元三年（前 138 年）东瓯国灭。

汉昭帝始元二年（前 85 年），属会稽郡回浦县。

章帝章和元年（87 年），为章安县东瓯乡。

东汉顺帝永和三年（138 年）分章安县之东瓯乡置永宁县，西狱兼 处州地，户不满万，县始于瓯江北岸，是为温州建县之始。温州瓯江景观如下图。

图 1-2 地理

东晋明帝太宁元年（323 年），析临海郡温峤岭以南地区置永嘉郡，辖永宁，安固、横阳、松阳四县。治永宁，建郡城于瓯江南岸。

南朝宋武帝永初三年（422 年），谢灵运贬守永嘉，遍历诸县，多有题咏，成为山水诗鼻祖。前此数年，郑缉之撰《永嘉郡记》，是温州最早的地方志，今存孙诒让辑本一卷。

隋文帝开皇九年（589 年），永宁、安固、横阳、乐成四县合并，称永嘉县，属处州。后三年，处州改名为括州.州治设于括苍（今丽水市）。

隋炀帝大业三年（607 年），改括州为永嘉郡，郡治仍于括苍.辖永嘉、括苍、松阳、临海四县，计 10542 户。唐高祖武德四年（621 年）改永嘉郡为括

2

图 12-1(续)

12.1 样　　式

样式是一组格式特征的组合，如字体名称、字号、颜色、段落对齐方式和间距等，某些样式甚至可以包含边框和底纹。使用样式设置文档的格式，可以快速轻松地在整个文档中应用一致的格式选项。

1. 应用内置样式

内置样式是指 Word 中自带的样式类型，包括“标题”“强调”“要点”“引用”“正文”等多种样式，如图 12-2 所示。例如，给素材“云南”这篇文章的标题套用内置样式，具体操作如下。

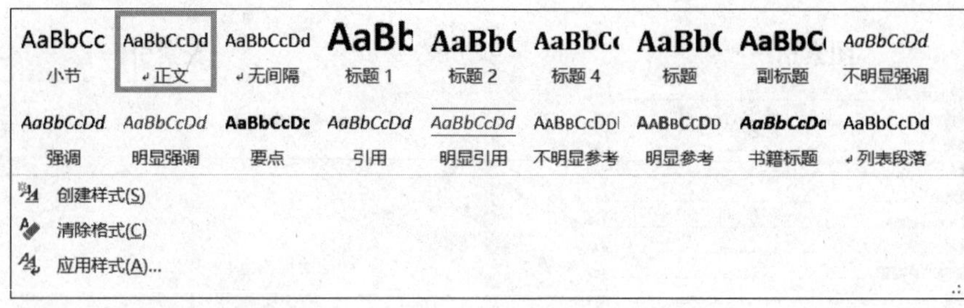

图 12-2　内置样式

选择标题"云南",在"开始"功能选项卡的"样式"功能区的列表框中单击"标题"样式选项,即可看到标题"云南"两字应用了标题内置样式的效果,如图 12-3 所示。

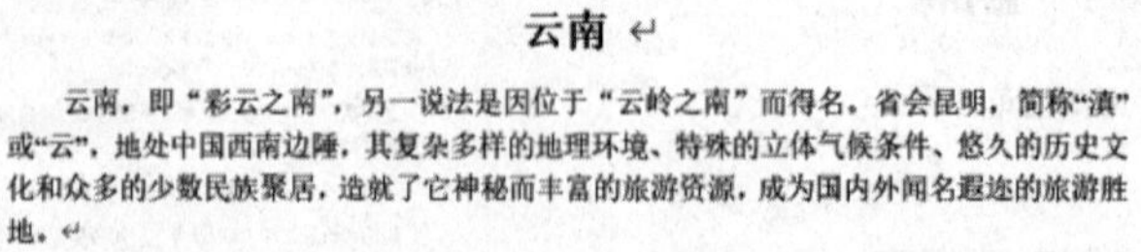

云南

云南,即"彩云之南",另一说法是因位于"云岭之南"而得名。省会昆明,简称"滇"或"云"。地处中国西南边陲,其复杂多样的地理环境、特殊的立体气候条件、悠久的历史文化和众多的少数民族聚居,造就了它神秘而丰富的旅游资源,成为国内外闻名遐迩的旅游胜地。

图 12-3　套用"标题"样式

2. 创建样式

Word 2019 中内置样式是有限的。如果 Word 内置样式不能满足编辑要求,可以根据需要重新创建样式。例如创建一个修改正文格式的样式具体步骤如下。

将光标定位到文档的正文中,单击"开始"功能选项卡的"样式"功能区右下角的对话框启动器图标,打开"样式"对话框,然后单击如图 12-4 所示的"新建样式"按钮,弹出新建样式的对话框,如图 12-5 所示。修改新样式的名称,在默认情况下,新样式的设置和正文完全一样,根据需要修改字体和段落的格式,单击"确定"按钮,完成样式的新建。

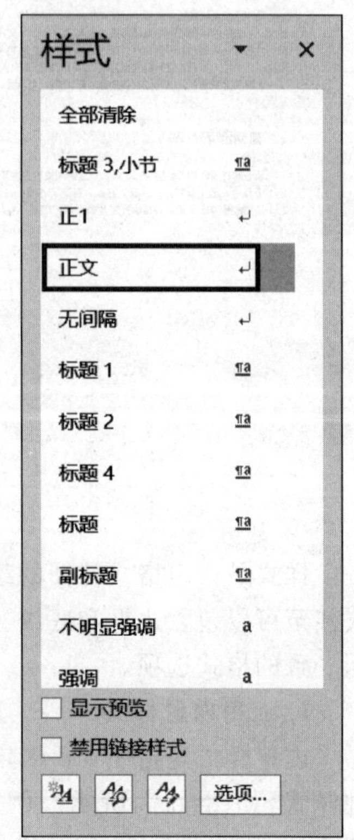

图 12-4　新建样式

3. 修改、删除样式

创建新样式后,如果用户对创建后的样式不满意,可通过"修改"样式功能对其进行修改。单击"开始"功能选项卡的"样式"功能区右下角的对话框启动器图标,打开"样式"对话框。右击需要修改的样式名称,在快捷菜单中选择"修改"菜单项,如图 12-6 所示,打开如图 12-7 所示的"修改样式"对话框,再在该对话框中修改选定样式的属性及格式,设置完成后单击"确定"按钮,完成对该样式的修改。

用户可以根据自己的需要在样式工具栏中显示经常使用的样式,对不需要的样式进行删除操作。操作方法:在样式工具栏中找到不需要的样式名称,右击,在弹出的快捷菜单中选择"从样式库中删除"命令,如图 12-8 所示,依次操作就可以删除所有不需要的样式。

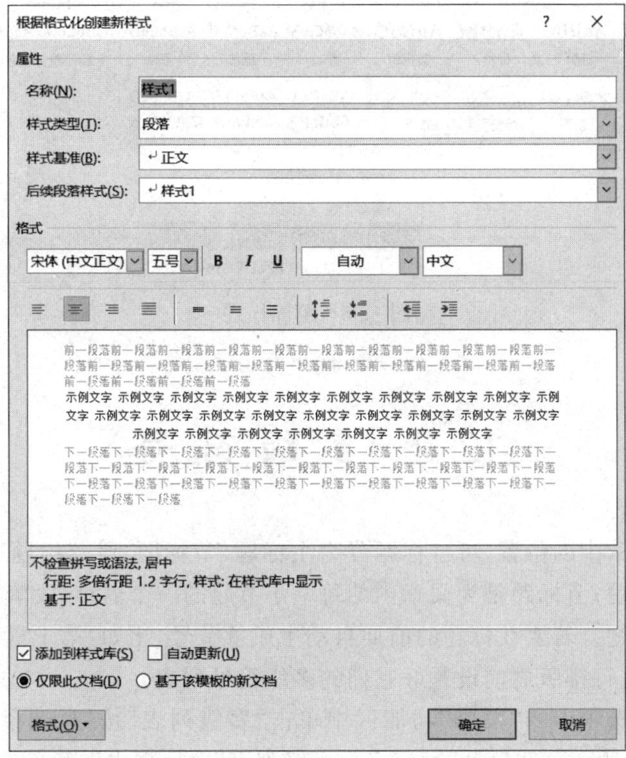

图 12-5 新建样式的对话框

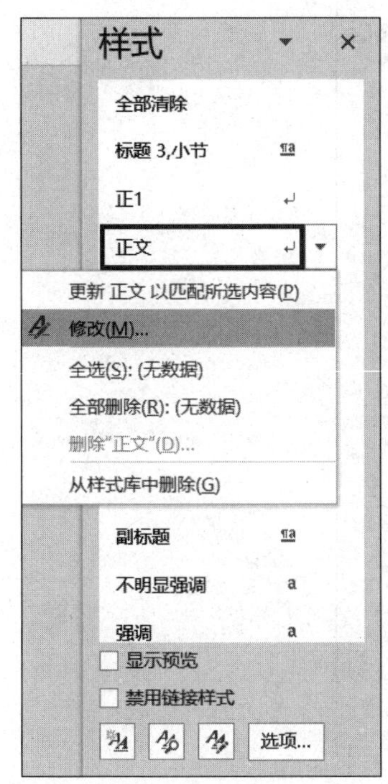

图 12-6 选择“修改”命令

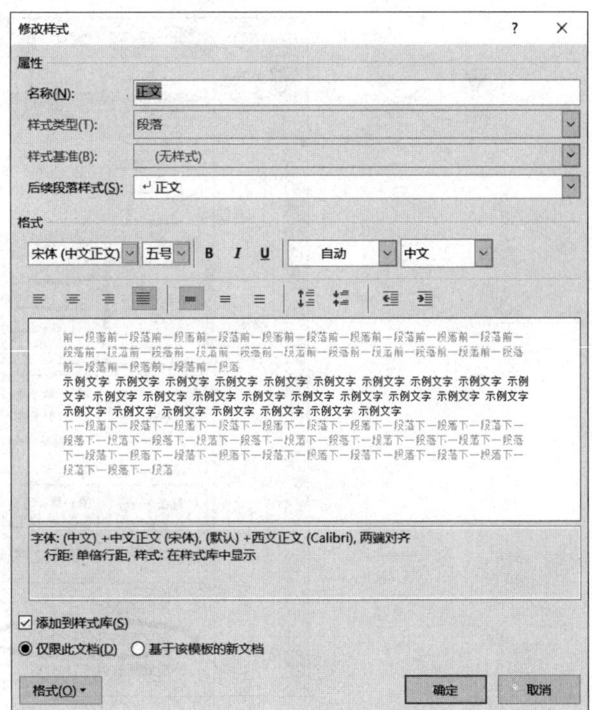

图 12-7 “修改样式”对话框

图 12-8　删除样式

12.2　多级符号

根据标题在文章中的位置,可将标题分为主标题、节标题、段落标题等。主标题是文章最先出现的一个标题;节标题是为文章内的每一小节起的一个名称;段落标题则是对段落内容的一个概括性标题。若要在标题的前面自动生成章节号,比如"第 1 章""1.1""1.1.1"等多级结构,则需要在进行排版之前设置好它们的多级符号列表。

在"开始"功能选项卡的"段落"功能区中单击"多级列表"按钮,选择"定义新的多级列表"命令,如图 12-9 所示。在打开的"定义新多级列表"对话框中继续单击"更多"按钮(按钮标题变为"更少")后,可以对编号的各个属性进行设置,如图 12-10 所示。

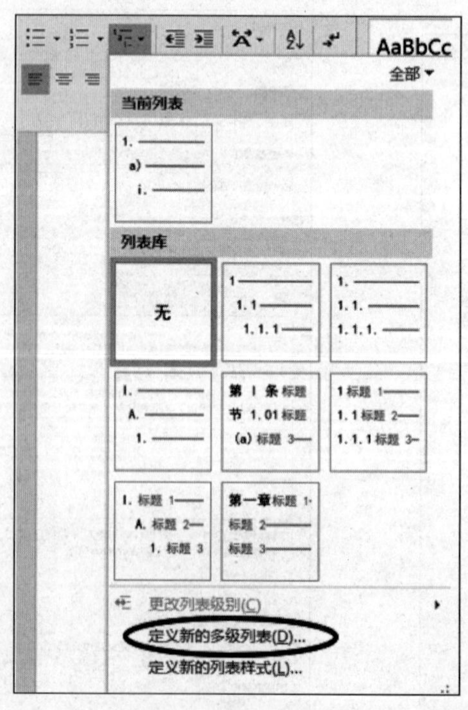

图 12-9　多级列表选择

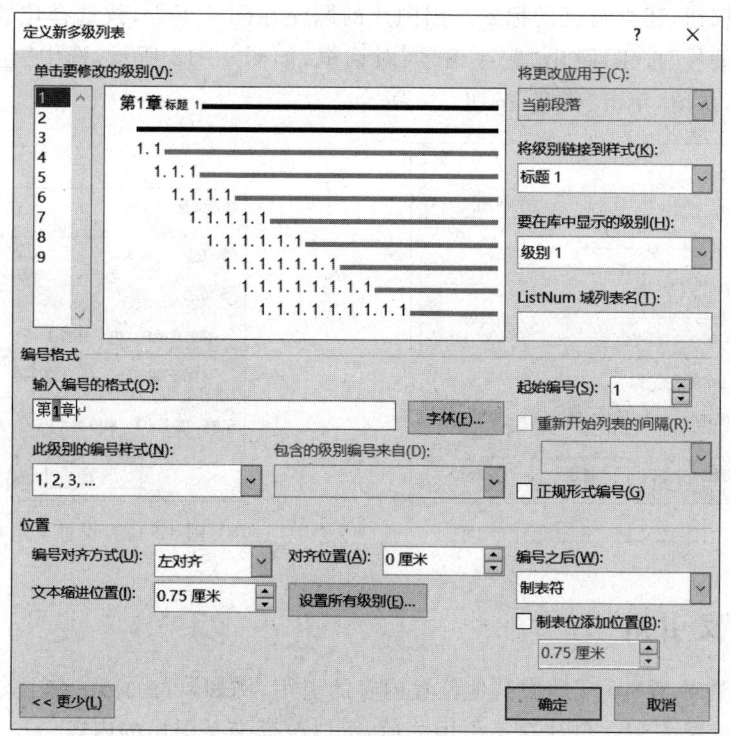

图 12-10 "定义新多级列表"对话框

(1) 将级别链接到样式。根据文档中使用的标题样式级别,分别将编号格式级别链接到不同的标题样式。如果标题的设置没有使用 Word 提供的"标题"系列样式,把级别链接到新建的样式上即可。

(2) 级别。主要用于对多个段落级别进行编号。

(3) 编号格式。根据需要将编号强制设为"1,1.1,1.1.1…"等。

12.3 题注与交叉引用

如果用户在排版过程中需要对文档中的图或表等生成目录,则需要对它们创建题注和交叉引用。

12.3.1 题注

题注就是给图片、表格、图表、公式等项目添加的名称和编号。插入题注初期看似麻烦,但是对于长文档后期的修改大有好处,尤其是对于有生成图表目录要求的文档,这一步必不可少。其具体操作如下。

(1) 选中文档中的图片,单击"引用"功能选项卡的"题注"功能区中的"插入题注"按钮,弹出"题注"对话框,如图 12-11 所示。

(2) 在"标签"选项中单击下拉按钮,查看是否有自己需要的标签,比如"图",若没有,单击“新建标签”按钮,建立自己的标签。因图片的题注在图片下方,故选择位置为“所选项目下方”。单击“编号”按钮,跳出“题注编号”对话框,如图 12-12 所示,选中“包含章节号”选项,其他使用默认值,单击“确定”按钮。

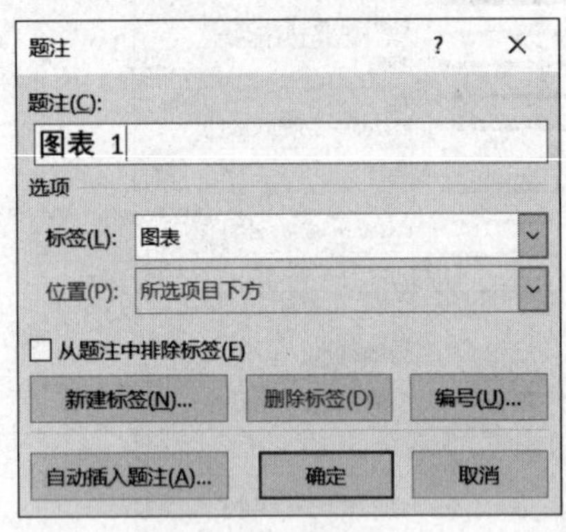

图 12-11 添加题注

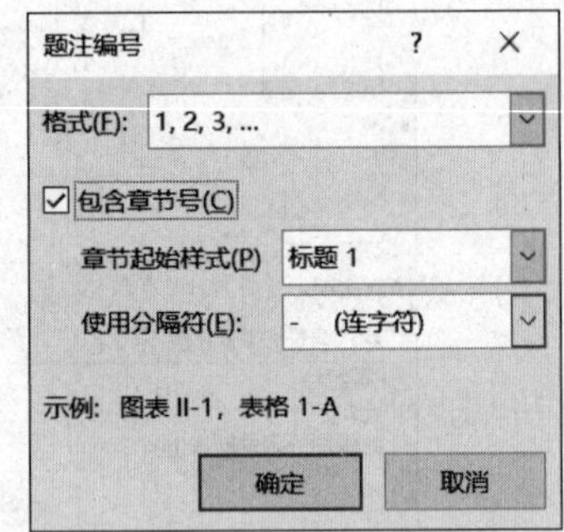

图 12-12 设置文本格式

12.3.2 交叉引用

交叉引用是对 Word 文档中其他位置内容的引用,例如,可为标题、脚注、书签、题注、编号段落等创建交叉引用。创建交叉引用之后,可以改变交叉引用的内容。

在文档中,当用户需要引用文档中的图片或表格时,需要明确指定哪张图或表,这时可以采用交叉引用来实现。

例如,引用已经设置了题注的图片,单击“题注”功能区的“交叉引用”按钮,显示“交叉引用”对话框,在“引用类型”选项中选择“图”,在“引用内容”选项中选择“整项题注”,单击“确定”按钮,如图 12-13 所示。

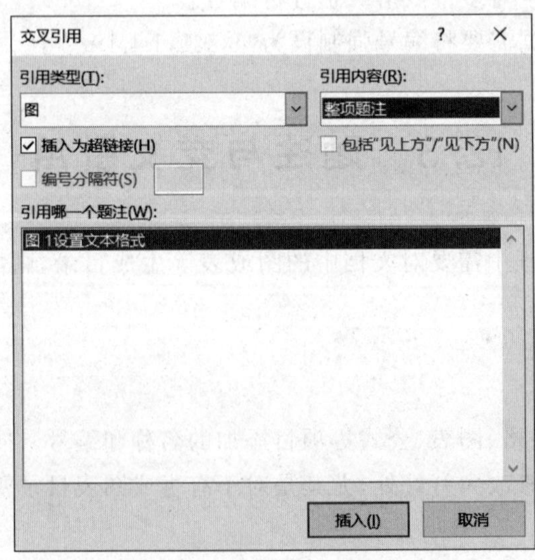

图 12-13 “交叉引用”对话框

12.4 脚注与尾注

在撰写科研论文时，经常需要对引用别人文章中的内容、名词等进行注释，称为脚注和尾注。脚注是位于每一页面的底端，尾注是位于文档的结尾处，只是位置不同。具体操作如下。

(1) 单击“引用”功能选项卡，在“脚注”功能区中单击“插入脚注”按钮或“插入尾注”按钮。插入点会自动跳转到页面底端或文档的结尾处，即可编辑脚注或尾注的内容。

(2) 单击“引用”功能选项卡中“脚注”功能区右下角的对话框启动器图标，出现如图12-14所示的“脚注和尾注”对话框。在对话框中选择“脚注”或“尾注”单选按钮，再设置“编号格式”“起始编号”“编号”等选项，单击“插入”按钮即可。

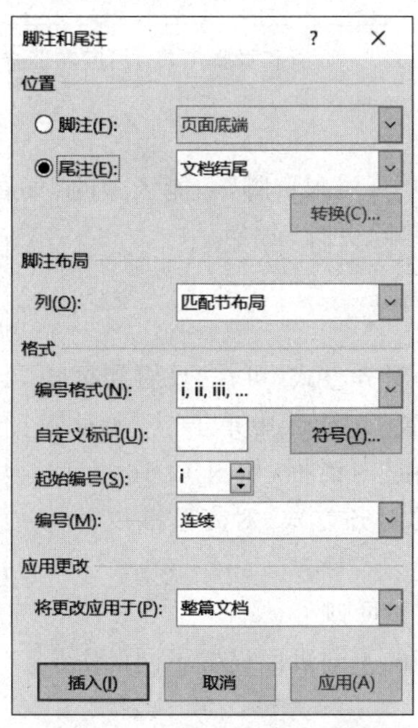

图12-14 “脚注和尾注”对话框

(3) 要删除脚注或尾注，可以在正文中选定脚注或尾注号，按Delete键即可。

12.5 页眉与页脚

页眉和页脚是在一页顶部和底部的注释性文字或图形，一般整篇文档具有相同格式的页眉和页脚。

1. 添加页眉和页脚

(1) 在“插入”功能选项卡的“页眉和页脚”功能区中单击“页眉”或“页脚”按钮，在其下拉列表框中列出了Word内置的页眉或页脚模板，用户可以在其中选择适合的页眉或页脚样式,也可以选择“编辑页眉”或“编辑页脚”命令,根据需要进行编辑。

(2) 单击添加页眉和页脚命令后,页面的顶部和底部将各出现一条虚线,顶部的虚线处为页眉区,底部的虚线处为页脚区,同时,将打开“页眉和页脚工具 设计”功能选项卡,如图 12-15 所示。用户可在页眉或页脚区输入页眉或页脚的内容,也可通过“插入”功能区中的各种按钮插入相应的内容。

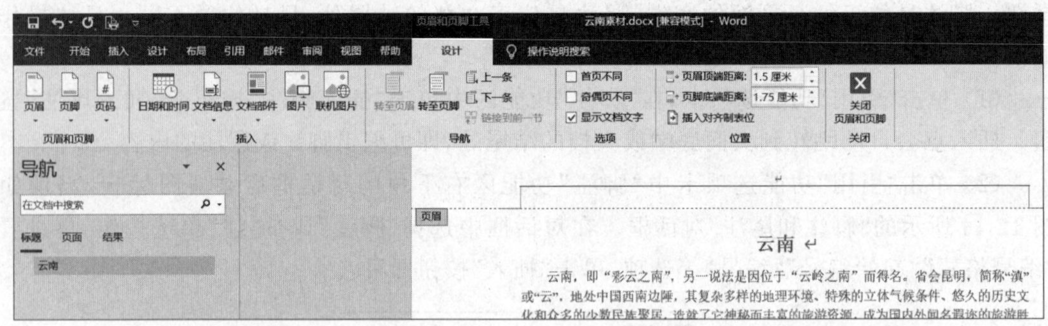

图 12-15 “页眉和页脚工具 设计”功能选项卡

2. 删除页眉和页脚

单击“插入”功能选项卡的“页眉和页脚”功能区中的“页眉”或“页脚”按钮,在弹出的下拉列表中选择“删除页眉”或“删除页脚”命令。

3. 设置页眉和页脚的格式

(1) 设置对齐方式

如果要设置页眉和页脚的对齐方式,可在“页眉和页脚工具 设计”功能选项卡的“位置”功能区中单击“插入对齐制表位”按钮,弹出“对齐制表位”对话框,如图 12-16 所示。可根据需要设置页眉和页脚的对齐方式、对齐基准以及前导符。

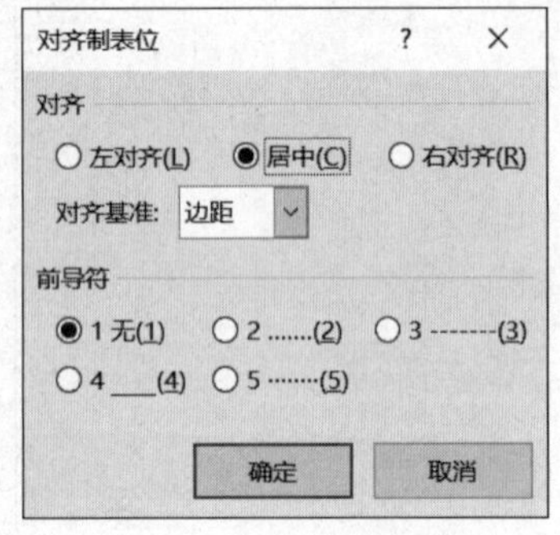

图 12-16 “对齐制表位”对话框

(2) 设置多个不同的页眉和页脚

用户可以根据需要为文档的不同页面设置不同的页眉和页脚。

在“页眉和页脚工具 设计”功能区选项卡中,如果在“选项”功能区中选择“首页不同”复选框,在文档的首页就会出现“首页页眉”“首页页脚”编辑区;如果选择“奇偶页不同”复选框,在文档的奇数页和偶数页上就会出现“奇数页页眉”“奇数页页脚”“偶数页页眉”“偶数页页脚”编辑区。单击这些编辑区即可创建不同的页眉和页脚。

12.6 分页与分节

在编辑 Word 文档时,系统会为文档自动分页。为了美化文档的视觉效果,或者便于在同一个文档中为不同部分的文本设置不同的格式,则可以利用 Word 2019 提供的强制分页和分节功能对文档另起一页,或者将文档分隔为多节。

12.6.1 分页

1. 插入分页符

若要对文档进行手动分页，只需将光标置于要进行手动分页的位置，选择“布局”功能选项卡“页面设置”功能区中的“分隔符”按钮，单击“分页符”命令，此时就以光标所在处为分界点另起一页。

另外，用户也可以将光标定位于要分页的指定位置，选择“插入”功能选项卡，在“页面”功能区中单击“分页”按钮，即可进行分页。

2. 取消分页

若用户要取消对文档的分页效果，可将添加的分页符删除，删除分页符的方法与删除普通文字相同，即将插入点置于分页符左侧或将其选中，然后按 Delete 键即可。

12.6.2 分节

为了能为同一文档的不同部分设置不同的页眉和页脚，以及页边距、页面方向和分栏版式等的页面属性，用户可将文档分成多个节。

1. 插入分节符

节是指 Word 文档中用来划分文档的一种方式，而分节符则是一节内容的结束符号。

若要在文档中插入分节符，只需将光标置于指定的位置，单击“布局”功能选项卡“页面设置”功能区中的“分隔符”按钮，在其下拉列表中选择“分节符”栏中的“下一页”即可。

2. 自动建立新节

如果整篇文档采用相同的格式设置，则不必分节。默认方式下，Word 将整个文档当成一节进行处理。如果需要改变文档中某一部分的页面设置，可自动建立一个新节并进行操作。

在“布局”功能选项卡的“页面设置”功能区中单击右下角的对话框启动器图标，弹出“页面设置”对话框，选择“版式”选项卡，在“节的起始位置”下拉列表中选择“新建页”选项，并在“应用于”下拉列表中选择“插入点之后”选项，单击“确定”按钮，即可建立新节。

12.7 目 录

在阅读长文档时，可以看到文档的前面有一个目录。目录是论文、书籍等长文档的一个重要组成部分，阅读者通过目录可以一目了然地了解文本的内容结构。目录一般位于正文的前面，起引导、指引作用。目录列出了文档中各级别的标题及每个标题所在的页码，通过页码就能够很快找到标题所对应的位置。

若想自动生成目录，需要设置各级标题样式、图样式和表样式。生成目录的具体操作如下。

将光标定位到需要生成目录的页面，单击“引用”功能选项卡，在“目录”功能区中单击“目录”按钮，选择“插入目录”命令，弹出如图 12-17 所示的“目录”对话框。在该对话框中，用户可以根据文档内不同的级别，选择级别数，以及是否显示页码，页码是否对齐，前导符的选择等,单击“确定”按钮,即可生成目录。

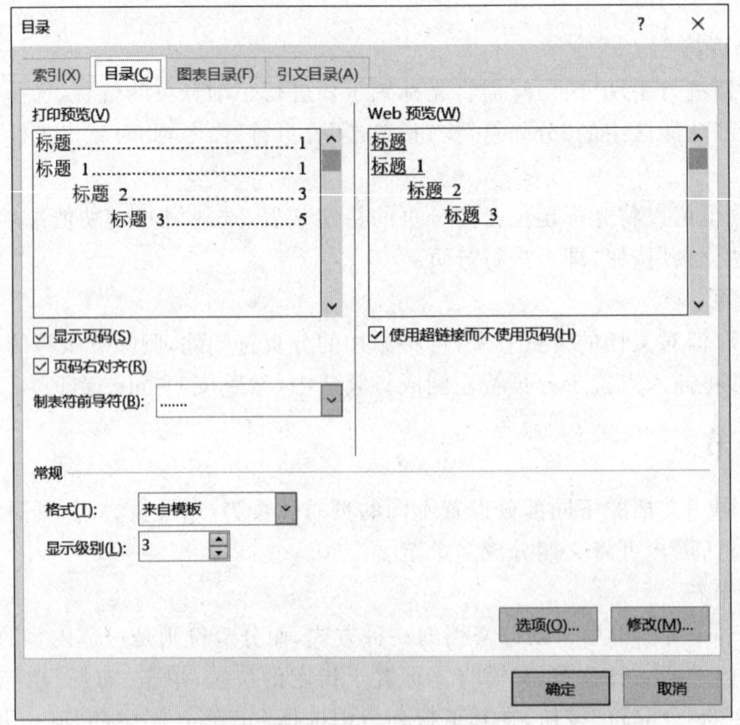

图 12-17 “目录”对话框

在生成目录后,如果增加或删除了文档的内容或修改了标题,则需要对已经生成的目录进行更新,使目录的标题和页码与更新后的文档相吻合。具体操作如下:单击“引用”功能选项卡的“目录”功能区中“更新目录”按钮,打开“更新目录”对话框,选择“更新整个目录”选项,单击“确定”按钮,即可实现目录的更新。

12.8 任务实施

任务 12 实施

通过学习,小林同学掌握了长文档排版的基本操作,于是他结合所学的知识对“我的家乡——温州”进行了排版操作。

1. 定义多级列表

(1) 标题 1 的设置

在“开始”功能选项卡的“段落”功能区中单击“多级列表”按钮,选择“定义新的多级列表”对话框。打开“定义新多级列表”对话框,在“单击要修改的级别”列表框里选择“1”,在“将更改应用于”下拉列表里选择“整个列表”,在“将级别链接到样式”下拉列表里选择“标题1”,在“要在库中显示的级别”下拉列表里选择“级别 1”。在“输入编号的格式”文本框中保留原有“1”不作修改,在“1”前面输入“第”,“1”后面输入“章”(切记,此处的“1”不能自行输入,要保留文本框里原有的“1”)。其他关于标题 1 列表的设置如图 12-10 所示。

(2) 标题 2 的设置

在“定义新多级列表”对话框中“单击要修改的级别”列表框里选择“2”,其他关于标题 2 列表的设置如图 12-18 所示。

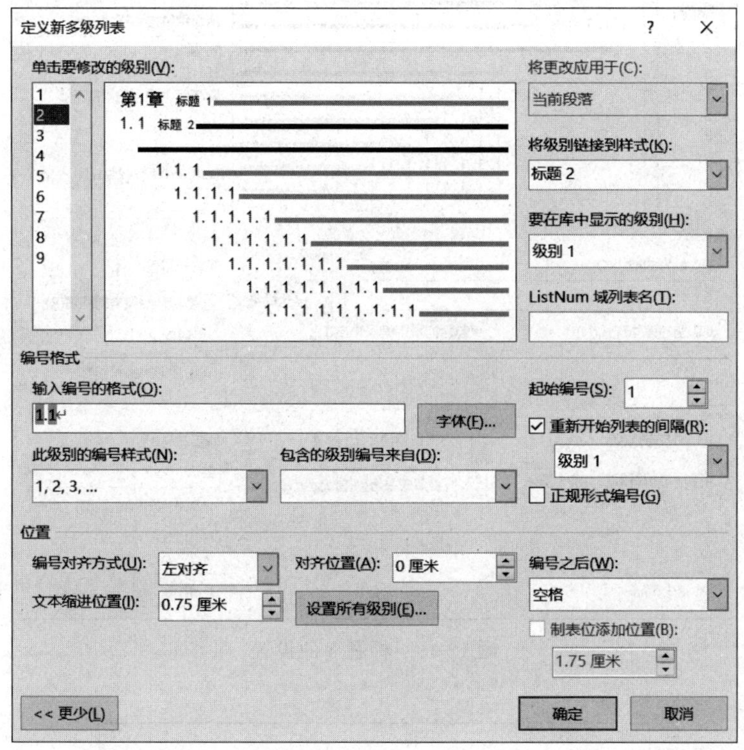

图 12-18 标题 2 的设置

(3) 标题 3 的设置

在“定义新多级列表”对话框中“单击要修改的级别”列表框里选择“3”,其他关于标题 3 列表的设置如图 12-19 所示。

2. 创建无缩进“样式 1”

单击“样式”功能区右下角的对话框启动器,然后在“样式”对话框的左下角单击“新建样式”按钮,在弹出的如图 12-20 所示的“根据格式化创建新样式”对话框中,“名称”根据自己需要设置(这里默认为样式 1),将“样式基准”设为“(无样式)”。然后单击“格式”按钮选择段落,在段落页面里将“特殊格式”设为“无”,单击“确定”按钮返回,无缩进的样式创建完成。

3. 修改各级标题样式

右击如图 12-21 所示“开始”功能选项卡“样式”功能区中的“标题”样式,在弹出的右键菜单中选择“修改”命令,然后在弹出的“修改样式”对话框中设置标题的“样式基准”为“样式 1”,格式为“居中”“一号”。右击如图 12-22 所示的“第 1 章标题 1”样式,在弹出的右键菜单中选择“修改”命令,然后在弹出的“修改样式”对话框中设置标题 1 的“样式基准”为“样式 1”,格式为“居中”。

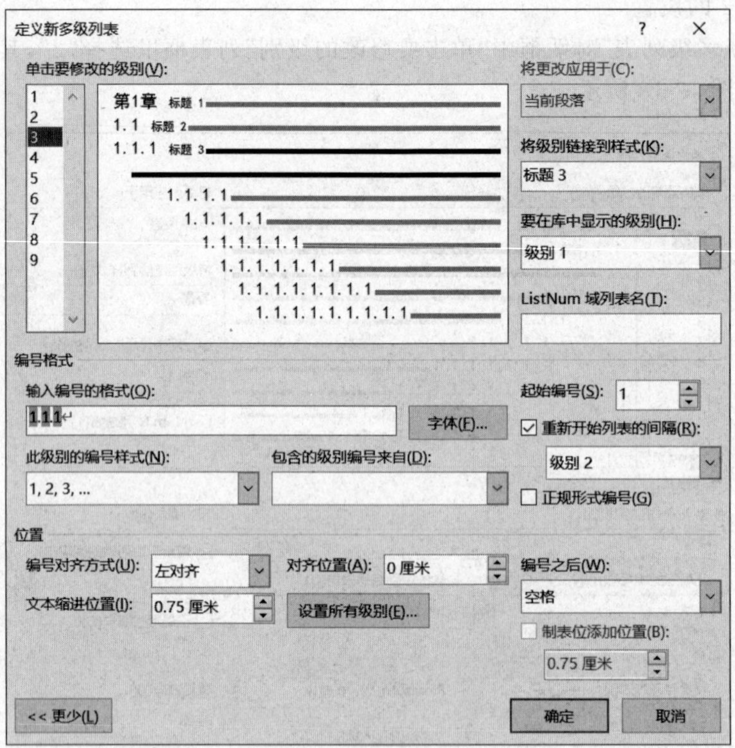

图 12-19　标题 3 的设置

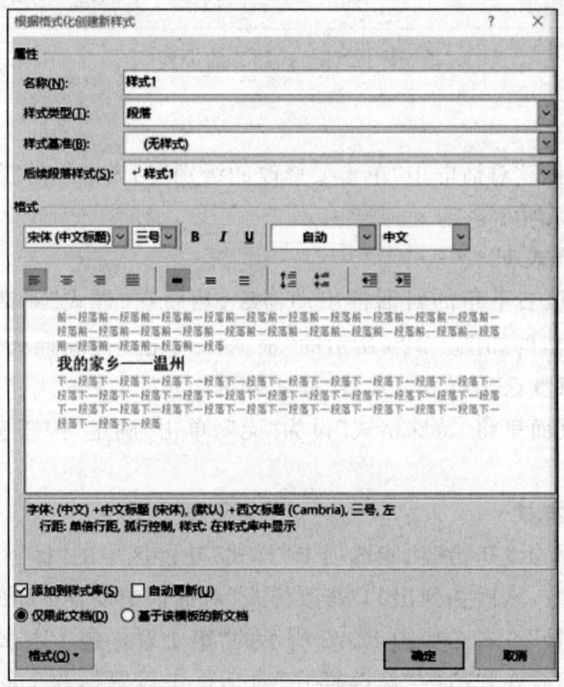

图 12-20　“根据格式化创建新样式”对话框

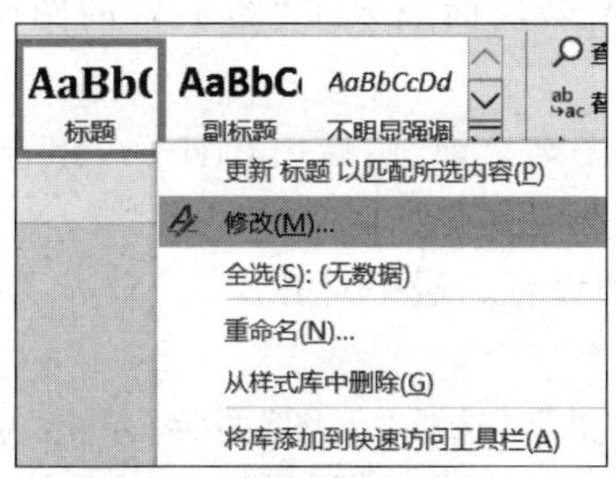

图 12-21 修改“标题”样式

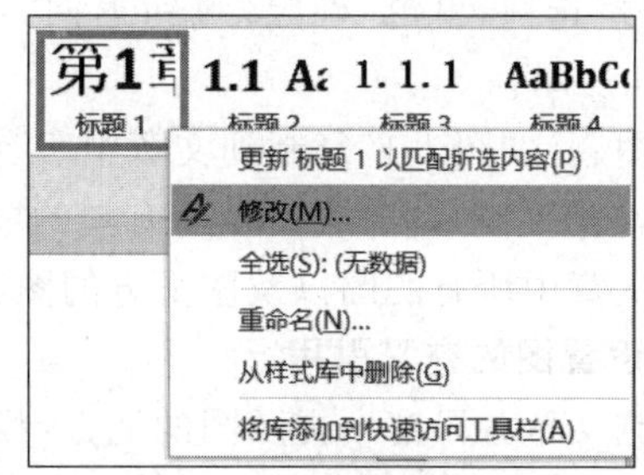

图 12-22 修改“标题 1”样式

同样方法修改“标题 2”和“标题 3”的样式，设置它们的“样式基准”均为“样式 1”，其他格式均为默认。

4. 应用各级标题样式

将光标定位到文章的标题“我的家乡——温州”，单击“样式”功能区中的“标题”样式，即可将“标题”样式应用到文章标题上。同样将光标依次定位到各章的标题上，依次单击“样式”功能区中的“标题 1”样式，即可将“标题 1”样式应用到各章的标题上。使用同样方法将“标题 2”“标题 3”样式应用到文章的其他标题上，此时得到文章最终的标题效果如图 12-23 所示。

我的家乡——温州

第1章 历史沿革

1.1 地名由来

唐高宗上元二年（675年），处州析置温州，这是温州得名的开始。据《浙江通志》引《图经》：“温州其地自温峤山西，民多火耕，虽隆冬恒燠”。

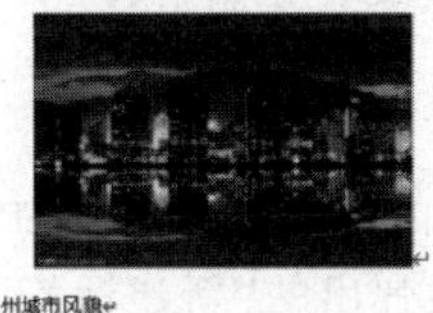

温州城市风貌

第7章 风景名胜

7.1 综述

温州旅游景区集山、江、海、湖、岛、泉之大成，自然景观与人文景观交相辉映。温州拥有1个2处世界地质公园，3个中国优秀旅游城市，1个国家5A级旅游景区、5个国家4A级旅游景区，3个6处国家重点风景名胜区、8处省级风景名胜区，1个全国红色旅游经典景区，6家全国工业旅游示范企业，1个旅游经济强区，1个省级旅游度假区，5处国家级森林公园、9处省级森林公园，2处国家级自然保护区，15处国家重点文保单位、50处省级文保单位、1个国家历史文化名镇、2个省级历史文化名城、11个省级历史文化街区（村镇），100家星级饭店、148家旅行社。

7.2 著名景点

7.2.1 雁荡山

位于乐清市东北，总面积450平方千米。雁荡山古负盛名，是国务院公布的首批国家级重点风景名胜区。主峰百岗尖海拔1150米。灵峰、灵岩、大龙湫为全山风景中心。大龙湫瀑布高达190米，直泻龙潭。2004年雁荡山被命名为国家地质公园，2005年初被命名为

图 12-23 各级标题效果

5. 修改正文样式

右击“开始”功能选项卡“样式”功能区中的“正文”样式，选择“修改”命令，在弹出的“修改样式”对话框中设置字体为宋体、小四、文本左对齐。单击左下角的“格式”按钮，选择“段落”命令，在“特殊”下拉列表中选择“首行”，并设置缩进值为“2 字符”，行距设置为“单倍行距”，段前、段后都设置为“0.5 行”。单击“确定”按钮返回后，会发现文章中除了各级标题之外，所有的段落文字都应用了刚刚设置的正文样式。

6. 设置图题注

将光标定位到第 1 章第 1 幅图下方的图名之前。在“引用”功能选项卡的“题注”功能区中单击“插入题注”，在打开的“题注”对话框中单击“新建标签”按钮，在弹出的“新建标签”对话框中输入标签“图”；再单击右下方的“编号”按钮，在弹出的“题注编号”对话框中选中“包

含章节号”选项,单击“确定”按钮返回,这时会看见图名前面插入了“图 1-1”的图题注,如图 12-24 所示。

将图题注“图 1-1”复制到文章中所有图片下方的图名之前,然后用 Ctrl+A 组合键选中全文后,按 F9 键,此时会发现所有图的题注都实现了自动更新。

将文章中所有的图以及图下方的图题注和图名均设置为居中对齐。

7. 设置图的交叉引用

找到文章各段落中提及图的地方,找到“如下图”文字,选择“下图”两字,单击“引用”功能选项卡,单击“题注”功能区中的“交叉引用”按钮,打开“交叉引用”对话框,在“引用类型”下拉列表框中选择“图”,“引用内容”下拉列表框选择“只有标签和编号”,在“引用哪一个题注”中选择对应图的题注,如图 12-25 所示,然后单击“插入”按钮完成。此时“下图”两字会被该图的题注所替代。

图 12-24 图题注效果

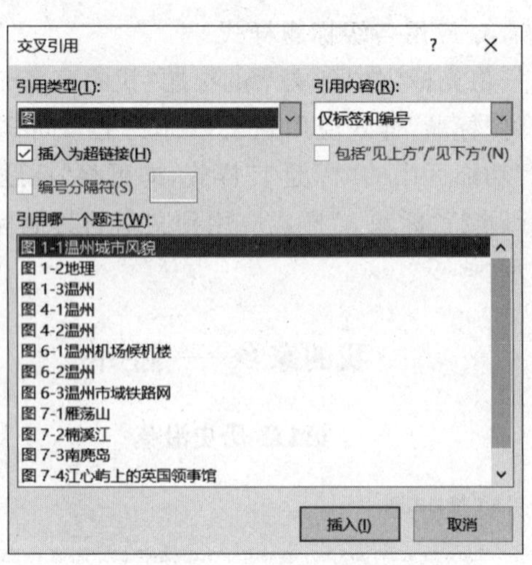

图 12-25 “交叉引用”对话框

8. 设置表题注

将光标定位到文中第一张表的表名之前,在“引用”功能选项卡的“题注”功能区中单击“插入题注”按钮,在打开的“题注”对话框中单击“新建标签”按钮,在弹出的“新建标签”对话框中输入标签“表”。再单击右下方的“编号”按钮,在弹出的“题注编号”对话框中选中“包含章节号”,单击“确定”按钮返回“题注”对话框,在“题注”栏已出现表的题注标号,单击“确定”按钮完成设置。这时在光标所在处就会插入表题注,如图 12-26 所示。

将表题注“表 2-1”复制到文中所有表的表名之前,用 Ctrl+A 组合键选中全文,然后按 F9 键,此时会发现所有表的题注都实现了自动更新。

将文章中所有的表以及表题注和表名均设置为居中对齐。

9. 设置表的交叉引用

找到“如下表”位置,选择“下表”两字,单击“引用”功能选项卡,单击“题注”功能区中的“交叉引用”按钮,打开“交叉引用”对话框。在“引用类型”中选择“表”,在“引用内容”中选择“只有标签和编号”,在“引用哪一个题注”中选择对应表的题注,单击“插入”按钮完成。

10. 为文章中首次出现的“温州”添加脚注

将光标定位到正文文字(不包括标题)中首次出现“温州”的地方,单击“引用”功能选项

表 2-1 温州市行政区划

行政区划数	县级行政区	面积（平方千米）	邮政编码	政府驻地
4个市辖区	鹿城区	294	325000	五马街道广场路 188 号
	龙湾区	279	325024	永中街道永强大道 4318 号

图 12-26 表题注效果

卡“脚注”功能区中的“插入脚注”按钮，输入脚注内容“温州地处温峤岭以南，冬无严寒，夏无酷暑，气候温润，所以称为温州。”。

11. 插入空白页

将光标定位到文章开头，即标题“我的家乡——温州”前，单击“布局”功能选项卡“页面设置”功能区中的“分隔符”按钮，在打开的下拉菜单中选择分节符“下一页”。同样的操作重复两次，此时在文章的前面就出现了三张空白的页面，分别用来插入主目录、图索引和表索引。

插入了分隔符后，可能用户在文档中会看不到分隔符，这时，只要单击“开始”功能选项卡“段落”功能区中的“显示/隐藏编辑标记”按钮即可。

12. 插入目录项

将光标移到第一张空白页的第一行，输入“目录”二字，按 Enter 键换行。再单击“引用”功能选项卡“目录”功能区中的“目录”按钮，在弹出的下拉菜单中选择“插入目录”命令，在弹出的“目录”对话框中全部用默认设置，得到的目录效果如图 12-27 所示。

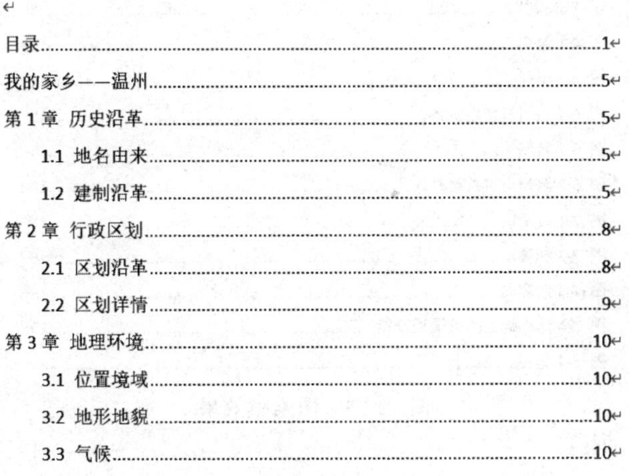

图 12-27 目录效果

13. 建立图索引

将光标移到第二张空白页的第一行，输入“图索引”，按 Enter 键换行后，单击“引用”功能选项卡“题注”功能区中的“插入表目录”按钮，打开“图表目录”对话框，如图 12-28 所示。

在“题注标签”下拉列表框中选择要建立目录的题注“图”,在“格式”下拉列表框中选择一种目录格式,单击“确定”按钮,得到图索引的效果如图 12-29 所示。

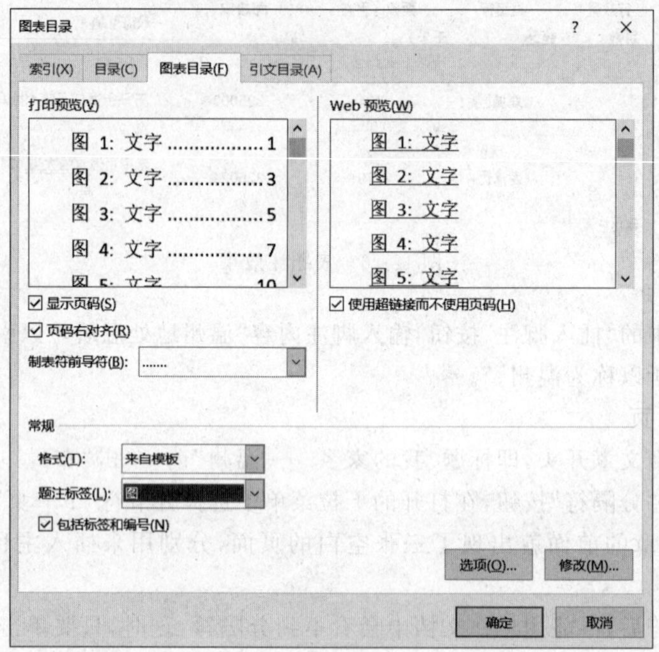

图 12-28 “图表目录”对话框

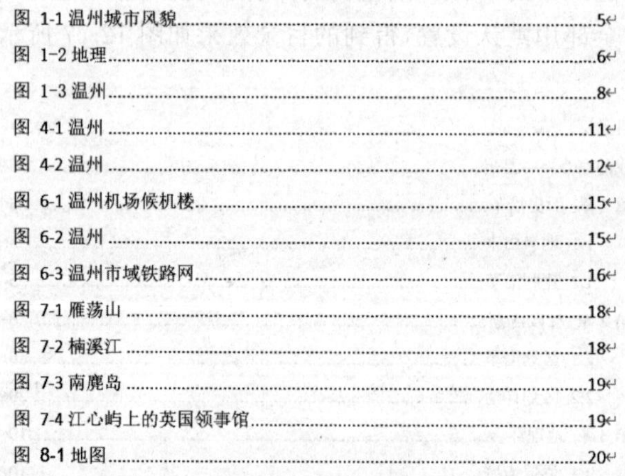

图索引

图 12-29 图索引效果

14. 建立表索引

将光标移到第三张空白页的第一行,输入“表索引”,按 Enter 键换行后,单击“引用”功能选项卡“题注”功能区中的“插入表目录”按钮,在打开的“图表目录”对话框的“题注标签”下拉列表框中选择要建立目录的题注“表”,在“格式”下拉列表框中选择一种目录格式,单击“确定”按钮,完成表索引的建立,如图 12-30 所示。

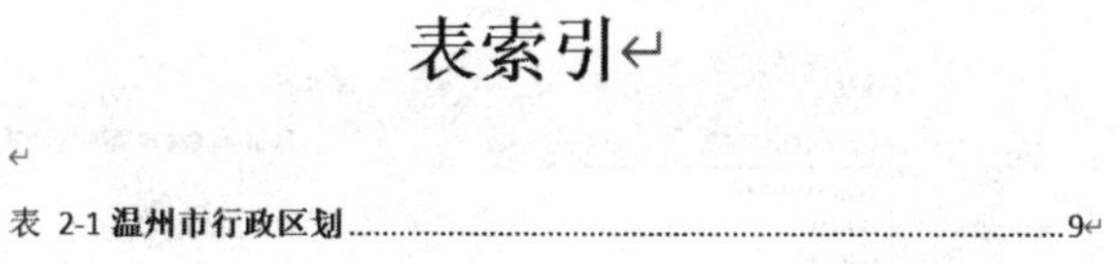

表索引↵

↵

图 12-30 表索引效果

15. 每章均从奇数页开始

将光标定位到各章标题前,单击“布局”功能选项卡下“页面设置”功能区中的“分隔符”按钮,在其下拉菜单中选择分隔符类型为“奇数页”。

16. 设置页眉

在“插入”功能选项卡的“页眉和页脚”功能区中单击“页眉”按钮,在弹出的页眉样式列表底部选择“编辑页眉”,进入“页眉和页脚工具 设计”功能选项卡,如图 12-31 所示。因为页眉涉及奇偶页的识别,所以在当前功能选项卡的“选项”功能区中选中“奇偶页不同”选项。

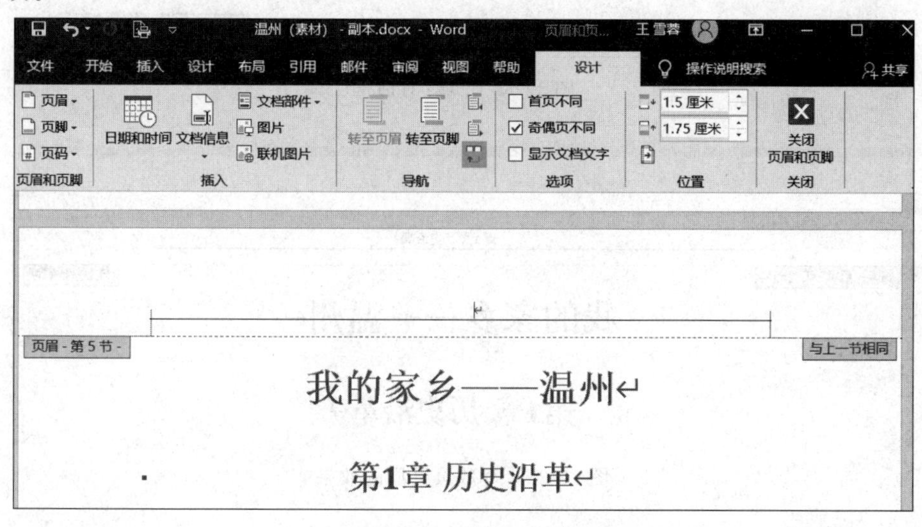

图 12-31 编辑页眉

选择第 1 章的奇数页眉,在“页眉和页脚工具 设计”功能选项卡的“插入”功能区中单击“文档部件”按钮,在弹出的菜单中选择“域”,在弹出“域”对话框中将“类别”栏设置为“链接与引用”,域名为 StyleRef;在“域属性”栏选择“标题 1”;在“域选项”栏中选中“插入段落编号”选项,即在页眉中插入了标题 1 的编号,如图 12-32 所示。

再次打开“域”对话框,仍然选择 StyleRef 域下的“标题 1”,但不选中“插入段落编号”选项,单击“确定”按钮,这时页眉将输出本页标题 1 的名称,得到奇数页页眉的效果,如图 12-33 所示。

选择下一张页面的偶数页页眉,采用同样操作打开“域”对话框,同样将“类别”栏设置为“链接与引用”,域名为 StyleRef;在“域属性”栏中选择“标题 2”,在“域选项”栏选中“插入段落编号”选项,完成标题 2 编号的插入。再次打开“域”对话框,采用一样的设置,但不选中“插入段落编号”选项,单击“确定”按钮完成标题 2 文字内容的插入,如图 12-34 所示。

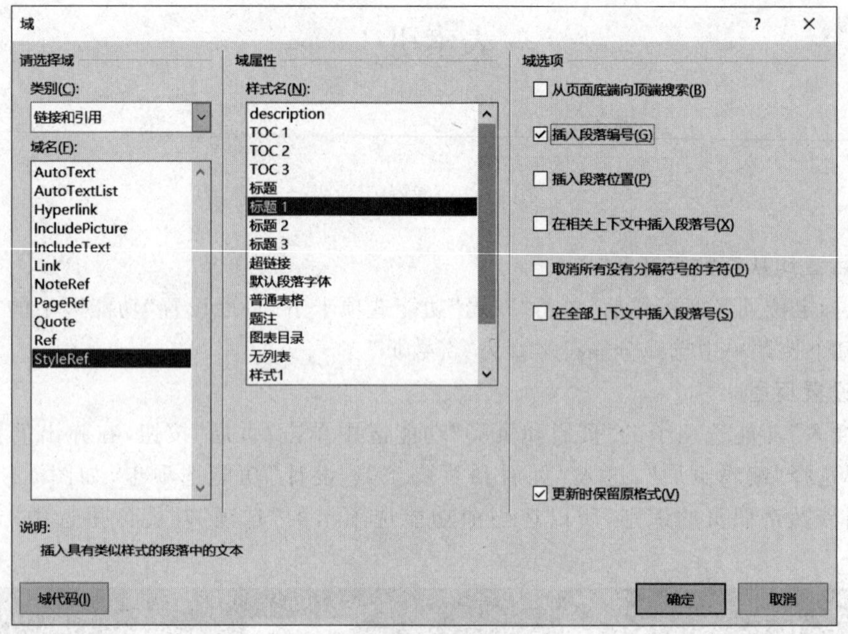

图 12-32 “域”对话框

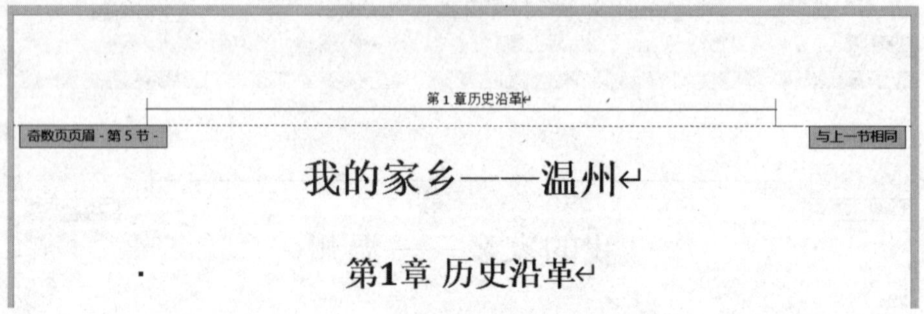

图 12-33 奇数页页眉的效果

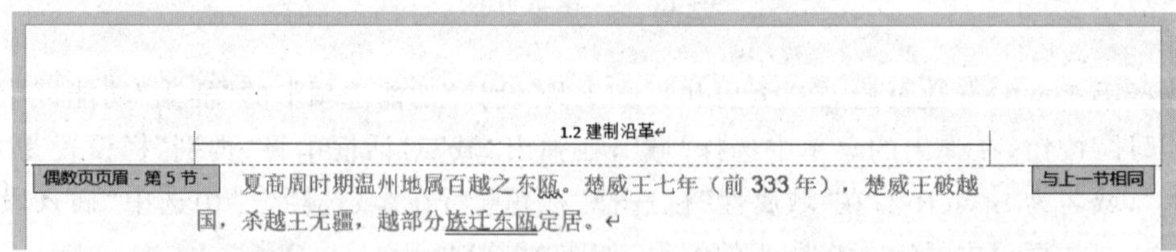

图 12-34 偶数页页眉

17. 设置页脚

选择页脚区域，在“页眉和页脚工具 设计”功能选项卡的“页眉和页脚”功能区中单击“页码”按钮并选择“页面底端”命令，在弹出的页码样式列表中选择“普通数字 2”。此操作应分别在文中任何一个奇数页、偶数页各做一次，从而保证所有文档页都已完成页码插入。双击正文，结束页眉和页脚的编辑，回到页面文本状态。

18. 设置页码格式

目录页、图索引和表索引的页码格式设置为“i,ii,iii…”,正文中的页码编号格式设置为“1,2,3…”。

将光标定位到正文第一张奇数页的页脚处,单击“导航”功能区中的“链接到前一节”按钮,取消与前一节的链接。对正文第一页偶数页做相同的操作,从而取消所有正文页脚与上一节(目录页)的关联。将光标定位到正文第一页的页脚,选择“页眉和页脚”功能区中“页码”按钮下拉菜单中的“设置页码格式”命令,弹出“页码格式”对话框,在对话框中设置页码格式为“1,2,3…”,起始页码为 1,如图 12-35 所示。再将光标定位到第一页目录的页脚处,用同样的操作打开“页码格式”对话框,在对话框中设置编号格式为“i,ii,iii…”,页码编号选择“续前节”。图索引和表索引页的页脚设置方法同第一张目录页,这里不再赘述。

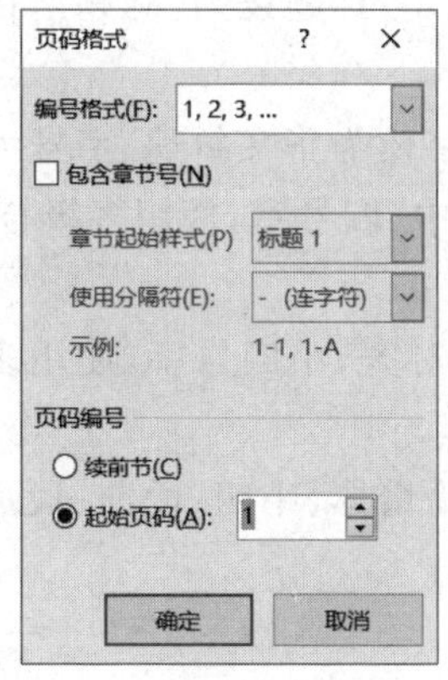

图 12-35 “页码格式”对话框

19. 删除目录页的页眉

将光标定位到正文第一页奇数页的页眉处,单击“导航”功能区中的“链接到前一节”按钮,取消与前一节的链接。对正文偶数页做同样的操作,从而取消所有正文页眉与上一节(目录页)的关联,然后全选并按 Delete 键即可删除目录页的页眉中的所有内容。若想删除页眉中的横线,只需单击“开始”功能选项卡“样式”功能区列表中的“清除格式”命令,如图 12-36 所示。

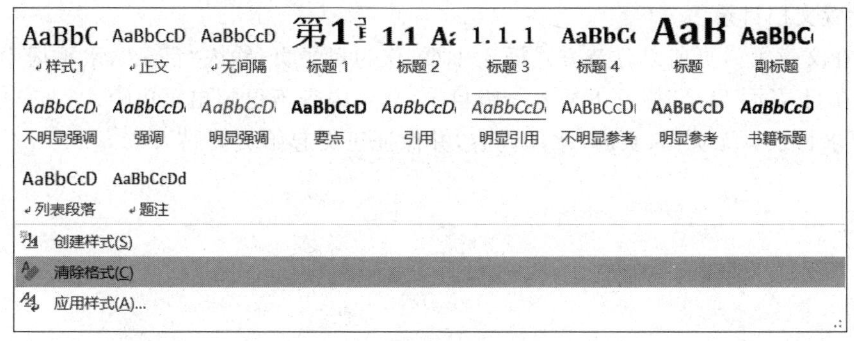

图 12-36 清除格式

双击正文回到文档编辑状态,右击目录内容,在弹出菜单中选择“更新域”命令,在弹出的"更新目录"对话框中选中"更新整个目录"选项,单击"确定"按钮,系统将自动更新目录内容与当前页码及相关文字信息。同样的方法分别对图索引和表索引进行更新。

至此,"我的家乡——温州"文章排版全部完成。

课后练习

结合所学的知识,将"端午节.docx"素材文档按以下要求完成排版操作,可参照第 3 章素材包中排版后的效果图。

任务 12 课后练习

1. 基本格式设置。

(1) 文中标题设置为系统样式,主标题设为"标题",以下依次设为"标题 1""标题 2"。

(2) "标题"为水平居中放置,字体为华文新魏、字号为一号字。

(3) "标题 1"为黑体、加粗、居中、四号字,使用多级符号,例如"第 1 章 相关诸说",其中 1 为自动编号。

(4) "标题 2"为黑体、加粗、左对齐、小四号字,使用多级符号,例如"1.1 人物纪念说",其中两个 1 均为自动编号。

(5) 设置正文基本格式,字体为楷体、小四;段前、段后间距为 0.5 行,行距为 1.5 倍,首行缩进 2 字符。

2. 题注。

(1) 对正文中的图添加题注"图",位于图下方,字体为宋体、小四、居中。

(2) 编号为"章序号-图在章中的序号",(例如第 1 章中第 2 幅图,题注编号为 1-2)。

(3) 图的说明使用图下一行的文字,字体为楷体、小四,将图以及图题注居中放置。

3. 对第 1 章中 4 种"历史人物纪念说"设置项目符号。

4. 设置页眉和页脚。

(1) 对文档设置页眉,奇数页眉内容设为标题 1,偶数页眉为标题 2。

(2) 对文档设置页脚为系统页码,形式为"～1～",页码居中。

5. 插入文档水印,内容为"中国民俗",并设置字体为楷体、96 号、浅红色、倾斜。

6. 设置文档目录。

(1) 在文章第一页前以分节方式插入 1 页,作为目录页,输入"目录",水平居中。

(2) 在目录页"目录"标题下插入 3 级目录,目录内容不得超出页边距。

7. 要求目录页无页眉、页脚、水印内容,并保证正文起始页页码为 1。

任务 13 制作“志愿者工作证”

学习目标

➢ 了解邮件合并的功能。

➢ 掌握邮件合并的基本操作。

任务描述

小林同学参加了学校的志愿者服务团队，看到老师给几十个同学都发了志愿者工作证，他很好奇老师是如何进行批量制作的，老师告诉他使用了 Word 中的邮件合并功能，于是小林同学认真学习了 Word 邮件合并知识，模仿老师批量制作了一批如图 13-1 所示的“志愿者工作证”。

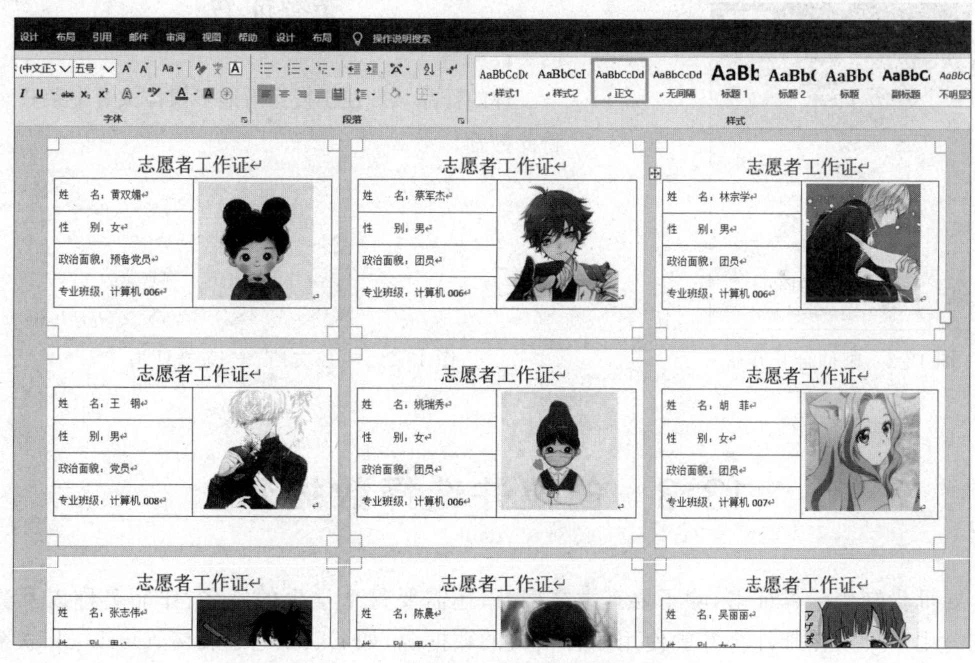

图 13-1 “志愿者工作证”最终效果

13.1 邮件合并概述

邮件合并功能最初是在批量处理邮件文档时提出的。它可以批量生成信函、信封等与邮件相关的文档，还可以批量制作请柬、通知书、证件等文档。

邮件合并可以通过“邮件”功能选项卡或“邮件合并向导”实现。进行邮件合并的操作包括创建主文档、数据源、插入域、合并四个过程。

主文档是邮件合并内容中固定不变的部分,即信函中通用的部分;数据源是指邮件内容中变化的部分,比如具体的姓名、地址等;插入域是指对主文档和数据源进行关联定位;合并是指对主文档和数据源通过域进行组合,生成邮件文档。

13.2 创建主文档

主文档是作为信函、电子邮件、信封、标签、目录及普通 Word 文档主要内容的文档,包括每个对象中相同的文本和图形。创建主文档的同时,用户还可以对其页面和字符等格式进行设置。例如,创建一个新文档作为荣誉证书,步骤如下。

新建一个 Word 文档,单击"邮件"功能选项卡中的"开始邮件合并"按钮,弹出的快捷菜单如图 13-2 所示。选择"普通 Word 文档"作为主控文档,在这个空白的主控文档中进行编辑,输入内容并设置合适的格式,如图 13-3 所示。

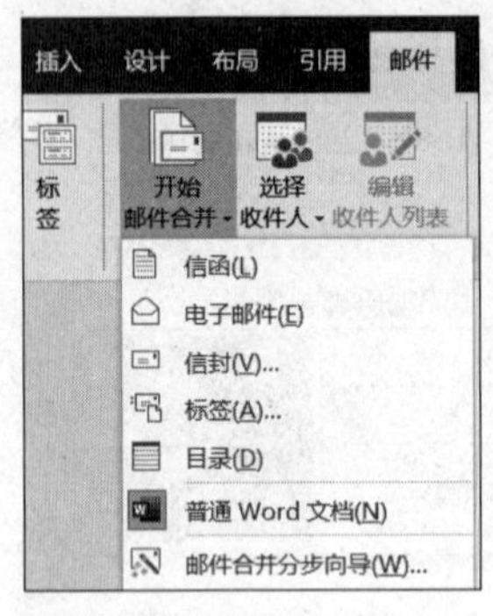

图 13-2　邮件合并开始

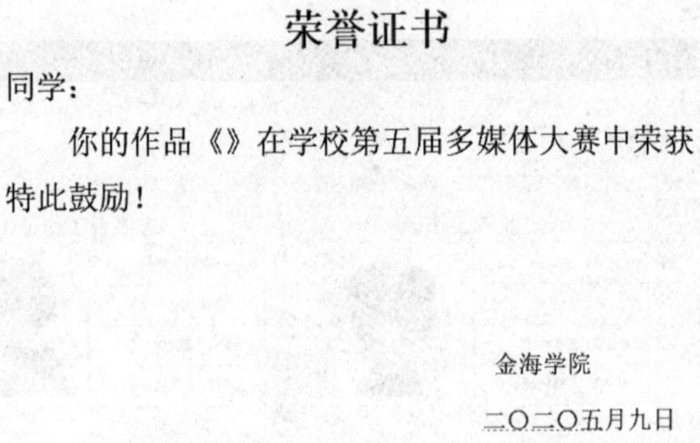

荣誉证书

同学:

你的作品《》在学校第五届多媒体大赛中荣获

特此鼓励!

金海学院

二〇二〇五月九日

图 13-3　主控文档——荣誉证书

13.3 创建并选择数据源

要批量制作荣誉证书,除了要有主文档外,还需要每个学生的姓名、作品名称以及奖项类别。用户可以在邮件合并中使用多种格式的数据源,如 Excel 电子表格、OutLook 联系人列表、Word 文档、Access 数据库和文本文件等。本例荣誉证书的数据源为 Excel 电子表格。

单击"邮件"功能选项卡"开始邮件合并"功能区中的"选择收件人"按钮,即选择数据源,弹出如图 13-4 所示的快捷菜单。可以通过选择"键入新列表"命令直接制作数据源,也可以选择"使用现有列表"命令和"从 Outlook 联系人中选择"命令选择已经做好的数据源。这里选择"使用现有列表"命令,然后选择"获奖名单.xlsx"。

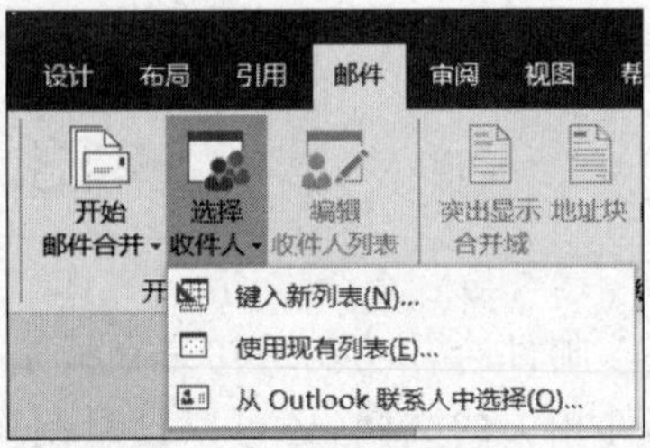

图 13-4　数据源选择

13.4 插 入 域

在“邮件”功能选项卡的“编写和插入域”功能区中，“突出显示合并域”是将插入的域以阴影的形式突出显示；通过“地址块”和“问候语”可以添加信函地址和问候语；“插入合并域”是将数据列表中的字段插入文档中。如本例中将“姓名”“作品名称”和“获奖类别”字段分别插入主文档中相对应的位置，如图 13-5 所示。

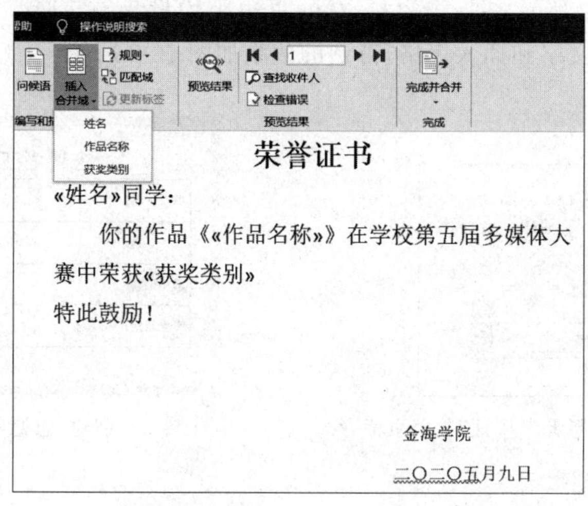

图 13-5 “荣誉证书”主文档效果

13.5 邮 件 合 并

合并文档是邮件合并的最后一步，可以首先单击“预览结果”，查看合并后的效果，如果对合并的结果非常满意，就可以进行合并工作了。

单击“邮件”功能选项卡“完成”功能区中的“完成并合并”按钮，弹出的快捷菜单中有 3 种合并的方式：编辑单个文档、打印文档和发送电子邮件。可以根据自己的需要进行选择。这里选择“编辑单个文档”命令，在弹出的“合并到新文档”对话框中选择“全部”选项，单击“确定”按钮，得到如图 13-6 所示的合并文档。

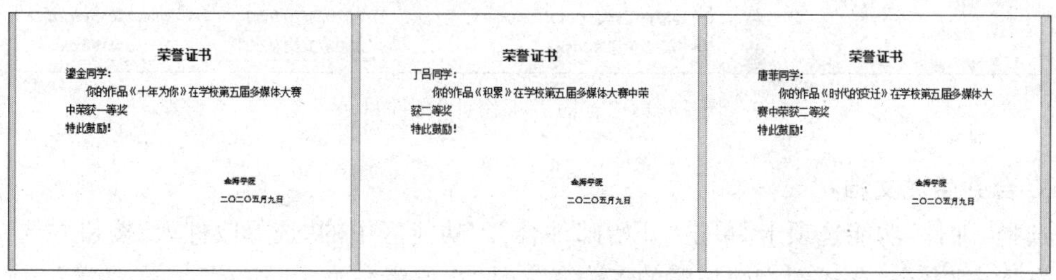

图 13-6 邮件合并效果

13.6 任务实施

小林同学在学习了邮件合并的知识后,就迫不及待地收集资料,开始制作"志愿者工作证"。

任务 13 实施

1. 创建主文档

新建"志愿者工作证"文档,设置页面纸张的宽度为 12 厘米,高度为8 厘米,如图 13-7 所示。上、下、左、右的页边距均设为 0.5 厘米。在该文档中输入文字和插入表格,得到的效果如图 13-8 所示。

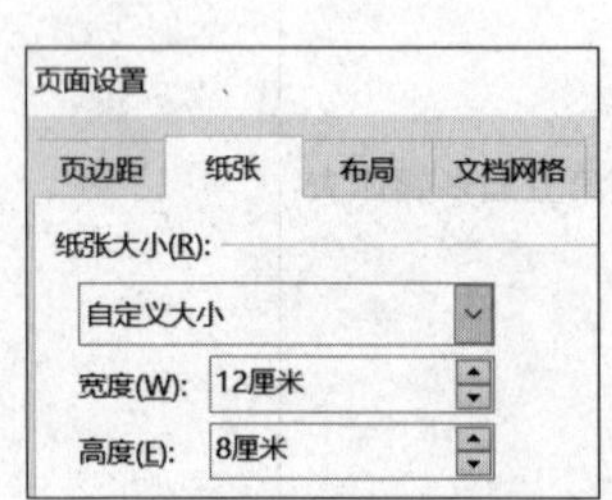

图 13-7 设置"志愿者工作证"文档页面

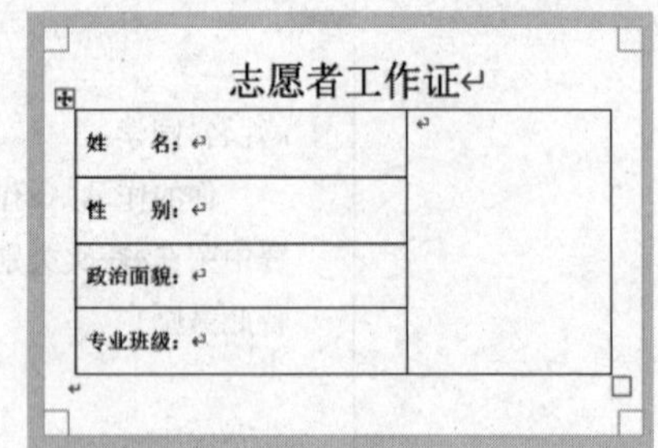

图 13-8 创建"志愿者工作证"主文档

2. 整理文件路径

在"志愿者工作证.docx"文档的同一目录下建立 photo 文件夹,并将同学的照片放在 photo 文件夹中。同时将数据源文件"志愿者信息表.xlsx"也存放到该目录下,如图 13-9 所示。(注意:这里要确保这三个文件在同一路径下)

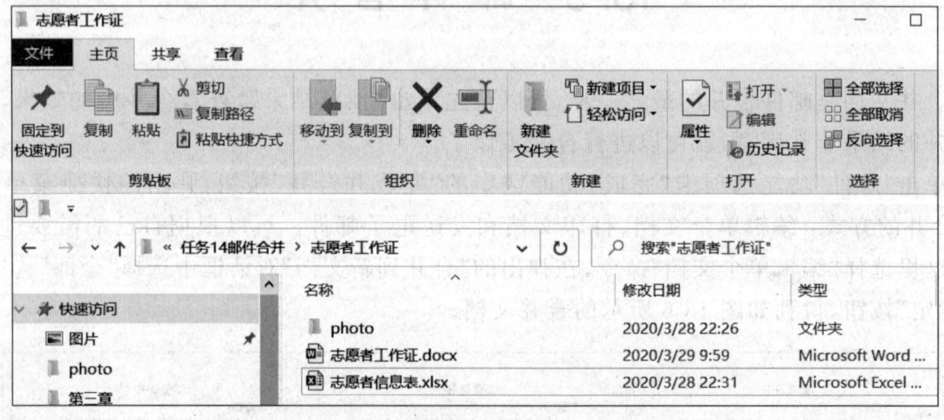

图 13-9 "志愿者工作证"文件目录

3. 合并生成文档

选择"邮件"功能选项卡,单击"开始邮件合并"功能区中的"选择收件人"按钮并选择"使用现有列表"命令,选择作为数据源的 Excel 文件"志愿者信息表.xlsx"。

把光标定位到“姓名”后，选择“邮件”功能选项卡，单击“编写和插入域”功能区中的“插入合并域”按钮，在弹出的子菜单中单击“姓名”，同样对性别、政治面貌、专业班级插入对应域，如图 13-10 所示。

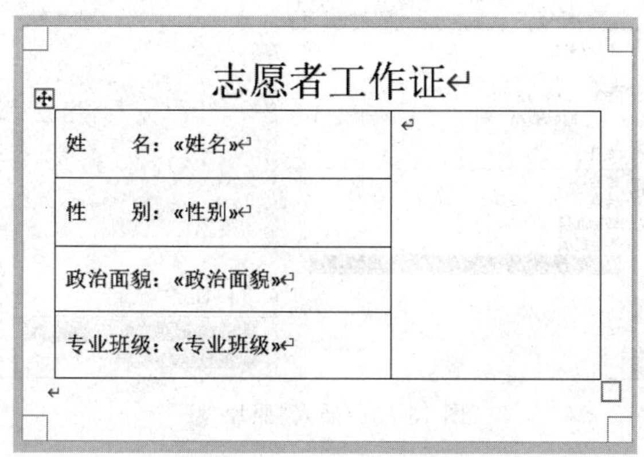

图 13-10　插入合并域

将光标定位在学生证范本的照片位置，单击“插入”功能选项卡“文本”功能区中的“文档部件”按钮，选择“域”命令，插入 IncludePicture 域，如图 13-11 所示，在域属性中输入任意一个文件名，如“11”，单击“确定”按钮。

域
请选择域
类别(C):
(全部)
域名(F):
DocVariable
EditTime
Eq
FileName
FileSize
Fill-in
GoToButton
GreetingLine
Hyperlink
If
IncludePicture
IncludeText
Index
Info
Keywords
LastSavedBy
Link
ListNum
域属性
文件名或 URL:
11
域选项
图形筛选器(G):
未随文档存储的数据(D)
基于源调整水平大小(H)
基于源调整垂直大小(V)
更新时保留原格式(V)
说明:
通过文件插入图片
域代码(I)
确定
取消

图 13-11　插入 IncludePicture 域

选择照片域，按 Alt+F9 组合键，选择“11”，单击“邮件”功能选项卡中的“插入合并域”按钮。选择插入“照片”域，如图 13-12 所示，得到“照片”域代码，如图 13-13 所示。

按下 Alt+F9 组合键，出现如图 13-14 所示的画面，再次按 F9 键进行刷新，调整图片大小，得到最终的效果如图 13-15 所示。

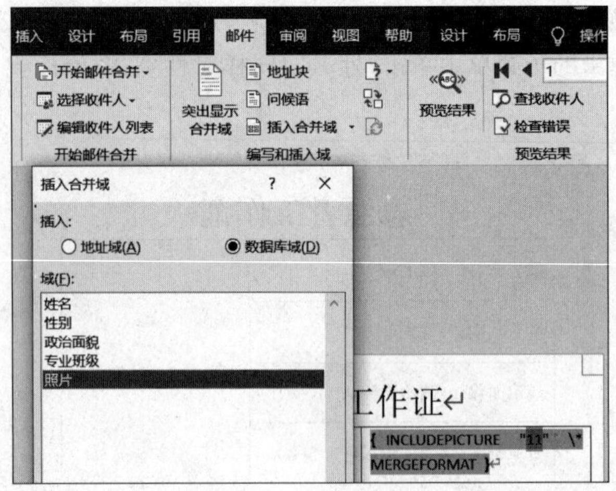

图 13-12 插入“照片”域

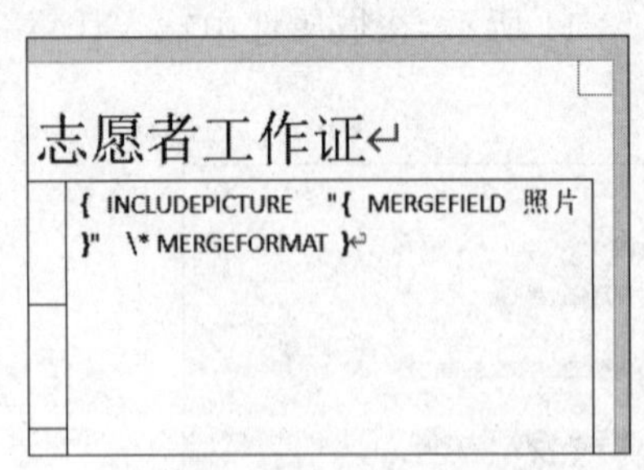

图 13-13 显示“照片”域代码

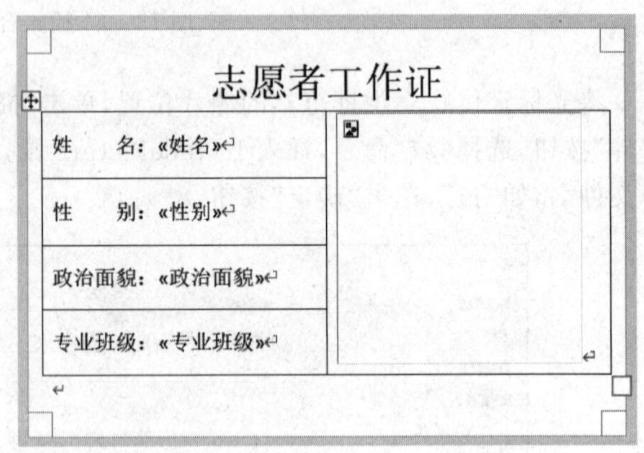

图 13-14 “照片”域代码切换为图片

图 13-15 “照片”域更新后的效果

选择“邮件”功能选项卡，单击“完成”功能区中的“完成并合并”按钮，再选择“编辑单个文档”命令，在随后弹出的“合并到新文档”对话框中选择“全部”选项，单击“确定”按钮，即生成所有志愿者的工作证。

此时生成的照片都为同一个人(因为使用的是相对路径),这时,按 Ctrl+A 组合键选中文档,然后按 F9 键,即可将每个工作证的照片进行更新,得到最终的效果,至此志愿者工作证制作完毕。

课后练习

结合学习的邮件合并知识,利用提供的素材,完成“生日邀请函”的制作,其中主文档如图 13-16 所示,邮件合并后的效果如图 13-17 所示。

亲爱的 «姓名» :
我要举行一个 18 岁生日晚会,诚挚的邀请您参加。
时间:2020 年 6 月 3 日
地点:海明威酒店欢乐厅
期待您的到来,谢谢。

图 13-16　“生日邀请函”主文档

任务 13 课后练习

图 13-17　“生日邀请函”邮件合并效果

课后练习

第四部分
Excel 2019 电子表格

Excel 是微软公司推出的办公软件 Office 2019 的重要组件,它可以进行各种数据的处理、统计、分析和辅助决策操作,广泛应用于管理、统计财经、金融等众多领域。Excel 可以执行计算、分析信息、管理电子表格中的数据信息列表与制作数据资料图表。本章将结合多个典型的任务详细介绍 Excel 2019 软件的使用方法,包括基本操作、格式设置、公式与函数的计算、数据的排序与筛选、图表的创建与分析等。

任务 14　制作学生基本信息表

学习目标

➢ 掌握工作簿与工作表的基本概念及基本操作。

➢ 掌握单元格的基本操作及个性化设置。

任务描述

又是一年开学季，张老师首次担任某高校计算机专业的新生班主任。今年一共来了 25 名新生，作为班委的小美同学主动提出帮助张老师汇总班级所有同学的个人信息，制作一张学生基本信息表。小美利用 Excel，通过对表格基本格式的设置，很直观地反映出全部同学的基本信息情况，最终表格效果如图 14-1 所示。

1	学生基本信息表					
2	学号	姓名	性别	出生年月	家庭地址	联系电话
3	02020001	蔡金城	男	2001/4/5	永嘉县桥头镇闹水村闹水路22号	15067808165
4	02020002	蔡王凯	男	2001/5/4	瑞安市	13676764770
5	02020003	曹张灏	男	2001/11/23	瑞安市湖岭镇新建路64号	13676588186
6	02020004	常张翔	男	2002/3/2	瑞安市飞云镇阁巷沙园村南门街15号	15067810533
7	02020005	陈甘洁	女	2001/4/12	瑞安市莘 镇星火村星火街118号	18916777754
8	02020006	陈海清	女	2001/11/12	瑞安市安阳镇员当桥村9幢2单元	15967774770
9	02020007	陈洪亮	男	2002/5/8	苍南县龙湾镇凰浦村凰浦老街5号	15067809502
10	02020008	陈键厅	男	2001/7/14	苍南县灵溪镇斗南村临时住房2-1	13868813573
11	02020009	陈刘晨	女	2001/9/24	苍南县宜山镇甲第村21号	15858566146

图 14-1　学生基本信息表效果图

14.1　认识 Excel 2019

14.1.1　Excel 2019 的工作界面

1. 启动 Excel 2019

在计算机中安装了 Office 2019 后，便可以启动 Excel 2019 表格程序，常用的方法有以下几种。

（1）单击任务栏左侧的“开始”按钮，在“程序”选项的子菜单中单击 Excel 2019 选项，即可启动 Excel 2019。

（2）创建了 Excel 2019 的桌面快捷方式后，双击桌面上的 Excel 2019 快捷方式图标，即可启动 Excel 2019。

（3）双击已创建的扩展名为.xlsx 的 Excel 文档，也可以启动 Excel 2019，并打开相应的 Excel 文档内容。

启动 Excel 2019 后即进入其操作界面。操作界面主要由标题栏、快速访问工具栏、功能选项卡、功能区、名称框、编辑栏、工作表编辑区、工作表标签和状态栏等组成,如图 14-2 所示。

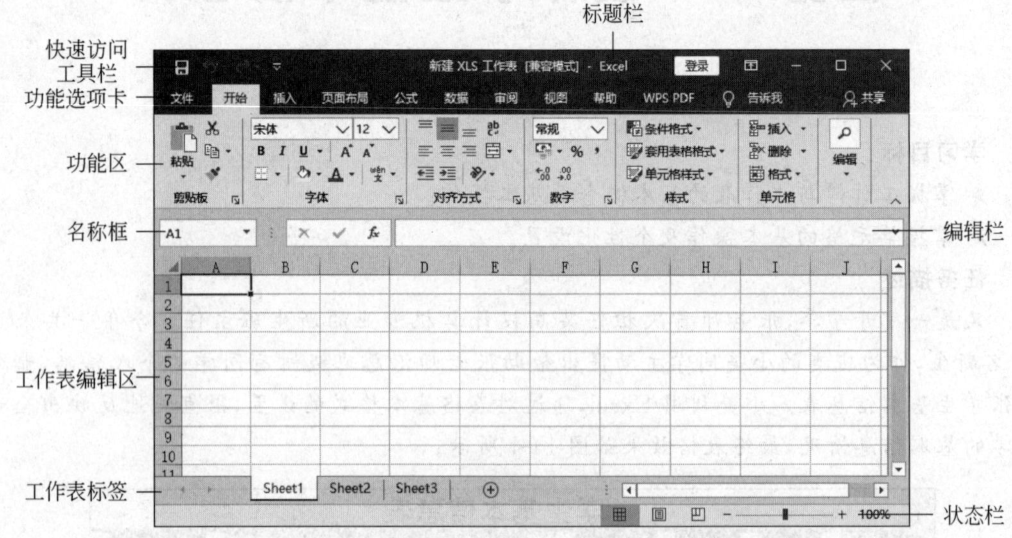

图 14-2　Excel 2019 工作界面

(1) 标题栏

标题栏位于 Excel 2019 操作界面的最顶端,其中显示了当前编辑的文档名称和程序名称。标题栏的最右侧有三个窗口控制按钮,分别用于对 Excel 2019 的窗口执行最小化、最大化/还原、关闭操作。

(2) 快速访问工具栏

快速访问工具栏用于放置一些使用频率较高的工具。默认情况下,该工具栏包含了“保存”、“撤销”和“恢复”等按钮。用户还可以自定义按钮,只需单击该工具栏右侧的按钮,在打开的下拉列表中选择相应选项即可。另外,通过该下拉列表,还可以设置快速访问工具栏的显示位置。

(3) 功能选项卡

Excel 2019 默认显示有“开始”“插入”“页面布局”“公式”“数据”“审阅”“视图”“帮助”等功能选项卡,大部分命令集成在这几个功能选项卡中。这些功能选项卡相当于菜单命令,单击某个功能选项卡可显示相应的功能区,如图 14-3 所示。

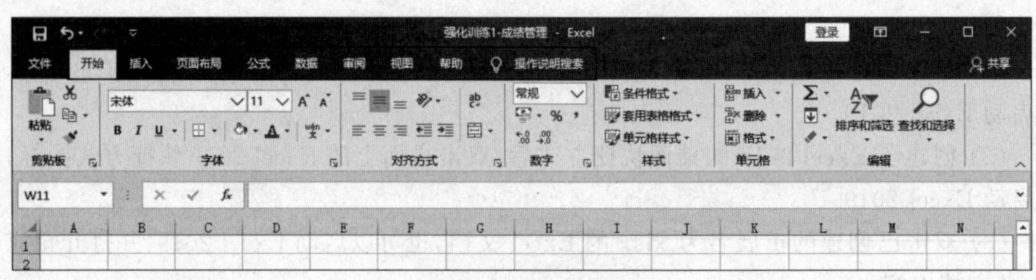

图 14-3　功能选项卡

(4) 功能区

功能区位于功能选项卡的下方,有许多自动适应窗口大小的工具栏,不同的工具栏中又放置了与此相关的命令按钮或列表框。如"开始"功能选项卡对应的功能区包括剪贴板、字体、对齐方式、数字、样式、单元格和编辑等工具栏。

(5) 名称框和编辑栏

每个单元格都有自己的名称,名称框显示当前选中的单元格的名称,也可以对某个单元格进行重命名。

编辑栏用来进行数据和公式函数的编辑。

(6) 工作表编辑区

用于显示和编辑工作表中的数据信息。

(7) 工作表标签

位于工作界面的左下角,默认名称为 Sheet1、Sheet2、Sheet3……。单击不同的工作表标签,可以在工作表之间进行切换。

(8) 状态栏

状态栏位于工作界面最下方,主要用于显示当前状态,右侧还有视图切换按钮以及页面显示比例等信息,如图 14-4 所示。

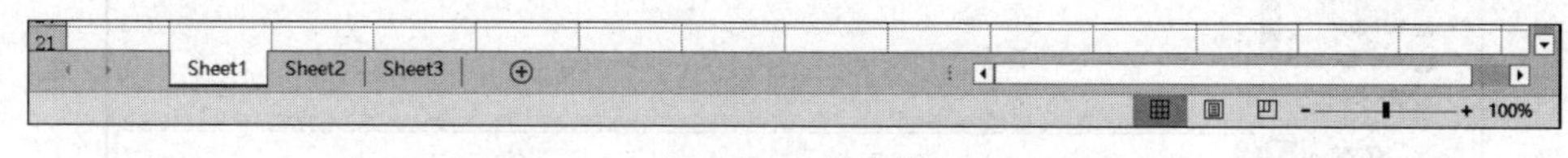

图 14-4 状态栏

2. 退出 Excel 2019

退出 Excel 2019 的方法主要有以下两种。

(1) 在功能区中单击"文件"菜单,选择"退出"命令。

(2) 单击 Excel 2019 窗口标题栏最右侧的"关闭"按钮 ✕。

如果退出前文件已被修改,系统将提示是否保存修改的内容,这时可根据是否要保存文件回答"是"或"否"。

14.1.2 工作簿、工作表

在 Excel 中,工作簿是用来存储和处理数据的主要文档,就是经常说的电子表格,扩展名为.xlsx。用户处理的各种数据都是以工作表的形式存储在工作簿中,一个工作簿可以包含一张或多张工作表,最多可以包含 255 张工作表。

1. 工作簿

(1) 新建工作簿

启动 Excel 2019 后,系统会创建一个名为"工作簿 1"的空白工作簿,并且在工作簿中有 1 张默认的空白工作表,名为 Sheet1。若需再次新建一个工作簿,可用以下几种方法。

① 单击"文件"菜单,选择"新建"命令,单击"空白工作簿"图标。

② 使用快捷键 Ctrl+N,可新建一个工作簿。

③ 单击快速访问工具栏的"新建"按钮,可新建一个工作簿。

(2) 保存工作簿

Excel 电子表格编辑完成后，此时的工作簿还驻留在计算机的内存中，需要对其进行保存，以备日后使用，可用以下几种方法。

① 单击快速访问工具栏的“保存”按钮。

② 单击“文件”菜单，选择“保存”命令。

③ 使用快捷键 Ctrl+S。

当新建的工作簿第一次执行“保存”操作时，可以选择“文件”→“另存为”命令，在对话框中选择保存文件的路径，在“文件名”输入框中输入新的文件名，单击“保存”按钮，即可将文档保存到相应路径中，如图 14-5 所示。

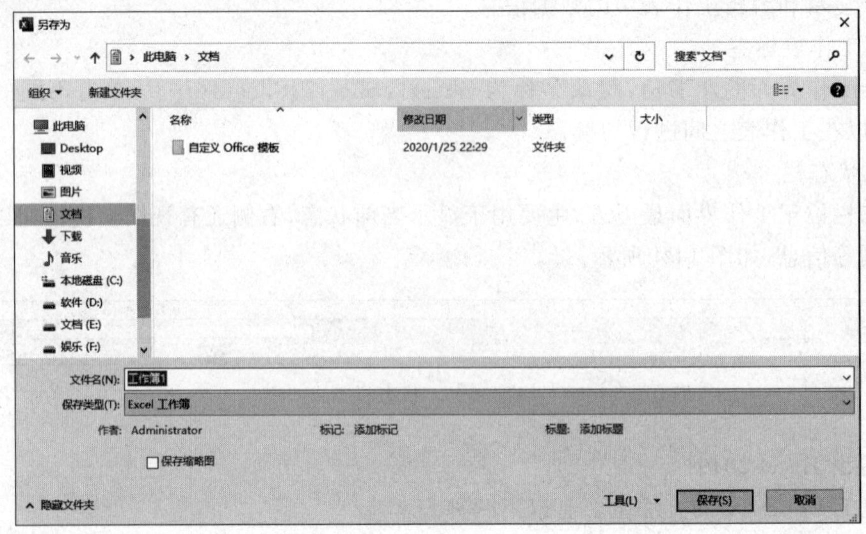

图 14-5 “另存为”对话框

(3) 打开工作簿

打开工作簿的方法通常有以下几种。

① 直接双击表格工作簿的图标，系统将在启动 Excel 的同时打开该 Excel 工作簿。

② 打开 Excel 应用程序后，选择“文件”→“打开”命令，选择相应的工作簿，单击“打开”按钮即可。

③ 如果要打开最近使用过的文档，选择“文件”→“打开”→“最近”命令，单击相应文件簿即可将其打开，如图 14-6 所示。

(4) 关闭工作簿

关闭工作簿的方法有以下三种。

① 单击“文件”菜单，选择“关闭”命令。

② 单击窗口右上角的“关闭”按钮即可关闭工作簿。

③ 使用快捷键 Alt+F4 关闭工作簿。

2. 工作表

新建工作表

工作表位于工作簿的中央区域，是 Excel 的基本工作单位，是由行和列构成的表格。它主要由单元格、行号、列标和工作表标签等组成。

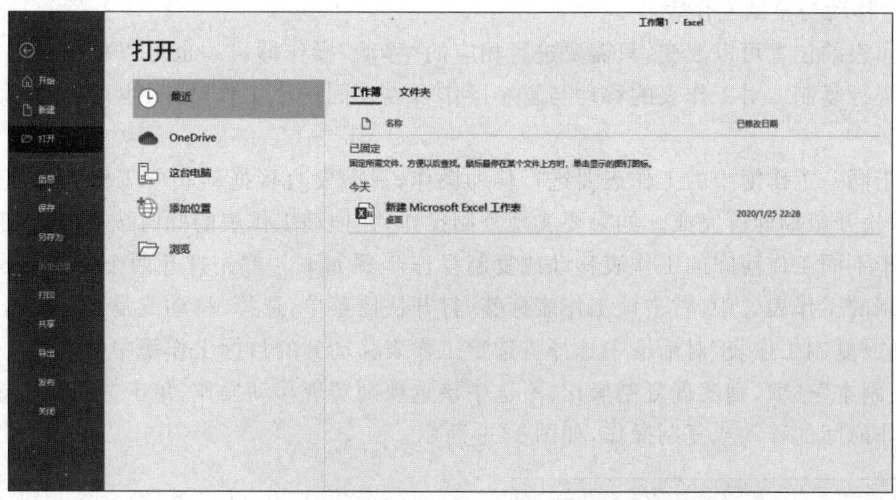

图 14-6　“最近”使用的文件

行号依次用数字 1,2…65536 表示,显示在工作簿窗口的左侧;列标依次用字母 A,B…XFD 表示,显示在工作簿窗口的上方。默认情况下,一个工作簿包含 1 张工作表,用户可以自行添加和删除工作表,但工作簿窗口只能最大化显示一张工作表。

(1) 新建工作表

单击 Sheet1 表右侧的按钮⊕即可新建工作表。也可以右击任意一张工作表标签,在弹出的快捷菜单中选择“插入...”命令,然后在弹出的对话框中选择“工作表”,确认后即可新建工作表,如图 14-7 所示。

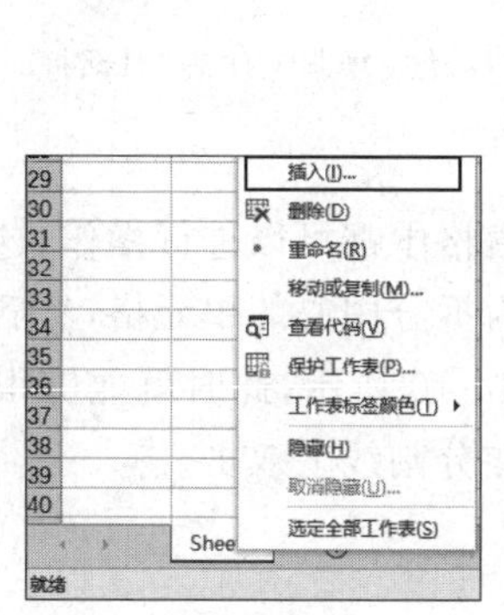

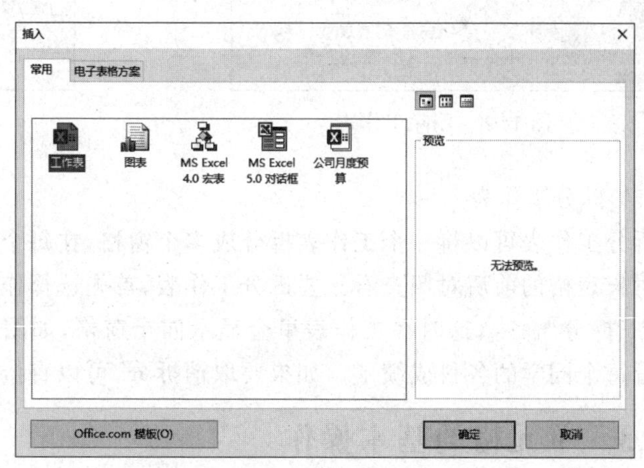

图 14-7　新建工作表

(2) 删除工作表

当某张工作表不再需要时,可以将其删除。只需要选中要删除的工作表,右击工作表标签,在出现的快捷菜单中选择“删除”命令,即可完成删除,如图 14-8 所示。

(3) 重命名工作表

当需要修改某张工作表的名称时,同样选中要重命名的工作表,右击工作表标签,在弹出的快捷菜单中选择“重命名”命令,输入新的工作表名称即可。

(4) 移动与复制工作表

工作表的位置可以改变,只需要进行相应的“移动”操作即可。也可以根据用户需求对工作表进行复制。对工作表的移动与复制操作可以在同一个工作簿中,也可以在不同的工作簿中。

对于同一工作簿中的工作表要进行移动操作,只需要直接拖动相应工作表标签到合适的位置,松开鼠标即可完成。如果要实现复制操作,在拖动工作表的同时按下 Ctrl 键即可。

对于不同工作簿间的工作表移动或复制操作步骤如下。首先打开两个工作簿,把要移动或复制的工作表选中,右击该工作表标签,打开快捷菜单,选择“移动或复制”命令,在弹出的“移动或复制工作表”对话框中选择将选定工作表移动到的目标工作簿中的位置。如果选中“建立副本”选项,则实现复制操作,不选中该选项则实现移动操作,单击“确认”按钮,完成不同工作簿间的移动或复制操作,如图 14-9 所示。

图 14-8　删除工作表

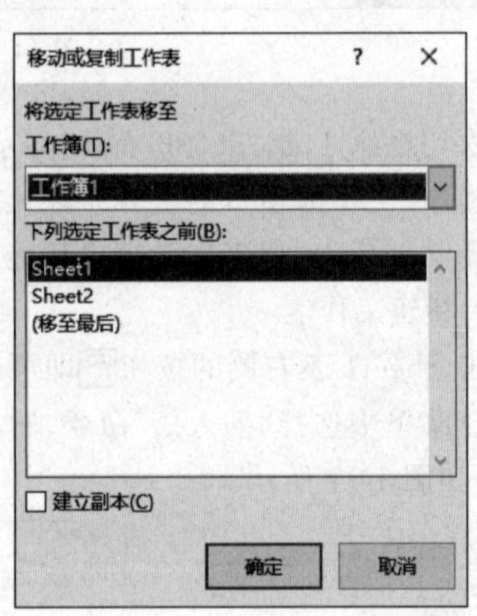

图 14-9　“移动或复制工作表”对话框

(5) 拆分工作表

拆分工作表可以将一个工作表拆分成多个窗格,在每个窗格中都可以进行操作,这样有利于对长表格的前后对照查看。要拆分工作表,首先选择作为拆分中心的单元格,然后选择“视图－拆分”命令,这时在工作表里会显示四个窗格,如图 14-10 所示,此时就能够很方便地查看每个同学的各科成绩了。如果要取消拆分,可以直接在分割线上双击。

14.1.3　单元格的基本操作

在 Excel 中,每张工作表均由行和列构成,行和列交叉形成的带有边框的小方格称为单元格。单元格是 Excel 中最基本的存储数据单元,也是 Excel 进行数据处理的最小单位。单元格通过对应的行号和列标进行命名和引用,单元格地址可表示为“列标＋行号”,例如 B7 代表位于第 B 列第 7 行的单元格。

在执行 Excel 命令之前,首先需要选中作为操作对象的单元格。这种用于输入或编辑数据,或是执行其他操作的单元格称为活动单元格。例如,单击 B7 单元格,可使 B7 单元格成为活动单元格,同时在编辑栏的名称框中显示单元格的地址 B7。如果在该单元格中输入

"你好"，则同时在编辑栏的数据编辑区中将显示单元格中的内容"你好"，如图 14-11 所示。

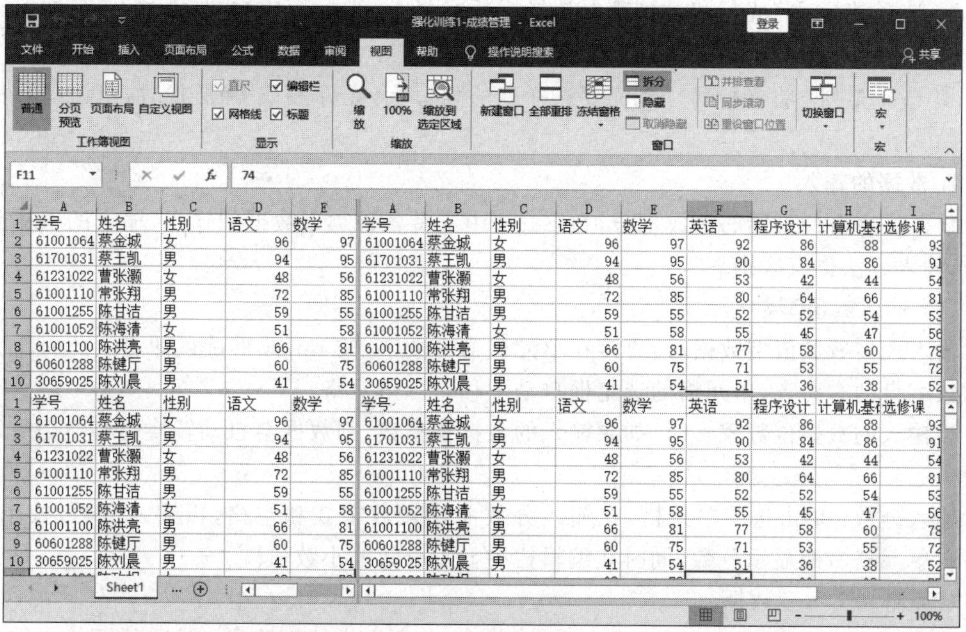

学号	姓名	性别	语文	数学	英语	程序设计	计算机基	选修课
61001064	蔡金城	女	96	97	92	86	88	93
61701031	蔡王凯	男	94	95	90	84	86	91
61231022	曹张灏	女	48	56	53	42	44	54
61001110	常张翔	男	72	85	80	64	66	81
61001255	陈甘洁	男	59	55	52	52	54	53
61001052	陈海清	女	51	58	55	45	47	56
61001100	陈洪亮	男	66	81	77	58	60	78
60601288	陈键厅	男	60	75	71	53	55	72
30659025	陈刘晨	男	41	54	51	36	38	52

图 14-10　拆分工作表

图 14-11　在"编辑栏"编辑"你好"

在 Excel 中要输入数据，首先选择相应的单元格。以下介绍几种选择单元格的方法。

① 选择单个单元格：直接单击单元格，或在名称框中输入要选择的单元格的名称，再按 Enter 键确认输入即可。

② 选择所有单元格：单击行号和列标的交叉处按钮◢进行全选，或者按下快捷键

Ctrl＋A,即可选中工作表中的所有单元格。

③ 选择整行：将光标移动到需要选择行的行号上,光标变成➡形状时,单击即可完成选择。

④ 选择整列：将光标移动到需要选择列的列标上,光标变成⬅形状时,单击即可完成选择。

1. 数据的输入

数据是表格最重要的组成部分,在 Excel 中支持各种类型数据的输入,输入的数据类型不同,输入方法也有区别。

(1) 输入数值型数据

输入大多数数值型数据时,直接在单元格输入数字,按 Enter 键确认即可。此时单元格中的数字自动右对齐,单元格的选定框自动下移一个单元格。

当输入的数据位数较多时,如果输入的数据是整数,则数据会自动转换为科学记数表示方法。

输入分数：单击选中单元格,在输入分数前输入数字 0 和空格,再输入分数,按 Enter 键后在单元格右侧显示分数,同时在编辑栏中显示分数的小数值。

(2) 输入文本型数据

文本型数据是指汉字、英文,或由汉字、英文、数字组成的字符串。选中需要输入数据的单元格,直接输入文本内容,输入的内容同时会显示在编辑栏中。

学号、身份证号码、电话号码等类信息,看似是数值型数据,但实际这些数据不参加任何运算,仅作为序号,所以通常也作为文本型数据输入。在输入这些数据前,先将这些单元格的数字格式修改为“文本”,然后再输入即可,如图 14-12 所示。

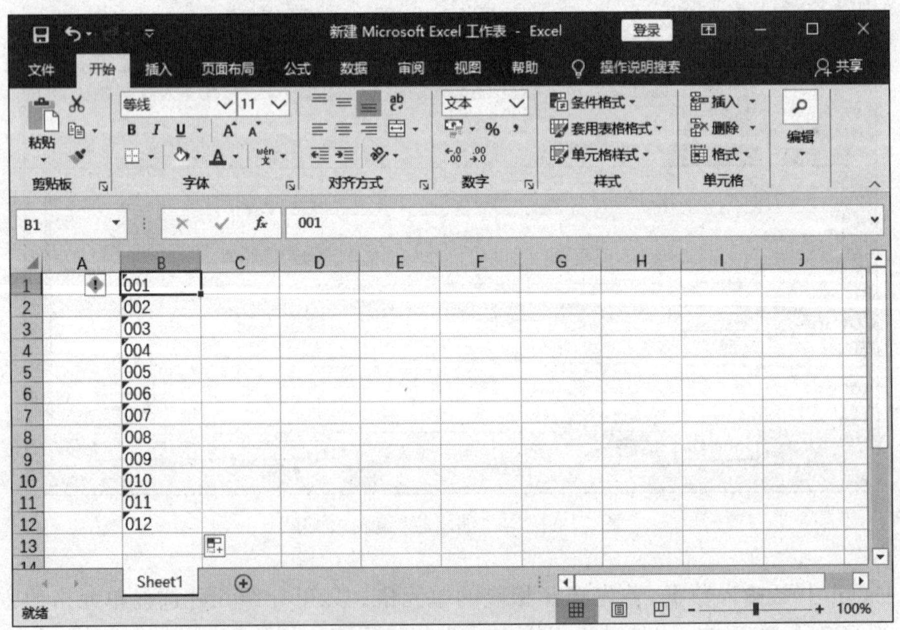

图 14-12 “文本”类型

（3）输入系列数据

对于一些有规律的数据，如：1、2、3、4、5、6…，一月、二月、三月……，星期一、星期二、星期三……，这些有规律的数据称为系列数据。系列数据不必逐个输入，可以利用“填充柄”快捷生成。如希望在相邻的单元格中输入相同或有序的数据，可首先在第一个单元格中输入示例数据，然后上、下或左、右拖动填充柄即可，如图 14-13 所示。

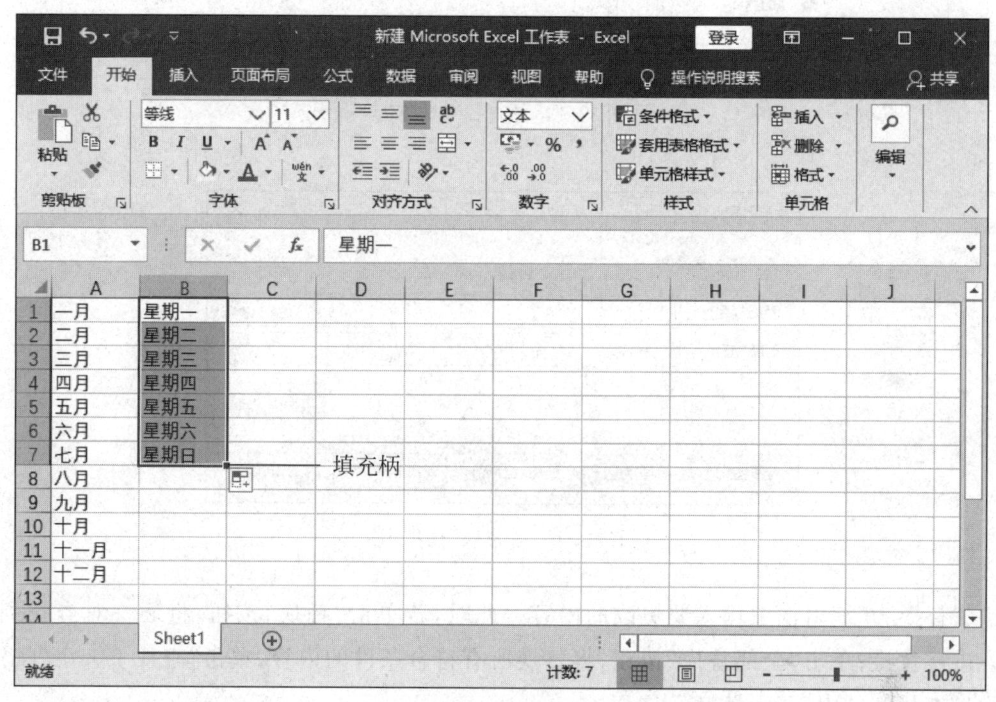

图 14-13 “填充”有规律的数据

2. 数据的查找与替换

查找与替换是 Excel 表格编辑过程中经常要执行的操作。使用“查找”命令，可以在工作表中迅速找到含有指定字符、文本、公式等的单元格；使用“替换”命令，可以在查找的同时自动进行替换，不仅可以用新的内容替换查找到的内容，还可以将查找到的内容替换为新的格式，从而大幅度提高工作效率。

3. 查找数据

一些复杂的工作表往往包含了大量的数据，当需要在数据表中查看特定数据或数值时，可单击工作表中任意单元格，然后单击“开始”功能选项卡“编辑”功能区中的“查找和选择”按钮，选择“查找”命令，打开“查找和替换”对话框，在“查找内容”编辑框中输入要查找的内容，单击“查找下一个”按钮，如图 14-14 所示。

4. 替换数据

替换数据用于将工作表中的指定数据替换为其他数据。在对工作表进行更新或者批量修改数据时，通过“替换”操作可以快速完成数据的修改以及替换。打开“查找和替换”对话框，切换到“替换”选项卡，如图 14-15 所示。然后在“查找内容”编辑框中输入要查找的内

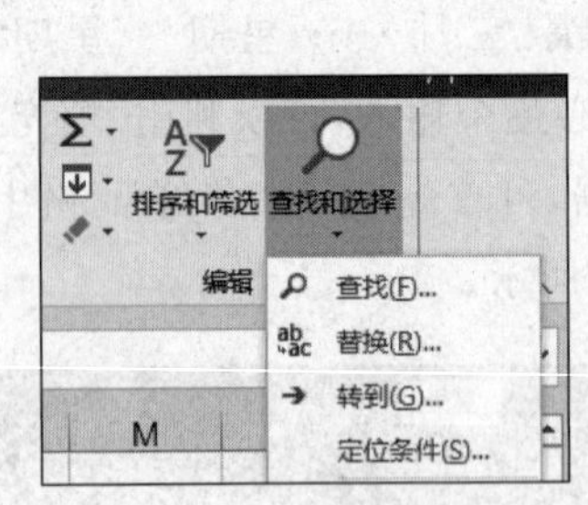

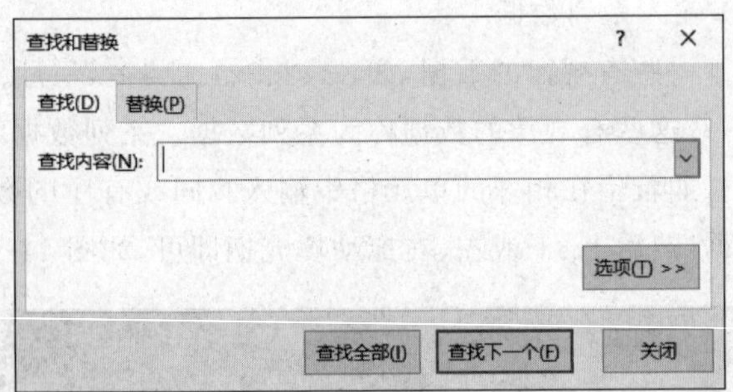

图 14-14 “查找”选项卡

图 14-15 “替换”选项卡

容，在“替换为”编辑框中输入要更改的内容。此时，若单击“替换”按钮，将逐一对查找到的内容进行替换；单击“全部替换”按钮，将替换所有符合条件的内容；单击“查找下一个”按钮，将跳过查找到的内容(不替换)。

5. 数据的清除与删除

数据的清除与删除

在编辑工作表时，有时需要对数据进行清除与删除，可以是一个单元格、一行或一列中的内容。

(1) 清除数据

选中要清除数据的单元格、行或列，右击并选择“清除内容”命令，此时将选中的内容清空，但仍然保留单元格，如图 4-16 所示。按 Delete 键也能实现清除数据的目的。

(2) 删除数据

选中要删除的单元格、行或列，右击并选择“删除”命令，此时不仅选中的内容被删除，这一行的其他内容都会被删除。如果选中的是某一个单元格，则会出现“删除”对话框进行提示，按需要进行选择即可，如图 14-17 和图 14-18 所示。

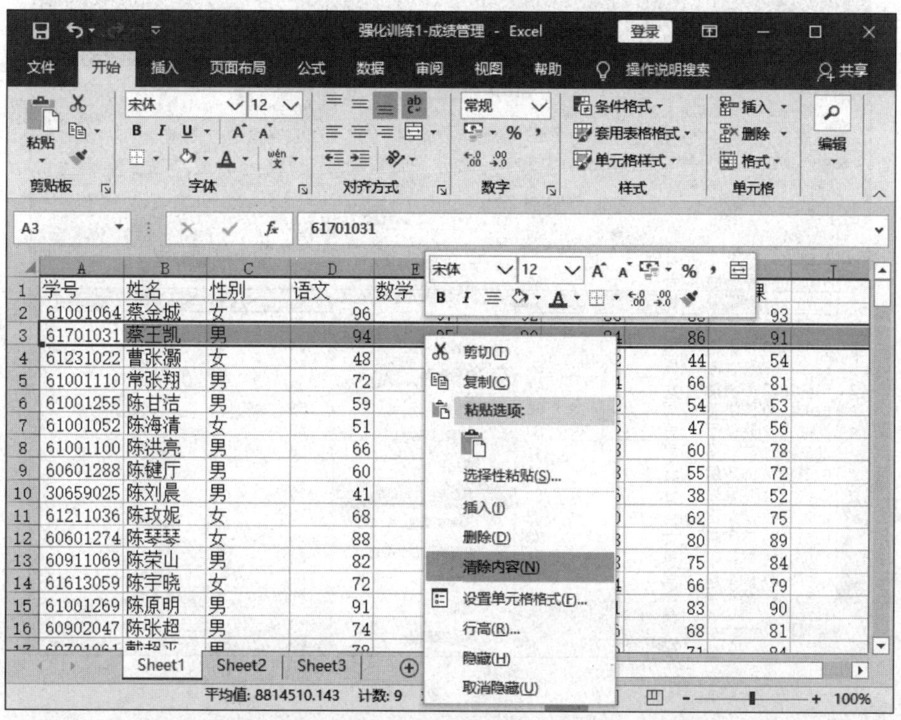

强化训练1-成绩管理 - Excel
文件 开始 插入 页面布局 公式 数据 审阅 视图 帮助 操作说明搜索
A3
61701031
剪切(T)
复制(C)
粘贴选项:
选择性粘贴(S)...
插入(I)
删除(D)
清除内容(N)
设置单元格格式(F)...
行高(R)...
隐藏(H)
取消隐藏(U)
Sheet1 Sheet2 Sheet3
平均值: 8814510.143 计数: 9

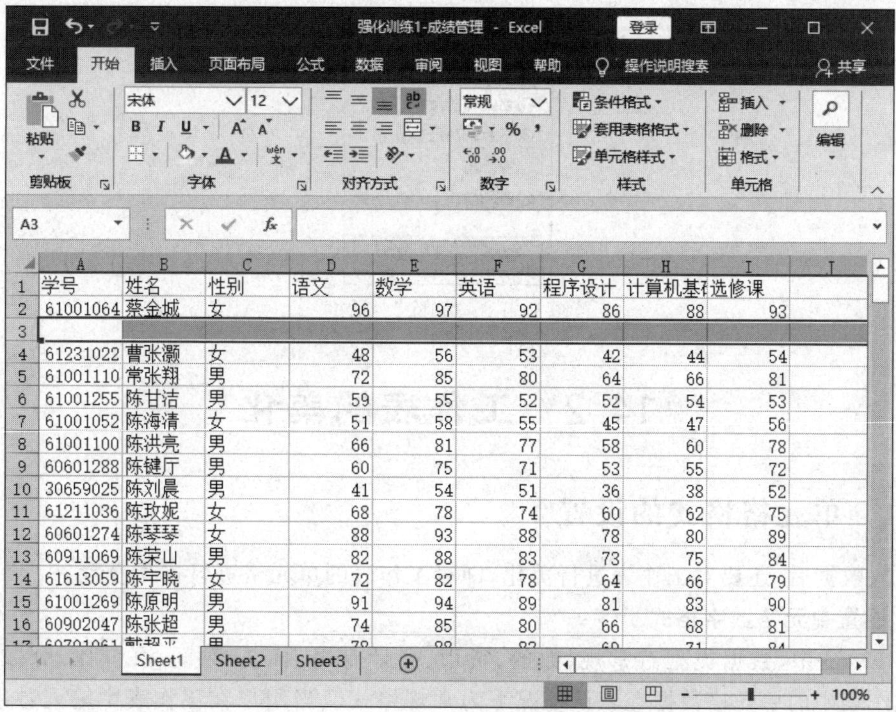

强化训练1-成绩管理 - Excel
A3
学号 姓名 性别 语文 数学 英语 程序设计 计算机基础 选修课
Sheet1 Sheet2 Sheet3

图 14-16　清除数据

图 14-17　删除操作

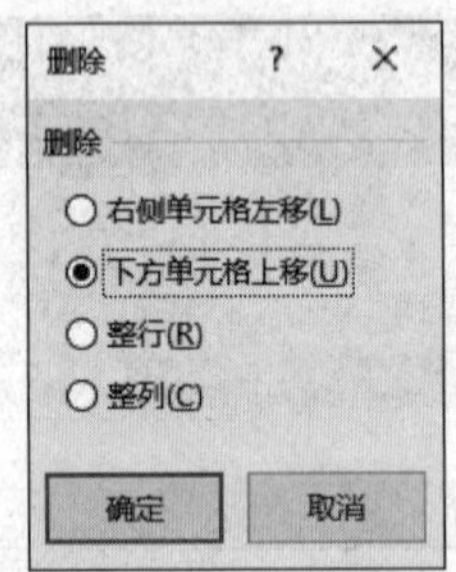

图 14-18　“删除”对话框

14.2　工作表的美化

14.2.1　单元格格式的设置

输入数据后，还要对工作表进行美化，即对工作表的单元格进行格式设置。

1. 设置单元格数字格式

在 Excel 中，数据类型有常规、数值、货币、会计专用、日期、时间、百分比、分数和文本等。工作表中的单元格数据在默认情况下为常规格式。当用户在工作表中输入数字时，数字以整数、小数方式显示。在“开始”功能选项卡的“数字”功能区中可以设置这些数字格式。若要详细设置数字格式，则需要在“设置单元格格式”对话框的“数字”选项卡中操作，如图 14-19 所示。

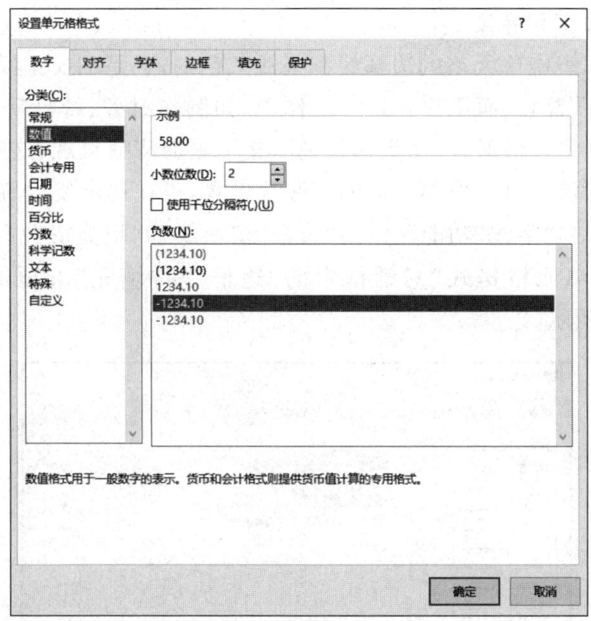

图 14-19 "数值"选项卡

2. 设置数据的对齐方式

对齐方式是指单元格中的数据在单元格中的相对位置。Excel 允许为单元格数据设置的对齐方式包括：靠左对齐、靠右对齐、合并居中等。通常情况下，输入到单元格中的文本靠左对齐，数字靠右对齐，逻辑值居中对齐。此外，Excel 还允许用户为单元格中的内容设置其他对齐方式，如合并后居中、旋转单元格中的内容等。在"设置单元格格式"对话框的"对齐"选项卡中进行设置，如图 14-20 所示。

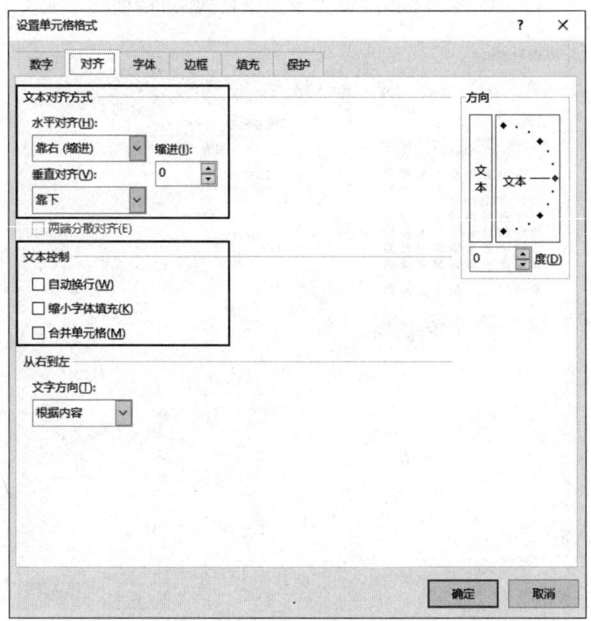

图 14-20 "对齐"选项卡

3. 设置单元格边框和底纹

通常,Excel 工作表中单元格的边框线都是浅灰色的,它是 Excel 默认的网格线,打印时不出现(除非进行了设置)。而用户在日常工作中,如制作财务、统计等报表时,常常需要把报表设计成各种各样的表格形式,使数据及说明文字更加清晰直观,这就需要通过设置单元格的边框和底纹来实现。对于简单的边框和底纹设置,可在选定要设置的单元格区域后,单击"开始"功能选项卡的"字体"功能区中的"边框"按钮和"填充颜色"按钮进行设置,也可以直接打开"设置单元格格式"对话框中的"边框"和"填充"选项卡进行相应设置,如图 14-21和图 14-22 所示。

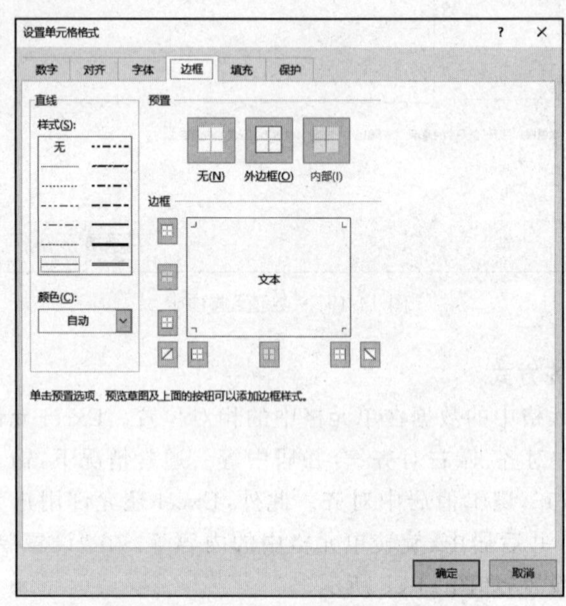

图 14-21 "设置单元格格式"对话框

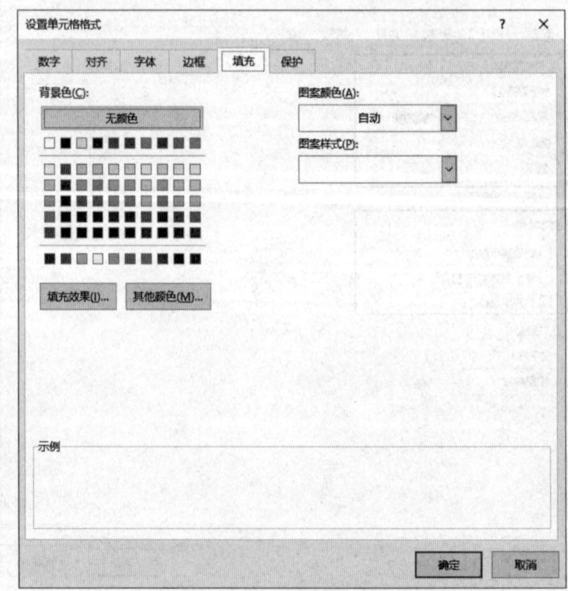

图 14-22 "填充"背景色

14.2.2　条件格式

工作中，有些时候需要将某些满足条件的单元格以醒目的方式突出显示，以便于更加直观地对该工作表中的数据进行比较和分析。通过设置条件格式，用户可以将不满足或满足某条件的特殊数据单独以醒目的方式显示出来。用户可以对特殊的单元格设置字形、颜色、边框、底纹等格式。

要设置条件格式，首先选中要设置条件格式的单元格区域，然后单击“开始”功能选项卡的“样式”功能区中的“条件格式”按钮，在弹出的下拉菜单中提供了 5 种条件规则，如图 14-23 所示。

（1）突出显示单元格规则：突出显示所选单元格区域中符合特定条件的单元格。

（2）项目选取规则：其作用与突出显示单元格规则相同，只是设置条件的方式不同。

（3）数据条：使用数据条标识各单元格中数据值的大小，从而方便地查看和比较数据。

（4）色阶：使用颜色的深浅或刻度表示值的高低。其中，双色刻度使用两种颜色的渐变帮助比较单元格区域。

（5）图标集：使用图标集可以对数据进行注释，并可以按照阈值将数据分为 3～5 个类别，每个图标代表一个值的范围。

14.2.3　自动套用格式

在 Excel 2019 中，系统预置了 60 种常见的格式，如图 14-24 所示，通过设置，初学者也可以很快制作出非常精美的工作表，这就是“自动套用格式”功能。

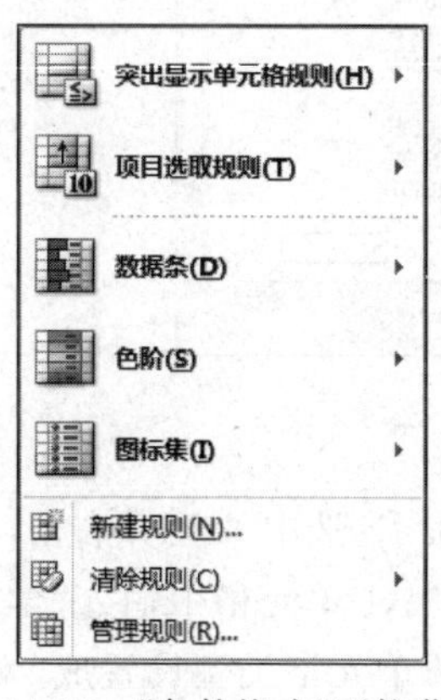

图 14-23　“条件格式”下拉菜单

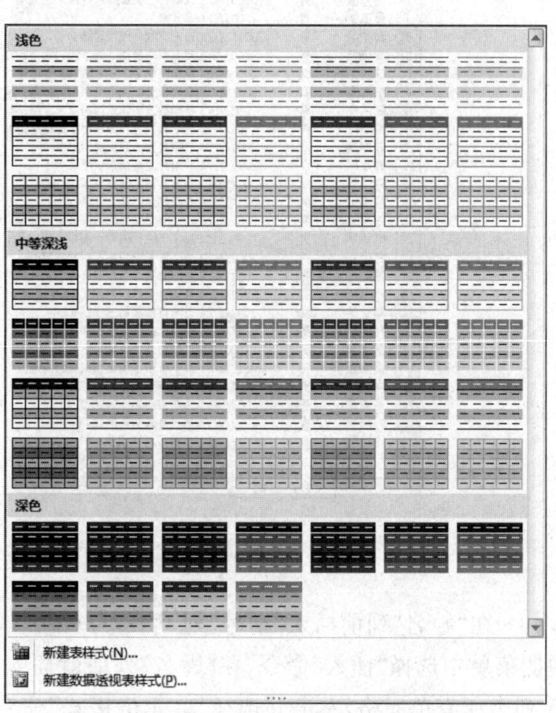

图 14-24　“套用表格样式”下拉菜单

使用自动套用格式，只需要选定要自动套用格式的单元格区域，单击“开始”功能选项卡的“样式”功能区中的“套用表格样式”按钮，在弹出的下拉菜单中按需求进行设置即可。

14.3 任务实施

小美利用 Excel 知识，帮助张老师制作了能够直观反映全班同学基本信息的表格，具体操作步骤如下。

(1) 新建 Excel 工作簿，在 Sheet1 中输入所有学生的个人基本信息。右击桌面，在弹出的快捷菜单中选择“新建”→“Microsoft Excel 工作表”命令，新建工作簿。打开工作簿 Sheet1，从 A1 单元格开始输入学生的姓名、性别、出生年月、家庭地和联系电话，最后保存文件。

任务 14 实施

(2) 将工作表 Sheet1 重命名为“学生基本信息表”。右击工作表标签 Sheet1，选择“重命名”命令，然后输入“学生基本信息表”，如图 14-25 所示。

姓名	性别	出生年月	家庭地址	联系电话
蔡金城	男	2001/4/5	永嘉县桥头镇闹水村闹水路22号	15067808165
蔡王凯	男	2001/5/4	瑞安室	13676764770
曹张灏	男	2001/11/23	瑞安市湖岭镇新建路64号	13676588186
常张翔	男	2002/3/2	瑞安市飞云镇阁巷沙园村南门街15号	15067810533
陈甘洁	女	2001/4/12	瑞安市莘 镇星火村星火街118号	13616777754
陈海清	女	2001/11/12	瑞安市安阳镇员当桥村9幢2单元	15967774770
陈洪亮	男	2002/5/8	苍南县龙湾镇凰浦村凰浦老街5号	15067809502
陈键厅	男	2001/7/14	苍南县灵溪镇斗南村临时住房2-1	13868813573
陈刘晨	女	2001/9/24	苍南县宜山镇甲第村21号	15858566146
陈玫妮	女	2001/12/4	苍南县龙港镇东城路46号	15967725962
陈琴琴	女	2001/10/15	苍南县钱库镇龙亭西路19号	15067809822
陈荣山	男	2001/10/19	苍南县龙港镇龙翔路143号	13758872243
陈宇晓	男	2002/1/23	湖州南浔区练市镇联合街树湾里11号	15067809522
陈原明	男	2001/11/4	海宁市许村镇联合街树湾里12号	15988721781
陈张超	男	2001/4/19	海宁市长安镇褚石村沈华屋8号	15067809302
戴超平	男	2001/5/18	贵州省遵义市余庆县龙溪镇小河村团山组1号	13029690595
邓春新	男	2001/4/21	章安街道建设村建元小区8幢3号	15057310291
邓芝芝	女	2001/6/22	苍南县新嘉街道绿杨苑36	15067270756
邓周林	男	2001/10/14	永嘉县章安街道柏加徐村94号	15067809910
董王波	男	2001/8/9	江苏省盐城市盐都区神州河畔3号楼104	13587623078
费张源	男	2001/11/12	海宁市东港街道陆家垄村27号	15067810503
冯超峰	男	2001/4/26	海宁市石灰桥新村17-2	13587608185
冯唐鹏	男	2002/9/14	海宁市丽湖小区10幢3单元302	15067809065
冯屠鸣	女	2001/8/13	永嘉县兴潘西路137号	13486818551
冯怡斐	女	2001/12/14	永嘉县咸祥镇咸一村	15067808716

图 14-25 学生基本信息表

(3) 在“姓名”列前插入“学号”列，学号为 02020001～02020025。选中 A 列并右击，在弹出的快捷菜单中选择“插入”命令，在“姓名”列前就插入了一列。在 A1 单元格中输入“学号”；选中 A 列中所有单元格，右击并选择“单元格格式”命令，将 A 列的单元格类型设置成“文本”类型，然后在 A2 单元格中输入 02020001，接着用填充柄填充 A 列的学号，如图 14-26 所示。

学号	姓名	性别	出生年月	家庭地址	联系电话
02020001	蔡金城	男	2001/4/5	永嘉县桥头镇闸水村闸水路22号	15067808165
02020002	蔡王凯	男	2001/5/4	瑞安室	13676764770
02020003	曹张灏	男	2001/11/23	瑞安市湖岭镇新建路64号	13676588186
02020004	常张翔	男	2002/3/2	瑞安市飞云镇阁巷沙园村南门街15号	15067810533
02020005	陈甘洁	女	2001/4/12	瑞安市莘 镇星火村星火街118号	13616777754
02020006	陈海清	女	2001/11/12	瑞安市安阳镇员当桥村9幢2单元	15967774770
02020007	陈洪亮	男	2002/5/8	苍南县龙湾镇凰浦村凰浦老街5号	15067809502
02020008	陈键厅	男	2001/7/14	苍南县灵溪镇斗南村临时住房2-1	13868813573
02020009	陈刘晨	女	2001/9/24	苍南县宜山镇甲第村21号	15858566146
02020010	陈玫妮	女	2001/12/4	苍南县龙港镇东城路46号	15967725962
02020011	陈琴琴	女	2001/10/15	苍南县钱库镇龙亭西路19号	15067809822
02020012	陈荣山	男	2001/10/19	苍南县龙港镇龙翔路143号	13758872243
02020013	陈宇晓	男	2002/1/23	湖州南浔区练市镇联合街树湾里11号	15067809522
02020014	陈原明	男	2001/11/4	海宁市许村镇联合街树湾里12号	15988721781
02020015	陈张超	男	2001/4/19	海宁市长安镇褚石村沈华屋8号	15067809302
02020016	戴超平	男	2001/5/18	贵州省遵义市余庆县龙溪镇小河村团山组1号	13029690595
02020017	邓春新	男	2001/4/21	章安街道建设村建元小区8幢3号	15057310291
02020018	邓芝芝	女	2001/6/22	苍南县新嘉街道绿杨苑36	15067270756
02020019	邓周林	男	2001/10/14	永嘉县章安街道柏加徐村94号	15067809910
02020020	董王波	男	2001/8/9	江苏省盐城市盐都区神州河畔3号楼104	13587623078
02020021	费张源	男	2001/11/12	海宁市东港街道陆家垄村27号	15067810503
02020022	冯超峰	男	2001/4/26	海宁市石灰桥新村17-2	13587608185
02020023	冯唐鹏	男	2002/9/14	海宁市丽湖小区10幢3单元302	15067809065
02020024	冯屠鸣	女	2001/8/13	永嘉县兴潘西路137号	13486818551
02020025	冯怡斐	女	2001/12/14	永嘉县咸祥镇咸一村	15067808716

图 14-26　添加"学号"列

(4) 将第一行所有文字"居中"设置。选中第一行,在"设置单元格格式"对话框中设置"对齐"→"水平对齐"→"居中",如图 14-27 所示。

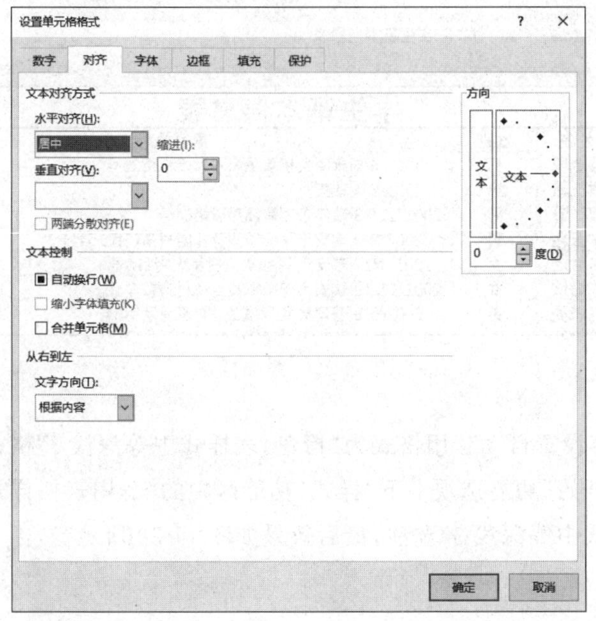

图 14-27　"对齐"选项卡

(5) 修改“陈甘洁”同学的联系电话为18916777754。将光标定位在表格内任一单元格，单击“开始”功能选项卡下“编辑”功能区中“查找和选择”按钮，在下拉菜单中选择“查找”命令，打开“查找和替换”对话框，在“查找内容”里填写“陈甘洁”，如图14-28所示，单击“查找下一个”按钮，找到后把该学生对应的联系电话所在单元格内容修改为18916777754。

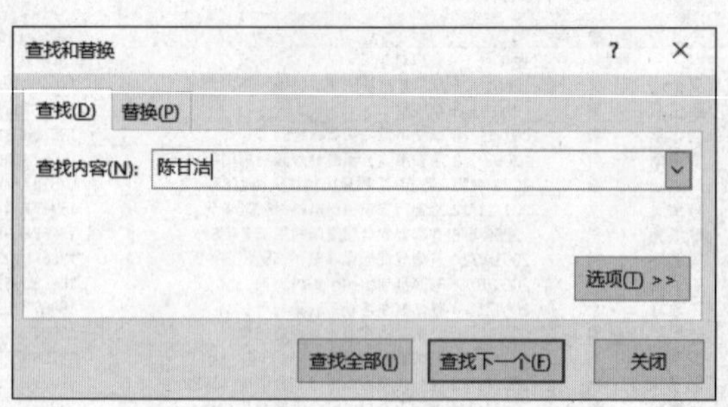

图14-28 “查找和替换”对话框

(6) 添加表格标题“学生基本信息表”，设置字体为“黑体”、字号为20号。选中第一行并右击，选择“插入行”命令。拖选单元格A1:F1，单击“开始”功能选项卡“对齐方式”功能区中的“合并后居中”按钮，输入文字“学生基本信息表”。在“字体”选项卡设置字体为“黑体”，字号为20，效果如图14-29所示。

	A	B	C	D	E	F
1	学生基本信息表					
2	学号	姓名	性别	出生年月	家庭地址	联系电话
3	02020001	蔡金城	男	2001/4/5	永嘉县桥头镇闹水村闹水路22号	15067808165
4	02020002	蔡王凯	男	2001/5/4	瑞安室	13676764770
5	02020003	曹张灏	男	2001/11/23	瑞安市湖岭镇新建路64号	13676588186
6	02020004	常张翔	男	2002/3/2	瑞安市飞云镇阁巷沙园村南门街15号	15067810533
7	02020005	陈甘洁	女	2001/4/12	瑞安市莘 镇星火村星火街118号	18916777754
8	02020006	陈海清	女	2001/11/12	瑞安市安阳镇员当桥村9幢2单元	15967774770
9	02020007	陈洪亮	男	2002/5/8	苍南县龙湾镇凰浦村凰浦老街5号	15067809502

图14-29 添加标题

(7) 给表格内容设置自动套用格式为“橙色，表样式中等深浅3”格式。选择除标题外的所有单元格，单击“开始”功能选项卡下“样式”功能区中的“套用表格样式”按钮，在下拉菜单中选择“橙色，表样式中等深浅3”选项，最后效果如图14-30所示。

学生基本信息表

学号	姓名	性别	出生年月	家庭地址	联系电话
02020001	蔡金城	男	2001/4/5	永嘉县桥头镇闹水村闹水路22号	15067808165
02020002	蔡王凯	男	2001/5/4	瑞安室	13676764770
02020003	曹张灏	男	2001/11/23	瑞安市湖岭镇新建路64号	13676588186
02020004	常张翔	男	2002/3/2	瑞安市飞云镇阁巷沙园村南门街15号	15067810533
02020005	陈甘洁	女	2001/4/12	瑞安市莘 镇星火村星火街118号	18916777754
02020006	陈海清	女	2001/11/12	瑞安市安阳镇员当桥村9幢2单元	15967774770
02020007	陈洪亮	男	2002/5/8	苍南县龙湾镇凰浦村凰浦老街5号	15067809502
02020008	陈键厅	男	2001/7/14	苍南县灵溪镇斗南村临时住房2-1	13868813573
02020009	陈刘晨	女	2001/9/24	苍南县宜山镇甲第村21号	15858566146
02020010	陈玫妮	女	2001/12/4	苍南县龙港镇东城路46号	15967725962
02020011	陈琴琴	女	2001/10/15	苍南县钱库镇龙亭西路19号	15067809822
02020012	陈荣山	男	2001/10/19	苍南县龙港镇龙翔路143号	13758872243
02020013	陈宇晓	男	2002/1/23	湖州南浔区练市镇联合街树湾里11号	15067809522
02020014	陈原明	男	2001/11/4	海宁市许村镇联合街树湾里12号	15988721781
02020015	陈张超	男	2001/4/19	海宁市长安镇褚石村沈华屋8号	15067809302
02020016	戴超平	男	2001/5/18	贵州省遵义市余庆县龙溪镇小河村团山组1号	13029690595
02020017	邓春新	男	2001/4/21	章安街道建设村建元小区8幢3号	15057310291
02020018	邓芝芝	女	2001/6/22	苍南县新嘉街道绿杨苑36	15067270756
02020019	邓周林	男	2001/10/14	永嘉县章安街道柏加徐村94号	15067809910
02020020	董王波	男	2001/8/9	江苏省盐城市盐都区神州河畔3号楼104	13587623078
02020021	费张源	男	2001/11/12	海宁市东港街道陆家垄村27号	15067810503
02020022	冯超峰	男	2001/4/26	海宁市石灰桥新村17-2	13587608185
02020023	冯唐鹏	男	2002/9/14	海宁市丽湖小区10幢3单元302	15067809065
02020024	冯屠鸣	女	2001/8/13	永嘉县兴潘西路137号	13486818551
02020025	冯怡斐	女	2001/12/14	永嘉县咸祥镇咸一村	15067808716

图 14-30　最终效果

课 后 练 习

打开“职工信息表”，要求结合所学知识完成以下操作，最后效果如图 14-31 所示。

(1) 在第 1 行前插入一行，添加表格标题“职工信息表”，合并单元格并居中。

(2) 对姓名为“张宜芳”的员工添加批注，批注内容为“外聘人员”。

(3) 设置“应缴税额”列的数据格式为货币类型，小数位数为 1。

(4) 设置“基本工资”列的条件格式为“满足大于 3000 的数值用加粗倾斜，单元格的背景颜色设置为蓝色”。

(5) 设置表格的外边框为红色双线，内边框为红色细实线。

任务 14 课后练习

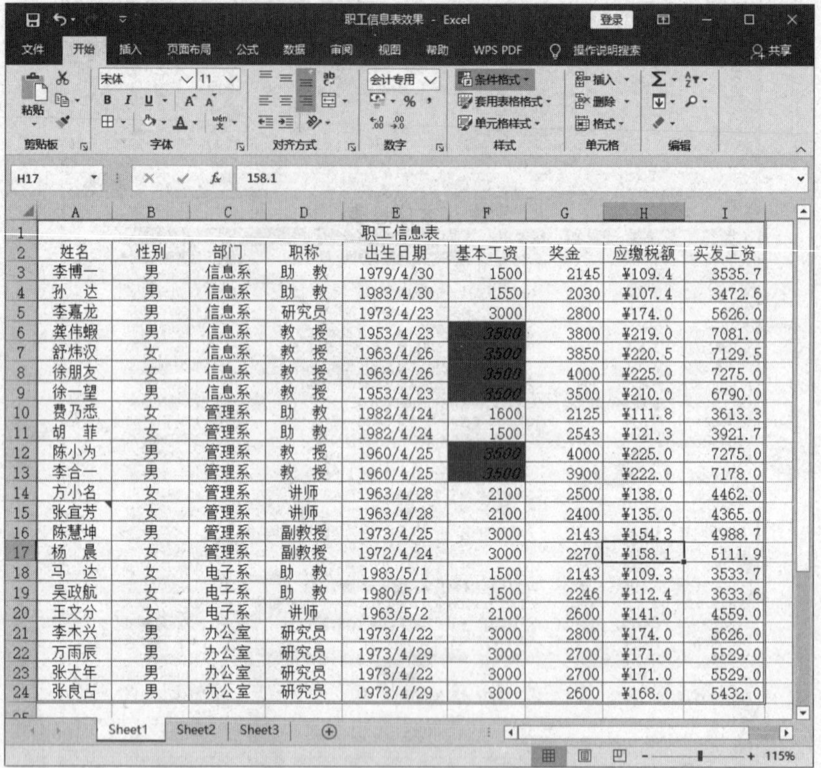

职工信息表								
姓名	性别	部门	职称	出生日期	基本工资	奖金	应缴税额	实发工资
李博一	男	信息系	助 教	1979/4/30	1500	2145	¥109.4	3535.7
孙 达	男	信息系	助 教	1983/4/30	1550	2030	¥107.4	3472.6
李嘉龙	男	信息系	研究员	1973/4/23	3000	2800	¥174.0	5626.0
龚伟蝦	男	信息系	教 授	1953/4/23	3500	3800	¥219.0	7081.0
舒炜汉	女	信息系	教 授	1963/4/26	3500	3850	¥220.5	7129.5
徐朋友	女	信息系	教 授	1963/4/26	3500	4000	¥225.0	7275.0
徐一望	男	信息系	教 授	1953/4/23	3500	3500	¥210.0	6790.0
费乃悉	女	管理系	助 教	1982/4/24	1600	2125	¥111.8	3613.3
胡 菲	女	管理系	助 教	1982/4/24	1500	2543	¥121.3	3921.7
陈小为	男	管理系	教 授	1960/4/25	3500	4000	¥225.0	7275.0
李合一	男	管理系	教 授	1960/4/25	3500	3900	¥222.0	7178.0
方小名	女	管理系	讲师	1963/4/28	2100	2500	¥138.0	4462.0
张宜芳	女	管理系	讲师	1963/4/28	2100	2400	¥135.0	4365.0
陈慧坤	男	管理系	副教授	1973/4/25	3000	2143	¥154.3	4988.7
杨 晨	女	管理系	副教授	1972/4/24	3000	2270	¥158.1	5111.9
马 达	女	电子系	助 教	1983/5/1	1500	2143	¥109.3	3533.7
吴政航	女	电子系	助 教	1980/5/1	1500	2246	¥112.4	3633.6
王文分	女	电子系	讲师	1963/5/2	2100	2600	¥141.0	4559.0
李木兴	男	办公室	研究员	1973/4/22	3000	2800	¥174.0	5626.0
万雨辰	男	办公室	研究员	1973/4/29	3000	2700	¥171.0	5529.0
张大年	男	办公室	研究员	1973/4/22	3000	2700	¥171.0	5529.0
张良占	男	办公室	研究员	1973/4/29	3000	2600	¥168.0	5432.0

图 14-31　课后练习最终效果

任务 15　计算“学生成绩表”数据

学习目标

➢ 熟练掌握公式与函数的应用。

➢ 掌握单元格引用操作。

任务描述

小美制作的学生基本信息表得到了张老师的表扬，期末，张老师又让小美同学帮忙统计班级同学的期末成绩。成绩表中要能清楚地看到每位同学每门课的成绩、总分、平均分等相关信息。

15.1　认识公式和函数

公式与函数是 Excel 电子表格最核心的部分。Excel 提供了许多类型的函数，方便用户在公式中利用函数进行计算和数据处理。

15.1.1　运算符与基本公式

1. 运算符

Excel 中的运算符有 4 类，分别是算术运算符、文本运算符、比较运算符和引用运算符。

(1) 算术运算符

算术运算符的作用是完成基本的数学运算，包括加(＋)、减(－)、乘(*)、除(/)、百分数(%)和乘方(^)。算术运算符有相应的优先级，优先级最高的是百分数(%)，其次是乘方(^)，再次是乘(*)和除(/)，优先级最低的是加(＋)和减(－)。

(2) 文本运算符

文本运算符只有一个，就是文本连接符(&)，它可以连接一个或多个字符串产生一个长文本。例如，"Windows" & "操作系统"的结果为"Windows 操作系统"。

(3) 比较运算符

比较运算符包括等于(＝)、大于(＞)、小于(＜)、大于等于(＞＝)、小于等于(＜＝)和不等于(＜＞)。比较运算符的作用是将两个值进行比较，结果为一个逻辑值，TRUE 或 FALSE。TRUE 表示条件成立，FLASE 表示条件不成立。

数值的比较按照数值的大小进行；字符的比较按照 ASCII 码的大小进行；汉字的比较按照机内码进行。

(4) 引用运算符

引用运算符的作用是产生一个引用，使用它可以将单元格区域合并进行计算。引用运算符有冒号(:)、逗号(,)、空格和感叹号(!)。

冒号(:)——连续区域运算符,是对两个引用之间(包括两个引用在内)的所有单元格进行引用。如 A1: B2 表示对 A1、A2、B1、B2 4 个单元格的引用。

逗号(,)——合并运算符,可将多个引用合并为一个引用。如“A1:A2,C1:C2”表示对 A1、A2、C1、C2 4 个单元格的引用。

空格——交叉运算符,取多个引用的交集为一个引用。该操作符在取指定行和列数据时很有用。如 A1:B3 B1:C3 表示对 B1、B2、B3 这 3 个单元格的引用。

感叹号(!)——三维引用运算符,它可以引用另一张工作表的数据,表达形式为:工作表名!单元格引用区域。如 Sheet1!A1: B3。

通过引用,用户可以在公式中使用工作表中不同部分的数据,或者在多个公式中使用同一单元格的数据。用户还可以引用同一工作簿中其他工作表中的数据。

2. 公式

在 Excel 中,单元格除了可以存储数值、文字、日期和时间等类型的数据,还可以存储计算公式,公式可以调用其他单元格或单元格区域的数据。

公式是以等号开头的式子,语法为“=表达式”。它以一个等号开头,由常量、各种运算符以及 Excel 内置的函数和单元格引用等组成。例如,公式“=AVERAGE(A1:B3) * 2”,其中就包含了数值型常量“2”、运算符“ * ”、Excel 内置函数“AVERAGE()”、单元格区域引用“A1:B3”。

15.1.2 函数

所谓函数就是 Excel 中预定义的、具有一定功能的内置公式,用于更加快速地完成特定的数据运算。Excel 含有几百种函数,有常用的数学函数,也有专用的统计函数、财务函数、数据库函数、信息函数、文字函数等。函数的语法为:

```
函数名(参数 1,参数 2,…)
```

函数名用来标记该函数,括号必不可少,括号里面是参数,参数会根据不同的函数确定,可以有 0 个或多个参数。

下面介绍几个常用的函数。

1. 求和函数 SUM

格式:

```
SUM(number1,number2,…)
```

功能:返回参数所对应数值的和。

例如,A1:A3 中分别存放着数据 1~3,如果在 A4 中输入=SUM(A1:A3),则 A4 中的值为 6,编辑栏显示的是公式。

2. 求平均值函数 AVERAGE

格式:

```
AVERAGE(number1,number2,…)
```

功能:返回参数所对应数值的算术平均数。

说明：该函数只对参数中的数值求平均数，如区域引用中包含了非数值的数据，则 AVERAGE 不把它包含在内。

例如，A1:A3 中分别存放着数据 1～3。如果在 A4 中输入＝AVERAGE(A1:A3)，则 A4 中的值为 2，即为(1＋2＋3)/3。

如果在该例的 A3 单元格中输入文本“电子表格”，则 A4 单元的值就变成了 1.5，即为(1＋2)/2。A3 虽然包含在区域引用内，但并没有参与平均值计算。

3. 条件函数 IF

格式：

```
IF(logical_test,value_if_true,value_if_false)
```

功能：根据条件 logical_test 的真假值返回不同的结果。若 logical_test 的值为真，则返回 value_if_true；否则，返回 value_if_false。

IF 函数中还可以进行嵌套，最多可以嵌套 7 层。用户可以使用 IF 函数对数值和公式进行条件检测和判断。

4. 取整函数 INT

格式：

```
INT(number)
```

功能：返回一个不大于参数 number 的最大整数。

例如，A1 单元格中存储着正实数，要求出 A1 单元格数值的整数部分，可以使用“＝INT(A1)”；要求出 A1 单元格数值的小数部分，可以使用“＝A1－INT(A1)”。又如，“＝INT(－2.1)”的值为－3。

5. 四舍五入函数 ROUND

格式：

```
ROUND(number,num_digits)
```

功能：返回数字 number 按指定位数 num_digits 四舍五入后的数字。

说明：num_digits＞0，则舍入到指定的小数位数；如果 num_digits＝0，则舍入到整数；如果 num_digits＜0，则在小数点左侧(整数部分)进行舍入。

例如，公式“＝ROUND(3.1415926,3)”的值为 3.142，公式“＝ROUND(3.1415926,0)”的值为 3，公式“＝ROUND(123456,－4)”的值为 120000。

6. 求最大值函数 MAX 和最小值函数 MIN

格式：

```
MAX(number1,number2,…)
MIN(number1,number2,…)
```

功能：分别用于求参数表中对应数字的最大值或最小值。

例如，A1:A3 单元格中分别存储 1、2 和 3，则 MAX(A1:A3)＝3，MIN(A1:A3)＝1。

7. 计数函数 COUNT

格式：

```
COUNT(value1,value2,…)
```

功能：计算区域中包含数字的单元格个数。

参数值可以有1～255个，可以包含或引用各种不同类型的数据，但只对数字型数据进行计数。

与此函数类似的还有COUNTA，用于计算参数列表所包含的非空单元格数目；COUNTBLANK用于计算某个区域中空单元格数目。

8. 根据条件计数函数COUNTIF

格式：

```
COUNTIF(range,criteria)
```

功能：统计给定区域内满足特定条件的单元格数目。

参数range为需要统计的单元格区域，参数criteria为条件，其形式可以是数字、表达式或文本。

15.2 单元格的引用

在Excel公式中经常需要引用各单元格的内容，引用的作用就是标识工作表上单元格或单元格区域，并指明公式中所使用的数据的位置。

在公式中通常不直接输入单元格中的数据，而是输入单元格的引用，让计算机自动取得引用中的数据。这样做的好处是，一旦被引用的单元格数据发生了变化，公式的计算结果会根据引用对象的最新数据进行更新。在进行填充或复制操作时，公式中的引用会根据引用方式自动进行调整。Excel中单元格的引用有三种：相对引用、绝对引用和混合引用。

15.2.1 相对引用

相对引用是指引用单元格的相对位置，它的引用形式为直接用列标行号表示单元格。在列上填充时，列标不变，行号会随着填充而变化；在行上填充时，行号不变，列标会随着填充而变化。

15.2.2 绝对引用

绝对引用是指引用单元格的精确地址，与包含公式的单元格位置无关。它的引用形式为在行号和列标前都加一个符号$。$符号就是起固定作用，行号和列标前都加上符号$后不管怎么填充，引用的区域都不会发生变化。

15.2.3 混合引用

引用中既包含绝对引用又包含相对引用的称为混合引用，它的引用形式为只在行号或列标前加符号$，这样就只对行或列进行了固定，因此混合引用有两种形式：一种是固定行，一种是固定列。

图15-1中A7单元格使用公式"=A1"进行了相对引用，填充A7:C9区域得到相应结

果；E7 单元格使用公式“＝＄A1”进行混合引用，填充 E7：G9 区域得到相应结果；I7 单元格严格使用公式 A＄1 进行混合引用，填充 I7：K9 区域得到相应结果；M7 单元格使用公式＄A＄1 进行绝对引用，填充 M7：O9 区域得到相应结果。

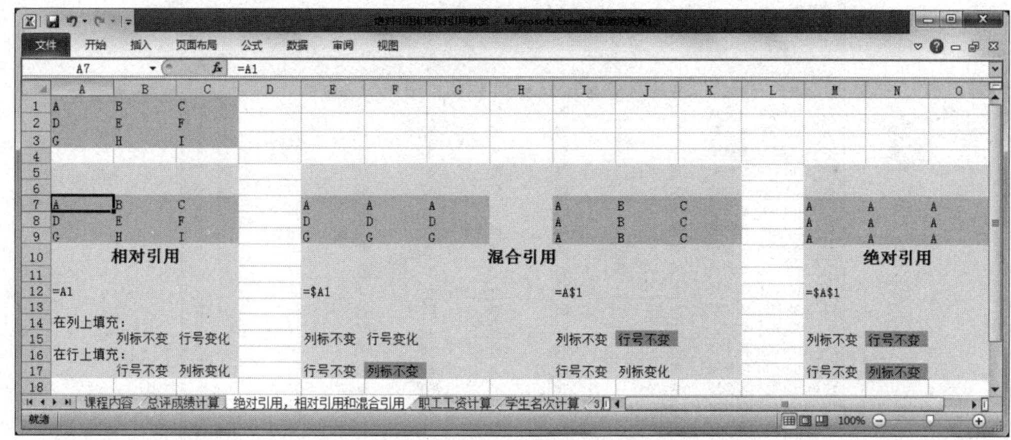

图 15-1　三种引用方式对比

注意：绝对引用和混合引用中的符号＄不需要手动输入，只需要选择区域后按下 F4 键即会在几种引用形式之间进行切换。

15.3　任务实施

小美利用 Excel 知识，帮助张老师统计班级期末学生成绩表，她的具体操作步骤如下。

任务 15 实施

（1）建立学生成绩表并输入数据。在桌面新建“学生成绩表.xlsx”，如图 15-2 所示，依次输入数据。

（2）在 I1 和 J1 单元格中分别输入“总分”和“平均分”，在 F 列和 G 列对应的单元格用函数计算每位同学的考试总分和平均分，平均分取两位小数。

首先计算第一位同学蔡金城的总分。选中 D2：H2 单元格，单击“公式”功能选项卡下“函数库”功能区中“自动求和”按钮，在下拉菜单中选择“求和”命令就可以得到第一位同学的总分。然后可以用填充柄填充所有同学的总分。在“自动求和”下拉菜单中可以看到，它除了可以“求和”，还可以求“平均值”“计数”“最大值”和“最小值”等，如图 15-3 所示。

J 列的平均分计算可以用函数 AVERAGE 完成。首先单击结果要存放的单元格 J2，单击“公式”功能选项卡下“函数库”功能区中的“插入函数”按钮，在弹出的“插入函数”对话框里搜索或直接找到 AVERAGE 函数，单击“确定”按钮，弹出 AVERAGE 函数对话框，填入相应参数即可完成计算，如图 15-4 所示。

接着选中所有同学的“平均分”，右击并在快捷菜单中选择“设置单元格格式”命令，在弹出的对话框中选择“数字”选项卡中的“数值”选项，设置“小数位数”为 2 位，如图 15-5 所示。

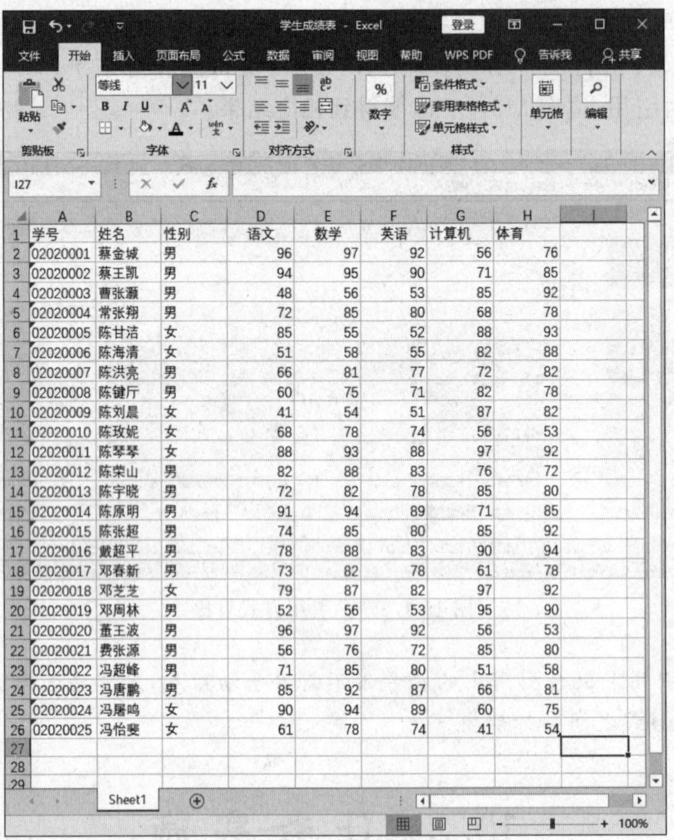

	A	B	C	D	E	F	G	H
1	学号	姓名	性别	语文	数学	英语	计算机	体育
2	02020001	蔡金城	男	96	97	92	56	76
3	02020002	蔡王凯	男	94	95	90	71	85
4	02020003	曹张灏	男	48	56	53	85	92
5	02020004	常张翔	男	72	85	80	68	78
6	02020005	陈甘洁	女	85	55	52	88	93
7	02020006	陈海清	女	51	58	55	82	88
8	02020007	陈洪亮	男	66	81	77	72	82
9	02020008	陈键斤	男	60	75	71	82	78
10	02020009	陈刘晨	女	41	54	51	87	82
11	02020010	陈玫妮	女	68	78	74	56	53
12	02020011	陈琴琴	女	88	93	88	97	92
13	02020012	陈荣山	男	82	88	83	76	72
14	02020013	陈宇晓	男	72	82	78	85	80
15	02020014	陈原明	男	91	94	89	71	85
16	02020015	陈张超	男	74	85	80	85	92
17	02020016	戴超平	男	78	88	83	90	94
18	02020017	邓春新	男	73	82	78	61	78
19	02020018	邓芝芝	女	79	87	82	97	92
20	02020019	邓周林	男	52	56	53	95	90
21	02020020	董王波	男	96	97	92	56	53
22	02020021	费张源	男	56	76	72	85	80
23	02020022	冯超峰	男	71	85	80	51	58
24	02020023	冯唐鹏	男	85	92	87	66	81
25	02020024	冯屠鸣	女	90	94	89	60	75
26	02020025	冯怡斐	女	61	78	74	41	54

图 15-2　学生成绩表

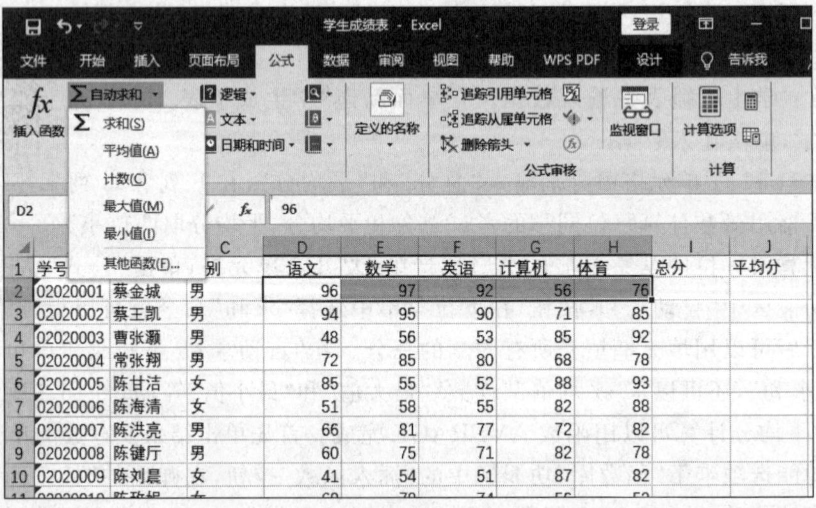

	A	B	C	D	E	F	G	H	I	J
1	学号		别	语文	数学	英语	计算机	体育	总分	平均分
2	02020001	蔡金城	男	96	97	92	56	76		
3	02020002	蔡王凯	男	94	95	90	71	85		
4	02020003	曹张灏	男	48	56	53	85	92		
5	02020004	常张翔	男	72	85	80	68	78		
6	02020005	陈甘洁	女	85	55	52	88	93		
7	02020006	陈海清	女	51	58	55	82	88		
8	02020007	陈洪亮	男	66	81	77	72	82		
9	02020008	陈键斤	男	60	75	71	82	78		
10	02020009	陈刘晨	女	41	54	51	87	82		

图 15-3　“自动求和”按钮

(3) 计算各科成绩的平均分、最高分和最低分。在 A27 单元格中输入“平均分”，A28G 单元格中输入“最高分”，A29 中输入“最低分”，在“语文”“数学”“英语”“计算机”和“体育”列相对应的位置进行各科成绩的计算。

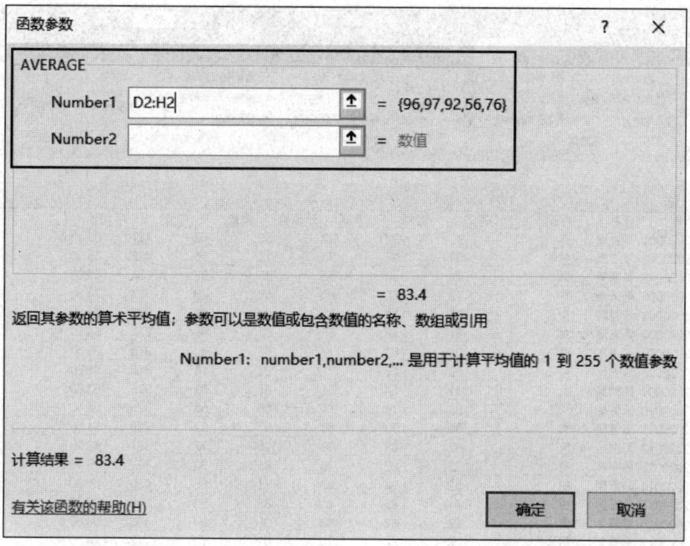

图 15-4　设置 AVERAGE 函数的参数

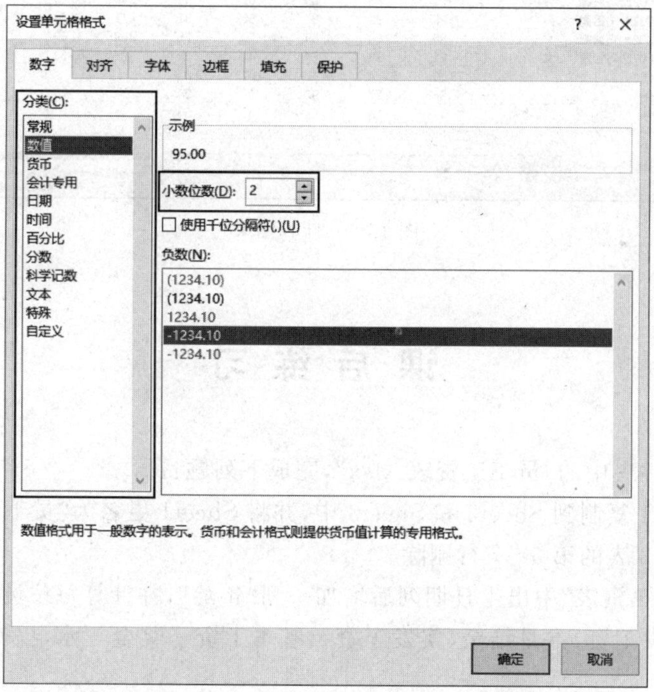

图 15-5　设置小数位数

选中所有的“语文”成绩，单击“公式”功能选项卡下“函数库”功能区中“自动求和”按钮，在下拉菜单中选择“平均值”命令即可完成语文平均分的计算。同理选中所有“语文”成绩(不包括平均分)，在“自动求和”下拉菜单中选择“最大值”命令即可求得语文成绩的最高分，选择“最小值”命令即可求得语文成绩的最低分。然后进行填充，可以得到数学、英语、计算机和体育各科相应的成绩，结果如图 15-6 所示。

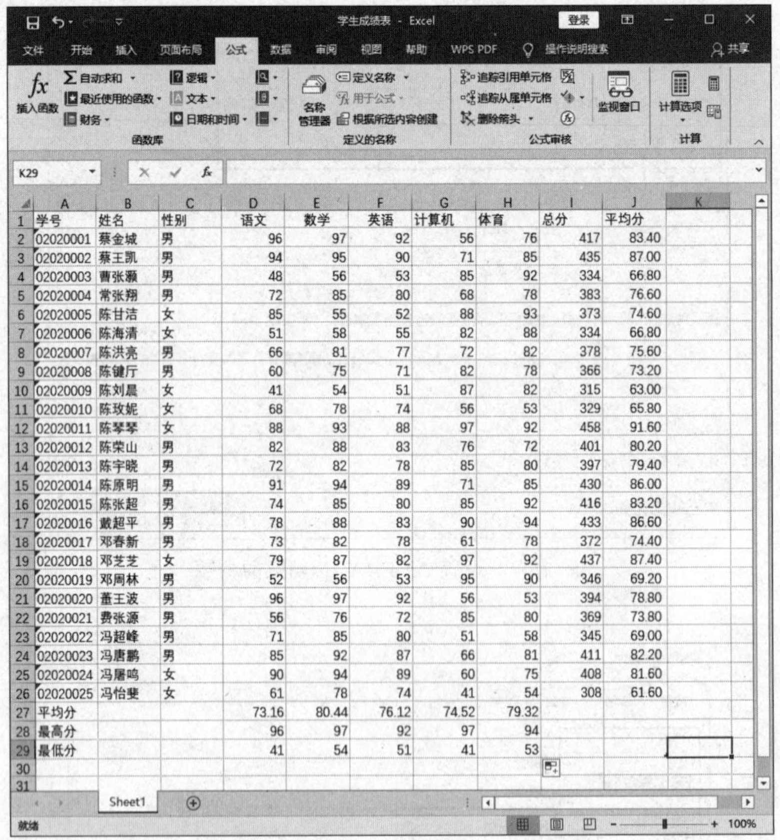

学号	姓名	性别	语文	数学	英语	计算机	体育	总分	平均分
02020001	蔡金城	男	96	97	92	56	76	417	83.40
02020002	蔡王凯	男	94	95	90	71	85	435	87.00
02020003	曹张灏	男	48	56	53	85	92	334	66.80
02020004	常张翔	男	72	85	80	68	78	383	76.60
02020005	陈甘洁	女	85	55	52	88	93	373	74.60
02020006	陈海清	女	51	58	55	82	88	334	66.80
02020007	陈洪亮	男	66	81	77	72	82	378	75.60
02020008	陈键厅	男	60	75	71	82	78	366	73.20
02020009	陈刘晨	女	41	54	51	87	82	315	63.00
02020010	陈玫妮	女	68	78	74	56	53	329	65.80
02020011	陈琴琴	女	88	93	88	97	92	458	91.60
02020012	陈荣山	男	82	88	83	76	72	401	80.20
02020013	陈宇晓	男	72	82	78	85	80	397	79.40
02020014	陈原明	男	91	94	89	71	85	430	86.00
02020015	陈张超	男	74	85	80	85	92	416	83.20
02020016	戴超平	男	78	88	83	90	94	433	86.60
02020017	邓春新	男	73	82	78	61	78	372	74.40
02020018	邓芝芝	女	79	87	82	97	92	437	87.40
02020019	邓周林	男	52	56	53	95	90	346	69.20
02020020	董王波	男	96	97	92	56	53	394	78.80
02020021	费张源	男	56	76	72	85	80	369	73.80
02020022	冯超峰	男	71	85	80	51	58	345	69.00
02020023	冯唐鹏	男	85	92	87	66	81	411	82.20
02020024	冯屠鸣	女	90	94	89	60	75	408	81.60
02020025	冯怡斐	女	61	78	74	41	54	308	61.60
平均分			73.16	80.44	76.12	74.52	79.32		
最高分			96	97	92	97	94		
最低分			41	54	51	41	53		

图 15-6　计算结果

课 后 练 习

打开素材文件夹中的“员工工资表.xlsx”,完成下列题目。

(1) 将 Sheet1 复制到 Sheet2 和 Sheet3 中,并将 Sheet1 更名为“员工工资表”。

(2) 将 Sheet3 表的第 5～7 行删除。

(3) 在“员工工资表”中出生日期列后增加一列“年龄”,并计算每位员工的年龄。

(4) 计算实发工资、本月结余(实发工资＝基本工资＋奖金－水电费,本月结余为实发工资的 10%)。

(5) 计算实发工资合计和平均值。

任务 15 课后练习

任务 16 管理学生成绩表数据

学习目标

➢ 熟练掌握数据的排序操作。

➢ 熟练掌握数据的筛选操作。

➢ 熟练掌握数据的分类汇总操作。

任务描述

班级期末成绩已经统计出来了,可是张老师还想知道更多的信息,比如每位同学的班级名次、考试情况的分类汇总等,于是让小美帮忙对学生成绩表进行进一步的管理。

16.1 数据排序

排序是指对工作表中的数据按照指定的顺序重新安排顺序。排序有助于快速直观地显示数据,更好地组织并查找所需数据以及最终做出更有效的决策。Excel 允许对一列或多列数据按文本、数字以及日期和时间进行排序,还可以按自定义序列(如 1 月、2 月、3 月……)进行排序。

16.1.1 简单排序

简单排序就是直接将序列中的数据按照 Excel 默认的升序或降序的方式排列,这种排序方法比较简单。单击要进行排序的列中的任一单元格,再单击“数据”功能选项卡的“排序和筛选”功能区中的“升序”按钮 A↓ 或“降序”按钮 Z↓,所选列即按照升序或降序方式进行排序。也可以选中要排序的这列数据,同样在功能区中单击“降序”按钮,在弹出的对话框中选择“扩展选定区域”选项,如图 16-1 所示,单击“排序”按钮,即可完成排序。例如,对所有同学的语文成绩进行降序排列。

16.1.2 复杂排序

复杂排序允许同时对多列进行排序,其排序规则为:先按照第一关键字排序,如果序列中存在重复项,继续按照第二关键字排序,以此类推。需要注意的是,在此排序方式下为了获得最佳结果,要排序的单元格区域应包含列标题。具体操作如下。

(1) 单击工作表中的任意非空单元格,然后单击“数据”功能选项卡的“排序和筛选”功能区中的“排序”按钮。

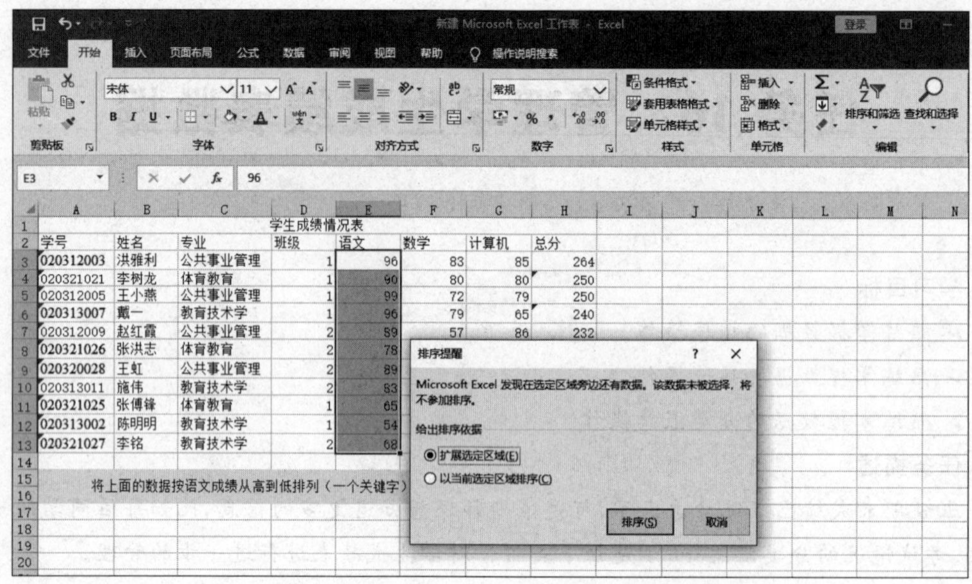

图 16-1　对数据进行排序

(2) 在打开的“排序”对话框中设置“主要关键字”条件，然后单击“添加条件”按钮，添加一个次要条件；再设置“次要关键字”条件，用户可以添加多个次要关键字。设置完毕后单击“确定”按钮即可。例如，对所有同学的总分进行降序排列，如果总分相同，则按照数学成绩降序排列，如图 16-2 所示。

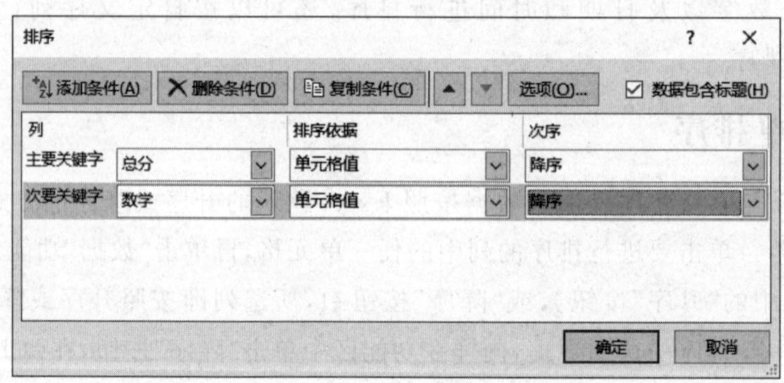

图 16-2　在“排序”对话框中的设置条件

16.2　数据的筛选

当用户需要查找或分析工作表中的信息，并查看满足某个条件的所有信息行时，就可以使用 Excel 的筛选功能。Excel 提供了两种筛选方法，即自动筛选和高级筛选。通过筛选，可以隐藏不满足条件的信息行，而只显示满足条件的信息行。

16.2.1　自动筛选

自动筛选是一种简单、方便的筛选方法，可在包含大量数据的工作表中快速筛选出满足给定条件的信息行，同时将其他信息行隐藏。

操作时，首先选中含有数据的任一单元格，单击“数据”功能选项卡中的“排序和筛选”功能区的“筛选”按钮，此时在工作数据表的所有字段名上都会出现一个下拉箭头，单击与条件有关的某个下拉箭头，按照选项选择即可，如图 16-3 所示。

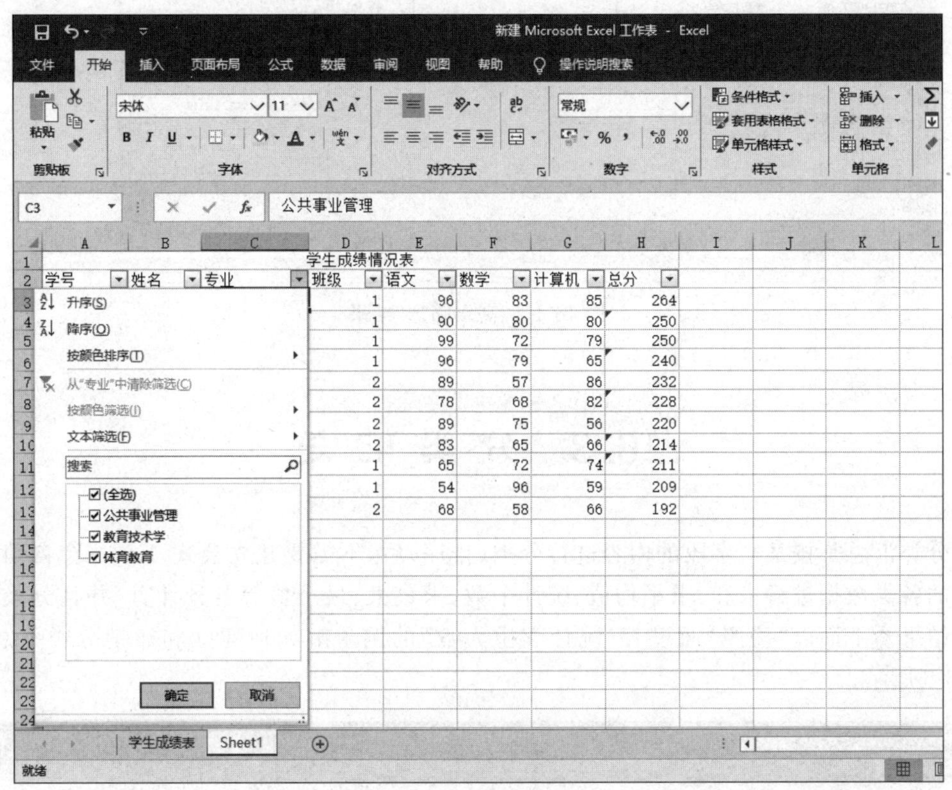

图 16-3　设置自动筛选条件

16.2.2　高级筛选

自动筛选可以完成大部分简单的筛选操作，对于条件较为复杂的情况，可以使用高级筛选功能。高级筛选的结果可以显示在原数据表格中，不符合条件的记录将被隐藏；也可以在新的位置显示筛选结果。

高级筛选前需要首先定义筛选条件，条件区域通常包括两行或三行，在第一行的单元格中输入指定字段名称，在第二行的单元格中输入对于字段的筛选条件。接着单击“数据”功能选项卡的“排序和筛选”功能区中的“高级”按钮 高级 ，进入 Excel 的高级筛选对话框，在对话框中按要求选取“列表区域”和“条件区域”以及筛选结果显示的方式即可完成筛选，如图 16-4 所示。

图 16-4 “高级筛选”结果

16.3 分类汇总

分类汇总是按某一字段的内容进行分类(排序)后，不需要建立公式，Excel 会自动对排序后的各类数据进行求和、求平均值、统计个数、求最大、最小值等各种计算，并且分级显示汇总结果。下面以“按照‘通过否’统计学生人数”的例子解如何建立和撤销分类汇总，如图 16-5 所示。

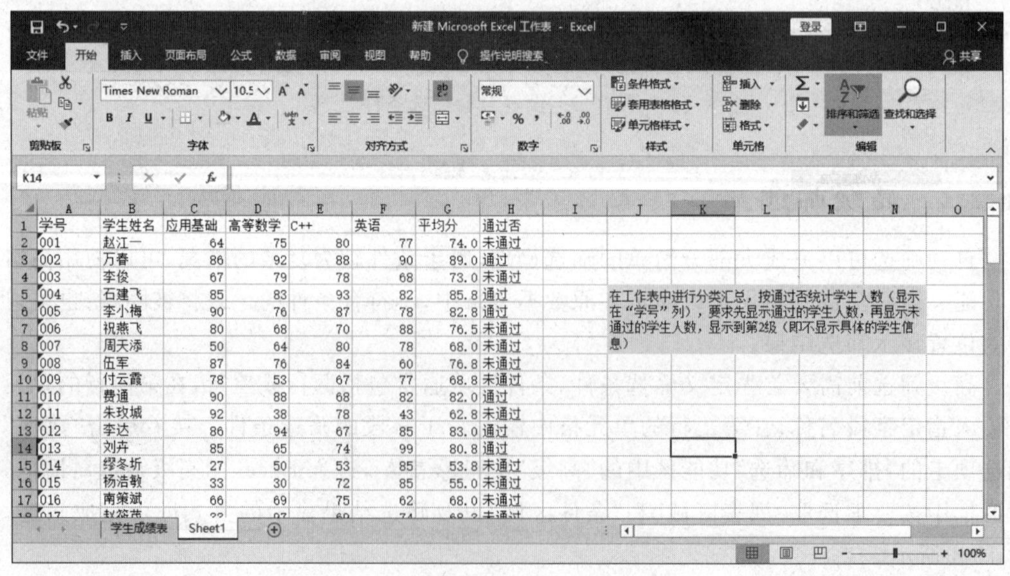

图 16-5 示例表格

1. 建立分类汇总

（1）分类：对要分类的字段进行排序。根据题意，先按照“通过否”进行排序，使“通过”的同学排在前面，“未通过”的同学排在后面。

（2）汇总：单击工作表中任一单元格，单击“数据”功能选项卡的“分级显示”功能区中的“分类汇总”按钮，弹出“分类汇总”对话框。在“分类字段”中选择“通过否”（按是否通过统计学生人数）选项，“汇总方式”中选择“计数”选项，“选定汇总项”中选择“学号”（显示在“学号”列）选项，默认选择“替换当前分类汇总”和“汇总结果显示在数据下方”选项，具体设置如图 16-6 所示，单击“确定”按钮，得到分类汇总的结果如图 16-7 所示。

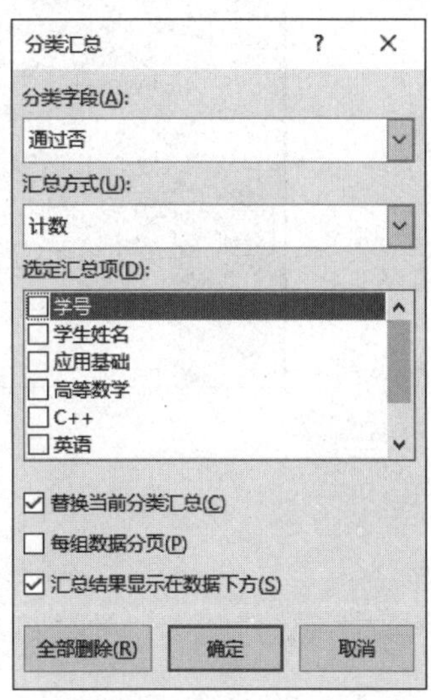

图 16-6　“分类汇总”对话框

还可以通过行号左边的分级显示符号显示和隐藏细节数据。1 2 3 分别表示 3 个级别，其中后一级别为前一级别提供细节数据。在这个例子中，总的汇总行属于级别 1，“通过”与“未通过”的汇总数据属于级别 2，学生的细节数据记录属于级别 3。如果要显示或隐藏某一级别下的细节行，可以单击该级别按钮下的 + 或分级显示符号。在这个例子中，要求显示到第 2 级（不显示具体的学生信息），所以，单击第 2 级下面的 −，隐藏第 3 级别学生具体的信息，如图 16-8 所示。

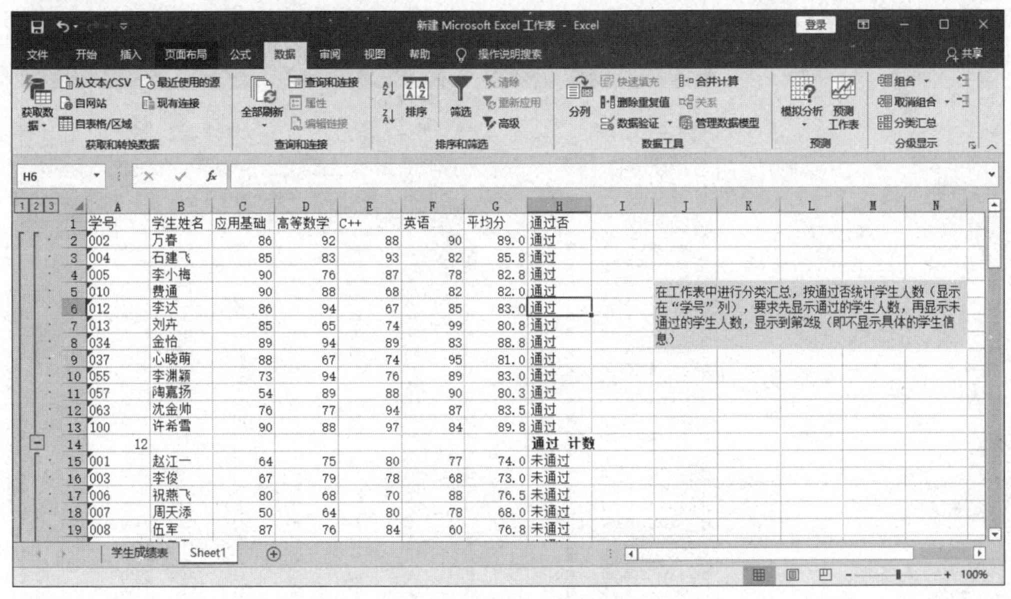

	A	B	C	D	E	F	G	H
1	学号	学生姓名	应用基础	高等数学	C++	英语	平均分	通过否
2	002	万春	86	92	88	90	89.0	通过
3	004	石建飞	85	83	93	82	85.8	通过
4	005	李小梅	90	76	87	78	82.8	通过
5	010	费通	90	88	68	82	82.0	通过
6	012	李达	86	94	67	85	83.0	通过
7	013	刘卉	85	65	74	99	80.8	通过
8	034	金怡	89	94	89	83	88.8	通过
9	037	心晓萌	88	67	74	95	81.0	通过
10	055	李渊颖	73	94	76	89	83.0	通过
11	057	陶嘉扬	54	89	88	90	80.3	通过
12	063	沈金帅	76	77	94	87	83.5	通过
13	100	许希雪	90	88	97	84	89.8	通过
14	12							通过 计数
15	001	赵江一	64	75	80	77	74.0	未通过
16	003	李俊	67	79	78	68	73.0	未通过
17	006	祝燕飞	80	68	70	88	76.5	未通过
18	007	周天添	50	64	80	78	68.0	未通过
19	008	伍军	87	76	84	60	76.8	未通过

图 16-7　“分类汇总”结果

2. 删除分类汇总

在“分类汇总”对话框中单击“全部删除”按钮即可删除分类汇总。

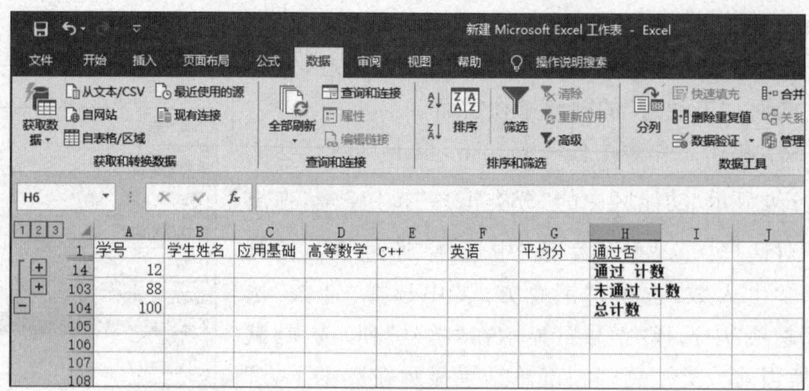

图 16-8 关闭“级别”后的效果

16.4 任务实施

1. 按照平均分对全班同学进行排名

打开“学生成绩表.xlsx”，新建工作表 Sheet2，将 Sheet1 中除“平均分”“最高分”和“最低分”三行以外的内容复制到 Sheet2 中，重命名 Sheet2 为“排名”。选中任一同学的平均分成绩，单击“数据”功能选项卡下“排序和筛选”功能区中的“降序”按钮，即完成对平均分的排序，结果如图 16-9 所示。

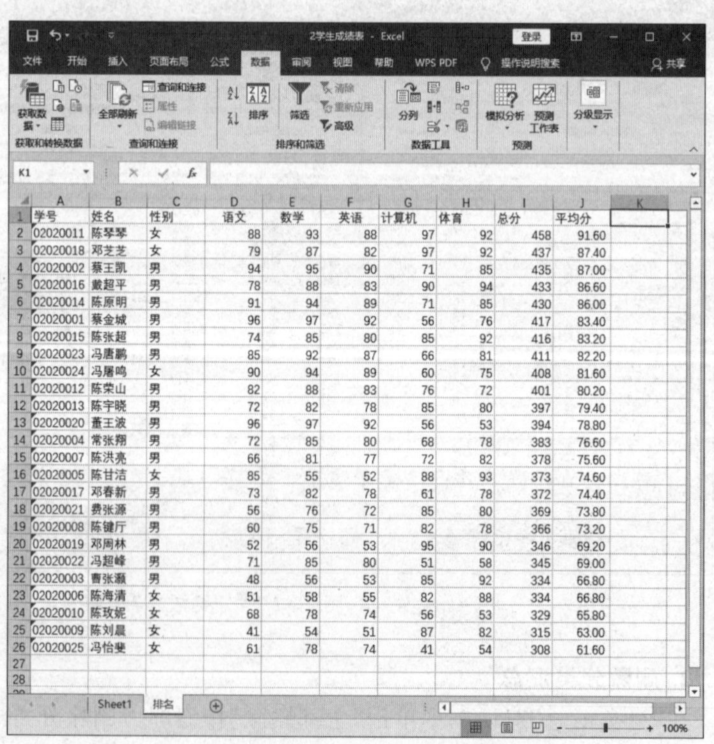

学号	姓名	性别	语文	数学	英语	计算机	体育	总分	平均分
02020011	陈琴琴	女	88	93	88	97	92	458	91.60
02020018	邓芝芝	女	79	87	82	97	92	437	87.40
02020002	蔡王凯	男	94	95	90	71	85	435	87.00
02020016	戴超平	男	78	88	83	90	94	433	86.60
02020014	陈原明	男	91	94	89	71	85	430	86.00
02020001	蔡金城	男	96	97	92	56	76	417	83.40
02020015	陈张超	男	74	85	80	85	92	416	83.20
02020023	冯唐鹏	男	85	92	87	66	81	411	82.20
02020024	冯屠鸣	女	90	94	89	60	75	408	81.60
02020012	陈荣山	男	82	88	83	76	72	401	80.20
02020013	陈宇晓	男	72	82	78	85	80	397	79.40
02020020	董王波	男	96	97	92	56	53	394	78.80
02020004	常张翔	男	72	85	80	68	78	383	76.60
02020007	陈洪亮	男	66	81	77	72	82	378	75.60
02020005	陈甘洁	女	85	55	52	88	93	373	74.60
02020017	邓春新	男	73	82	78	61	78	372	74.40
02020021	费张源	男	56	76	72	85	80	369	73.80
02020008	陈键厅	男	60	75	71	82	78	366	73.20
02020019	邓周林	男	52	56	53	95	90	346	69.20
02020022	冯超峰	男	71	85	80	51	58	345	69.00
02020003	曹张灏	男	48	56	53	85	92	334	66.80
02020006	陈海清	女	51	58	55	82	88	334	66.80
02020010	陈玫妮	女	68	78	74	56	53	329	65.80
02020009	陈刘晨	女	41	54	51	87	82	315	63.00
02020025	冯怡斐	女	61	78	74	41	54	308	61.60

图 16-9 平均分降序排列结果

在 K1 单元格中输入“名次”。将光标定位在 K2 单元格，单击“公式”功能选项卡下“函数库”功能区中的“插入函数”按钮，在弹出的“插入函数”对话框里搜索或直接找到 RANK 函数，单击“确定”按钮，弹出 RANK 函数对话框，填入相应参数，如图 16-10 所示。最后用填充柄填充所有同学的名次，结果如图 16-11 所示。

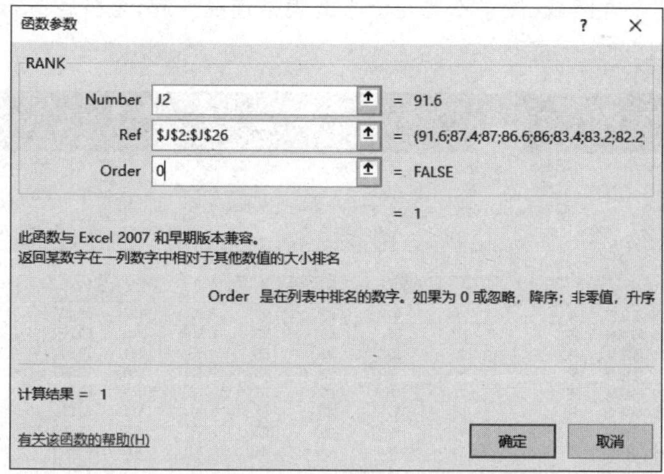

图 16-10　设置 RANK 参数

K2　=RANK(J2,$J$2:$J$26,0)

学号	姓名	性别	语文	数学	英语	计算机	体育	总分	平均分	名次
02020011	陈琴琴	女	88	93	88	97	92	458	91.60	1
02020018	邓芝芝	女	79	87	82	97	92	437	87.40	2
02020002	蔡王凯	男	94	95	90	71	85	435	87.00	3
02020016	戴超平	男	78	88	83	90	94	433	86.60	4
02020014	陈原明	男	91	94	89	71	85	430	86.00	5
02020001	蔡金城	男	96	97	92	56	76	417	83.40	6
02020015	陈张超	男	74	85	80	85	92	416	83.20	7
02020023	冯唐鹏	男	85	92	87	66	81	411	82.20	8
02020024	冯屠鸣	女	90	94	89	60	75	408	81.60	9
02020012	陈荣山	男	82	88	83	76	72	401	80.20	10
02020013	陈宇晓	男	72	82	78	85	80	397	79.40	11
02020020	董王波	男	96	97	92	56	53	394	78.80	12
02020004	常张翔	男	72	85	80	68	78	383	76.60	13
02020007	陈洪亮	男	66	81	77	72	82	378	75.60	14
02020005	陈甘洁	女	85	55	52	88	93	373	74.60	15
02020017	邓春新	男	73	82	78	61	78	372	74.40	16
02020021	费张源	男	56	76	72	85	80	369	73.80	17
02020008	陈键厅	男	60	75	71	82	78	366	73.20	18
02020019	邓周林	男	52	56	53	95	90	346	69.20	19
02020022	冯超峰	男	71	85	80	51	58	345	69.00	20
02020003	曹张灏	男	48	56	53	85	92	334	66.80	21
02020006	陈海清	女	51	58	55	82	88	334	66.80	21
02020010	陈玫妮	女	68	78	74	56	53	329	65.80	23
02020009	陈刘晨	女	41	54	51	87	82	315	63.00	24
02020025	冯怡斐	女	61	78	74	41	54	308	61.60	25

Sheet1　排名

就绪　平均值: 12.96　计数: 25　求和: 324　100%

图 16-11　排名结果

2. 利用筛选功能,筛选出每门课都及格的学生

新建工作表 Sheet3,将 Sheet1 中除"平均分""最高分"和"最低分"三行以外的内容复制到 Sheet3 中,重命名 Sheet3 为"及格"。

此操作可以使用普通筛选,也可以使用高级筛选,这里使用高级筛选来完成。在工作表中建立高级筛选的条件区域,注意不要与原来的表格连在一起,至少空一行或一列。条件区域建立效果,如图 16-12 所示。

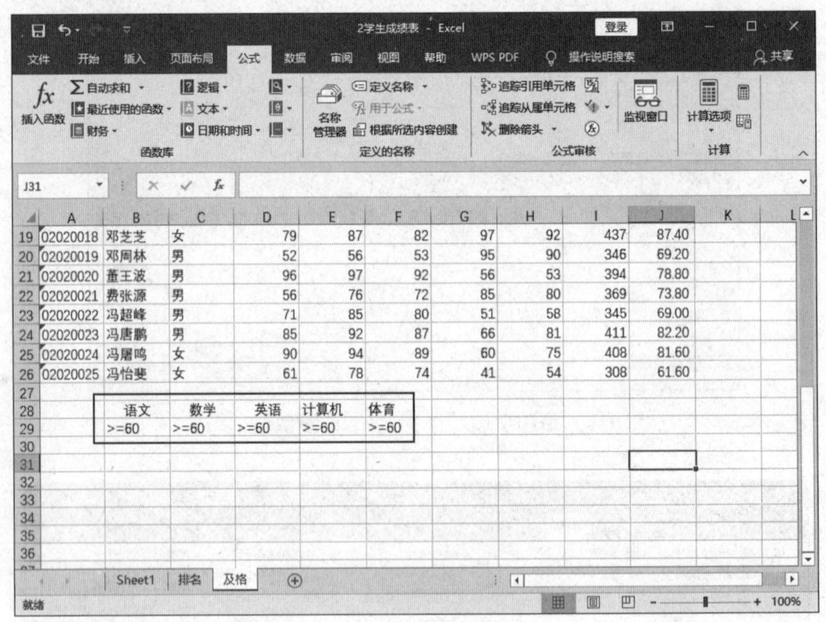

图 16-12　条件区域

接着将光标定位在原始表格中任一单元格,单击"数据"功能选项卡下"排序和筛选"功能区中的"高级"按钮,弹出"高级筛选"对话框,在对话框中设置"列表区域"和"条件区域",如图 16-13 所示,接着单击"确定"按钮完成操作。

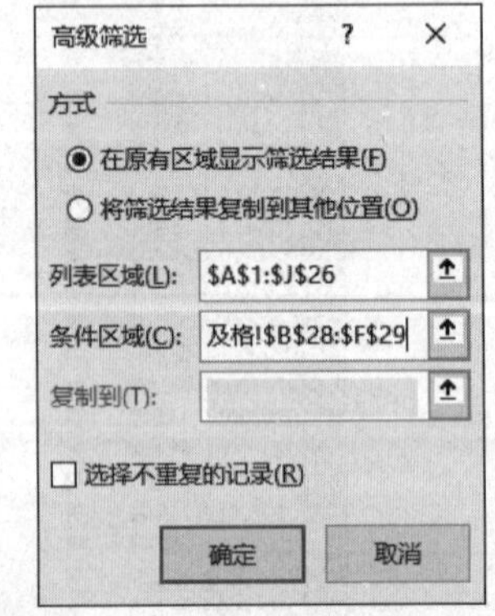

图 16-13　"高级筛选"对话框

3. 利用分类汇总统计班级男生和女生的平均分

新建工作表 Sheet4,将 Sheet1 中除"平均分""最高分"和"最低分"三行以外的内容复制到 Sheet4 中,重命名 Sheet4 为"男女平均分"。

分类汇总分两步:第一步为分类,第二步为汇总。分类实际上就是对数据进行排序。这时要按照"性别"对数据进行排列,升序或降序均可,排序结果如图 16-14 所示。

选择表格中任一有数据的单元格,单击"数据"功能选项卡下"分级显示"功能区中的"分类汇总"按钮,弹出"分类汇总"对话框。按照题目要求,"分类字段"选择"性别"选项,"汇总方式"选择"平均值"选项,"选定汇总项"选择"平均分"选项,其他设置根据题目要求使用默认值,单击"确定"按钮即完成分类汇总,结果如图 16-15 所示。

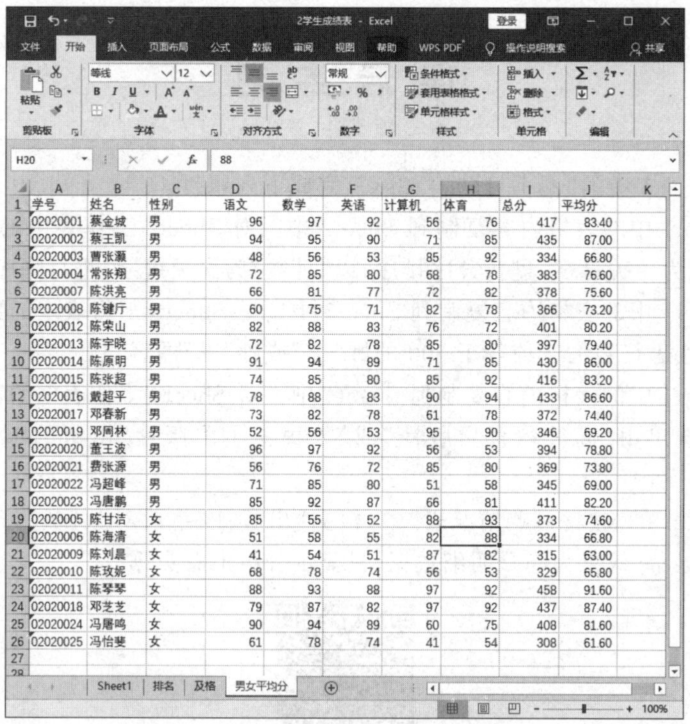

学号	姓名	性别	语文	数学	英语	计算机	体育	总分	平均分
02020001	蔡金城	男	96	97	92	56	76	417	83.40
02020002	蔡王凯	男	94	95	90	71	85	435	87.00
02020003	曹张瀚	男	48	56	53	85	92	334	66.80
02020004	常张翔	男	72	85	80	68	78	383	76.60
02020007	陈洪亮	男	66	81	77	72	82	378	75.60
02020008	陈键厅	男	60	75	71	82	78	366	73.20
02020012	陈荣山	男	82	88	83	76	72	401	80.20
02020013	陈宇晓	男	72	82	78	85	80	397	79.40
02020014	陈原明	男	91	94	89	71	85	430	86.00
02020015	陈张超	男	74	85	80	85	92	416	83.20
02020016	戴超平	男	78	88	83	90	94	433	86.60
02020017	邓春新	男	73	82	78	61	78	372	74.40
02020019	邓周林	男	52	56	53	95	90	346	69.20
02020020	董王波	男	96	97	92	56	53	394	78.80
02020021	费张源	男	56	76	72	85	80	369	73.80
02020022	冯超峰	男	71	85	80	51	58	345	69.00
02020023	冯唐鹏	男	85	92	87	66	81	411	82.20
02020005	陈甘洁	女	85	55	52	88	93	373	74.60
02020006	陈海清	女	51	58	55	82	88	334	66.80
02020009	陈刘晨	女	41	54	51	87	82	315	63.00
02020010	陈玫妮	女	68	78	74	56	53	329	65.80
02020011	陈琴琴	女	88	93	88	97	92	458	91.60
02020018	邓芝芝	女	79	87	82	97	92	437	87.40
02020024	冯屠鸣	女	90	94	89	60	75	408	81.60
02020025	冯怡斐	女	61	78	74	41	54	308	61.60

图 16-14　排序结果

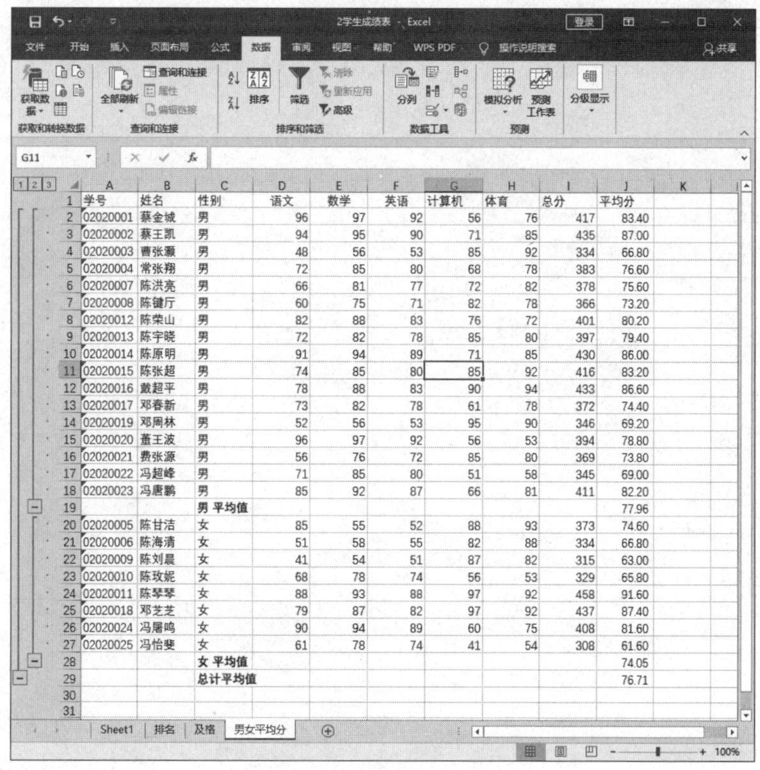

学号	姓名	性别	语文	数学	英语	计算机	体育	总分	平均分
02020001	蔡金城	男	96	97	92	56	76	417	83.40
02020002	蔡王凯	男	94	95	90	71	85	435	87.00
02020003	曹张瀚	男	48	56	53	85	92	334	66.80
02020004	常张翔	男	72	85	80	68	78	383	76.60
02020007	陈洪亮	男	66	81	77	72	82	378	75.60
02020008	陈键厅	男	60	75	71	82	78	366	73.20
02020012	陈荣山	男	82	88	83	76	72	401	80.20
02020013	陈宇晓	男	72	82	78	85	80	397	79.40
02020014	陈原明	男	91	94	89	71	85	430	86.00
02020015	陈张超	男	74	85	80	85	92	416	83.20
02020016	戴超平	男	78	88	83	90	94	433	86.60
02020017	邓春新	男	73	82	78	61	78	372	74.40
02020019	邓周林	男	52	56	53	95	90	346	69.20
02020020	董王波	男	96	97	92	56	53	394	78.80
02020021	费张源	男	56	76	72	85	80	369	73.80
02020022	冯超峰	男	71	85	80	51	58	345	69.00
02020023	冯唐鹏	男	85	92	87	66	81	411	82.20
		男 平均值							77.96
02020005	陈甘洁	女	85	55	52	88	93	373	74.60
02020006	陈海清	女	51	58	55	82	88	334	66.80
02020009	陈刘晨	女	41	54	51	87	82	315	63.00
02020010	陈玫妮	女	68	78	74	56	53	329	65.80
02020011	陈琴琴	女	88	93	88	97	92	458	91.60
02020018	邓芝芝	女	79	87	82	97	92	437	87.40
02020024	冯屠鸣	女	90	94	89	60	75	408	81.60
02020025	冯怡斐	女	61	78	74	41	54	308	61.60
		女 平均值							74.05
		总计平均值							76.71

图 16-15　分类汇总结果

课后练习

打开素材文件夹中的“图书订购表.xlsx”,完成下列题目。

(1) 将 Sheet1 中的表格内容复制到 Sheet2 中。对 Sheet2 工作表中的数据进行排序,以“出版社”字段为主关键字,进行升序排序;以“订数”为次关键字,进行降序排序。

(2) 将 Sheet1 中的表格内容复制到 Sheet3 中。对 Sheet3 工作表中的数据内容进行数据筛选,要求筛选出订数大于或等于 500 的姓“李”或姓“王”的客户。

(3) 将 Sheet1 中的表格内容复制到 Sheet4 中。对 Sheet4 工作表中的数据内容进行高级筛选,要求筛选出由“高等教育出版社”或“人民卫生出版社”出版的单价大于 30 元的教材。

(4) 在 Sheet1 的“教材订购情况表”中,根据“出版社”字段对“订数”汇总求平均值,并设置“组及分级显示”效果为隐藏明细数据,只显示分级汇总数据。

任务 16 课后练习

任务 17　制作学生成绩分析图表

学习目标

➢ 掌握图表的创建、编辑和美化操作。

➢ 掌握创建数据透视表操作。

➢ 掌握数据的打印输出方法。

任务描述

在 Excel 中可以使用图表、数据透视表分析工作表中的数据。因此，张老师提出让小美把成绩分析结果和各个生源地的学生人数统计结果用图表表示，以便更加直观地反映具体情况，从而增加表格的可读性。

17.1　图表的创建、编辑和美化

Excel 2019 可以利用工作表中的数据创建图表，使用图表可以更加直观地查看和分析数据，进而预测趋势，使结果一目了然。

17.1.1　图表的创建

数据图表是依据工作表的数据建立起来的，当改变工作表中的数据时，图表也会随之改变。下面以图 17-1 所示的“学生成绩表”为例，要求使用学生语文、数学成绩创建一张簇状柱形图。

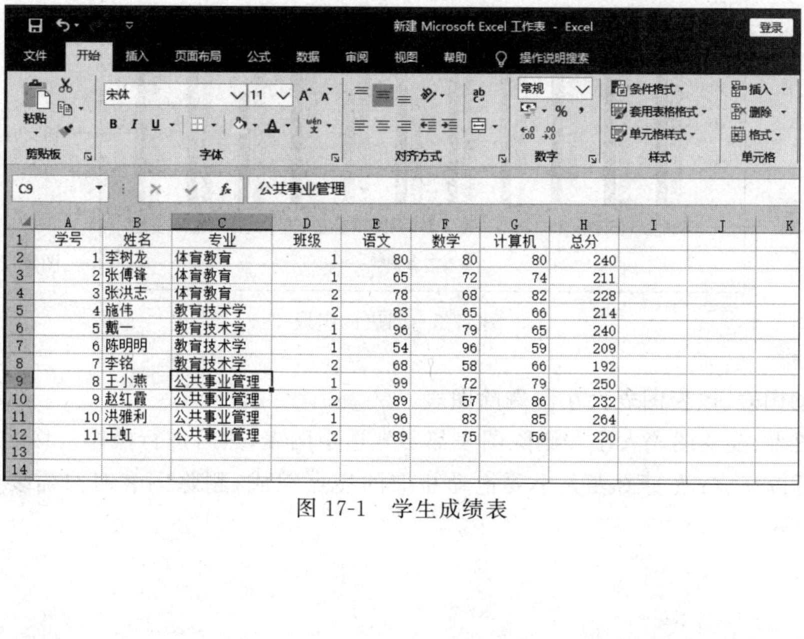

学号	姓名	专业	班级	语文	数学	计算机	总分
1	李树龙	体育教育	1	80	80	80	240
2	张傅锋	体育教育	1	65	72	74	211
3	张洪志	体育教育	2	78	68	82	228
4	旎伟	教育技术学	2	83	65	66	214
5	戴一	教育技术学	1	96	79	65	240
6	陈明明	教育技术学	1	54	96	59	209
7	李铭	教育技术学	2	68	58	66	192
8	王小燕	公共事业管理	1	99	72	79	250
9	赵红霞	公共事业管理	2	89	57	86	232
10	洪雅利	公共事业管理	1	96	83	85	264
11	王虹	公共事业管理	2	89	75	56	220

图 17-1　学生成绩表

(1) 选择数据区域"姓名""语文"和"数学"三列作为数据源。

(2) 单击"插入"功能选项卡上"图表"功能区中的按钮,选择一种图表类型即可完成图表的创建,结果如图 17-2 所示。图表类型有柱形图、折线图、饼图、条形图、面积图、散点图和其他图表。

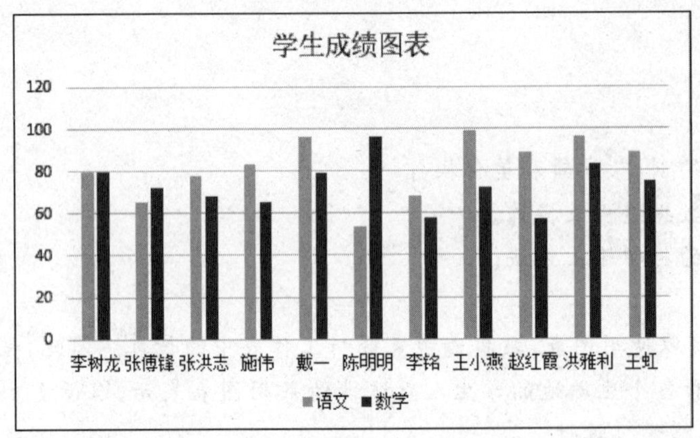

图 17-2 簇状柱形图

用户可以将图表创建在工作表的任何地方,可以生成嵌入图表,也可以生成只包含图表的工作表。图表与工作表中的数据项对应链接,当用户修改数据时,图表会自动更新。

17.1.2 图表的编辑和美化

图表创建完成后,选中图表区,Excel 工具栏中会出现"图表"工具栏,此时可以利用"图表"工具栏根据需要对图表进行适当的编辑。在编辑图表前,首先熟悉一下图表的各个组成部分,如图 17-3 所示。

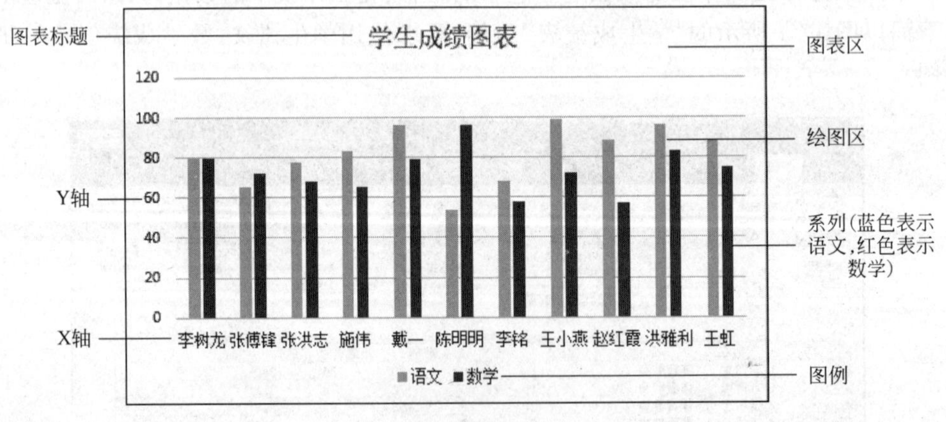

图 17-3 图表的组成

1. 移动图表、改变图表大小和删除图表

移动图表、改变图表大小和删除图表都要先选中图表,然后进行操作。移动图表只需拖动图表就可以完成;改变图表大小要拖动相应的控点完成;删除图表时只需要按下 Delete 键即可。

2. 改变图表类型

首先选中图表，单击“设计”功能选项卡“类型”功能区中的“更改图表类型”按钮，在弹出的“更改图表类型”对话框中进行相应的选择。图表类型包括“柱形图”“折线图”“饼图”“条形图”“面积图”等，如图 17-4 所示。

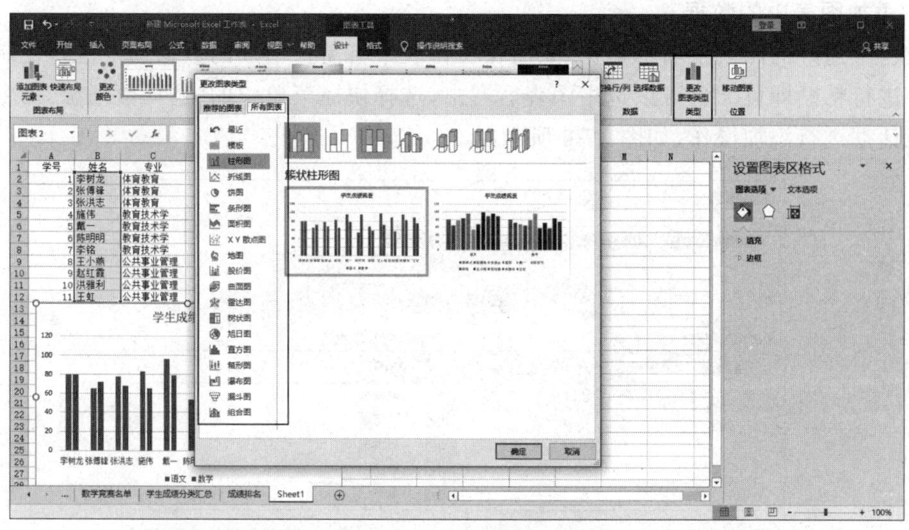

图 17-4　“更改图表类型”对话框

3. 添加和修改图表标题

首先选中图表，将光标指向图表区，单击“设计”功能选项卡上“图片布局”功能区中的“添加图表元素”按钮，在下拉菜单中可以选择在不同的位置添加图表标题。在“添加图表元素”下拉菜单中还可以添加及编辑坐标轴标题、图例标签、数据标签、数据表等，如图 17-5 所示。

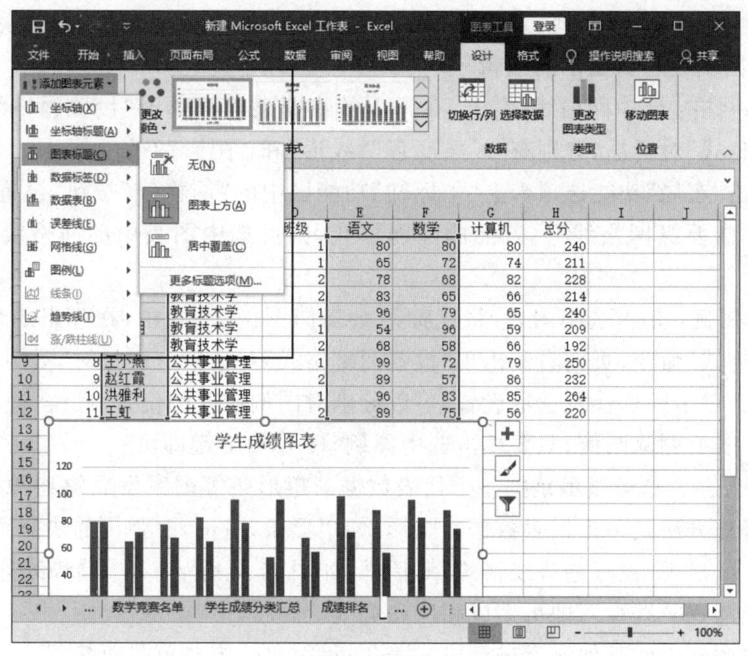

图 17-5　“图表标题”下拉菜单

如果要进一步设置图表标题的格式,则只需选中图表标题,右击,从弹出的快捷菜单中选择"设置图表标题格式"命令,出现"设置图表标题格式"对话框。对话框包括"填充与线条""效果""大小与属性"3 个选项卡,运用该对话框可以对图表的背景、边框、字体、字号、字形、下画线、对齐方式等进行处理,使图表重点更加突出、美观。

4. 添加图表中的数据

在已经建好的图表中增加数据,只需在工作表中将需要增加的数据选中进行复制,到图表区中进行粘贴即可。也可以选中图表后右击,选择快捷菜单中的"选择数据源"命令,打开相应对话框进行添加操作,如图 17-6 所示。

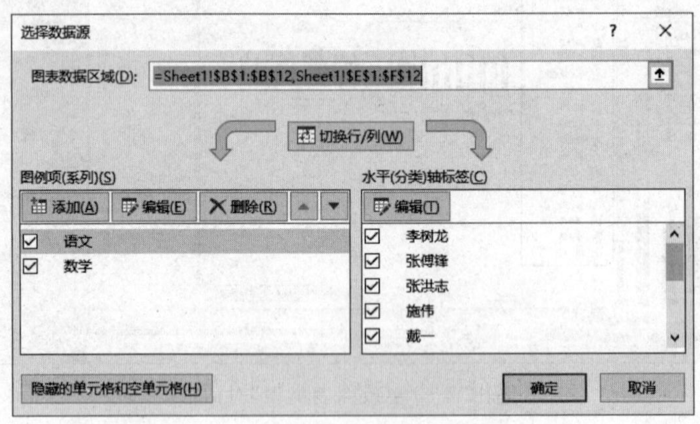

图 17-6 添加图表中的数据

如果希望删除图表中的某个数据系列,而不删除工作表中对应的数据,只需要选中要删除的数据系列,按 Delete 键即可。如果要删除的数据不是一个系列而是 X 轴的某个数据,这时就要单击"设计"功能选项卡上"数据"功能区中的"切换行/列"按钮进行行列切换,这时候行数据会变成一个系列。在删除系列后可以再单击"切换行/列"按钮完成互换。

5. 网格、图例或趋势显示的编辑

(1) 编辑网格:选中网格线,右击,在弹出的快捷菜单中选择"设置网格线格式"命令,出现"网格线格式"对话框,分别有"线条颜色""线形"和"阴影"3 个选项卡。若原图形中无网格线,则单击"布局"功能选项卡上"坐标轴"功能区中的"网格线"按钮,设置相应的"主要横网格线"和"主要纵网格线"。若需删除网格线,则可选中图表中的网格线,按 Delete 键即可。

(2) 编辑图例:单击选中图表,将鼠标箭头指向图例区,右击,在弹出的快捷菜单中选择"设置图例格式"命令,页面右侧出现"设置图例格式"对话框。通过对"图例选项""填充与线条""效果"选项卡的选择及选项设置,可以分别对图例放置的位置、底纹、边框和字体等选项进行设置。若要删除图例,只要单击选中图例,按 Delete 键即可。

(3) 趋势显示:趋势显示是把各个代表数据的矩形条等图案发展的趋势用线条等图形表示出来。操作方法是单击代表数据的图形,如矩形条,右击,在弹出的快捷菜单中选择"添加趋势线"命令,出现"设置趋势线格式"对话框,如图 17-7 所示。在"趋势线选项"中选择添加趋势线的类型,如"线性",即可生成相应趋势线。

如果要对图表中的其他元素进行格式美化,最简单的方法就是直接双击该元素,在弹出

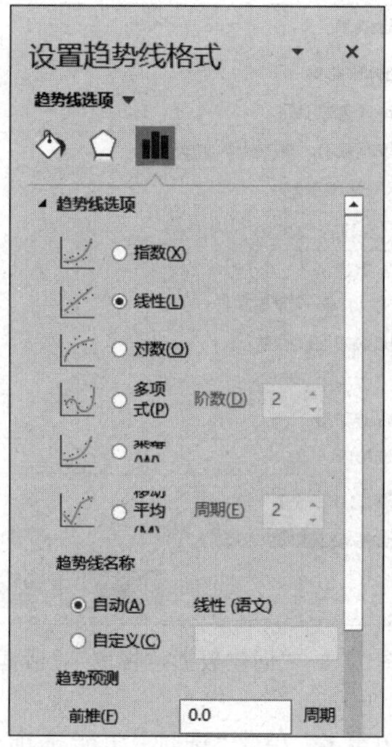

图 17-7　“添加趋势线”对话框

的相对应的对话框中，进行详细设置就可以了。

17.2　创建数据透视表

数据透视表是一种交互式工作表，可以对大量数据快速汇总和建立交叉列表。用户可以选择其行或列以查看对源数据的不同汇总，还可以通过显示不同的行标签筛选数据，或者显示所关注区域的明细数据，它是 Excel 强大数据处理能力的体现。

1. 创建数据透视表

选择工作表数据区域的任一单元格，单击“插入”功能选项卡“表格”功能区中的“数据透视表”按钮，弹出“创建数据透视表”对话框，如图 17-8 所示。在对话框中选择要分析的数据所在的区域和放置数据透视表的位置，单击“确定”按钮，这时在指定的位置会出现一个空的数据透视表，并显示“数据透视表字段列表”和“数据透视表工具”功能选项组（包括“选项”和“设计”两个功能选项卡），以便用户添加字段、创建布局和自定义数据透视表。

2. 编辑数据透视表

在创建完成数据透视表以后，经常需要根据具体的要求，对数据透视表进行编辑修改，如转换行和列以查看不同的汇总结果，修改汇总计算方式等。如在“数据透视表字段列表”栏上部的字段部分窗格中向数据透视表中添加字段，可选中所需的字段名左边的复选框，或在所需添加的字段上右击，利用弹出的快捷菜单进行操作。

3. 删除数据透视表

创建了数据透视表以后，不允许删除数据透视表中的数据，只能删除整个数据透视表。

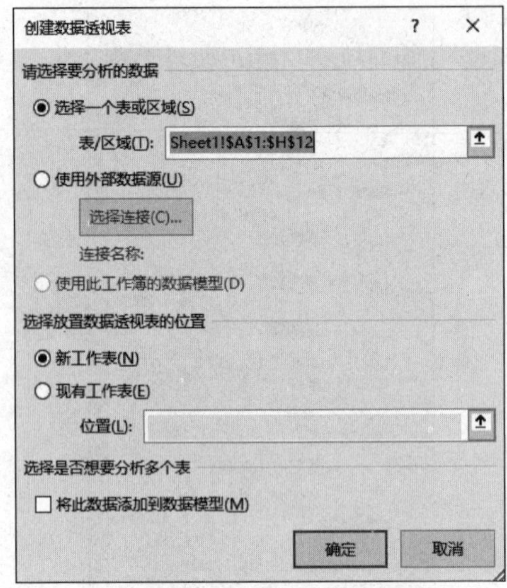

图 17-8 “创建数据透视表”对话框

选中数据透视表中的任意一个单元格,单击“选项”功能选项卡“操作”功能区中的“选择”按钮,在弹出的下拉菜单中选择“整个数据透视表”命令,再单击“操作”功能区中的“清除”按钮,选择“全部清除”选项,这时整个数据透视表便被删除了。

17.3 打印输出

用户不仅可以直接在计算机中查看工作表及图表,也可以打印出来查看。在打印前,应先进行页面设置。

打印输出

1. 页面设置

页面设置用于为当前工作表设置页边距、纸张方向、纸张大小、打印区域等。通过“页面布局”功能选项卡下“页面设置”功能区实现,如图 17-9 所示。单击功能区右下角的对话框启动器,可以打开“页面设置”对话框,该对话框有 4 个选项卡,下面进行详细介绍。

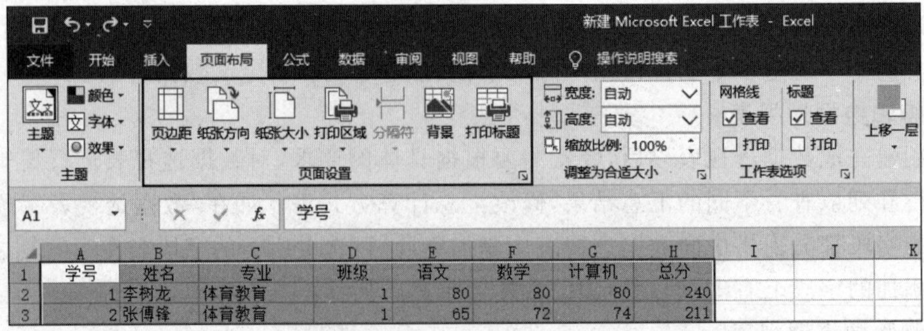

	A	B	C	D	E	F	G	H
1	学号	姓名	专业	班级	语文	数学	计算机	总分
2	1	李树龙	体育教育	1	80	80	80	240
3	2	张傅锋	体育教育	1	65	72	74	211

图 17-9 “页面设置”工具组

(1) 页面。用户可以在该选项卡中选择打印机支持的纸张尺寸,更改打印纸张方向,设置打印的起始页码等,如图 17-10 所示。

图 17-10　“页面设置”对话框的“页面”选项卡

(2) 页边距。在该选项卡中可以修改上、下、左、右的页边距,还可以选择居中方式。

(3) 页眉/页脚。该选项卡用于设置页眉和页脚,用户可以在下拉列表框中选择 Excel 提供的页眉/页脚方式,也可以单击“自定义页眉”或“自定义页脚”按钮来自定义页眉或页脚。

(4) 工作表。在该选项卡中用户可以设置打印区域、打印标题、打印顺序等。“顶端标题行”和“左侧标题列”表示将工作表中某一特定行或列在数据打印输出时作为每一页的水平标题或垂直标题,设置方法只需要在对应的文本框中使用单元格引用即可。

2. 打印区域设置

用户可以在打印前先设置打印区域。打印区域的设置可以使用“页面设置”对话框中的“工作表”选项卡。

一个工作表只能设置一个打印区域。如果用户再次设置打印区域后,原先的打印区域会被替代。

3. 打印预览

“打印预览”用来显示工作表数据的打印效果。在“页面设置”对话框中可以找到“打印预览”功能。

“打印预览”窗口中有打印份数、打印机属性以及各种打印设置选项。完成相关设置后只需单击“打印”按钮即可开始打印,如图 17-11 所示。

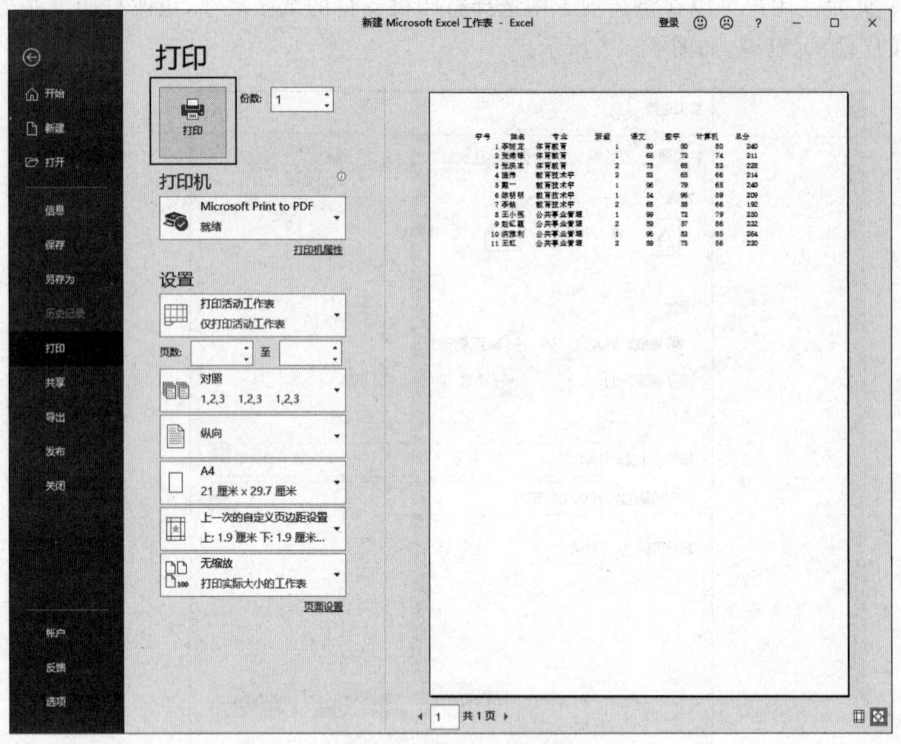

图 17-11 “打印预览”窗口

17.4 任务实施

小美把成绩分析结果和各个生源地的学生人数统计结果用图表方式清晰地表示出来，具体操作步骤如下。

(1) 建立每门课程平均分、最高分、最低分的“成绩概况图”。打开“学生成绩表.xlsx”，新建 Sheet2，选择 Sheet1 中第 1 行，以及“平均分”“最高分”“最低分”三行，进行复制，再粘贴到 Sheet6 中。选中 B、C、I、J 4 列，右击并选择“删除”命令。选中区域 A1:F4，单击“插入”功能选项卡下“图表”功能区中的“柱形图”按钮，在下拉菜单中选择“簇状柱形图”命令，即可完成创建。选中图表，单击“设计”功能选项卡“图表布局”功能区中的“添加图表元素”按钮，在下拉菜单中选择“图表上方”命令，即添加了“图表标题”。再将标题修改为“成绩概况图”，结果如图 17-12 所示。

任务 17 实施

(2) 新建工作表 Sheet3，将 Sheet1 中除“平均分”“最高分”和“最低分”三行以外的内容复制到 Sheet3 中，并把学生的生源情况补充完整，如图 17-13 所示。

(3) 新建工作表 Sheet4，在该表中创建一张数据透视表，要求：

① 显示每个生源地的学生人数；

② 行区域设置为“籍贯”；

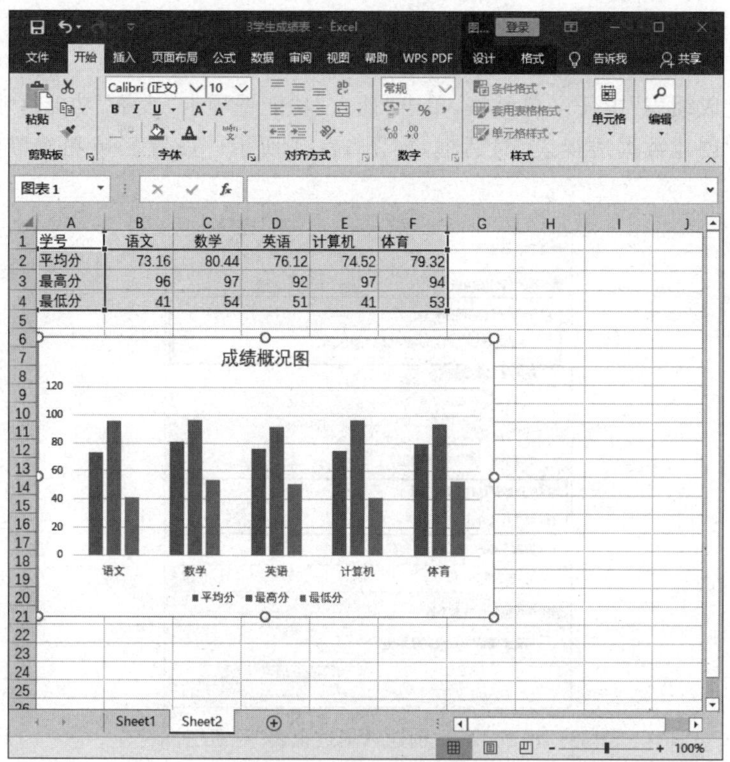

学号	语文	数学	英语	计算机	体育
平均分	73.16	80.44	76.12	74.52	79.32
最高分	96	97	92	97	94
最低分	41	54	51	41	53

图 17-12 建立“成绩概况图”

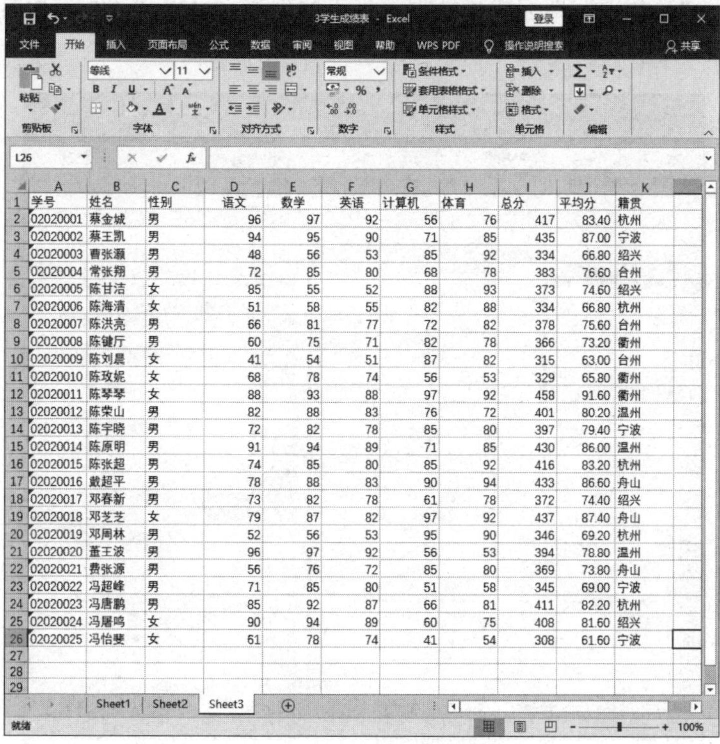

学号	姓名	性别	语文	数学	英语	计算机	体育	总分	平均分	籍贯
02020001	蔡金城	男	96	97	92	56	76	417	83.40	杭州
02020002	蔡王凯	男	94	95	90	71	85	435	87.00	宁波
02020003	曹张灏	男	48	56	53	85	92	334	66.80	绍兴
02020004	常张翔	男	72	85	80	68	78	383	76.60	台州
02020005	陈甘洁	女	85	55	52	88	93	373	74.60	绍兴
02020006	陈海清	女	51	58	55	82	88	334	66.80	杭州
02020007	陈洪亮	男	66	81	77	72	82	378	75.60	台州
02020008	陈键厅	男	60	75	71	82	78	366	73.20	衢州
02020009	陈刘晨	女	41	54	51	87	82	315	63.00	台州
02020010	陈玫妮	女	68	78	74	56	53	329	65.80	衢州
02020011	陈琴琴	女	88	93	88	97	92	458	91.60	衢州
02020012	陈荣山	男	82	88	83	76	72	401	80.20	温州
02020013	陈宇晓	男	72	82	78	85	80	397	79.40	宁波
02020014	陈原明	男	91	94	89	71	85	430	86.00	温州
02020015	陈张超	男	74	85	80	85	92	416	83.20	杭州
02020016	戴超平	男	78	88	83	90	94	433	86.60	舟山
02020017	邓春新	男	73	82	78	61	78	372	74.40	绍兴
02020018	邓芝芝	女	79	87	82	97	92	437	87.40	舟山
02020019	邓周林	男	52	56	53	95	90	346	69.20	杭州
02020020	董王波	男	96	97	92	56	53	394	78.80	温州
02020021	费张源	男	56	76	72	85	80	369	73.80	舟山
02020022	冯超峰	男	71	85	80	51	58	345	69.00	宁波
02020023	冯唐鹏	男	85	92	87	66	81	411	82.20	杭州
02020024	冯屠鸣	女	90	94	89	60	75	408	81.60	绍兴
02020025	冯怡斐	女	61	78	74	41	54	308	61.60	宁波

图 17-13 补充生源信息

③ 数据区域设置为“学号”；

④ 计数项为“学号”。

选择“学生成绩表”中任一单元格，单击“插入”功能选项卡“表格”功能区中的“数据透视表”按钮，弹出“创建数据透视表”对话框，如图 17-14 所示。设置区域和放置数据透视表的位置即可。

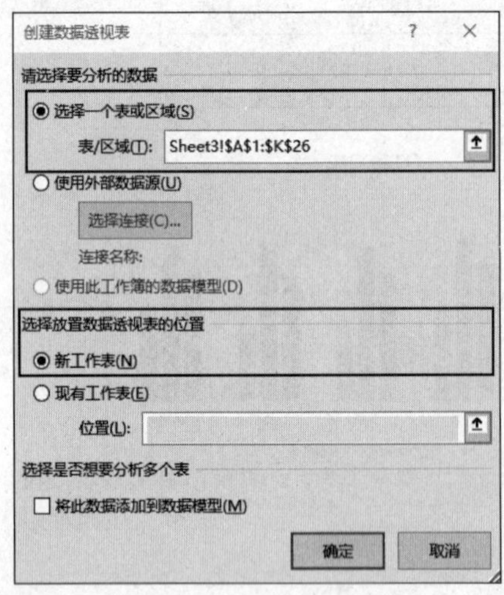

图 17-14 “创建数据透视表”对话框

(4) 在 Sheet4 的“数据透视表字段列表”中把“籍贯”拖至“行标签”上，“学号”拖至“值”上，并设置“值”为“计数项”，即完成了数据透视表的创建。可以从透视表中直观地看出各生源地的学生人数，如图 17-15 所示。

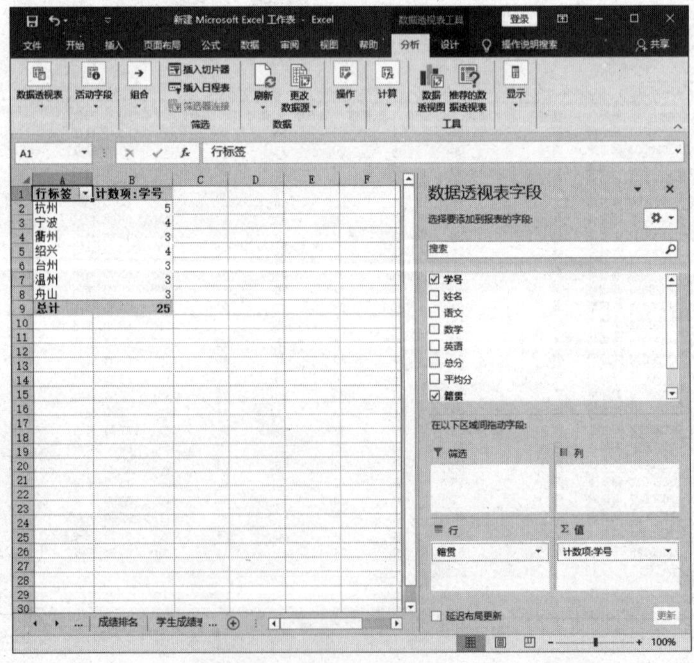

图 17-15 各生源地的学生人数

（5）将相关数据和图表打印出来。

① 对表格进行页面设置。

② 对打印区域进行设置。

③ 打印。

课 后 练 习

打开课后练习中的“书籍销售表.xlsx”，完成下列题目。

（1）在 A70 单元格中输入“图书日销量”，利用函数在该行相应单元格内统计图书的日销售量。

（2）将 Sheet11 第 2 行和第 70 行的单元格内容复制到 Sheet2 工作表中。

（3）对 Sheet2 中数据生成一个二维簇状柱形图，要求：

① 以星期一、星期二……为水平（分类）轴标签。

② 以“图书日销量”为图例项放置在图标的右侧。

③ 图表标题使用“图书销量分析”（不包括引号）。

④ 删除网格线。

⑤ 设置坐标轴选项，使其最小值为 100。

⑥ 设置图形显示数据标签为“值”。

⑦ 添加指数趋势线。

⑧ 将图表放置在 A4:F15 区域。

任务 17 课后练习

第五部分
PowerPoint 2019 演示文稿

PowerPoint 2019 简称 PowerPoint,是由 Microsoft 公司开发的演示文稿程序,是办公软件 Microsoft Office 系统中的一个重要组成部分,被商业人员、教师、学生和培训人员广泛使用。PowerPoint 2019 将文字、图片、图表、动画、声音、影片等素材有序地组合在一起,把复杂的问题以简单、形象、直观的形式展示出来,从而提高汇报、宣传、教学等效果。本部分安排了两个任务:制作"安全主题班会""乡土文化教育"两个演示文稿,通过对内容制作、动画设置、切换应用等操作,掌握 PowerPoint 2019 的基本应用。

任务 18　制作“安全主题班会”演示文稿

学习目标

- ➢ 熟练掌握演示文稿内容的制作，以及文本框、图片、图表等的插入与编辑。
- ➢ 熟练掌握演示文稿内容的设计，以及文档主题、配色方案、编辑模板等的操作。
- ➢ 熟练掌握演示文稿内容的设置，以及动画设置、切换设置、声音设置、超链接设置等。
- ➢ 熟练掌握演示文稿管理、打印、放映的方法。

任务描述

李老师是某高校新生班主任，接学校通知需要在班级召开“与安全同行，建平安校园”大学生安全教育主题班会。为了提高教育效果，李老师用 PowerPoint 软件制作了如图 18-1 所示的集文本、图像、图表于一体的“安全主题班会”演示文稿，让同学们印象深刻且易懂易记。

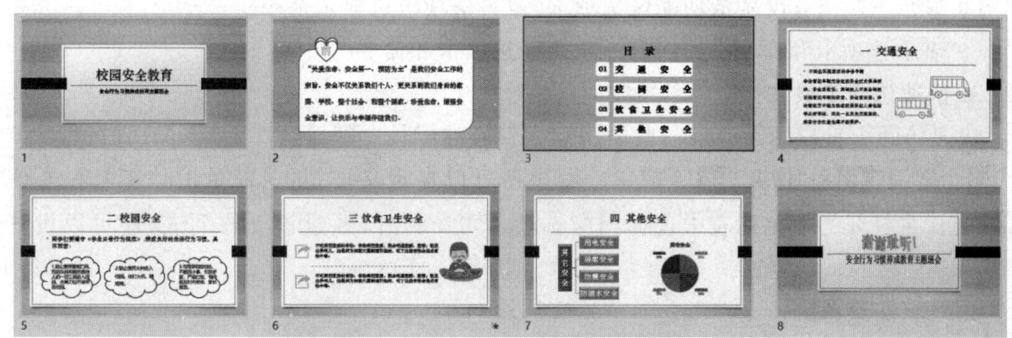

图 18-1　“安全主题班会”演示文稿效果图

18.1　PowerPoint 2019 工作界面

启动 PowerPoint 2019 后即进入其操作界面，它主要的组成元素如图 18-2 所示。

1. 标题栏

标题栏位于 PowerPoint 2019 操作界面的最顶端，其中显示了当前编辑的文档名称和程序名称。标题栏的最右侧有三个窗口控制按钮，分别用于对 PowerPoint 2019 的窗口执行最小化、最大化/还原和关闭操作。

2. 功能区显示选项

功能区显示选项包含自动隐藏功能区、显示选项卡、显示选项卡和命令三种形式。

① 自动隐藏功能区：隐藏功能区，单击应用程序顶部可以显示。

图 18-2 PowerPoint 2019 工作界面

② 显示选项卡：仅显示功能区选项卡，单击选项卡可显示命令。

③ 显示选项卡和命令：始终显示功能区选项卡和命令。

3. 快速访问工具栏

快速访问工具栏用于放置一些使用频率较高的工具。默认情况下，该工具栏包含了“保存”、“撤销”和“恢复”等按钮。用户还可以自定义按钮，只需单击该工具栏右侧的按钮，在打开的下拉列表中选择相应选项即可。另外，通过该下拉列表，还可以设置快速访问工具栏的显示位置。

4. “文件”菜单

单击“文件”菜单，弹出的下拉列表中包含“新建”“打开”“信息”“保存”“另存为”“历史记录”“打印”“共享”“导出”“账户”“反馈”“选项”等菜单命令。

5. 功能选项卡

PowerPoint 2019 的所有命令集成在多个功能选项卡中，相当于早期版本中的菜单命令。选择某个功能选项卡可切换到相应的功能区。

6. 功能区

功能区是菜单和工具栏的主要显示区域。早期的版本大多以子菜单的模式为用户提供按钮功能，现在以功能区的模式几乎涵盖了所有的按钮、库和对话框。功能区首先会将控件对象分为多个类别。

7. “幻灯片”窗格

“幻灯片”窗格位于工作界面的左侧，显示演示文稿中所有幻灯片的编号及缩略图。

8. 幻灯片编辑区

幻灯片编辑区是用户工作的主要区域，用来实现文档的显示和编辑。在这个区域中经常使用的工具还包括水平标尺、垂直标尺、对齐方式、显示段落等。

9. 备注窗格

备注窗格位于工作区的下方，显示当前在幻灯片视图中打开的幻灯片的备注说明文字，以供幻灯片制作者或演讲者查阅该幻灯片信息或在播放演示文稿时对需要的幻灯片添加说明和注释。

10. 状态栏

在状态栏中显示了当前编辑的幻灯片页数和当前页号、拼写检查图标、视图按钮和调节显示比例等辅助功能的区域，实时为用户显示当前的工作信息。

18.2 视图方式

PowerPoint 2019 中提供了“普通视图”“大纲视图”“幻灯片浏览视图”“备注页视图”“阅读视图”“幻灯片放映视图”6 种视图模式。用户可以通过右下角视图切换组合按钮切换视图模式，也可以通过如图 18-3 所示“视图”功能选项卡下的“演示文稿视图”功能区中的视图按钮完成视图模式的切换。

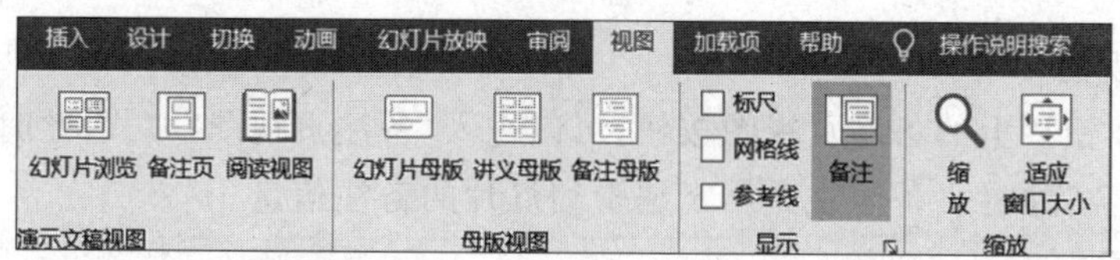

图 18-3 “视图”功能选项卡

单击相应的按钮就会进入相应的视图模式。下面对 6 种视图模式进行简要的介绍。

1. 普通视图

普通视图是系统默认的视图模式，可以查看每张幻灯片并对其进行编辑。该视图由三部分构成：幻灯片窗格、幻灯片编辑区及备注窗格。可以拖动分隔条改变幻灯片窗格的大小，也可以隐藏幻灯片窗格使幻灯片编辑区占据整个窗口的中间部分，如图 18-4 所示。

图 18-4 普通视图

2. 大纲视图

在大纲视图下，可以用多级大纲的形式显示 PowerPoint 演示文稿的各张幻灯片中的文字内容。

3. 幻灯片浏览视图

幻灯片浏览视图以最小化的形式显示演示文稿中的所有幻灯片，可以同时显示多张幻灯片，也可以看到整个演示文稿，因此可以轻松地添加、删除、复制和移动幻灯片。还可以使用“幻灯片放映”功能选项卡中的按钮设置幻灯片的放映时间，并选择幻灯片的动画切换方式，如图 18-5 所示。

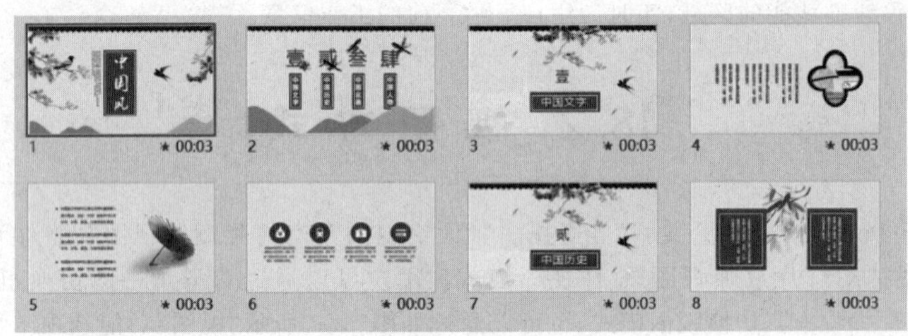

图 18-5　幻灯片浏览视图

4. 备注页视图

单击视图按钮栏上的备注页视图按钮，可以进入“备注页视图”方式，此时会以上下结构显示幻灯片区与备注栏。备注主要用于编辑幻灯片的备注信息。

5. 阅读视图

阅读视图主要用于对演示文稿中每一张幻灯片的内容进行浏览。此时大纲栏、备注栏被隐藏，幻灯片栏被扩大，仅显示标题栏、阅读区和状态栏。

6. 幻灯片放映视图

幻灯片放映视图下，整张幻灯片的内容占满整个屏幕，便于查看设计完成的演示文稿的放映效果，以便对效果不满意之处进行修改。

18.3　演示文稿的新建和保存

本节主要介绍演示文稿的一些基本操作，如新建演示文稿、保存演示文稿，以及对演示文稿添加文字、图片、声音等信息。

18.3.1　新建演示文稿

1. 创建空白的演示文稿

创建新的空白演示文稿主要有以下几种方法。

(1) 自动创建：启动 PowerPoint 2019 应用程序可自动创建空白演示文稿，默认文稿名称为：演示文稿 1、演示文稿 2……

(2) 快捷菜单创建：在桌面空白处右击，在弹出的快捷菜单中选择“新建”→“Powerpoint 演示文稿”命令，即可新建一个空白的演示文稿。

（3）命令创建：在 PowerPoint 2019 中选择“文件”→“新建”命令，再选择“可用的模板和主题”中的“空白演示文稿”，然后单击“创建”按钮。

（4）快捷方式创建：在 PowerPoint 2019 环境下按 Ctrl＋N 组合键即可新建一个空白的演示文稿。

2. 利用主题模板创建演示文稿

主题模板是指包含演示文稿样式的文件，其中包括项目符号、文本的字体、字号、占位符大小和位置、背景设计、配色方案以及可选的标题母版等影响幻灯片外观的元素。

在 PowerPoint 2019 中选择“文件”→“新建”命令，从 Office 中选择一个需要的主题模板，单击“创建”按钮即可。

3. 使用 office.com 上的模板创建演示文稿

除了 PowerPoint 2019 自带的模板以外，PowerPoint 2019 还为用户提供了 office.com 互联网上的模板。选择“文件”→“新建”命令，单击“建议的搜索”后面任一项的内容，可立即搜索出“office.com 模板”。此操作需要在计算机已联入互联网的情况下进行。office.com 模板存储在 Office 官方网站，使用时需要下载，当用户选择一个 office.com 模板并单击“创建”按钮，即会根据用户的选择进行模板的下载并创建。

18.3.2　保存演示文稿

PowerPoint 演示文稿制作完毕后，要将其保存。PowerPoint 2019 提供的多种保存模式完全可以满足各种特殊需求。

PowerPoint 2019 默认的保存方式是保存为 PowerPoint 演示文稿（扩展名为.pptx），此方式保存后，打开文件可直接进入编辑模式。选择“文件”菜单→“保存”（首次保存）命令，或选择“文件”→“另存为”命令，弹出“另存为”对话框，如图 18-6 所示。文件名称默认是“演示文稿 1”，用户可在“文件名”文本框中修改文件名称再单击“保存”按钮。如需保存其他文件类型，可以在“保存类型”中选择。

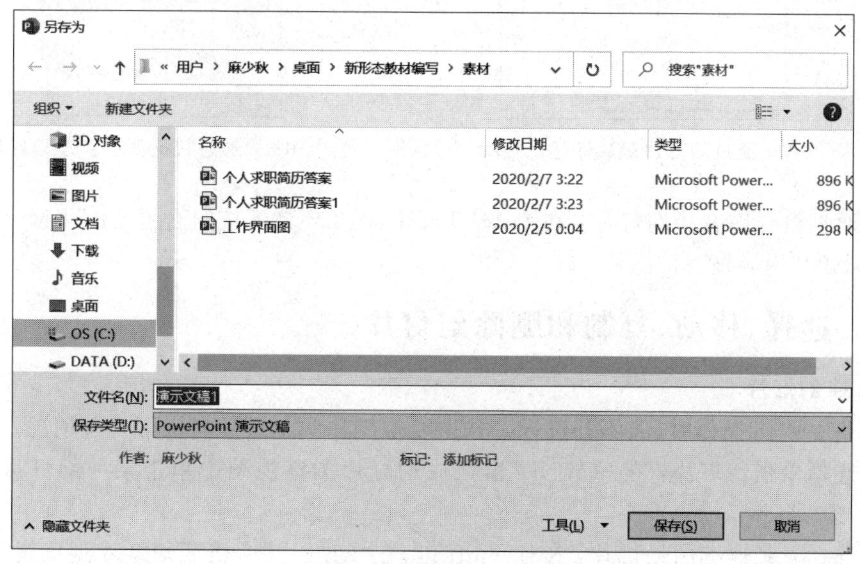

图 18-6　“另存为”对话框

如果文件保存格式为“PowerPoint 放映”(扩展名为.ppsx),双击文件图标可直接开始放映;如果文件保存格式为设计模板(扩展名为.potx),再制作同类幻灯片时就可以随时轻松调用此模板;如果选择“PowerPoint 97-2003 演示文稿”(扩展名为.ppt)保存类型,将保存为低版本的格式。

18.4 幻灯片的基本操作

本节主要介绍演示文稿的一些基本操作,如新建、保存演示文稿,以及对演示文稿中的文字、图片、声音等信息进行添加。

18.4.1 新建幻灯片

插入幻灯片是制作演示文稿的基本操作,具体有以下 3 种方式。

(1) 通过“开始”功能选项卡的“幻灯片”功能区中的按钮新建幻灯片:单击“新建幻灯片”按钮,弹出的界面如图 18-7 所示,从中选择需要的一种幻灯片版式,即可新建一张幻灯片。

(2) 通过快捷菜单新建幻灯片:在 PowerPoint 2019 中“幻灯片”窗格空白处右击,从弹出的菜单中选择“新建幻灯片”命令即可,如图 18-8 所示。

图 18-7 通过幻灯片版式新建幻灯片

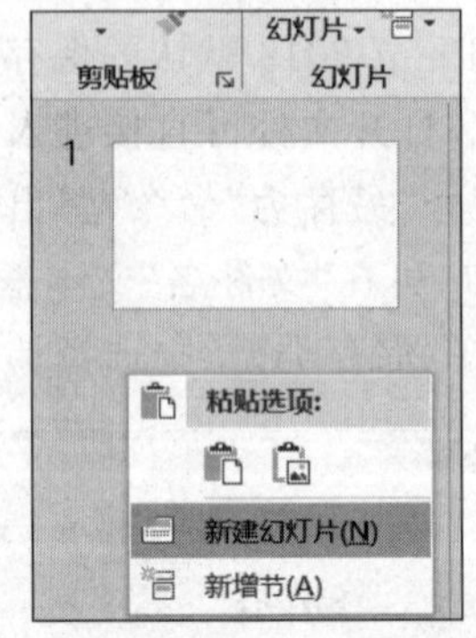

图 18-8 通过快捷菜单新建幻灯片

(3) 通过组合键新建幻灯片:在 PowerPoint 2019 环境下按组合键 Ctrl+M,可快速新建一个“标题和内容”幻灯片。

18.4.2 选择、移动、复制和删除幻灯片

1. 选择幻灯片

对幻灯片进行操作时,离不开选择。选中要被操作的幻灯片有以下 4 种情况。

(1) 选择单张幻灯片:在“幻灯片”窗格或幻灯片浏览视图中单击某一幻灯片缩略图,即可选中该幻灯片

(2) 选择多张连续的幻灯片:按住 Shift 键,在“幻灯片”窗格或幻灯片浏览视图中单击需要选择的连续排列幻灯片的首尾两张幻灯片,即可选中多张连续的幻灯片。

(3) 选择多张不连续的幻灯片：按住 Ctrl 键，在“幻灯片”窗格或幻灯片浏览视图中逐个单击需要选择的幻灯片。

(4) 选择全部幻灯片：按下鼠标左键不放，在“幻灯片”窗格或幻灯片浏览视图中往上或往下拖动，则会选择所有幻灯片。按组合键 Ctrl＋A 也可以全选幻灯片。

2. 移动幻灯片

在制作演示文稿时会发现某些幻灯片的顺序不太符合要求，需要对其位置进行调整，这时可以使用以下方法移动幻灯片。

(1) 右键快捷菜单方式：在需要移动的幻灯片缩略图上右击，选择“剪切”命令；再移动到期望的 PPT 位置右击并选择“保留源格式”的粘贴命令。

(2) PPT 快速移动方式：选择需要移动的幻灯片缩略图，按住鼠标左键不放，拖动鼠标至合适位置，然后释放鼠标即可快速移动幻灯片。

(3) 快捷键组合方式移动方式：选择需要移动的幻灯片缩略图，按组合键 Ctrl＋X 进行剪切；再移动到期望的 PPT 位置，按组合键 Ctrl＋V 进行粘贴。

3. 复制幻灯片

若是演示文稿中的幻灯片风格一致，可以通过复制幻灯片的方式创建新的幻灯片。然后在其中修改内容即可。具体操作如下。

(1) 选中要复制的幻灯片缩略图，右击，选择“复制幻灯片”命令。

(2) 按住 Ctrl 键拖动需要复制的幻灯片缩略图到目标位置。

(3) 选中要复制的幻灯片缩略图，按组合键 Ctrl＋C 进行复制；再将光标定位到目标位置，按组合键 Ctrl＋V 进行粘贴。

4. 删除幻灯片

通过模板创建的演示文稿中有很多幻灯片，但并不是所有幻灯片都会使用，这时可以将这些不需要的幻灯片删除。其具体操作方法如下。

(1) 在不需要的幻灯片缩略图上右击，选择“删除幻灯片”命令，可将其删除。

(2) 在选中幻灯片缩略图后直接按键盘上的 Delete 键删除。

注意：在删除 PPT 之前应做好 PPT 的备份，或误删后按组合键 Ctrl＋Z 返回上一步操作，避免丢失辛苦制作的 PPT。

18.4.3 添加文本、设置文本格式

1. 添加文本

用占位符插入文本：直接在编辑区的占位符输入文本。

用文本框插入文本：单击“插入”功能选项卡的“文本”功能区中的“文本框”按钮，在列表中选择“绘制横排文本框”命令。根据需要也可以选择“垂直文本框”命令，然后在幻灯片某一位置单击，会出现一个输入框，在输入框中即可输入文字。

用自选图形插入文本：单击“插入”功能选项卡的“插图”功能区的“形状”按钮，选择一个形状，然后在幻灯片某一位置按下左键再拖动鼠标，画出所选形状。选中形状，右击并选择“编辑文字”命令，如图 18-9 所示，会出现一个输入框，在输入

图 18-9 自定义形状输入文字

框中即可输入文字。

以艺术字方式插入文本：单击“插入”功能选项卡的“文本”功能区的“艺术字”按钮，然后在幻灯片某一位置单击，会出现一个输入框，在输入框中即可输入文字。

以对象方式插入 Word 文档：单击“插入”功能选项卡的“文本”功能区中的“对象”按钮，插入对象类型选择 Microsoft Word。

在大纲窗格中输入文本：单击“视图”功能选项卡的“大纲视图”，在左侧“幻灯片”窗格中光标定位，即可输入文字。

2. 设置文本格式

PowerPoint 2019 的字体格式设置方法是：选中需要设置的文字，单击“开始”功能选项卡的“字体”功能区中的对话框启动按钮，弹出“字体”对话框，在该对话框中即可对所选文字进行字体设置。

PowerPoint 2019 的段落格式设置方法是：选中需要设置的文字，单击“开始”功能选项卡的“段落”功能区中的对话框启动按钮，弹出“段落”对话框，如图 18-10 所示，在该对话框中即可对所选文字进行段落设置。

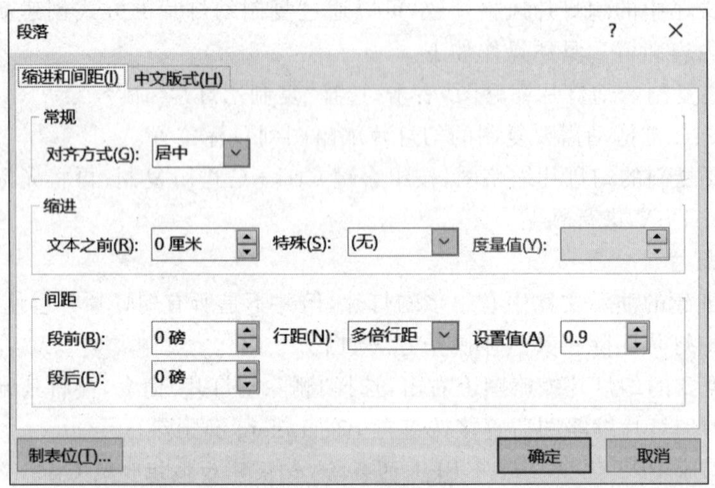

图 18-10 “段落”对话框

3. 嵌入字体

在一台计算机上制作完成一个演示文稿，放到另一台计算机上播放时，发现很多字体的样式都丢失了，这是因为另一台计算机上没有相应的字体，导致系统无法识别，最后以默认的宋体或黑体代替了这些字体。如何让字体也随着 PPT 文件移动呢？办法就是嵌入字体。

首先打开一个带有特殊字体的演示文稿，选择“文件”→“选项”命令，在打开的“选项”对话框中切换到“保存”选项卡，选中“将字体嵌入文件”选项，再保存文稿，字体就保存在文稿里不会丢失了。

18.4.4 插入艺术字、本地图片、联机图片、屏幕截图

1. 插入艺术字

在幻灯片中加入艺术字会给人一种美感，更能吸引人，也让人更容易理解。下面介绍如

何加入艺术字以及如何进行编辑。

插入艺术字、图片

(1) 启动 PowerPoint 2019，单击“插入”功能选项卡的“文本”功能区中的“艺术字”按钮，在弹出的下拉列表中选择一种艺术字样式。在幻灯片编辑区单击，出现文本框后可输入文字。

(2) 选中艺术字，单击“开始”功能选项卡，在“字体”功能区中可根据需要设置字体、字号、颜色等。选中艺术字，功能选项卡中会出现“绘图工具”，在“格式”功能选项卡中的“形状样式”功能区与“艺术字样式”功能区中可对艺术字进行设置，如图 18-11 所示。也可选中艺术字，右击，选择“设置形状格式”命令。

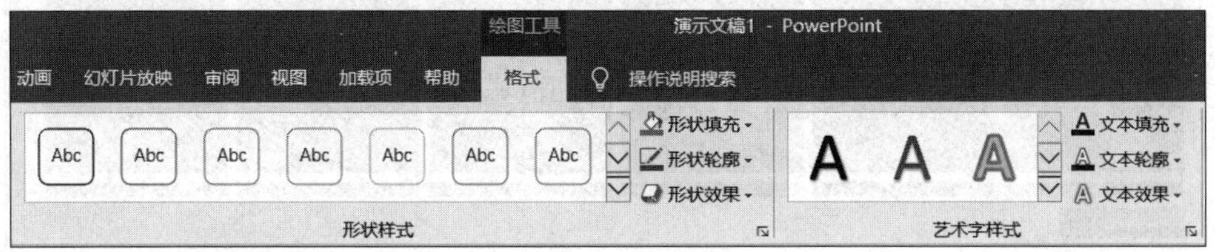

图 18-11　“形状样式”与“艺术字样式”功能区

2. 插入本地图片

为了让幻灯片更加美观，可在 PPT 中加入图片。打开一个演示文稿，单击“插入”功能选项卡的“图像”功能区中的“图片”按钮，在弹出的“插入图片”对话框中选择要插入的图片，再单击“插入”按钮即可。

单击选中插入的图片，在功能选项卡中会出现“图片工具”功能选项卡，在其下面的“格式”功能选项卡中的工具可对图片进行处理。或选中插入的图片，右击，在弹出的菜单中分别选择“大小和位置”及“设置图片格式”命令对图片进行设置。

3. 插入联机图片

在设计幻灯片时经常会使用从网络上搜索的图片，即联机图片。打开需要插入联机图片的 PowerPoint 2019 演示文稿，单击“插入”功能选项卡的“图像”功能区中的“联机图片”按钮，弹出“联机图片”对话框。联机图片对话框提供了两种方式：第一种是必应图片搜索；第二种是 onedrive 个人。onedrive 个人是指个人的网络存储。如图 18-12 所示。

这里选择必应图片搜索，直接(不输入搜索关键词)进入必应图片高级搜索界面，可以根据分类进行搜索，也可以输入搜索的关键字，如“书本”并按 Enter 键开始搜索，搜索结果如图 18-13 所示。在搜索时还可以通过“筛选”按钮 设置筛选条件、选择搜索范围。单击选择需要的图片，此时“插入”按钮变为可用，单击按钮后，选择的图片就顺利插入到幻灯片中了。

插入的联机图片(或图片)被选中时会出现“图片工具”功能选项卡，可以通过“格式”功能选项卡，对插入的对象做进一步的调整与设置，如图 18-14 所示。

4. 插入屏幕截图

PowerPoint 2019 中新增了插入屏幕截图功能。打开需要插入屏幕截图的 PPT 文档，单击“插入”功能选项卡的“图像”功能区中的“屏幕截图”按钮，在其下拉列表中选择“可用的视窗”命令，如图 18-15 所示，则可以插入当前活动图口的截图。也可以选择“屏幕剪辑”命令，按下鼠标左键不放，拖动鼠标选取截图范围，松开鼠标就会在 PPT 中插入当前的屏幕截图。

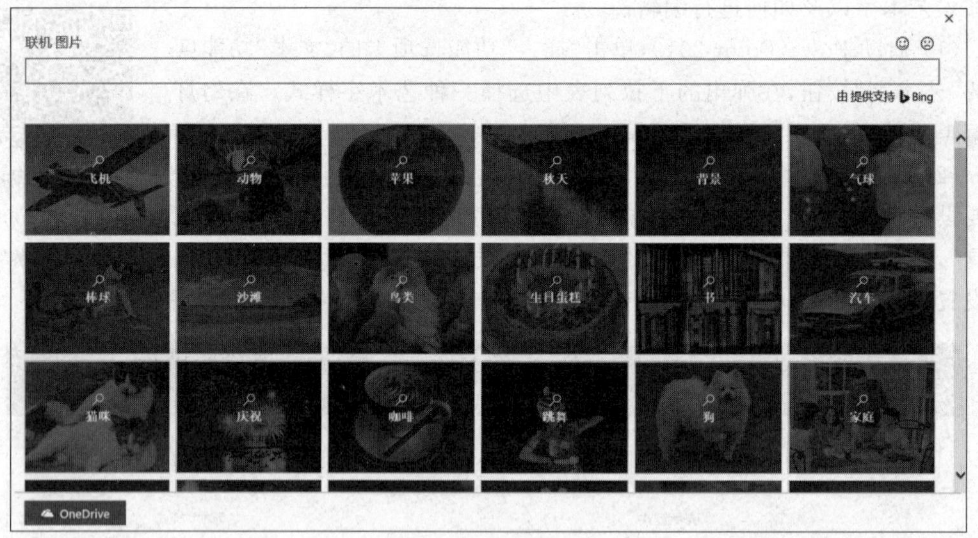

图 18-12 “联机图片”设置框

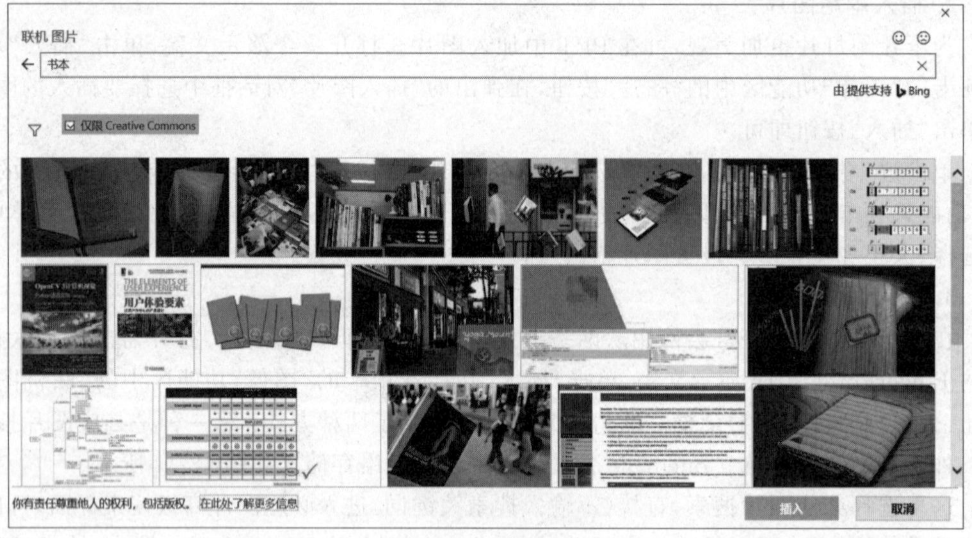

图 18-13 联机图片搜索结果

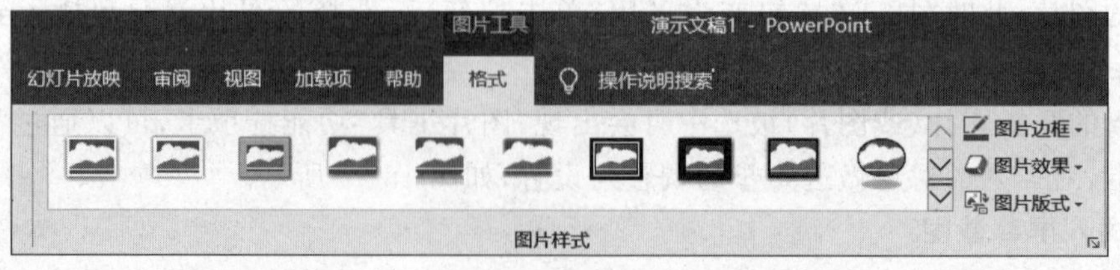

图 18-14 “图片工具 格式”功能选项卡

图 18-15 “屏幕截图”功能

18.4.5 绘制和美化图形

为了使制作的演示文稿更具个性化、更美观，往往需要插入图形。单击“插入”功能选项卡“插图”功能区中的“形状”按钮，从下拉列表中选择喜欢的形状，如图 18-16 所示，再到幻灯片编辑区按下鼠标左键不放，拖动鼠标即可画出所选择的图形形状。如果要绘制正方形或圆形，在拖动鼠标时要同时按住 Shift 键。

绘制形状并美化文件

选中绘制的图形会出现“绘图工具 格式”功能选项卡，可利用“形状样式”功能区中的按钮对插入的形状进一步进行设置，如图 18-17 所示。

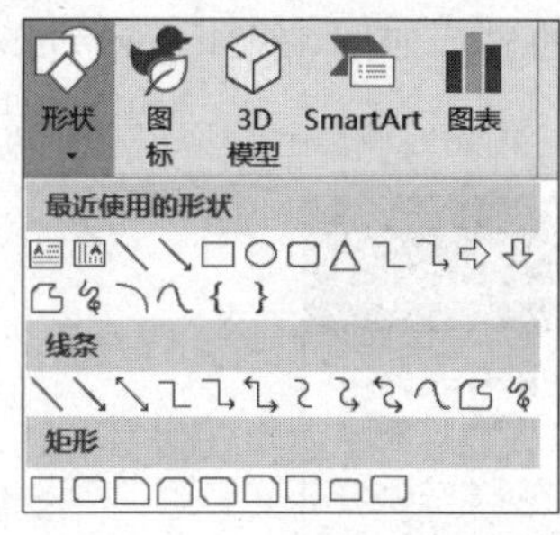

图 18-16 “形状”下拉列表

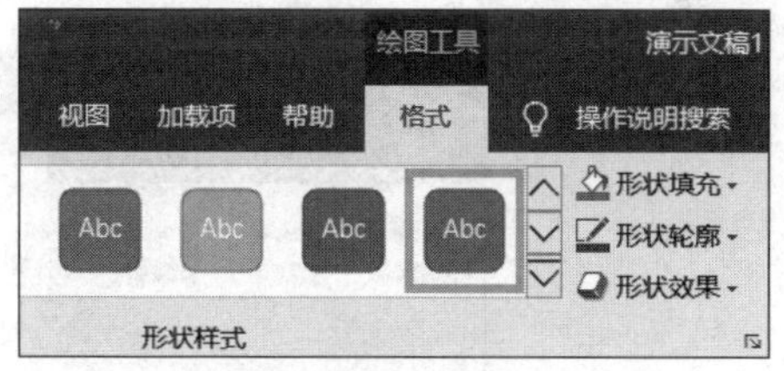

图 18-17 “形状样式”功能区

18.4.6 插入多媒体对象

1. 插入音频

在演示文稿中加入音乐可以使演示文稿的内容更加丰富精彩。首先打开 PowerPoint 2019 演示文稿，单击“插入”选项卡“媒体”功能区中的“音频”按钮，在下拉列表选择“PC 上的音频”命令，然后选中准备好的音频文件，单击“插入”按钮，这时会看到幻灯片编辑区出现一个小喇叭，代表插入音频成功。单击该音频符号的小喇叭，在功能区会出现“音频工具”，单击“播放”功能选项卡，里面包含了“预览”“书签”“编辑”“音频选项”“音频样式”等功能区，部分功能区如图 18-18 所示，可对插入的音频文件进行各种设置。例如，设置“音频选项”功能区里“开始”选项为“自动”，就可以在播放演示文稿时自动播放音乐，当然也可以选择“单

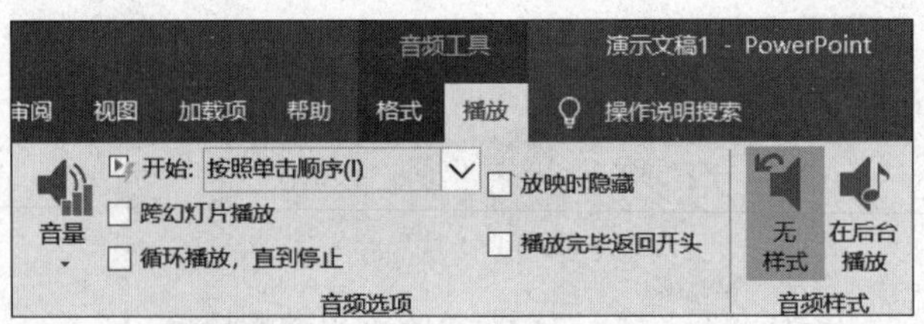

图 18-18 “音频工具 播放”选项卡

击时播放”。

另一种插入音频的方式是利用“插入”功能选项卡。单击“媒体”功能区中的“音频”按钮,在下拉列表中选择“录制音频”命令,弹出“录制声音”对话框,单击“录制”按钮即可录制需要的音频,如图 18-19 所示。

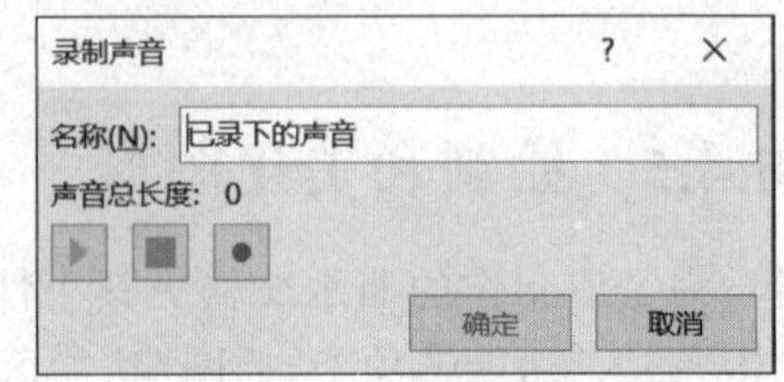

图 18-19 “录制声音”对话框

2. 插入视频

在演示文稿中插入视频和影片能够使 PPT 更加生动有趣。首先打开 PowerPoint 2019 演示文稿,单击“插入”功能选项卡“媒体”功能区中的“视频”按钮,在下拉列表中选择“PC 上的视频”命令,然后选中已准备好的视频文件,单击“插入”按钮,这时会看到幻灯片编辑区出现了插入的视频。单击该视频,在出现的“视频工具”里包含“格式”与“播放”两个功能选项卡。“格式”功能选项卡中包含了“预览”“调整”“视频样式”“辅助功能”“排列”“大小”功能区,部分功能区的显示如图 18-20 所示;“播放”功能选项卡中包含了“预览”“书签”“编辑”和“视频选项”功能区,部分功能区的显示如图 18-21 所示,可对插入的视频文件进行各种设置。

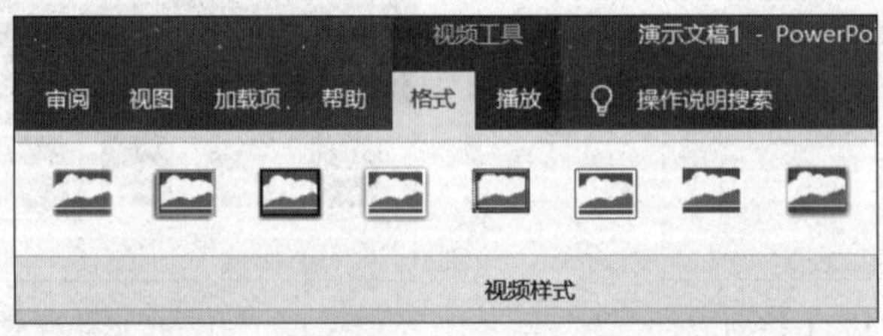

图 18-20 “视频工具 格式”功能选项卡

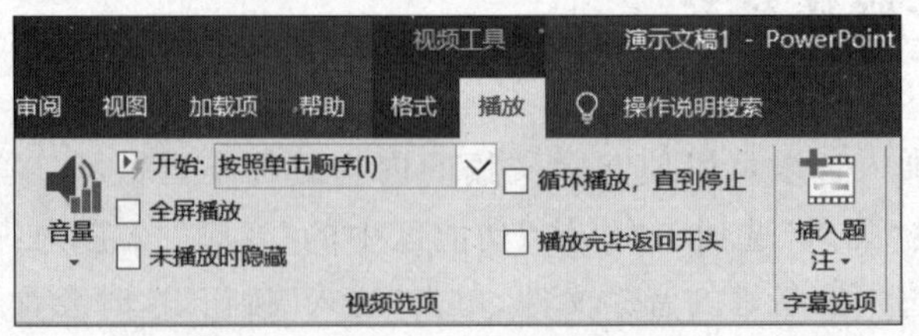

图 18-21 “视频工具 播放”功能选项卡

另一种插入视频的方式为单击“插入”功能选项卡的“媒体”功能区中“视频”按钮,在下拉列表中选择“联机视频”命令,在弹出的“在线视频”对话框中输入在线视频地址即可完成插入，如图 18-22 所示。

3. 屏幕录制

PowerPoint 2019 新增加了录制屏幕操作的功能。单击“插入”功能选项卡“媒体”功能区中的“屏幕录制”按钮，在弹出的“屏幕录制”对话框中单击“选择区域”选项，在屏幕上用鼠标拖出红色虚线录屏区域（红色框内的操作能够被录制）。单击“录制”按钮，进入准备阶段，出现 3、2、1 倒计时信息，并在红色方框里提示按 Win+Shift+Q 组合键结束录制。操作结束后，录制的视频就在刚才选定的区域，并且在视频的下端有操作按钮，可以进行播放。单击录制的视频，会出现“视频工具”，利用“播放”选项卡下的按钮工具可以对视频进行进一步的编辑，比如设置播放方式、插入字幕等，利用“视频工具”里的“格式”选项卡下的按钮工具可以调整视频的颜色、对比度，或者选择视频样式，给视频加边框，添加视频效果等。

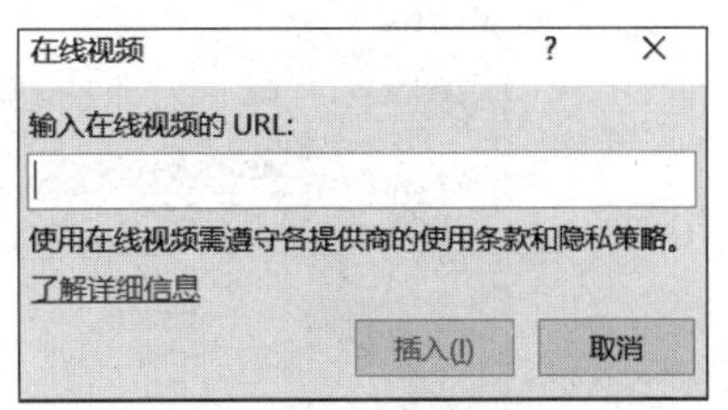

图 18-22　“在线视频”对话框

18.5　设置幻灯片链接

18.5.1　缩放定位

缩放定位有三种类型，分别是摘要缩放定位、节缩放定位和幻灯片缩放定位。

(1) 摘要缩放定位：为每页 PPT 建立一个节，然后将每一节的缩略图作为摘要。

(2) 节缩放定位：和摘要缩放定位基本类似，不过 PPT 必须要有“节”才可以插入。

(3) 幻灯片缩放定位：选择一些幻灯片，然后在第一页建立缩略图。

要对幻灯片进行缩放定位，首先打开需要设置缩放定位的 PowerPoint 2019 演示文稿，选择第一张幻灯片，单击“插入”功能选项卡“链接”功能区中的“缩放定位”按钮，在下拉列表中选择“幻灯片缩放定位”命令，弹出“插入幻灯片缩放定位”对话框，然后选中需要定位的幻灯片，再单击“插入”按钮，这样就实现了对幻灯片的缩放定位了。

18.5.2　超链接设置

超链接是指一张幻灯片与另一张幻灯片、自定义放映、网页或文件建立连接关系。超链接本身可以是文本或对象，例如文本框、图片、图形、形状或艺术字。

打开需要设置超链接的 PowerPoint 2019 演示文稿，选中要设置超链接的文字，单击“插入”功能选项卡“链接”功能区中的“链接”按钮，弹出“插入超链接”对话框，如图 18-23 所示。选择“本文档中的位置”选项，在右边的列表框中选择需要链接到的幻灯片。添加超链接后文字下面多了一条下画线，而且字体颜色也发生了变化。链接需要在放映的状态下才有效，在放映状态下，单击设置了超链接的文字，即跳转到所链接的幻灯片。

“插入超链接”对话框中“链接到”部分有以下 4 个选项。

(1) 现有文件或网页：可链接到另一演示文稿（选择一文稿）或网页（在地址栏输入完整的网页地址）。

(2) 本文档中的位置：可链接到文档中的某个位置。

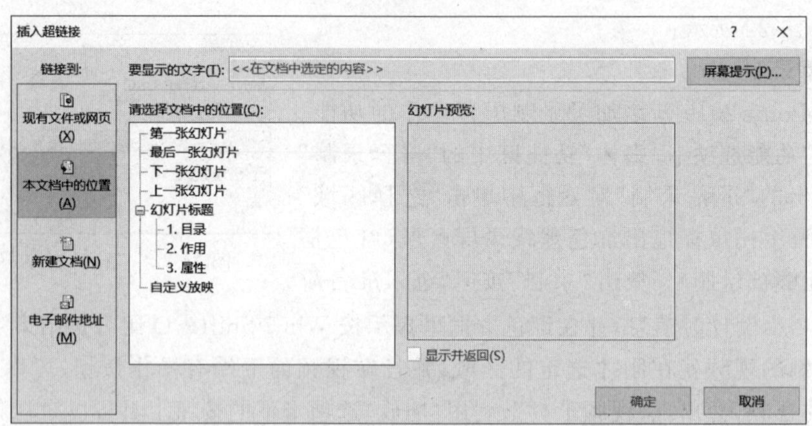

图 18-23 “插入超链接”对话框

(3) 新建文档：链接到一个直接建立的新文档。

(4) 电子邮件地址：在“电子邮件地址”栏里输入正确的 E-mail 地址，即可链接到指定的电子邮件。

如何取消已建立的超链接呢？可选中已添加了超链接的对象，右击，在弹出的快捷菜单中选择“取消超链接”命令，即可取消超链接。

18.5.3 动作设置

动作设置是为某个对象(如文字、文本框、图片、形状或艺术字等)添加相关动作，使其变成一个按钮，单击该按钮可跳转到其他幻灯片或其他文档中。

单击“插入”功能选项卡“链接”功能区中的“动作”按钮，弹出“操作设置”对话框，如图 18-24 所示。在“单击鼠标”和“鼠标悬停”选项卡中都有一个“超链接到”选项，选择下拉列表中需链接的位置，单击“确定”按钮即可。

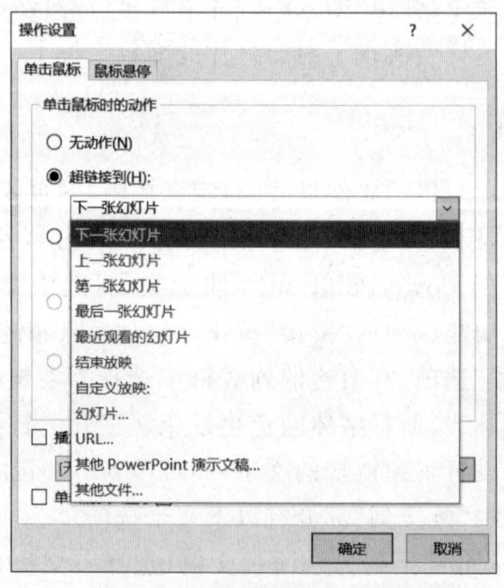

图 18-24 “操作设置”对话框

18.5.4　修改超链接颜色

插入超链接后，系统会设置默认的颜色。如果想更换超链接颜色，可单击“设计”功能选项卡“主题”功能区中的“颜色”按钮，打开“颜色”下拉列表并找到“自定义颜色”选项，在弹出的“新建主题颜色”对话框中设置“超链接”和“已访问的超链接”选项的颜色，可根据个人喜好进行颜色的设置，如图 18-25 所示。

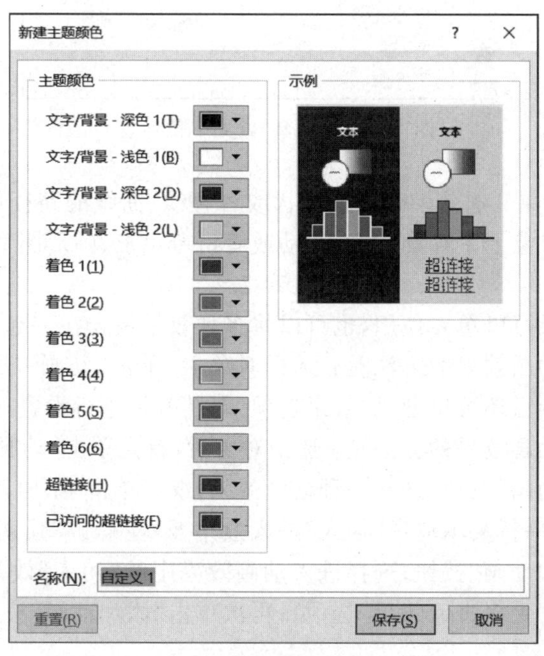

图 18-25　“新建主题颜色”对话框

18.6　设置演示文稿的动画效果

18.6.1　添加幻灯片动画效果

PowerPoint 2019 演示文稿中的文本、图片、形状、表格、SmartArt 图形和其他对象都可以制作成动画，赋予它们进入、退出、大小或颜色变化甚至移动等视觉效果，如图 18-26 所示。

动画效果与幻灯片切换

下面介绍其中的 4 种效果。

(1)“进入”效果：可用“动画”功能选项卡“动画”功能区中的“进入”或“更多进入效果”选项进行设置。

(2)“强调”效果：可用“动画”功能选项卡“动画”功能区中的“强调”或“更多强调效果”选项进行设置。包括“基本型”“细微型”“温和型”以及“华丽型”4 种特色动画效果。

(3)“退出”效果：与“进入”效果类似，但是作用相反，它是对象退出时所表现的动画形式。可用“动画”功能选项卡“动画”功能区中的“退出”或“更多退出效果”选项进行设置。

图 18-26 "动画"效果下拉列表

(4)"动作路径"效果：这是一个根据形状或者直线、曲线的路径展示对象游走的路径。使用这些效果可以使对象上下移动、左右移动或者沿着星形、圆形图案移动。

1. 添加动画

以上 4 种动画效果可以单独使用，也可以将多种效果组合在一起使用。

为对象添加一种动画效果的方法是：选择对象后，单击"动画"功能区中的任意一个动画即可。添加一个动画后还可以通过"效果选项"对其效果进行设置，如图 18-27 所示。

为对象添加多种动画效果的方法是：选中对象后，首先单击"动画"功能选项卡"高级动画"功能区中的"添加动画"按钮，选择一种动画效果；继续单击"添加动画"按钮，选择另一种动画效果。例如，要对一行文本应用"切入"进入效果及"陀螺旋"强调效果，操作方法如下：选中该文本，单击"添加动画"按钮，选择进入动画效果中的"切入"效果(在进入动画默认选项中找不到时，可单击"更多进入效果"选项)；再次单击"添加动画"按钮，在"强调效果"选项里选择"陀螺旋"效果。

"动画刷"是复制一个对象的动画并应用到其他对象的动画工具。它复制的只是动画格式。

使用方法如下：选中已设置动画的对象，单击/双击"动画刷"按钮(单击动画刷，动画刷工具只能使用一次；双击动画刷就可以多次使用，直到再次单击动画刷才退出)，当光标变成刷子形状时，单击需要设置相同自定义动画的对象即可。

2. 设置动画播放方式

如果一张幻灯片中多个对象都添加了动画效果时，就需要设置动画的播放顺序。"动画"功能选项卡"计时"功能区中按钮及选项可以对自定义动画开始时间、延时或者持续动画时间等进行设置，如图 18-28 所示。

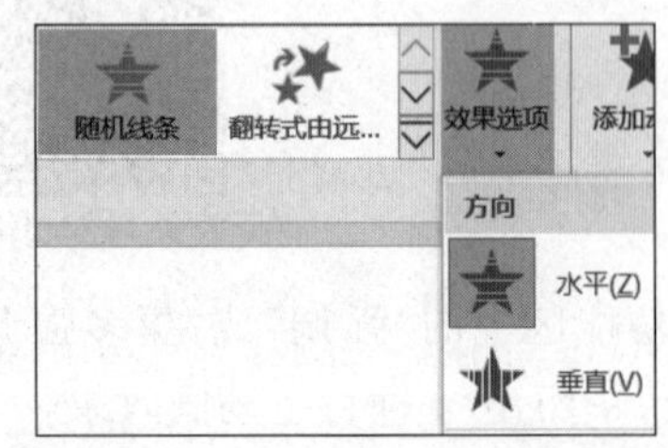

图 18-27 效果选项

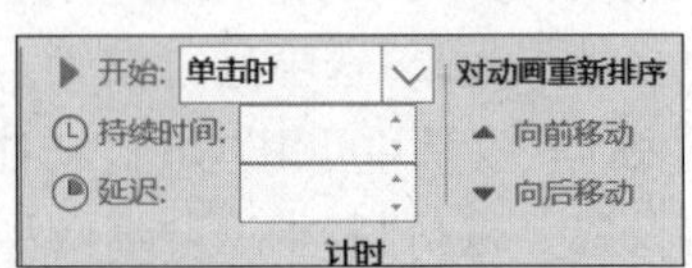

图 18-28 "计时"功能区

（1）开始：对象动画的开始执行时间。默认情况下选择“单击时”，即单击幻灯片时开始播放动画。单击“开始”选项的下拉按钮，在列表中还有“与上一动画同时”和“上一动画之后”选项。选择“与上一动画同时”选项，即表示与同一张幻灯片中的上一动画同时执行（包含幻灯片切换效果）；选择“上一动画之后”选项表示上一动画结束后立即执行。

（2）持续时间：指本次动画效果持续播放的时间，可以对动画执行的速度进行调整。

（3）延迟：动画效果延后执行的时间。可设置两种动画效果同时执行，并设置第二种动画效果延时 1 秒播放。

（4）对动画重新排序：对动画效果的执行顺序进行调整。选中一种动画效果，单击“向前移”或“向后移”按钮调整它的执行顺序。还有一种方法是单击“动画”功能选项卡“高级动画”功能区中的“动画窗格”按钮，右侧会显示“动画窗格”对话框，可以按住鼠标左键不放将动画效果直接拖到目标执行位置。

18.6.2　设置幻灯片的切换效果

演示文稿放映过程中由一张幻灯片进入另一张幻灯片就是幻灯片之间的切换。为了使幻灯片放映更具有趣味性，在幻灯片切换时应使用不同的技巧和效果。PowerPoint 2019 为用户提供了细微型、华丽型、动态内容三大类切换效果。设置切换效果的方法如下。

打开需要设置切换效果的演示文稿，选择“切换”功能选项卡，在“切换到此幻灯片”功能区中选择一种切换效果，如图 18-29 所示。如果想选择更多的效果，可以单击“其他”选项，然后在“其他”效果列表中进行选择。设置了切换效果以后，还可以对其“效果选项”进行设置，如对“计时”功能区中的声音、持续时间、是否全部应用、切换方式等进行设置。如果想让所有的幻灯片都使用当前的切换效果，可单击“计时”功能区中的“全部应用”按钮；如果想让不同的幻灯片的切换效果不一样，可对需要设置切换效果的幻灯片分别进行设置。在设置完成后，要进行预览，并在各种视图下进行查看，观察其使用效果，防止正式播放时出现错误。

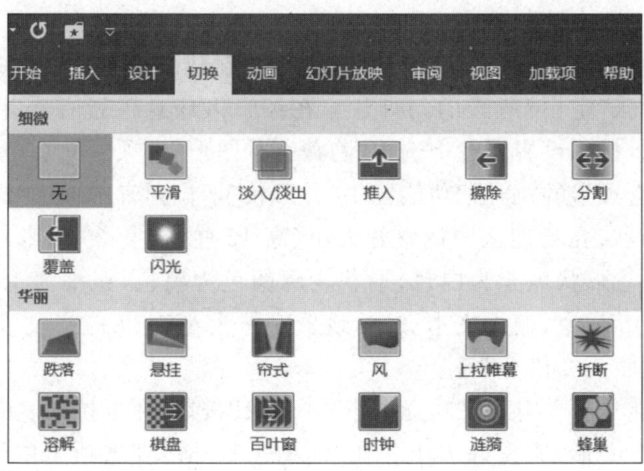

图 18-29　“切换”功能区

18.7 任务实施

李老师经过大致的设计和搜集与安全相关的资料素材后,开始创建演示文稿。具体操作步骤始下。

安全主题班会

1. 制作 1~8 张幻灯片

(1) 第 1 张幻灯片的制作

启动 PowerPoint 2019,新建一个空白演示文稿。单击编辑区,自动生成第一张幻灯片。从“设计”功能选项卡“主题”功能区中选择“环保”主题;在“变体”功能区中单击“字体”按钮,在其下拉列表中选择“华文中宋”;在“自定义”功能区中选择幻灯片大小为“宽屏(16∶9)”。

在“单击此处添加标题”的占位符中输入“校园安全教育”,在“单击此处添加副标题”的占位符中输入“安全行为习惯养成教育主题班会”,如图 18-30 所示。

图 18-30　第 1 张幻灯片的最终效果图

(2) 第 2 张幻灯片的制作

单击“开始”功能选项卡的“幻灯片”功能区中的“新建幻灯片”按钮,从下拉列表中选择“空白”版式,新建一张“空白”版式的幻灯片。在编辑区任意位置右击并选择“设置背景格式”命令,在右侧背景格式设置属性中选中“隐藏背景图形”选项。

在“插入”功能选项卡的“插图”功能区中的“形状”下拉列表中选择“矩形:对角圆角”形状,在编辑区画出形状,在功能区中调整好大小(高 12 厘米、宽 26 厘米)。在“绘图工具 格式”功能选项卡中设置形状填充为白色,形状轮廓颜色为黑色,粗细为 1.5 磅。选中图形并右击,选择“编辑文字”命令,输入文本文字,设置字体大小为 28;在“段落”功能区里设置对齐方式为左对齐,行距为 2 倍行距。

单击“插入”功能选项卡“插图”功能区中的“形状”按钮,在下拉列表中选择“心形”形状,在编辑区中画出一个心形,调整好大小。在“绘图工具 格式”选项卡中设置形状填充为白色,形状轮廓颜色为黑色,粗细为 1.5 磅。接着复制心形,使两个心形上下方向错位叠放。选中上面的“心形”图形,右击选择“编辑文字”命令,输入文字“前”,设置字体大小为 48,颜色为橙色。选中两个心形,右击,选择“组合”命令,接着通过旋转和移动调整图形的位置。

最后复制这两个心形到右侧，并修改文字为“言”，再调整放置的位置，如图 18-31 所示。

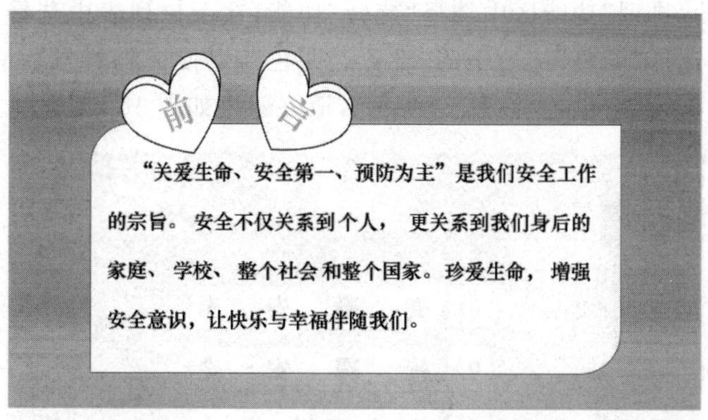

图 18-31　第 2 张幻灯片的最终效果图

(3) 第 3 张幻灯片的制作

新建一张“标题和内容”幻灯片，在背景格式设置属性中选中“隐藏背景图形”选项。在“单击此处添加标题”的占位符中输入“目录”。用鼠标选中“单击此处添加文本”占位符，按 Delete 键将其删除。

单击“插入”功能选项卡的“插图”功能区中的“形状”按钮，在下拉列表中选择“矩形：圆角”形状，在编辑区目录文字下绘制一个高为 2 厘米，宽为 2 厘米的矩形，形状填充颜色为白色，形状轮廓为无，形状效果阴影偏移右下。选中图形，右击并输入文字“01”，字号为 25，字体加粗。

单击“插入”功能选项卡的“插图”功能区中的“形状”按钮，在下拉列表中选择“矩形：剪去边角”，在编辑区目录文字下绘制一个高为 2 厘米，宽为 12 厘米的矩形，形状填充颜色为白色，形状轮廓为无，形状效果阴影偏移右下。单击“插入”功能选项卡“文本”功能区中的“文本框”按钮，选择“横排文本框”命令，在编辑区中绘制文本框，输入文字“交通安全”，接着在“大小”功能区中设置高为 2 厘米，宽为 12 厘米。在“开始”功能选项卡“字体”功能区中设置字体为“华文中宋”，字号为 36，加粗，黑色；在“段落”功能区中设置文字的对齐方式为分散对齐，形状轮廓为无，形状效果为阴影、外部、右下斜偏移。

按住 Ctrl 键的同时选中“矩形：圆角”“矩形：剪去边角”“横排文本框”，右击，选择“组合”命令。再次按快捷键 Ctrl＋C 复制组合框，按快捷键 Ctrl＋V 粘贴 3 次，把组合框中的文字分别修改为“02 校园安全”“03 饮食卫生安全”“04 其他安全”，参考效果图放置在大致的位置。接着按住 Ctrl 键逐个选中这 4 个组合框，在出现的“绘图工具 格式”功能选项卡中“排列”功能区下的“对齐”下拉列表中选择“左对齐”和“纵向分布”命令，最终得到的效果如图 18-32 所示。

(4) 第 4 张幻灯片的制作

新建一张“两栏内容”版式幻灯片，在“单击此处添加标题”的占位符中输入“一 交通安全”。在左侧“单击此处添加文本”的占位符中输入相应的文字，并设置正文内容文字大小为 20，在“段落”功能区中设置行距为 1.5 倍。

在右侧“单击此处添加标题”的占位符中单击“联机图片”按钮弹出“联机图片”对话框，在搜索栏中输入“汽车简笔画”，取消选中“仅限 Creative Commns”选项，查找到相应的图形，选中该图形并单击"插入"按钮，如图 18-33 所示，该图形便插入到编辑区中。在"图形格式"功能选项卡的"排列"功能区中选择"旋转"功能，在下拉列表中选择"水平翻转"命令，在"调整"功能区中选择"颜色"选项中的"设置透明色"，以便去除背景。最后选择"调整"功能区中的"颜色"选项为"金色，个性色 6，浅色"，最终效果如图 18-34 所示。

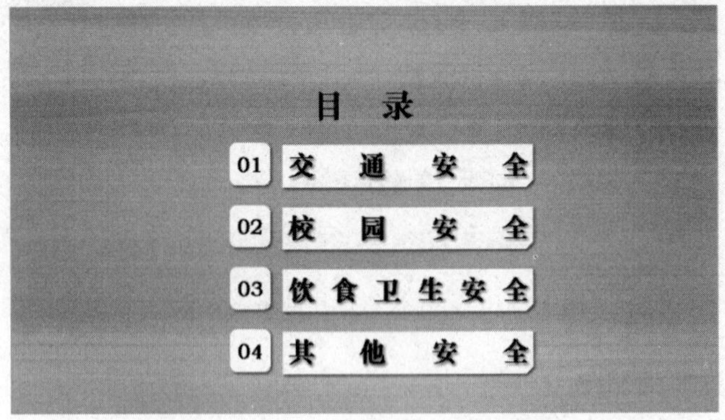

图 18-32　第 3 张幻灯片的最终效果图

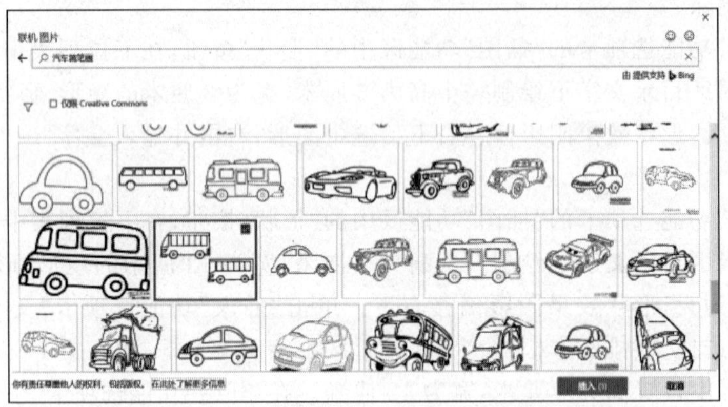

图 18-33　通过"联机图片"功能查找汽车简笔画"

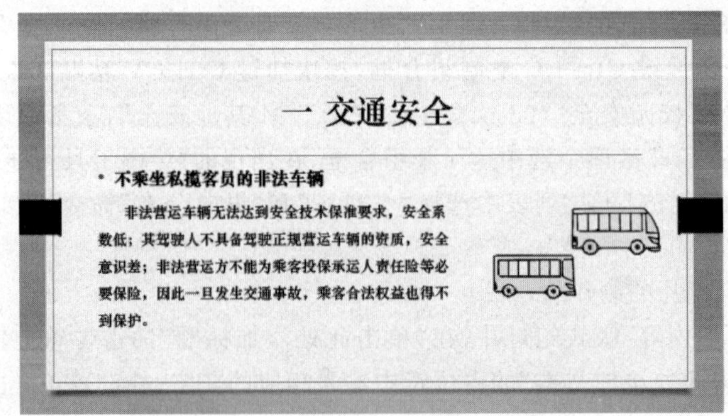

图 18-34　第 4 张幻灯片的效果图

（5）第 5 张幻灯片的制作

新建一张“标题和内容”幻灯片，在“单击此处添加标题”的占位符中输入“二 校园安全”。在“单击此处添加文本”的占位符中输入相应的文字。

单击“插入”功能选项卡“插图”功能区中的“形状”功能下的“基本形状”→“云形”，在“绘图工具 格式”功能选项卡中设置形状填充颜色为无，形状轮廓为黑色，粗细为 3 磅，形状高 6 厘米、宽 9 厘米。单击“插入”功能选项卡“文本”功能区中的“文本框”按钮，选择“横排文本框”，并设置高 4 厘米、宽 6.5 厘米，然后输入文字。在“开始”选项卡“字体”功能区中设置字体为“微软黑雅”，字号为 18，黑色。

按住 Ctrl 键的同时选中“云形”“横排文本框”，右击，选择“组合”命令，再按组合键 Ctrl＋C复制组合框，用组合键 Ctrl＋V 粘贴 2 次；把组合框中文字修改成相应的文本，参考效果图放置在大致的位置。接着按住 Ctrl 键逐个选中这 3 个组合框，在出现的“绘图工具 格式”功能选项卡中“排列”功能区下的“对齐”下拉列表中选择“顶端对齐”和“横向分布”命令，最终得到的效果如图 18-35 所示。

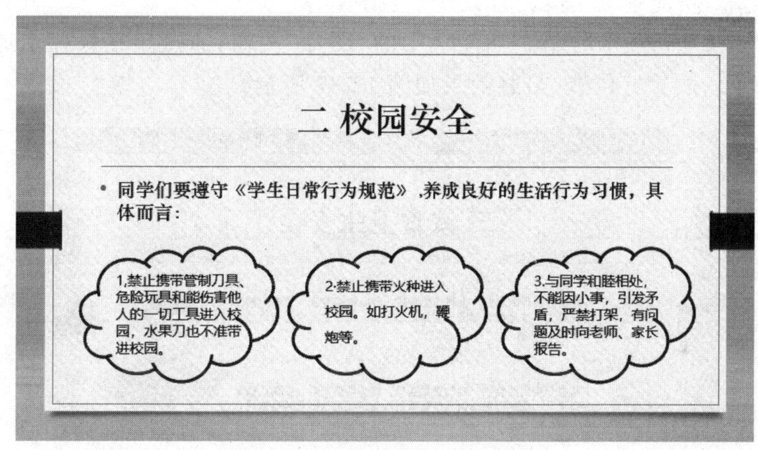

图 18-35 第 5 张幻灯片的效果图

（6）第 6 张幻灯片的制作

新建一张“标题和内容”幻灯片，在“单击此处添加标题”的占位符中输入“三 饮食卫生安全”。用鼠标选中“单击此处添加文本”占位符，按 Delete 键将其删除。

在“插入”功能选项卡“插图”功能区中单击“形状”选项，从打开的下拉列表中选择相应的箭头图标。选中新加入的箭头图标，在“图形工具 格式”功能选项卡中设置“图形填充”为橙色，按住 Shift 键缩放大小，放置好位置。

单击“插入”功能选项卡“文本”功能区中的“文本框”按钮，选择“绘制横排文本框”命令，在编辑区单击，输入相应的文字。选中文本框，在“绘制工具 格式”功能选项卡“大小”功能区中设置高为 3 厘米、宽为 19 厘米。在“开始”功能选项卡中设置字体为“华文中宋”，字号为 18；在“段落”功能区中设置对齐方式为左对齐，行距为 1.5 倍，放置好位置。

按住 Ctrl 键同时选中图标与文本框，按快捷键 Ctrl＋C 复制，再按快捷键 Ctrl＋V 粘贴。按下鼠标左键不放，向下移动刚复制出来的两个对象，左边出现垂直对齐线并且上下位置有一定间距时再松开鼠标，如图 18-36 所示。修改文本框里的文字。

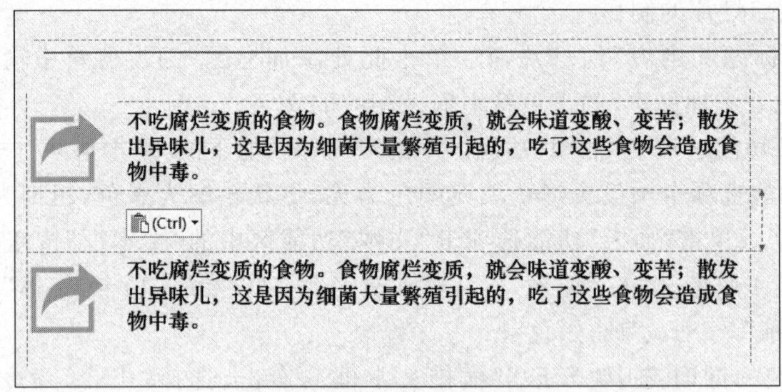

图 18-36　移动复制的图标与文本框

在“插入”功能选项卡“插图”功能区下的“形状”功能中选择“直线”工具，在编辑区两个上下文本框的中间按住 Shift 键绘制一根直线。选中直线，在“绘图工具 格式”功能选项卡中修改“形状轮廓”功能中的“虚线”样式为“短画线”。

单击“插入”功能选项卡“图像”功能区中的“图片”按钮，通过路径选择本地图片“饮食.png”，缩放其大小，放置好位置，最终效果如图 18-37 所示。

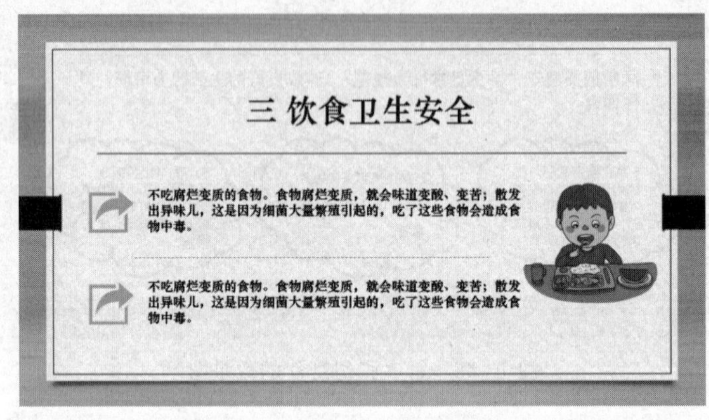

图 18-37　第 6 张幻灯片的效果图

(7) 第 7 张幻灯片的制作

新建一张“标题和内容”幻灯片，在“单击此处添加标题”的占位符中输入“四 其他安全”。用鼠标选中“单击此处添加文本”占位符，按 Delete 键将其删除。

在“插入”功能选项卡“插图”功能区中单击 SmartArt 按钮，在弹出的“选择 SmartArt 图形”对话框中选中“层次结构”标签，在中部的列表区中选择“水平组织结构图”，对话框如图 18-38 所示。默认情况下，SmartArt 图形有一个助手和三个下级，选中助手，如图 18-39 所示，按 Delete 键将其删除，并在左侧文本处输入第一级与第二级的文字。选中整个 SmartArt 图形，修改其大小并放置好位置。在“SmartArt 工具 设计”功能选项卡中单击“更改颜色”按钮，选择“彩色”组下的“彩色范围－个性色 4 至 5”；在“SmartArt 样式”功能区中选择“优雅”样式。

单击“插入”功能选项卡“插图”功能区中的“图表”按钮，弹出“插入图表”对话框，左侧选择“饼图”选项，右侧选择一种“饼图”，单击“确定”按钮。随之弹出 Excel 窗口，在 Excel 里

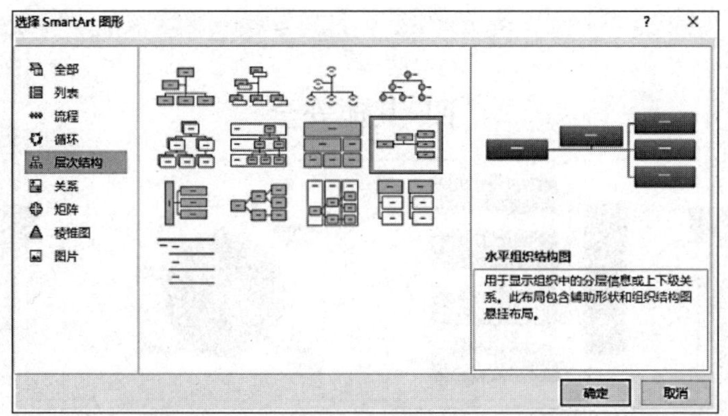

图 18-38 “选择 SmartArt 图形”对话框

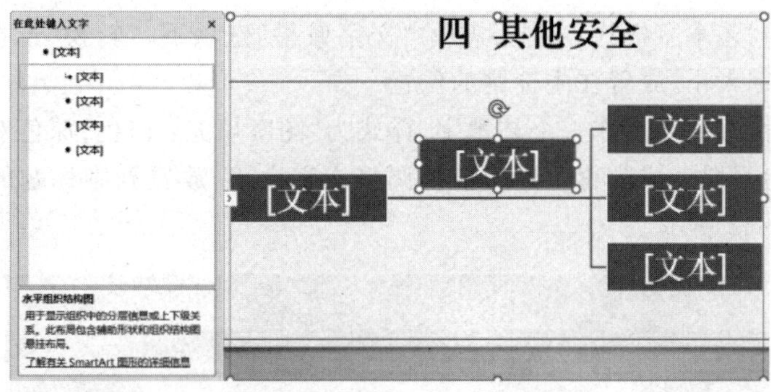

图 18-39 编辑 SmartArt 图形

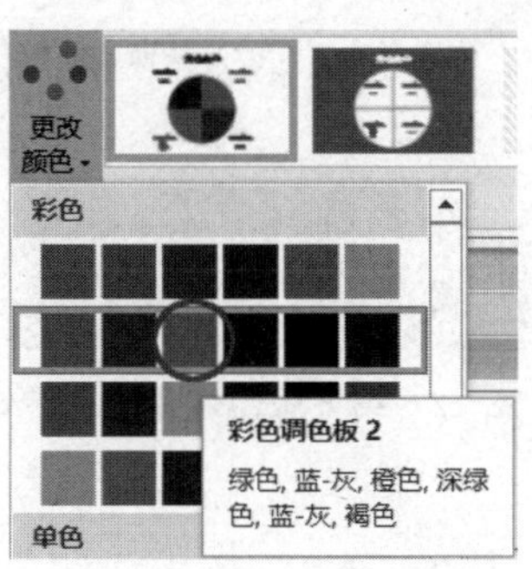

图 18-40 更改饼图颜色

填入表格内容后，关闭 Excel 文件。单击幻灯片编辑区的饼图，在“图表工具 设计”功能选项卡中的“图标样式”功能区中选择“样式 9”，在“更改颜色”下拉列表中选择“彩色调板 2”如图 18-40 所示。最后缩小饼图大小并放至右侧，得到的最终效果如图 18-41 所示。

(8) 第 8 张幻灯片的制作

新建一张“标题版式”幻灯片，选中两个标题占位符并按 Delete 键删除。单击“插入”功能选项卡“文本”功能区中的“艺术字”按钮，从下拉列表中选择艺术字样式“图案填充：橙色，主题色 5，浅色下对角线；边框：橙色，主题色 5”，输入文字“谢谢聆听！”，在“绘图工具 格

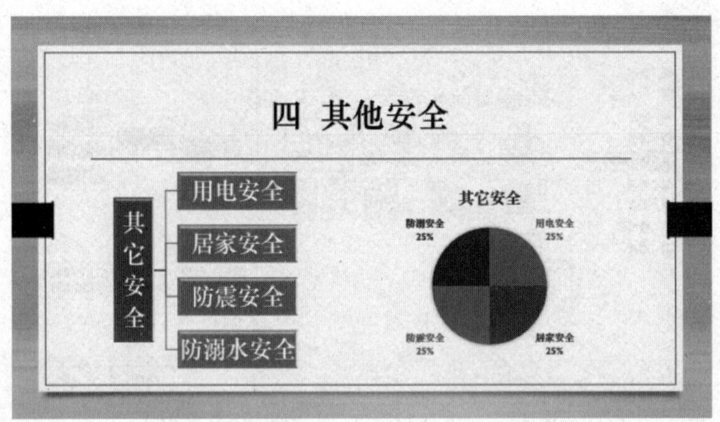

图 18-41　第 7 张幻灯片的最终效果

式”功能选项卡的“艺术字样式”功能区中的“文字效果”选项下，“转换”选择为“双波形：上下”选项，调整文字大小，放置在主标题的位置。

用同样的操作方法再制作一个艺术字，样式为“图案填充：白色；深色对角线；阴影”，输入文字“安全行为习惯养成教育主题班会”，调整文字大小，放置到副标题的位置，最终得到的效果图如图 18-42 所示。

图 18-42　第 8 张幻灯片的最终效果

2. 添加超链接

定位到第 3 张幻灯片，选中“交通安全”文本外，右击，在弹出的快捷菜单中选择“超链接”命令，在“插入超链接”对话框中选择链接到“本文档中的位置”为第 4 张幻灯片。采用同样的方法，将“校园安全”“饮食卫生安全”“其他安全”依次超链接到第 5～7 张幻灯片。

3. 添加动画和切换效果

请同学们试着给每一张幻灯片里的元素添加动画效果，并且为每一张幻灯片添加切换效果，比比谁的 PPT 更加丰富生动。

4. 嵌入字体

为了保证演示文稿在其他计算机上的播放效果，这里需要进行嵌入字体的操作。选择“文件”→“选项”命令，在打开的 Microsoft PowerPoint 选项对话框中单击“保存”按钮，在

“共享此演示文稿时保持保真度”下面选中“将字体嵌入文件”复选框。

至此，安全主题班会演示文稿制作完毕，单击快速工具栏的“保存”按钮，将该演示文稿保存到 D 盘，保存的文件名为“安全主题班会.pptx”。

课 后 练 习

现提供“个人求职简历.pptx”演示文稿素材，要求结合所学知识完成下面的 8 个任务。

任务 18 课后练习

(1) 将演示文稿设置主题为“徽章”，主题颜色为“绿色”，幻灯片大小为“宽屏 16∶9”。

(2) 在第 2 张幻灯片即“目录”幻灯片的文本中设置超链接，链接到相对应的幻灯片页面。

(3) 设置第 3 张幻灯片中的姓名、电话、邮箱，并在前面插入相应的“图标”。

(4) 在第 4 张幻灯片中添加第 4 级，分别输入文字“班长”“学委”“班长”“学委”“班长”。

(5) 给第 5 张幻灯片中的线条设置“按顺序逐条擦除进入”效果，圆形为轮子进入效果，文本框为压缩进入效果。

(6) 在第 6 张幻灯片中插入人物图片，去除其背景颜色。

(7) 在最后添加一张空白版式幻灯片，插入艺术字“给我一个机会，必会还您一个惊喜!”，艺术字样式和大小自定。

(8) 设置日期和编号，使除标题幻灯片外，其他所有幻灯片(第 2～7 张)的日期区都插入自动更新的日期(采用默认日期格式)，在编号区插入相应的幻灯片编号。

任务 19　制作"乡土文化教育"演示文稿

学习目标

➢ 掌握 PowerPoint 的应用技巧。

➢ 能顺利制作案例并达到要求。

任务描述

小林报名参加了学校开展的"PPT 制作"大赛，此次大赛要求在规定的时间内设计制作一个主题为"乡土文化教育"的演示文稿。如何在短时间内制作出一个视觉效果好又方便修改的 PPT 呢？小林决定使用母版设计统一的版式，快速制作出一个美观大方的演示文稿，如图 19-1 所示。

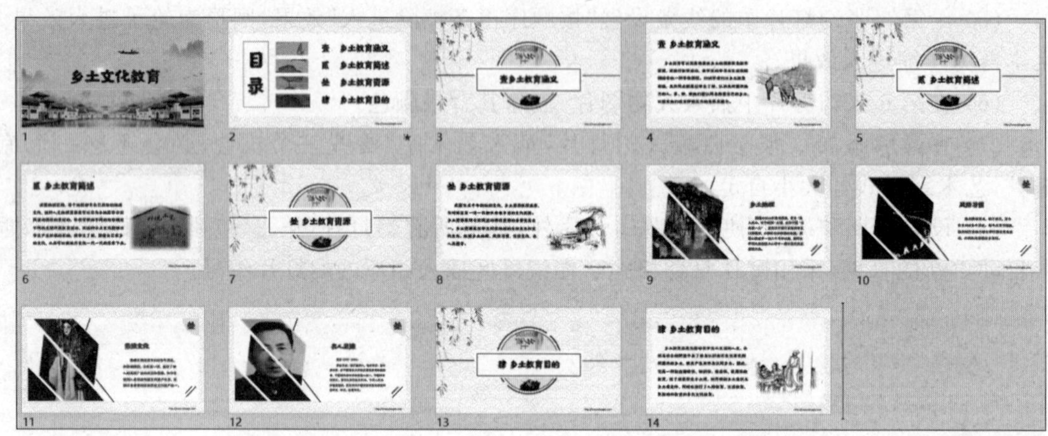

图 19-1　"乡土文化教育"演示文稿最终效果图

19.1　设置幻灯片的外观

本节主要介绍幻灯片的外观，包括幻灯片背景、配色方案、幻灯片版式、幻灯片设计、幻灯片模板等的设置方法。

19.1.1　设置幻灯片背景

一个漂亮的背景或清新或淡雅，能把演示文稿包装得既有创意，又十分好看。其设置方法是：在打开的演示文稿中，单击"设计"功能选项卡"自定义"功能区中的"设置背景格式"按钮，或者在幻灯片页面的任意空白处右击并选择"设置背景格式"命令；文档右侧显示出

“设置背景格式”对话框，包含“填充”“效果”“图片”三个选项。“填充”选项中有“纯色填充”“渐变填充”“图片或纹理填充”“图案填充”4 种填充模式，如图 19-2 所示。插入漂亮的背景图片时选择“图片或纹理填充”选项。在“图片源”里单击“插入”按钮，弹出“插入图片”对话框，选择图片的存放路径，最后单击“插入”按钮即可插入背景图片。如果图片效果只应用于本张幻灯片，单击右上角的“关闭”按钮即可；如果想要应用于全部幻灯片，单击“应用到全部”按钮。“效果”“图片”两个选项 中包含了“艺术效果”“图片校正”“图片颜色”子选项用来修改并美化背景图片的效果，调整图片的亮度、对比度或者更改颜色饱和度、色调，可以重新着色或者实现线条图、影印、蜡笔平滑等效果。

19.1.2 设置幻灯片的配色方案

如果对当前的演示文稿配色方案不满意，可以选择 PowerPoint 内置的配色方案进行调整，并可以修改其背景颜色。设置幻灯片配色方案的方法是：单击“设计”功能选项卡“变体”功能区下的“颜色”按钮，可以在内置的配色方案中进行选择。也可以单击“自定义颜色”，弹出“新建主题颜色”对话框，如图 19-3 所示。

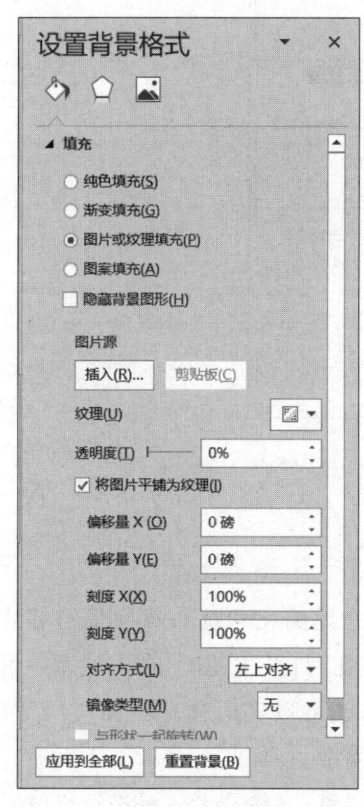

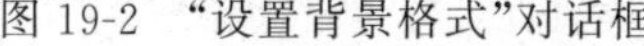
图 19-2 “设置背景格式”对话框

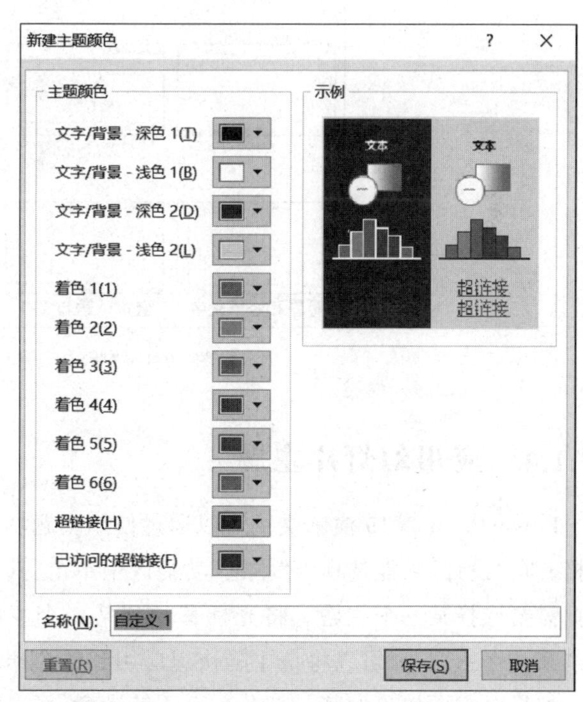

图 19-3 “新建主题颜色”对话框

19.1.3 设置幻灯片版式

在 PowerPoint 中，版式可以理解为“已经按一定的格式预置好的幻灯片模板”，它主要由幻灯片的占位符(一种用来提示如何在幻灯片中添加内容的符号,最大特点是其只在编辑状态下才显示,而在幻灯片放映的模式下看不到)和一些修饰元素构成。

PowerPoint 中已经内置了许多常用的幻灯片版式,如标题幻灯片、标题图片幻灯片、标题内容幻灯片、两栏内容幻灯片等。单击"开始"功能选项卡"幻灯片"功能区中的"新建幻灯片"按钮,在下拉列表中选择任一种版式,就能将此版式应用于当前幻灯片的页面,如图 19-4 所示。

图 19-4 "版式"下拉列表

19.1.4 应用幻灯片主题

PowerPoint 2019 演示文稿可以通过使用主题功能快速地美化和统一每一张幻灯片的风格。在"设计"功能选项卡"主题"功能区中单击"其他"按钮,打开主题库,在主题库中可以根据需要选择某一个主题。将光标移动到某一个主题上,就可以实时预览到相应的效果。单击某一个主题,就可以将该主题快速应用到整个演示文稿中。

如果对主题效果的某一部分元素不够满意,可以通过颜色、字体或者效果进行修改。如果对选择的主题效果非常满意,还可以将其保存下来,以供以后使用。在"主题"功能区中单击"其他"按钮,执行"保存当前主题"命令,如图 19-5 所示,即可保存主题。

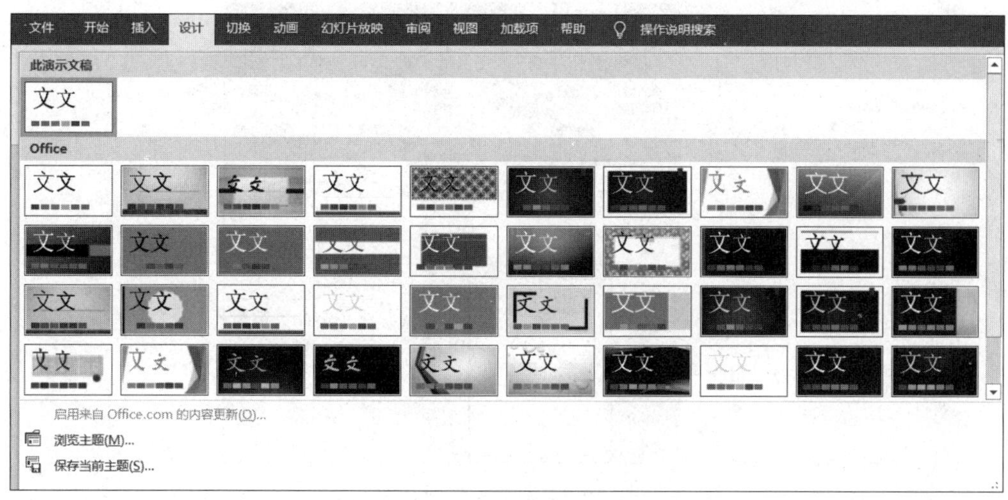

图 19-5　保存当前主题

19.2　幻灯片模板与母版

幻灯片模板是已经定义的幻灯片格式。模板是指一个或多个文件，其中所包含的结构和工具构成了已完成文件的样式和页面布局等元素。幻灯片母版中包含可出现在每一张幻灯片上的显示元素，如文本占位符、图片、动作按钮等。幻灯片母版上的对象将出现在每张幻灯片的相同位置上。使用母版可以方便地统一幻灯片的风格，只需更改一项内容就可以更改所有幻灯片的设计。

母版模板自定义放映

19.2.1　编辑母版

PowerPoint 2019 包含了三个母版，即幻灯片母版、讲义母版和备注母版。当需要设置幻灯片风格时，可以在幻灯片母版视图中进行设置；当需要将演示文稿以讲义形式打印输出时，可以在讲义母版中进行设置；当需要在演示文稿中插入备注内容时，则可以在备注母版中进行设置。

1. 幻灯片母版

幻灯片母版是存储模板信息的设计模板的一个元素。幻灯片母版中的信息包括字形、占位符大小和位置、背景设计和配色方案。用户通过更改这些信息，可以更改整个演示文稿中幻灯片的外观。

新建一个演示文稿，在“视图”功能选项卡“母版视图”功能区中单击“幻灯片母版”按钮，打开幻灯片母版视图，如图 19-6 所示，默认情况下包含 1 个主母版和 11 个版式母版。

主母版上的操作会影响所有版式母版。例如，在左侧列表中选中主母版，右击，弹出快捷菜单，选择“设置背景格式”命令，在“填充”选项里“图片或纹理填充”单击“文件”按钮，插入一幅图片，即在主母板中插入一幅背景图片，这时可以发现除了主母板，各个版式母板的背景也随之改变，如图 19-7 所示。

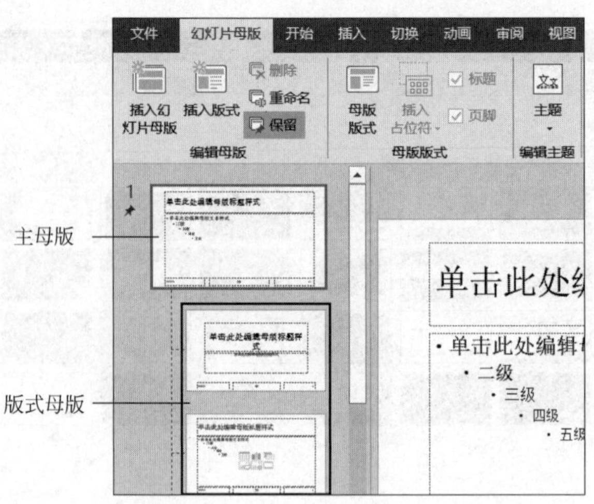

图 19-6　幻灯片母版视图

在版式母版上的操作只对该版式的幻灯片起作用，例如，选择“标题版式”母版，在编辑区插入艺术字“中国风”，如图 19-8 所示，只有该版式母版的内容发生了改变。

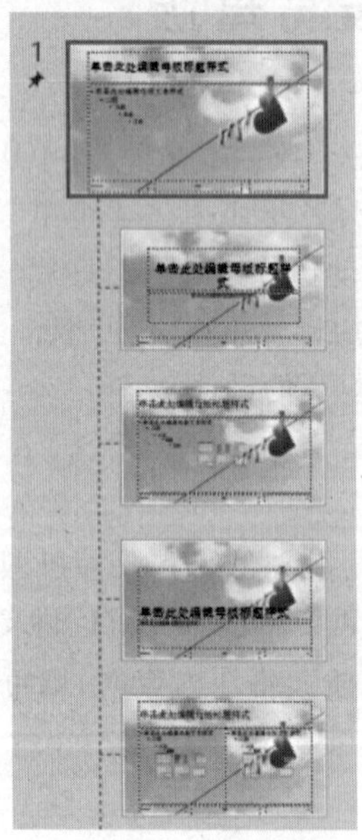

图 19-7　主母板编辑

图 19-8　版式母版编辑

2. 讲义母版

讲义母版是为制作讲义而准备的，通常需要打印输出，因此讲义母版的设置大多和打印页面有关。它允许设置一页讲义中包含几张幻灯片，并设置页眉、页脚、页码等基本信息。在讲义母版中插入新的对象或者更改版式时，新的页面效果不会反映在其他母版视图中。

3. 备注母版

备注母版主要用来设置幻灯片的备注格式，也用来打印输出，所以备注母版的设置大多也和打印页面有关。切换到“视图”功能选项卡，在演示文稿视图组中单击“备注母版”按钮，即可打开备注母版视图。

19.2.2　保存和应用模板

1. 保存模板

一个优秀的演示文稿，其母版只能在一个演示文稿中应用，如何在另一个新建的演示文稿中也能使用呢？只需把此文稿保存成模板形式即可。

打开制作完成的优秀的演示文稿，选择“文件”→“另存为”命令，打开“另存为”对话框，输入文件名“首模板”，选择“保存类型”为 PowerPoint 模板(.potx)，使用路径默认，单击“保存”按钮，如图 19-9 所示，即可把该演示文稿保存为模板。需要使用该文稿样式时，可以用该文稿模板新建文件。

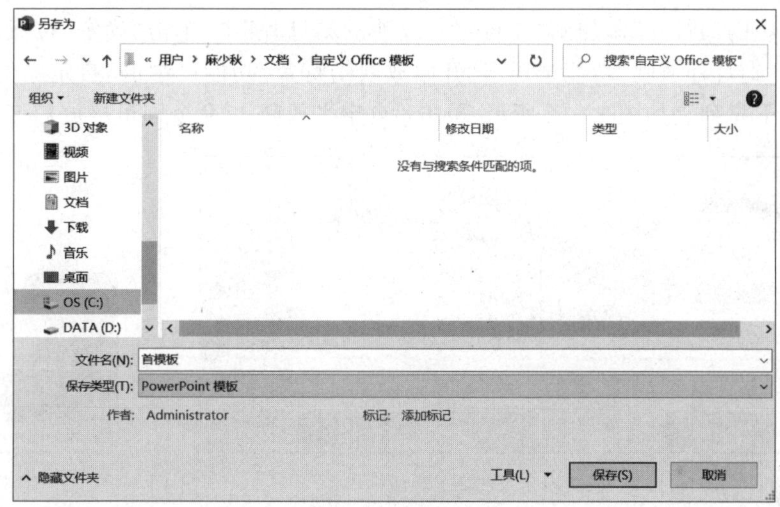

图 19-9　保存模板

2. 应用模板

用“首模板”新建一个演示文稿的操作方法如下：选择“文件”→“新建”命令，在“可用的模板和主题”中单击“自定义”选项，弹出“新建演示文稿”对话框，如图 19-10 所示，在“自定义 Office 模板”中选择“首模板”，单击“创建”按钮。

图 19-10　用模板新建演示文稿

19.3 演示文稿的放映和发布

19.3.1 自定义放映

演示文稿完成后，有时不需要全部播放，则可以采用自定义放映，只播放选中的幻灯片页面。自定义放映是缩短演示文稿时间或面向不同受众进行定制的好方法。自定义放映的操作如下：单击“幻灯片放映”功能选项卡中“开始放映幻灯片”功能区的“自定义幻灯片放映”按钮，弹出“自定义放映”对话框，单击“新建”按钮，弹出“定义自定义放映”对话框，如图 19-11 所示。输入“幻灯片放映名称”，默认为“自定义放映 1”。把需要播放的幻灯片从“在演示文稿中的幻灯片”添加到“在自定义放映的幻灯片”中，单击“确定”按钮。设置完成后，再次单击“幻灯片放映”功能选项卡“开始放映幻灯片”功能区中的“自定义幻灯片放映”按钮，打开的下拉列表如图 19-12 所示，单击 “自定义放映 1”命令即可播放幻灯片。

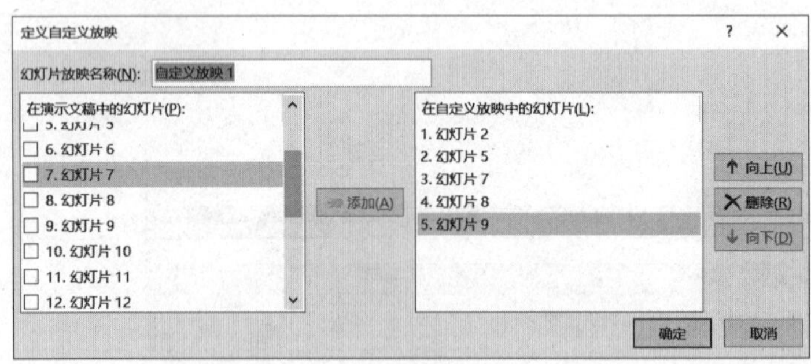

图 19-11 “定义自定义放映”对话框

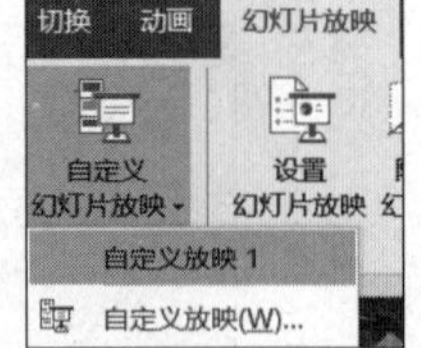

图 19-12 自定义幻灯片放映

19.3.2 排练计时

通过排练为每张幻灯片确定适当的放映时间，并记录下来，以便更好地实现自动放映幻灯片。使用排练计时功能记录幻灯片放映时间的操作如下：打开演示文稿，在“幻灯片放映”功能选项卡“设置”功能区中，单击“排练计时”按钮，这时会放映幻灯片，窗口左上角出现一个录制的方框，方框里可以设置暂停、继续等。这时由操作者手动控制每一张幻灯片的放映时长，单击可切换一张幻灯片。放映结束后，会出现提示信息为“幻灯片放映共需时长，是否保存新的换灯片排练时间”，单击“是”按钮，会记录下每一张幻灯片播放的时长。在“视图”功能选项卡中将幻灯片视图选为“幻灯片浏览”，即可查看每一张幻灯片播放需要的时间。

19.3.3 设置幻灯片放映

演示文稿制作完成后，有的由演讲者播放，有的让观众自行播放，这就需要通过设置幻灯片放映方式进行控制。设置放映方式的操作如下：打开需要放映的演示文稿，单击“幻灯片放映”功能选项卡“设置”功能区中的“设置换灯片放映”按钮，弹出“设置放映方式”对话框，如图 19-13 所示，选择一种“放映类型”(如“观众自行浏览”)，确定“放映幻灯片”范围(如第2～5张)，设置好“放映”选项(如“循环放映，按 Esc 键终止”)，单击“确定”按钮。

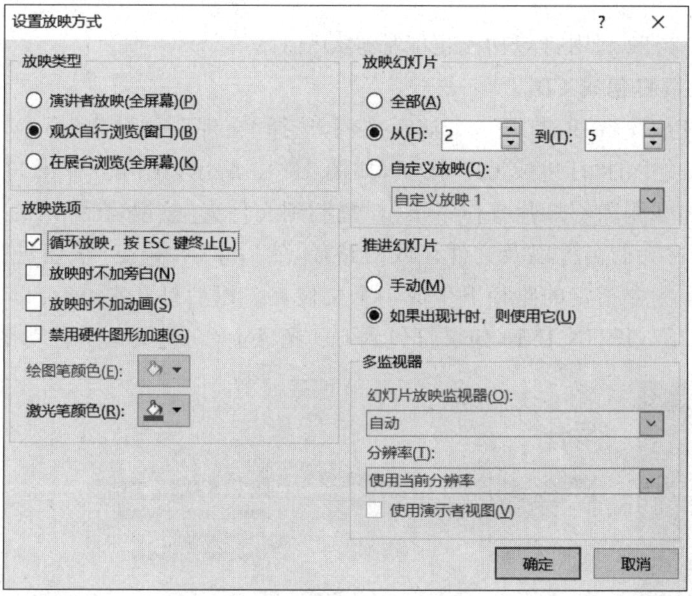

图 19-13　“设置放映方式”对话框

19.3.4　打印演示文稿

打印演示文稿的具体操作方法如下：选择“文件”→“打印”命令，展开“打印”页面，如图 19-14 所示，可以进行打印设置。比如设置幻灯片打印的份数、选择打印机设备、打印范围、打印的格式，每页打印几张幻灯、幻灯片打印的纸张方向、打印颜色等，设置完毕就可以打印了。其中打印范围自定义时，“2,4,6-10”表示，打印第 2、4、6、7、8、9、10 张幻灯片，其中“,”为打印不连续页面的分隔，“—”为打印连续页面的表示。

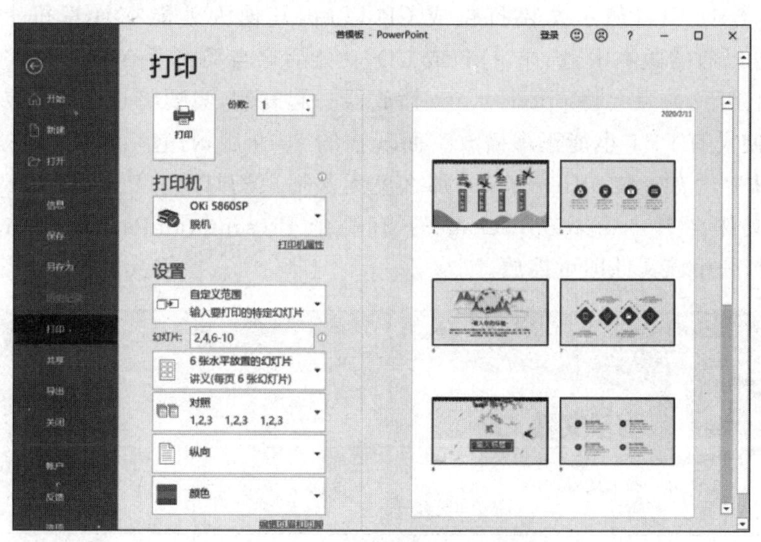

图 19-14　打印参数的设置

19.3.5 打包演示文稿

PowerPoint 2019 利用打包功能也能播放幻灯片。

1. 将演示文稿打包成 CD

运行 PowerPoint 2019,打开一个演示文稿,选择“文件”→“导出”命令,单击“将演示文稿打包成 CD”选项中的“打包成 CD”按钮,如图 19-15 所示,这时会弹出“打包成 CD”对话框,然后进行添加和删除幻灯片操作。单击“复制到文件夹”按钮,在弹出的“复制到文件夹”对话框中设定文件夹的名称以及文件存放的路径,然后单击“确定”按钮进行打包。等待系统打包完成,会在刚才指定的路径下生成一个文件夹。以后打开它,就可以在文件窗口看到自动运行文件 AUTORUN.INF,如果打包到 CD 光盘上,它就具备了自动播放的功能。

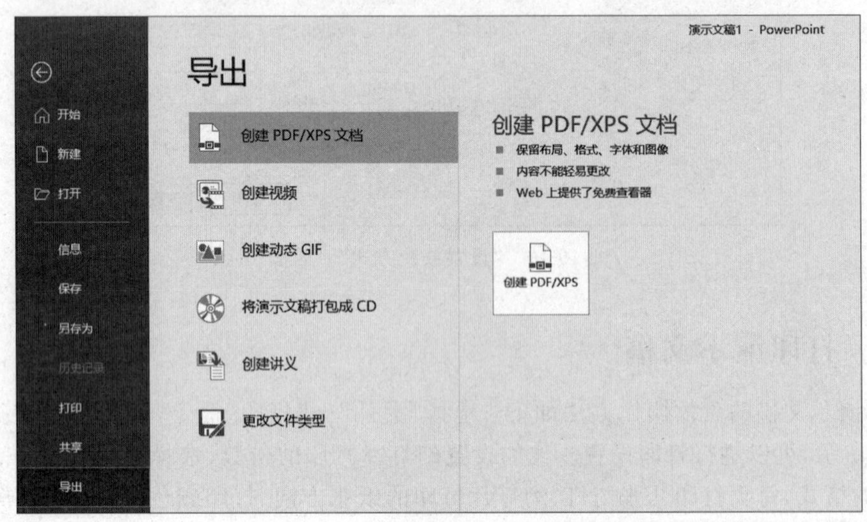

图 19-15 演示文稿打包成 CD

在 Office 2019 中将演示文稿打包成 CD 以后,其他人就能在计算机上播放了。在 Office 2003 等以前的版本中,选择“打包成 CD”功能后会自动将所有的视频、声音等文件复制到同一个目录下,并且会将 pptview.exe 播放器一起复制,只要将这个文件夹复制到别的计算机上,即使没有 PPT 也能正常播放。而现在的 2019 版,打包后里面没有播放器,如果别人的计算机上没有安装 Office 2019,那么就无法播放幻灯片。PowerPoint 2019 打包成 CD 后,有一文件夹 PresentationPackage 下有一个 PresentationPackage.html,打开后如图 19-16 所示,利用该文件即可播放。

图 19-16 PresentationPackage.html

2. 创建视频演示文稿

Microsoft PowerPoint 2019 提供了直接将演示文稿转换为视频文件的功能，而且可以包含所有未隐藏的幻灯片、动画甚至媒体等。

创建视频演示文稿的方法是：选择“文件”→“导出”命令，再选择“创建视频”选项，展开“创建视频”设置界面，如图 19-17 所示。对各项参数进行设置后，单击“创建视频”按钮，选择保存位置，输入保存的文件名，单击“保存”按钮即可。这里创建的视频格式为“.wmv”。

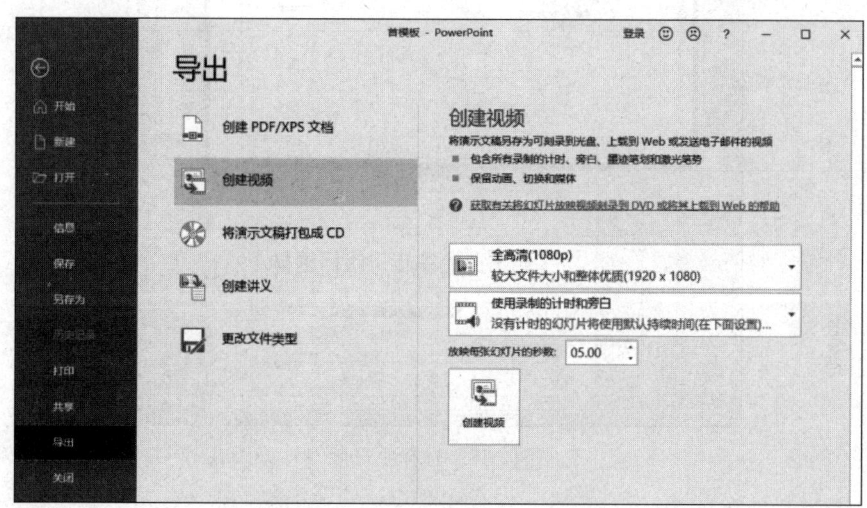

图 19-17　“创建视频”设置界面

19.4　任务实施

为了设计制作“乡土文化教育”演示文稿，小林做了大量的准备工作，收集了相关的图片素材，对文字素材也进行了提炼，以下是小林设计制作演示文稿的具体步骤。

任务 19 实施

1. 母版设计

(1) 主母版设计

打开 PowerPoint 2019 软件，自动新建一个演示文稿，单击“设计”功能选项卡“自定义”功能区中的“幻灯片大小”按钮，选择“宽屏(16∶9)”。单击“视图”功能选项卡“母版视图”功能区中的“幻灯片母版”按钮，打开幻灯片母版视图。选中主母版，如图 19-18 所示，右击，在弹出的快捷菜单中选择“设置背景格式”命令，在展开的“设置背景格式”界面中设置“填充”项，选择“图案或纹理填充”选项，在“图片源”选项中单击“插入”按钮，从素材中选择背景图片。用鼠标框选主母版中的所有占位符，按 Delete 键将其删除。单击“插入”功能选项卡的“文本”功能区中的“文本框”按钮，选择“横排文本框”命令，输入 http://www.xiangtu.com，设置字体为 Calibri，字号为 14，颜色为“茶色，背景 2，深色 75%”。选择该文本框(注意是文本框而不是文字)，右击，在弹出的快捷菜单中选择“超链接”命令，弹出“插入超链接”对话框，在该对话框的“现有文件或网页”选项中设置所要链接的地址 http://www.xiangtu.

com,然后单击“确定”按钮,即可实现链接到该网页的效果。在主母版中适当调整该文本框的位置,得到主母版的效果如图 19-19 所示。

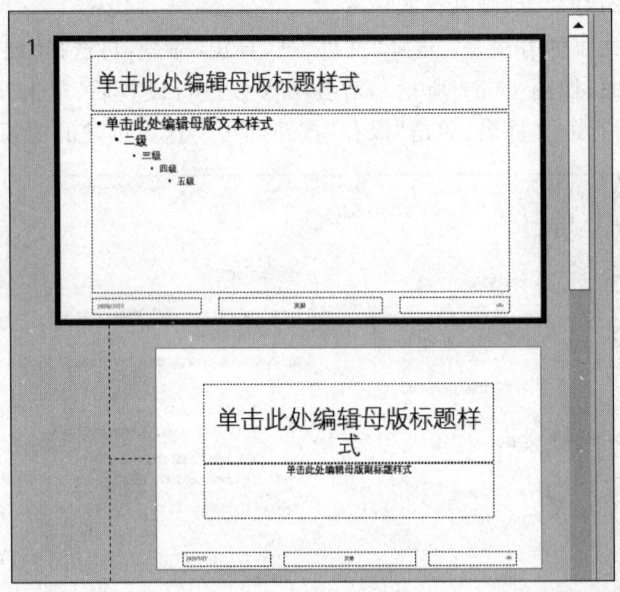

图 19-18　选择主母版

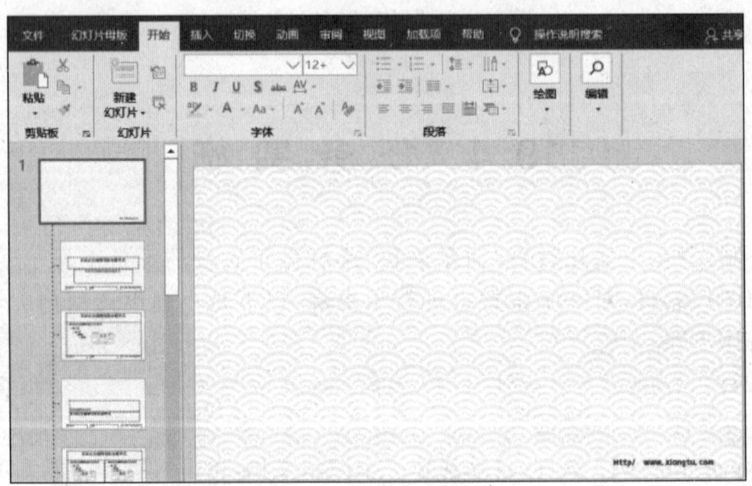

图 19-19　“主母版”最终效果

(2)“标题幻灯片版式”母版设计

选择“标题幻灯片版式”母版,右击,在弹出的快捷菜单中选择“设置背景格式”命令,在右侧展开的“设置背景格式”界面中选择“填充”选项,选择“图案或纹理填充”选项,在“图片源”选项中单击“插入”按钮,从素材中选择“封面.jpg”图片,勾选“隐藏背景图形”项。

选择“单击此处添加标题”占位符,在“开始”功能选项卡“字体”功能区中设置字体为“字魂 43 号—国朝手书”,字号为 80,文字颜色为“茶色,背景 2,深色 75%”。删除其他多余的占位符,放置好标题占位符的位置,效果如图 19-20 所示。

图 19-20　“标题幻灯片版式”母版最终效果

(3)“标题和内容版式”母版设计

选择“标题和内容版式”母版,用鼠标框选该母版中的所有占位符,按 Delete 键将其删除。单击“插入”功能选项卡“图像”功能区中的“图片”按钮,选择“柳枝”并插入,放置到窗口左上角位置。在“视图”功能选项卡“显示”功能区中选中“参考线”选项,如图 19-21 所示。

图 19-21　添加参考线

单击“插入”功能选项卡“插图”功能区中的“形状”按钮,在下拉列表中选择“椭圆”形状,在“标题和内容幻灯片版式”母版中按住 Alt+Shift 组合键从中心点开始绘制一个圆形。选中此圆形,然后在“绘图工具 格式”功能选项卡的“大小”功能区里修改高为 11 厘米,宽为 11 厘米;在“形状样式”功能区的“形状填充”中单击“图片”,选择“乡土.jpg”;在“形状轮廓”中选择颜色为“蓝一灰(R、G、B 为 56、93、138)”,粗细为 2.25 磅。在“排列”功能区“对齐”列表中选中“与幻灯片对齐”选项,再选中“水平居中”“垂直居中”选项。

在“插图”功能区的“形状”列表中选择“圆弧”,按住 Shift 键绘制一段圆弧。选中圆弧,在“绘图工具 格式”功能选项卡的“大小”功能区中修改高为 12 厘米,宽为 12 厘米;在“排列”列表中选中“与幻灯片对齐”,选择水平居中、垂直居中。“形状轮廓”中颜色为“蓝一灰”,粗细为 4.5 磅。拖动圆弧两端的橙色控制点调整弧线的长短,使其置于圆形左上部。复制圆弧并对圆弧 2 进行“垂直翻转”,选中“与幻灯片对齐”选项,再选择“水平居中”“垂直居中”选项。通过橙色控制点调整圆弧 2 的弧长,将其放置在圆形的右下部。

选择“矩形”形状，绘制一个矩形，将“大小”修改为高 5 厘米、宽 20 厘米；在“形状样式”功能区中将“形状填充”设为白色，“形状轮廓”为无，“形状效果”的“阴影为偏移”选项设为“右下”，“柔化边缘”为 1 磅。再绘制一个矩形，将“大小”修改为高 4 厘米、宽 19 厘米；“形状填充”为无，“形状轮廓”的颜色设为“茶色，背景 2，深色 75%”，粗细为 2.25 磅。在“幻灯片母版”功能选项卡中选中标题，将“大小”修改为高 3 厘米、宽 12 厘米；修改文字字体为“字魂 43 号－国朝手书”，文字颜色为“茶色，背景 2，深色 75%”；在“段落”中设置分散对齐、中部对齐。用鼠标框选两个矩形与标题文本框，在“绘图工具 格式”的“排列”列表中选中“与幻灯片对齐”选项，再选择“水平居中”“垂直居中”选项。接着用向下方向键将其向下移动，调整好位置。

最后，选择“形状”列表中的“直线”，绘制两条直线，分别从矩形边框左边与右边到幻灯片边框；绘制直线时按住 Shift 键，绘制的直线会与水平参考线重合。选中直线，设置轮廓线颜色为“蓝－灰”，粗细为 1 磅。取消选中“参考线”选项，最终效果如图 19-22 所示。

图 19-22 “标题和内容版式”母版最终效果

（4）“空白版式”母版设计

在“空白版式”母版中绘制一个矩形。选中该矩形，将“大小”修改为高 16 厘米、宽 32 厘米，“形状填充”设为白色，“形状轮廓”为无；“形状效果”中的“阴影为偏移”为“右下”，“柔化边缘”为 1 磅；在“排列”列表中选中“与幻灯片对齐”，再选中“水平居中”“垂直居中”，如图 19-23 所示。

图 19-23 “空白版式”母版最终效果

(5)“两栏内容版式”母版设计

从“空白版式”母版中选中白色底的大矩形,复制并粘贴到“两栏内容版式”母版,右击并选择“置于底层”命令。

选中“单击此处编辑母版标题样式”文本框,将“大小”修改为高 3 厘米;设置文字字体为“字魂 43 号-国朝手书”,文字大小为 44,文字颜色为“茶色,背景 2,深色 75%”;设置文字“左对齐”,适当调整位置。

选中左侧内容框,设置“大小”的高为 10 厘米,宽为 16.5 厘米;删除该占位符中“第二级”到“第五级”的文字。再选择文字字体为“字魂 43 号-国朝手书”,字号为 22,文字颜色为“茶色,背景 2,深色 75%”。在“段落”功能区中设置“项目符号”为无,首行缩进 2 字符,行距 1.5 倍。最后把此内容框放置在标题文字左下侧。

单击选中右侧内容框,将“大小”修改为高 10 厘米,宽 12 厘米;设置柔化边缘 25 磅;右击并选择“设置图片格式”命令,在“大小与属性”选项中选择“大小”,再选中“锁定纵横比”选项,最后放置在右侧,效果如图 19-24 所示。

图 19-24　“两栏内容版式”母版最终效果

(6)“仅标题版式”母版设计

从“空白版式”母版中选中白色底的大矩形,复制并粘贴到“仅标题版式”母版中,并使其置于最底层。

拖动“单击此处编辑母版标题样式”占位符,将其放置在编辑区右侧。接着在编辑区左侧拖出一个图片占位符,“更改形状”为“直角三角形”,将“大小”设置为高 6 厘米、宽 6 厘米;移动直角三角形,使其直角与白色大矩形左下角对齐。用同样的方法,在编辑区拖出一个图片占位符,选中此占位符,在“绘图工具 格式”功能选项卡的“插入形状”功能区中的“编辑形状”下拉列表中选择“编辑顶点”命令,四个顶点会出现黑色控制点,拖动黑色控制点,把这个矩形图片占位符修改为梯形,并且使梯形的上边线与三角形图片占位符的底边线平行;再设置高度为 12 厘米,宽度为 12 厘米。选中梯形图片占位符并复制。选中新复制的梯形图片占位符 2,在“绘图工具 格式”功能选项卡“排列”功能区中的“旋转”下拉列表中分别选择“垂直翻转”“水平翻转”命令,使梯形的上腰线与白色大矩形的上边框对齐。按住 Ctrl 键并单击,依次选中三角形图片占位符、梯形图片占位符、梯形图片占位符 2,注意不能第一个选中梯形图片点位符 2。设置“形状轮廓”选项中“颜色”为“白色,背景 1,深色 5%”;粗细为3 磅;

"形状效果"下将"阴影外部偏移"选项设为"右下"。在"插入形状"功能区中选择"合并形状"下拉列表中的"组合"选项,最后效果如图 19-25 所示。

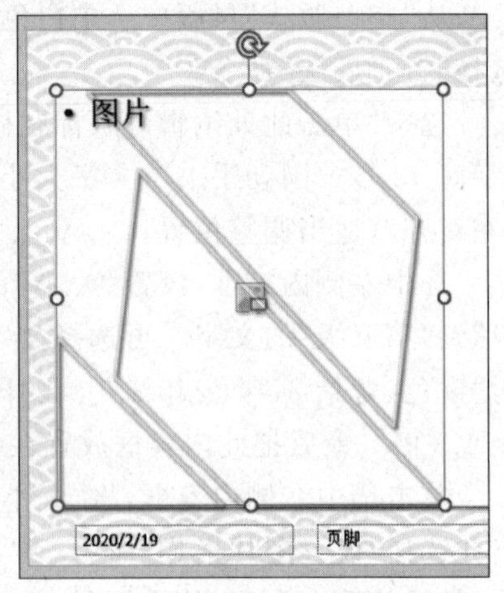

图 19-25　图片占位符的制作效果

单击"插入"功能选项卡"插图"功能区的"形状"列表中的"不完整圆",在"仅标题版式"母版右上角绘制一个不完整圆,然后用鼠标拖动不完整圆形上的黄色棱形,将不完整圆形变换成 1/4 圆的形状,再将其拖到白色大矩形的右上角。将形状填充颜色设为"白色,背景 1,深色 5%","形状轮廓"为无。

单击"单击此处编辑母版标题样式"占位符,删除占位符里的其他文字只留下第一个文字,将该占位符的宽度缩小到只能显示一个字符的宽度,再使该文字居中。选中该占位符,设置字体为"字魂 43 号－国朝手书",字号为 44,字体颜色为"灰色"(R、G、B 为 103、109、111),拖入 1/4 圆并放好位置。

单击"幻灯片母版"功能选项卡"母版版式"功能区中的"插入占位符"按钮,在下拉列表中选择"文本"占位符,在母版右侧拖出一行占位符。删除该占位符中"第二级"到"第五级"的文字。选中"单击此处编辑母版文本样式"文字,删除其他文字,只留下 4 个文字。设置字体为"字魂 43 号－国朝手书",字号为 32,字体颜色为"灰色"(R、G、B 为 103、109、111),加粗。在"段落"功能区中单击"项目符号"按钮,去除该文字的项目符号,再将该文字左对齐。调整文本宽度,可显示四个文本字即可。将文本框并排放置在编辑区右侧。

单击"幻灯片母版"功能选项卡"母版版式"功能区中的"插入占位符"按钮,在下拉列表中选择"内容"占位符,在母版右侧拖出占位符。删除该占位符中"第二级"到"第五级"的文字。再选中"单击此处编辑母版文本样式"文字,设置字体为"字魂 43 号－国朝手书",字号为 18,字体颜色为"灰色"(R、G、B 为 103、109、111);在"段落"功能区中单击"项目符号"按钮,去除该文字的项目符号,再将该文字左对齐,首行缩进 2 字符,行距为 1.5 倍。设置高为 7 厘米,宽为 11 厘米,并放置在"文本"占位符之下,如图 19-26 所示。

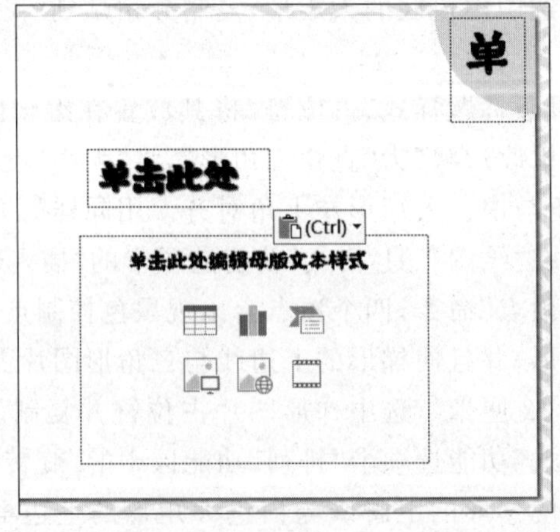

图 19-26　标题、文本、内容占位符的制作效果

用直线工具画几条装饰的线段，最终效果如 19-27 所示。

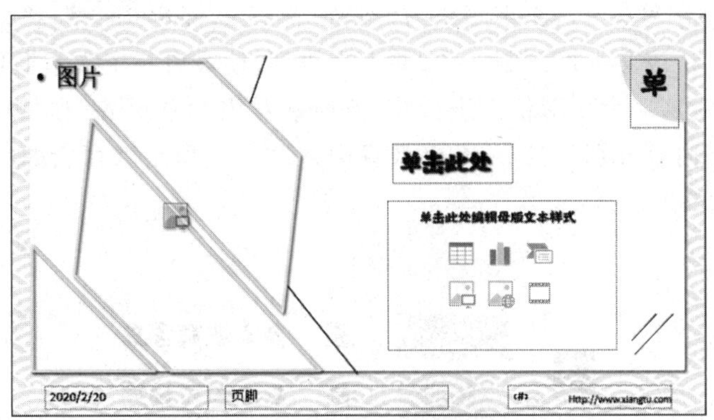

图 19-27　“仅标题版式”母版最终效果

单击“幻灯片母版”功能选项卡下的“关闭母版视图”按钮，回到演示文稿的普通视图状态。

2. 幻灯片设计

以下操作都是在普通视图下进行。

(1) 首页幻灯片设计

在“幻灯片”窗格中删除所有的幻灯片，新建幻灯片，并选择“标题幻灯片”版式插入一张幻灯片，然后在“单击此处添加标题”中输入文字“乡土文化教育”，如图 19-28 所示。

图 19-28　首页幻灯片的最终效果

(2) 目录页幻灯片设计

新建幻灯片，在弹出的下拉列表中选择“空白”版式幻灯片。

在编辑区左侧绘制一个竖排文本框，输入文字“目录”。选中该文本框，设置文字字体为“字魂 43 号—国朝手书”，字号为 96，字体颜色为“茶色，背景 2，深色 75%”。然后设置“形状轮廓”中颜色为“白色，背景 1，深色 35%”。

在该空白幻灯片上绘制一个矩形，设置矩形高为 2.5 厘米，宽为 6 厘米，轮廓线为无。将该矩形复制 3 个，依次垂直排列，然后对这 4 个矩形进行“对齐所选对象”“左对齐”和“纵向分布”操作。选择第 1 个矩形，在其中插入图片，选择素材包中的目录 1.jpg 图片填充第 1 个矩形。采用同样的方法，依次采用素材包中的目录 2.jpg、目录 3.jpg 和目录 4.jpg 图片填充第 2～第 4 个矩形。

在幻灯片右侧插入一个横排文本框，输入“壹　乡土教育含义”文字，设置字体为“字魂43号－国朝手书”，字号为44，文字颜色为“茶色，背景2，深色75%”，移动使其顶部与第一个矩形图片平齐。将该文本框复制3个，并垂直排列，使最后一个文本框顶部与最后一个矩形图片平齐，然后对这4个矩形依次进行“对齐所选对象”“左对齐”和“纵向分布”操作。修改文本框中的文字内容分别为“贰　乡土教育简述”“叁　乡土教育资源”“肆　乡土教育目的”，效果如图19-29所示。

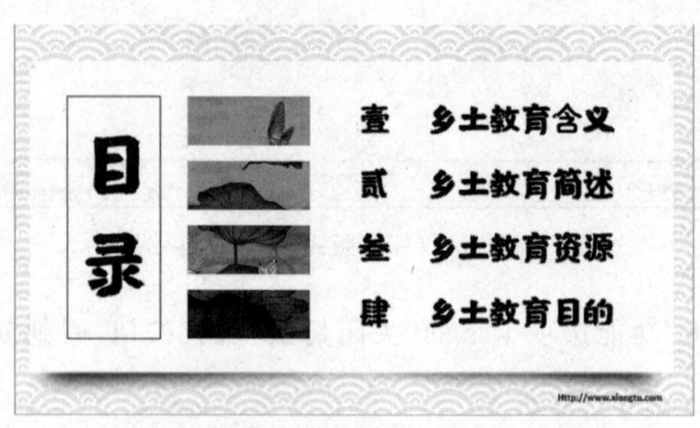

图19-29　“目录页”幻灯片最终效果

(3) 基于“标题和内容”版式的幻灯片设计

新建幻灯片并选择“标题幻灯片和内容幻灯片”版式，在标题占位符中输入文字“壹　乡土教育含义”，得到第3张幻灯片的效果如图19-30所示。

参照上述的步骤，制作第5张、第7张和第13张幻灯片，效果如图19-31～图19-33所示。(文字素材见素材包)

图19-30　第3张幻灯片的最终效果

图19-31　第5张幻灯片的最终效果

图19-32　第7张幻灯片的最终效果

图19-33　第13张幻灯片的最终效果

（4）基于“两栏内容”版式的幻灯片设计

在“幻灯片”窗格中选择第 3 张幻灯片（即“壹　乡土教育含义”幻灯片），单击“开始”功能选项卡“幻灯片”功能区中的“新建幻灯片”按钮，在弹出的下拉列表中选择“两栏内容”版式，此时在第 3 张幻灯片（即“壹　乡土教育含义”幻灯片）后面插入了如图 19-34 所示的幻灯片。

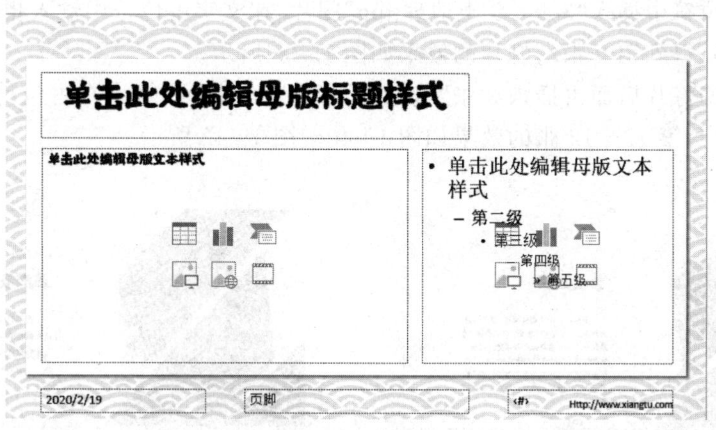

图 19-34　创建“两栏内容”版式幻灯片

在文字占位符中输入相应的文字（文字素材见素材包），在图片占位符中插入“1 乡土教育含义.png”图片，得到第 4 张幻灯片的效果如图 19-35 所示。

参照上述的两个步骤，制作第 6 张、第 8 和第 14 张幻灯片，效果如图 19-36～图 19-38 所示。

图 19-35　第 4 张幻灯片的最终效果

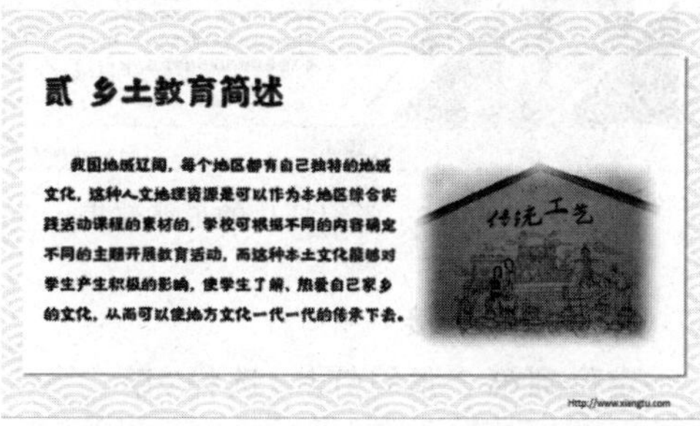

图 19-36　第 6 张幻灯片的最终效果

图 19-37　第 8 张幻灯片的最终效果

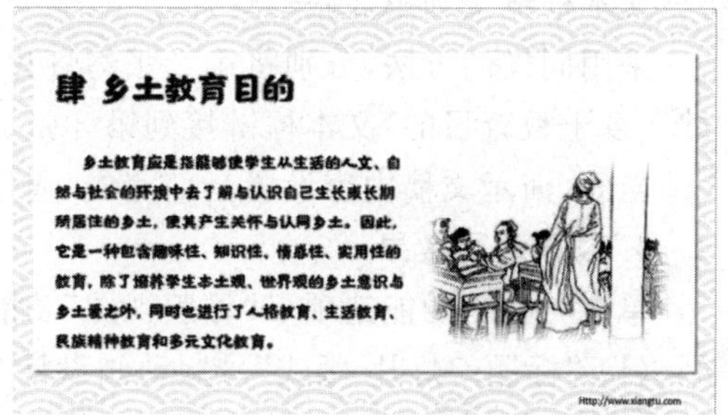

图 19-38　第 14 张幻灯片的最终效果

(5) 基于"仅标题"版式的幻灯片设计

在"幻灯片"窗格中选择第 8 张幻灯片(即"叁　乡土教育资源"幻灯片),单击"开始"功能选项卡"幻灯片"功能区中的"新建幻灯片"按钮,在弹出的下拉列表中选择"仅标题"版式,此时在第 8 张幻灯片后面插入了一张仅标题版式的幻灯片。

在图片占位符中插入"3-1　乡土地理.jpg"图片,在文字占位符中输入相应的文字(文字素材见素材包),得到第 9 张幻灯片的效果如图 19-39 所示。

在第 9 张幻灯片后面再插入 3 张"节标题"版式的幻灯片,分别在占位符中输入相应的文字和图片,得到第 10～12 张的效果如图 19-40～图 19-42 所示。

图 19-39　第 9 张幻灯片的最终效果

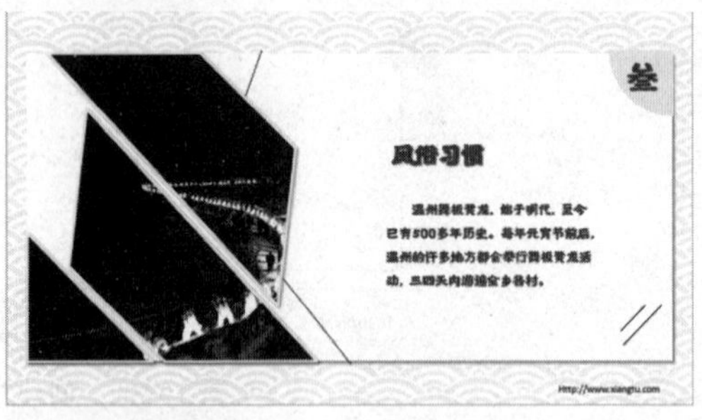

图 19-40　第 10 张幻灯片的最终效果

图 19-41　第 11 张幻灯片的最终效果

图 19-42　第 12 张幻灯片的最终效果

3. 添加超链接

定位到第 2 张幻灯片,选择"壹　乡土教育含义"文本框(注意:是选中文本框,而不是文本),右击,选择"超链接"命令,在弹出的"插入超链接"对话框中选择"本文档中的位置"选项,选择幻灯片标题为"3. 壹　乡土教育含义",如图 19-43 所示,然后单击"确定"按钮,即可将该文本框链接到第 3 张幻灯片。

采用同样的方法,分别将第 2 张幻灯片中的"贰　乡土教育简述""叁　乡土教育资源""肆　乡土教育目的"文本框链接到第 5 张、第 7 张和第 13 张幻灯片。

至此,演示文稿内容设置全部完成,通过幻灯片浏览视图查看到的效果如图 19-1 所示。

4. 添加动画效果

单击"视图"功能选项卡"母版视图"功能区的"幻灯片母版"按钮,打开幻灯片母版视图。

(1) "标题幻灯片 版式"母版动画设计

单击选中"标题版式"母版中的标题文字,设置进入动画时的"下浮"效果;在"动画"功能选项卡"计时"功能区中设置"开始"选项为"与上一动画同时"。

图 19-43 “插入超链接”对话框

(2)“标题和内容 版式”母版动画设计

单击选中“标题和内容 版式”母版中的标题文字,设置进入动画时的“劈裂”效果,并单击“动画”功能区上的“效果选项”按钮,在下拉列表中选择“中央向左右展开”选项;在“动画”功能选项卡“计时”功能区中设置“开始”选项为“与上一动画同时”。

(3)“两栏内容 版式”母版动画设计

① 单击选中“两栏内容 版式”母版,再单击该母版上的标题文本框,在“动画”功能选项卡下选择进入动画时的“擦除”效果;再单击“动画”功能区上的“效果选项”按钮,在下拉列表中选择“自左侧”。

② 选择左侧的内容占位符,添加进入动画时的“擦除”效果,单击“效果选项”按钮并选择“自顶部”选项。

③ 选择右侧的内容占位符,添加进入动画时的“轮子”效果,并设置“效果选项”。

④ 单击“动画”功能选项卡“高级动画”功能区中的“动画窗格”按钮,按住 Shift 键的同时,在动画窗格中单击第 1 个动画和最后一个动画,此时动画窗格中的所有动画都处于选中状态,在“动画”功能选项卡“计时”功能区中设置“开始”选项为“上一动画之后”,持续时间为 00.70,无延迟。这样即可实现各动画的播放速度以及自动播放效果。

(4)“仅标题 版式”母版动画设计

① 单击选中“仅标题版式”母版,再选中左侧的图片占位符,添加进入动画时的“楔入”效果。

② 单击选中母版上的标题文本框,在“动画”功能选项卡下选择进入动画时的“擦除”效果;单击“动画”功能区上的“效果选项”按钮,在下拉列表中选择“自右侧”选项。

③ 选择右侧的文本占位符,添加进入动画时的“擦除”效果,在“效果选项”中选择“自左侧”。

④ 选择右侧的内容占位符,添加进入动画时的“擦除”效果,在“效果选项”中选择“自顶部”。

⑤ 选择所有直线,添加进入动画时的“擦除”效果,在“效果选项”中选择“自顶部”。

⑥ 单击“动画”功能选项卡“高级动画”功能区中的“动画窗格”按钮，按住 Shift 键的同时，在动画窗格中单击第 1 个动画和最后一个动画，此时动画窗格中的所有动画都处于选中状态，在“动画”功能选项卡“计时”功能区中设置“开始”选项为“上一动画之后”，持续时间为 00.70，无延迟。这样即可实现各动画的播放速度以及自动播放效果。

⑦ 单击“幻灯片 母版”功能选项卡下的“关闭母版视图”按钮，回到演示文稿的普通视图状态。

(5) 目录页动画设计

① 选取目录页，选择“目录”文本框，添加“擦除”动画，在“效果选项”中选择“自顶部”。

② 按 Ctrl 键的同时从上向下依次选择 4 张图片，在“动画”功能选项卡中选择进入动画的“随机线条”效果，设置“效果选项”为“水平”。

③ 按 Ctrl 键的同时从上向下依次选择 4 个文本框，在“动画”功能选项卡中选择进入动画时的“棋盘”效果。

④ 单击“动画”功能选项卡“高级动画”功能区中的“动画窗格”按钮，在按住 Shift 键的同时，在动画窗格中单击第 1 个动画和最后一个动画，此时动画窗格中的所有动画都处于选中状态，在“动画”功能选项卡“计时”功能区中设置“开始”选项为“上一动画之后”。

至此，幻灯片的动画效果设置完毕。

5. 添加幻灯片切换效果

① 单击“视图”功能选项卡“母版视图”功能区的“幻灯片母版”按钮，进入幻灯片母版视图状态，单击“标题幻灯片 版式”母版，选择“切换”功能选项卡“切换到此幻灯片”功能区的“华丽”中的“页面卷曲”选项，设置“效果选项”为“双右”，设置换片方式为“单击鼠标时”。

② 单击选中“标题和内容版式”母版，选择“切换”功能选项卡“切换到此幻灯片”功能区中的“形状”选项，设置“效果选项”为“圆形”，设置换片方式为“单击鼠标时”。

③ 单击选中“空白版式”母版，选择“切换”功能选项卡“切换到此幻灯片”功能区中的“覆盖”选项，设置“效果选项”为“自右侧”，设置换片方式为“单击鼠标时”。

④ 单击选中“两栏内容版式”母版，选择“切换”功能选项卡“切换到此幻灯片”功能区中的“立方体”选项，设置“效果选项”为“自右侧”，设置换片方式为“单击鼠标时”。

⑤ 单击选中“仅标题版式”母版，选择“切换”功能选项卡“切换到此幻灯片”功能区中的“棋盘”选项，设置“效果选项”为“自左侧”，设置换片方式为“单击鼠标时”。

⑥ 单击“幻灯片母版”功能选项卡下的“关闭母版视图”按钮，返回到普通视图状态。

6. 添加背景音乐

定位到首页幻灯片，单击“插入”功能选项卡“媒体”功能区中的“音频”按钮，在打开的下拉列表中选择“PC 上的音频”命令，插入素材包中的“钢琴曲.mp3”音乐。选中第 1 张幻灯片中的喇叭图标，单击“音频工具 播放”选项卡，在“音频选项”功能区中选中“跨幻灯片播放”选项，同时选中“放映时隐藏”“循环播放，直到停止”和“播完返回开头”选项。

7. 保存和打包演示文稿

选择“文件”→“保存”命令，将该演示文稿保存为“乡土文化教育.pptx”。若要将该演示文稿打包成 CD，其操作方法是：选择“文件”→“保存并发送”命令，在显示的级联菜单中选择“将演示文稿打包成 CD”→“打包成 CD”命令，此时在计算机上插入刻录光盘，单击“复制到 CD”按钮，即可直接将文件刻录到一张光盘中。

课后练习

根据提供的“元宵节.pptx”演示文稿素材，结合所学的知识，完成下面的操作。

(1) 进入幻灯片母版视图。

① 在主母版中插入背景图片。

② 在节标题版式中，修改标题占位符的字体为“字魂 27 号－布丁体”，字号为 66。

③ 在标题和内容版式中，为每个占位符设置动画。要能自动开始播放动画，先后顺序为标题占位符(进入动画效果为“垂直随机线条”)、图片占位符(进入动画效果为“垂直随机线条”)、右侧内容占位符(进入动画效果为“自右侧擦除”)、左侧内容占位符(进入动画效果为“自右侧擦除”)。

(2) 完成目录页的超链接。

(3) 设置所有幻灯片切换效果为“垂直随机线条”及“单击鼠标时”。

(4) 设置换灯片放映类型为“观众自行浏览”，放映幻灯片 1～9 张，要能循环放映，按 Esc 键终止。

任务 19 课后练习

第六部分
计算机网络基础与安全防范

21世纪是一个信息化的时代，人们所需要的大量信息可以通过互联网获得。计算机网络已经发展成一个全球性的网络，它拥有最丰富的信息资源。当今社会，计算机网络的应用无处不在，已渗入人们工作、学习和生活的方方面面，因此，网络基础知识和如何运用互联网的信息资源成为人们的基本知识与技能。

任务 20　组建办公室局域网

学习目标

➢ 掌握计算机网络的基础知识。

➢ 了解计算机网络的组成、功能、协议、设备等。

➢ 学会规划组建办公局域网。

任务描述

小林参加了学校的一个工作室，为了方便工作和学习，需要将工作室里的计算机和打印机等设备联网，实现共享资源。工作室中有两台台式机（没有无线网卡）和 3 台笔记本电脑（都带有无线网卡），一台打印机，要求工作室里所有的计算机能够共享文件和打印机。小林对计算机网络相关知识知之甚少，现在他希望通过学习，掌握计算机网络的一些基础知识，并能够根据本节所学的知识组建办公室局域网，画出网络拓扑图。

20.1　计算机网络基础

随着计算机技术的发展，人们将分散的、具有独立功能的计算机通过通信设备与线路连接起来，由功能完善的软件实现资源的共享和信息的传递。大家常用的 Internet 就是目前全球应用最广泛的计算机网络系统。本节着重介绍计算机网络的一些基础知识。

计算机网络

20.1.1　计算机网络概述

计算机网络技术随着社会生产的发展和进步，经历了从简单到复杂、从局部互联到广域互联的发展过程。

20 世纪 50 年代末，计算机网络进入面向终端的阶段，即以主机为中心通过计算机实现与远程终端的数据通信。这一时期的计算机价格昂贵，因此为了多个用户的使用和提高主机的利用率，将地理位置分散的多个终端通过通信线路与主机连接起来形成了网络。

20 世纪 60 年代中期开始，出现由若干台计算机相互连接成一个系统，即利用通信线路将多台计算机连接起来，实现了计算机与计算机之间的通信，如图 20-1 所示。网络能够连接不同类型的计算机，不仅局限于单一类型的计算机。这一时期计算机之间的组网是有条件的，在同一网络中只能存在同一厂家生产的计算机，其他厂家生产的计算机无法连接。后来又出现了分组交换技术，形成了协议雏形，例如在线订票系统等。

20 世纪 70 年代末至 80 年代初，微型计算机得到了广泛的应用，各机关和企事业单位为了适应办公自动化的需要，迫切需要将自己拥有的为数众多、品牌各异的微型计算机、工

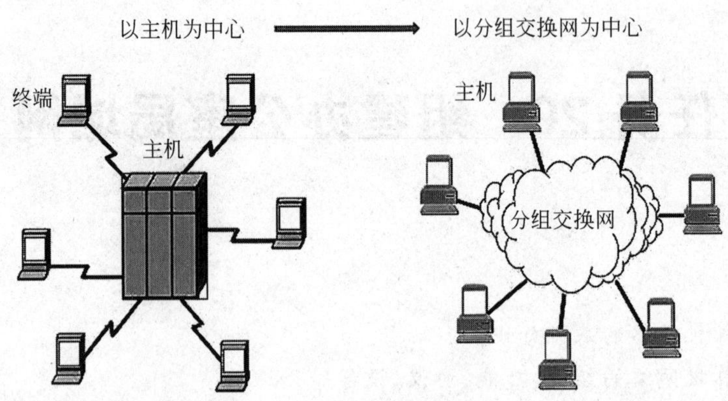

图 20-1　网络发展前期

作站、小型计算机等联结起来,以达到资源共享和相互传递信息的目的。在此期间,各大公司都推出了自己的网络体系结构,构建了面向标准化的计算机网络,形成了以太网、公用数据网等标准,极大地降低了联网费用,提高了数据传输效率。ARPAnet 在这个阶段产生并开始发展的。

20 世纪 90 年代以后,随着数字通信的出现,计算机网络进入综合化、高速化、智能化和全球化发展阶段,其主要特征是计算机通信与网络技术方面以高速率、高服务质量、高可靠性等为指标,出现了高速以太网、VPN、无线网络、P2P 网络、NGN 等技术,计算机网络的发展与应用开始渗入人们生活的各个方面,进入一个多层次的发展阶段。第一个 Web 服务器、浏览器就诞生在此阶段。

20.1.2　计算机网络的组成

计算机网络通常由资源子网、通信子网和通信协议三部分组成。

(1) 资源子网是计算机网络中面向用户的部分,负责全网络面向应用的数据处理工作,如图 20-2 所示。

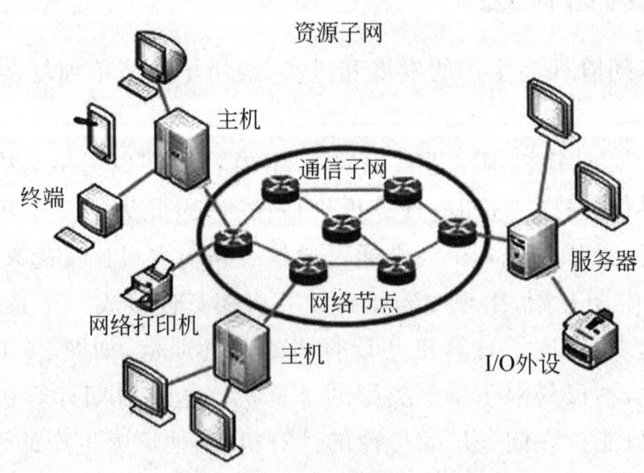

图 20-2　计算机网络的组成

（2）通信子网是计算机网络中负责数据通信的部分。

（3）通信双方必须共同遵守的规则和约定就称为通信协议，常用的协议有 TCP/IP 协议、NetBEUI 协议、IPX/SPX 协议等。

20.2　计算机网络的功能和分类

1. 计算机网络的功能

计算机网络的功能可归纳为实现资源共享、提供通信渠道、提高可靠性、节省费用、便于扩充、分组负荷及协同处理等方面。在计算机网络中，所有的主机都是网络用户共享的资源，这里的资源主要指计算机硬件、软件、数据与信息资源。例如，巨型计算机、大型绘图仪、高速激光打印机、大容量存储器以及大型软件和企业数据库等都是网络中可以共享的资源。

2. 计算机网络的分类

计算机网络的分类方法有多种，其中最常见的是以下三种：①按网络所使用的传输技术分类；②按网络的覆盖范围分类；③按网络的应用和管理范围分类。

（1）按网络所使用的传输技术分类

网络所使用的传输技术决定了网络的主要技术特点。在通信技术中，通信信道分为广播通信信道和点对点通信信道。在广播通信信道中，多个节点共享一个通信信道，一个节点广播信息，其他节点必须接收信息。而在点对点通信信道中，一条通信线路只能连接一对节点，如果两个节点之间没有直接连接的线路，那么它们只能通过中间节点转接。显然按网络所使用的传输技术可分为广播式网络（Broadcast Networks）和点对点式网络（Point-to-Point Networks）。

（2）按网络的覆盖范围进行分类

按覆盖的地理范围划分，网络可以分为局域网（Local Area Network，LAN）、城域网（Metropolitan Area Network，MAN）和广域网（Wide Area Network，WAN）三类。

① 局域网：用于将有限范围内（如一个实验室、一幢大楼、一个校园）的各种计算机、终端与外部设备互联。局域网按照采用的技术、应用范围和协议标准的不同，可以分为共享局域网与交换局域网。局域网技术发展非常迅速，并且应用日益广泛，是计算机网络中最为活跃的领域之一。

② 城域网：城市地区的网络简称为城域网，它是介于广域网与局域网之间的一种高速网络。城域网设计的目标是满足几十千米范围内的大量企业、机关、公司的多个局域网互联的需求，以实现大量用户之间的数据、语音、图形与视频等多种信息的传输功能。

③ 广域网：也称为远程网，它所覆盖的地理范围从几十千米到几千千米。广域网覆盖一个国家、地区，甚至横跨几个洲，形成国际性的远程网络。广域网的通信子网主要使用分组交换技术，通信子网可以利用公用分组交换网、卫星通信网和无线分组网。它将分布在不同地区的计算机系统互联起来，达到资源共享的目的。

随着网络技术的发展，局域网和城域网的界限越来越模糊，各种网络技术的统一已成为发展的趋势。

(3) 按网络的应用和管理范围分类

目前,按照计算机网络的应用和管理范围可以分为因特网(Internet)、内联网(Intranet)和外联网(Extranet)。因特网是世界上发展最快和应用最为广泛的网络,发展到今天,已是琳琅满目、种类繁多,并表现出各自不同的特点。

20.3 网络协议和主机地址

1. 什么是网络协议

网络中一个客户端的计算机用户和服务器的一个操作员进行通信,由于这两个数据终端所用字符集不同,因此操作员所输入的命令用户无法识别。为了能进行通信,规定每个终端都要将各自字符集中的字符先变换为标准字符集的字符后,才能进入网络传送;到达目的终端之后,再变换为该终端字符集的字符。当然,对于不相容终端,除了需变换字符集字符外,其他特性,如显示格式、行长、行数、屏幕滚动方式等也需作相应的变换。由此为计算机网络中进行数据交换而建立的规则、标准或约定的集合就称为网络协议。

网络协议

2. 组成网络协议的三要素

(1) 协议的语义问题(做什么):语义用于解释比特流的每一部分的意义,它规定了用户数据与控制信息的结构和格式。例如对于报文,它由哪些部分组成,哪些部分用于控制数据,哪些部分是真正的通信内容。这就是协议语义要解决的问题。

(2) 协议的语法问题(如何做):协议的语法定义了需要发出何种控制信息,以及完成的动作与做出的响应。

(3) 协议的时序问题(什么时候做):时序是对事件实现顺序的详细说明,即何时进行通信,先做什么,后做什么,做的速度快慢等,可以解决同步问题。

20.3.1 主机地址

主机地址是一种标识符,用来标记网络中的每个设备(即 MAC 地址)。同现实生活中收发快递一样,网络内传输的所有数据包都会包含发送方和接收方的物理地址。

MAC 地址的英文全称是 Media Access Control Address,直译为媒体存取控制地址,也称为局域网地址(LAN Address)、以太网地址(Ethernet Address)或物理地址(Physical Address),它是一个用来确认网络设备位置的地址。

由于网络设备对物理地址的处理能力有限,物理地址只在当前局域网内有效,所以,接收方的物理地址必须存在于当前局域网内,否则会导致发送失败。

MAC 地址是预留的。由于局域网里数据包中都会包含发送方和接收方的物理地址,为了能够正确地将数据包发送到目的地,就必须要求 MAC 地址具有唯一性。因此 MAC 地址都是由生产厂家向 IEEE 申请后得到的,在生产时固化在网络硬件中,是硬件预留的地址。

20.3.2　IP 地址

IP 是英文 Internet Protocol 的缩写，意思是“网络之间互联的协议”，也就是为计算机网络相互联结进行通信而设定的协议。它规定了计算机在因特网上进行通信时应当遵守的规则。任何厂家生产的计算机系统只要遵守 IP 协议就可以与因特网互连互通。正是因为有了 IP 协议，因特网才得以迅速发展成为世界上最大的、开放的计算机通信网络。因此，IP 协议也可以叫作因特网协议。

为了使计算机之间能够相互通信，必须给每台计算机配备一个全球唯一的网络地址，这个地址只能唯一地标识一台计算机，通常称这个地址为 IP 地址。

IP 协议主要有 IPv4 和 IPv6 两类。

IPv4 地址由 32 位(bit)二进制组成，为了便于表达和识别，IP 地址是以点分十进数形式表示的，每 8 个二进制位为一组，用一个十进制数来表示，即 0～255。每组之间用(.)隔开。例如，202.4.143.10 即是某台计算机的 IP 地址。

IPv6 的地址长度是 128 位(bit)。将这 128 位的地址按每 16 位划分为一个段，将每个段转换成十六进制数字，并用冒号隔开。例如：2000:0:0:0:1:2345:6789:abcd。

20.3.3　子网掩码

子网掩码(subnet mask)又称为网络掩码、地址掩码、子网络遮罩，它是一种用来指明一个 IP 地址中哪些位标识的是主机所在的子网，哪些位标识的是主机的位掩码。子网掩码不能单独存在，它必须结合 IP 地址一起使用。子网掩码只有一个作用，就是将某个 IP 地址划分成网络号和主机号两部分。

子网掩码是一个 32 位地址，是与 IPv4 地址结合使用的一种技术。它的主要作用有两个：一是用于屏蔽 IP 地址的一部分以区别网络标识和主机标识，并说明该 IP 地址是在局域网上还是在远程网上；二是用于将一个大的 IP 网络划分为若干小的子网络。

如 192.168.10.10/255.255.255.0，该 IP 地址属于 192.168.10.0 这个网络，该网络属于局域网，其中主机号为 10，即这个网络中编号为 10 的主机。

20.4　域名系统 DNS

域名系统的英文全称为 Domain Name System，缩写为 DNS。

在 Internet 上，对于众多的以数字表示的一长串 IP 地址，人们记忆起来非常困难，为此，Internet 引入了一种字符的主机命名机制，即域名系统，用于表示主机的地址。

要把计算机接入 Internet，必须获得网上唯一的 IP 地址和对应的域名。按照 Internet 上的域名管理系统规定，在 DNS 中，域名采用分层结构。为方便书写与记忆，每个主机域名序列的节点用(.)分隔，典型的结构如下：

计算机主机名 . 机构名 . 网络名 . 顶级域名

例如，同济大学图书馆的一台主机的域名是 lib.tongji.edu.cn。其中 lib 表示这台主机的名称，tongji 表示同济大学，edu 表示教育系统，cn 表示中国，如图 20-3 所示。

为保证域名系统的通用性，Internet 规定了一些正式的通用标准，从最顶层至最下层，分别称之为顶级域名、二级域名、三级域名等。Internet 上常用的一些顶级域名如下。

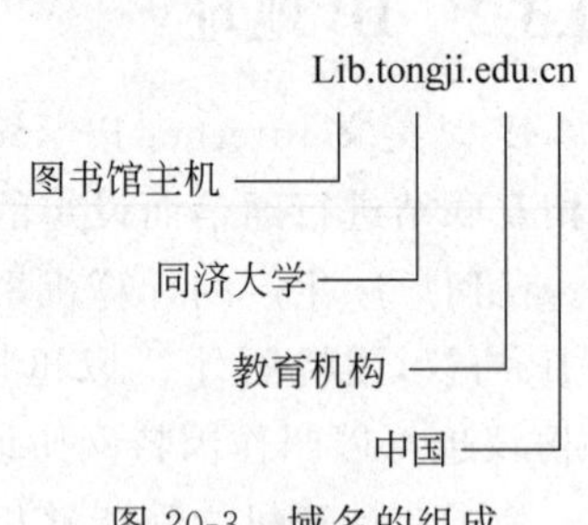

图 20-3　域名的组成

cn：表示中国。

com：商业机构，如各种公司、企业等。

edu：教育部门，如公立和私立学校、学院和大学等。

gov：政府机构，如地方、州和联邦政府机构等。

int：保留供国际社会使用。

mil：军事机构，如国防部，美国海、陆、空军及其他军事机构等。

net：提供大规模 Internet 或电话服务的单位，如电信部门、邮政部门等。

org：非商业营利单位，如协会和慈善机构等。

20.5　局域网及其连接设备

20.5.1　局域网的定义

局域网(Local Area Network，LAN)是计算机网络最常用的一种形态，它既是一个完整的网络，也可以是更大型网络的一部分。局域网技术在计算机网络中是一个至关重要的技术领域，也是应用最为普遍的网络技术，是信息化建设的基础。

局域网

局域网是在一个局部的地理范围内(如一个学校、公司或单位，一般是方圆几千米以内)，将各种计算机、外部设备和数据库等互相联结起来组成的计算机通信网。

局域网一般为一个部门或单位所有，建网、维护以及扩展等较容易，系统灵活性较高。其主要特点如下。

① 覆盖的地理范围较小，只在一个相对独立的局部范围内联网，如一座楼或集中的建筑群内；

② 使用专门铺设的传输介质进行联网，数据传输速率高(10Mbps～10Gbps)；

③ 通信延迟时间短，可靠性较高；

④ 局域网可以支持多种传输介质。

20.5.2　局域网的拓扑结构

1. 拓扑结构与计算机网络拓扑

针对复杂的计算机网络结构设计，人们引入了拓扑结构的概念。拓扑学是几何学的一个分支，它是从图论演变过来的。拓扑学首先把实体抽象成与其大小、形状无关的点，将连接实体的线路抽象成线，进而研究点、线、面之间的关系。计算机网络拓扑就是通过计算机网络中各个节点与通信线路之间的几何关系来表示网络结构，进而反映网络中各实体之间的结构关系。

2. 计算机网络拓扑的定义

通常将网络中的计算机主机、终端和其他通信控制与处理设备抽象为节点，将通信线路抽象为线路，而将节点和线路连接而成的几何图形称为网络拓扑结构。网络拓扑结构可以反映网络中各实体之间的结构关系，它对网络性能、系统的可靠性与通信费用、建设网络的投资等都会产生重大的影响。

3. 基本网络拓扑结构类型

常见的网络拓扑结构有总线型、星形、环形、树形与网状形拓扑等。其中总线型网络拓扑结构属于广播信道子网的拓扑结构类型，其他属于点对点通信子网的拓扑结构类型。

(1) 总线型拓扑结构

在总线型网络中，使用单根传输线路(总线)作为传输介质，网络中的所有节点都通过接口串接在总线上，如图 20-4 所示。网络中每一个节点发送的信号都在总线中传送，并被网络其他节点“收听”，但在任一时刻只能有一个节点使用总线传送信息，网络中所有节点共享该总线的带宽和信道，因此总线的带宽成为网络的瓶颈，网络的效率也随着网络节点数目的增加而急剧下降。

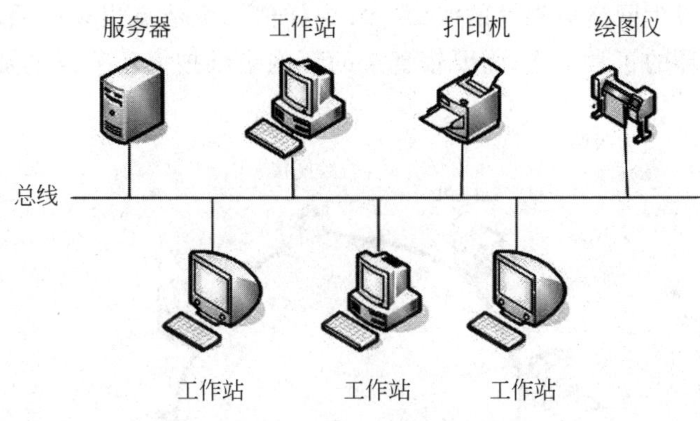

图 20-4 总线型拓扑结构

总线型拓扑结构的优点是费用低，用户端入网灵活；站点或某个用户端失效不影响其他站点或用户端通信。缺点是一次仅能有一个用户端可以发送数据，其他用户端必须等待获得发送权；媒体访问获取机制较复杂；维护困难，分支节点故障不易查找。尽管有上述一些缺点，但由于总线型网络布线要求简单，扩充容易，用户端失效、增删不影响全网工作，所以在 LAN 初期的技术中使用最为普遍。

(2) 星形拓扑结构

在星形拓扑结构中，节点通过点对点通信线路与中心节点连接，中心节点控制全网的通信，任何两节点之间的通信都要通过中心节点，如图 20-5 所示。星形拓扑结构较为简单，易于实现，便于管理，但是网络的中心节点是全网可靠性的瓶颈，中心节点的故障可能会造成全网瘫痪。

星形拓扑结构是最古老的一种连接方式，大家每天使用的网络都属于这种结构。目前一般局域网网络环境都被设计成星形拓扑结构，是目前应用最广泛且首选使用的网络类型。

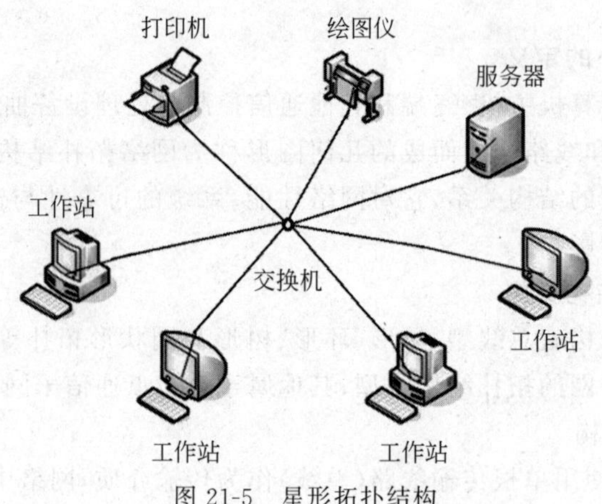

图 21-5 星形拓扑结构

(3) 环形拓扑结构

在环形拓扑结构中,节点通过点对点通信线路连接成闭合环路,数据将沿一个方向逐站传送,如图 20-6 所示。环形拓扑结构简单,传输延时确定,但是环中每个节点与连接节点之间的通信线路都会成为网络可靠性的瓶颈。环中任何一个节点出现线路故障,都可能造成网络瘫痪。为保证环的正常工作,需要较复杂的环网络维护。环节点的加入和撤出过程都比较复杂。

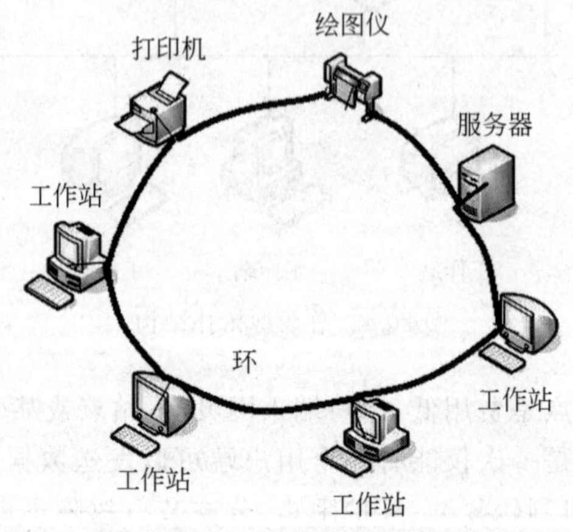

图 21-6 环形拓扑结构

(4) 树形拓扑结构

在树形拓扑结构中,节点按层次进行连接,信息交换主要在上、下节点之间进行,相邻及同层节点之间一般不进行数据交换或数据交换量较小,如图 20-7 所示。树形拓扑结构可以看成是星形拓扑结构的一种扩展,树形拓扑结构的网络适用于汇集信息的应用要求。

树形拓扑结构是分级集中控制式网络,与星形拓扑结构相比,它的通信线路总长度短,成本较低,节点易于扩充,寻找路径比较方便,但除了叶节点及与其相连的线路外,其他任一节点或与其相连的线路故障都会使系统受到影响。

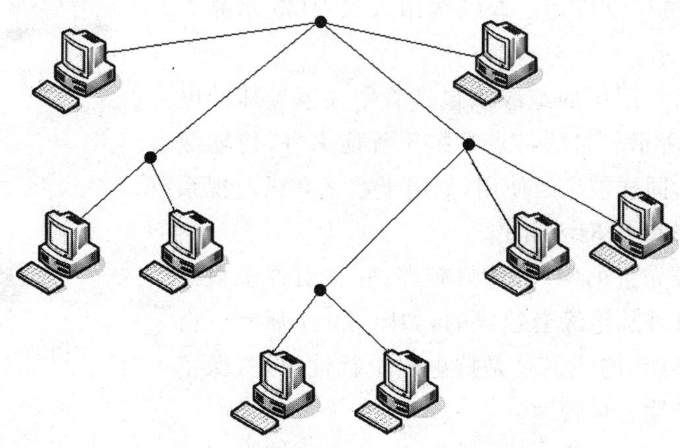

图 21-7 树形拓扑结构

(5) 网状形拓扑结构

网状形拓扑结构又称无规则型拓扑结构。在网状形拓扑结构中,节点之间的连接是任意的,没有规律,如图 20-8 所示。网状形拓扑结构的主要优点是系统可靠性较高,缺点是结构复杂,必须采用路由选择算法与流量控制方法。目前实际存在与使用的广域网结构,Internet 基本都采用的是网状形拓扑结构,而在局域网中不常用。

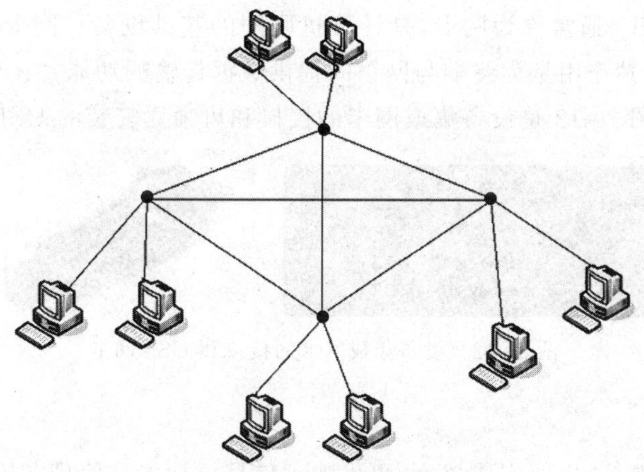

图 20-8 网状形拓扑结构

20.5.3 局域网连接设备

从硬件的角度来看,组成局域网的主要组件有三种:网络设备、网线、计算机。网络设备包含的范围很广,下面只简单介绍局域网常用的设备。

1. 网线

要连接局域网,网线是必不可少的。在局域网中常见的网线主要有双绞线、同轴电缆、光缆三种。

双绞线是由许多对线组成的数据传输线,可分为非屏蔽双绞线(Unshielded Twisted Pair,UTP)和屏蔽双绞线(Shielded Twisted Pair,STP)。我们常用的网线就是 UTP,因为其价格便宜,所以被广泛应用。双绞线用来和 RJ45 水晶头相连,如图 20-9 所示。

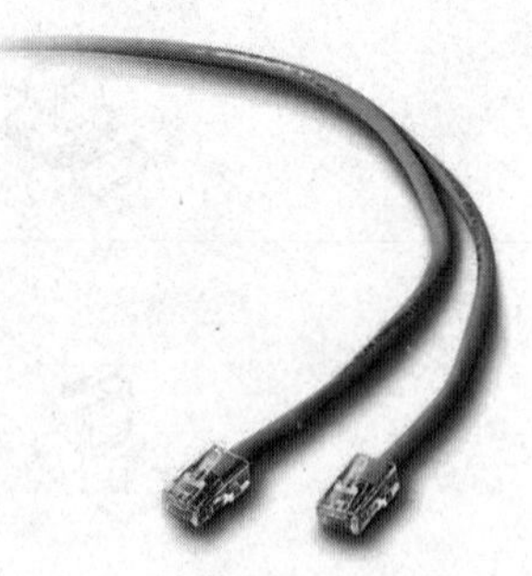

图 20-9 双绞线

同轴电缆是由一层层的绝缘线包裹着中央铜导体的电缆线,如图 20-10 所示。它的特点是抗干扰能力好,传输数据稳定,价格便宜,同样被广泛使用,如用于数字有线电视系统。同轴电缆用来和 BNC 头相连。

光缆是目前最先进的网线,价格较高,它是由许多根细如发丝的玻璃纤维外加绝缘套组成的,如图 20-11 所示。由于靠光波传送,所以它的特点就是抗电磁干扰性极好,保密性强,速度快,且传输容量较大。

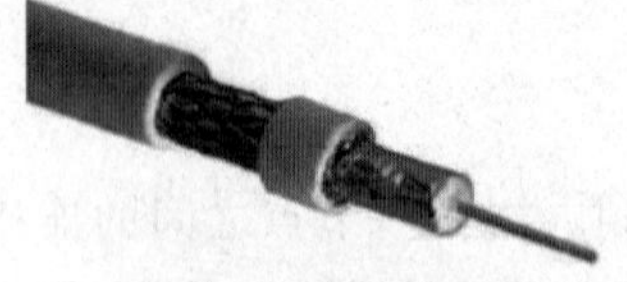

图 20-10 同轴电缆

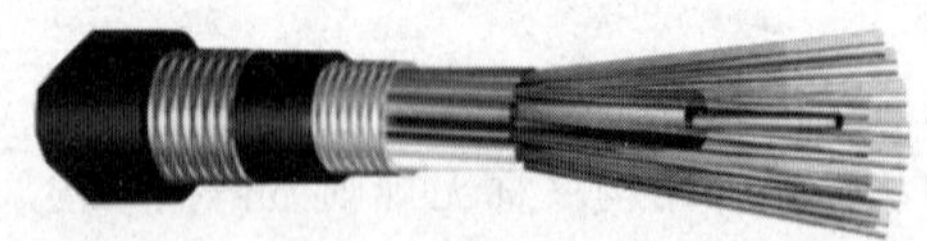

图 20-11 光纤

2. 网络适配器

网络适配器(NIC)通常称为网卡,是计算机联网的基础设备。网卡是终端与网络之间的逻辑和物理链路,其作用是为终端与网络间提供数据传输的功能。在局域网系统中,每个终端上都有网卡。图 20-12 是设备集成网卡的接口和可独立安装的 USB 网卡。

图 20-12 设备集成网卡的接口和 USB 网卡

3. 中继器

中继器又称重发器,主要完成放大、再生物理信号的功能。信号在传输电缆光缆上传送时会产生损耗,致使信号的功率逐渐减弱,当信号衰减到一定程度时,会造成信号失真,因此导致错误的传输,中继器就是为解决这个问题而设计的。中继器对衰减的信号进行放大,让信号保持与原数据相同,驱动信号能在更长的线缆上传输,以达到延伸电缆长度的目的。图 20-13所示是光纤中继器。

4. 集线器

集线器是有多个端口的中继器,简称 HUB。集线器是一种以星形拓扑结构将通信线路集中在一起的设备,主要功能是对接收到的信号进行整形放大,以扩大网络的传输距离,同时把所有节点集中在以它为中心的节点上。集线器与网卡、网线等传输介质一样,属于局域网中的基础设备。图 20-14 所示是集线器。

图 20-13　光纤中继器

图 20-14　集线器

5. 交换机

交换机(Switch,意为“开关”),是一种用于电信号转发的网络设备。它可以为接入交换机的任意两个网络节点提供独享的电信号通路。最常见的交换机是以太网交换机,其他常见的还有电话语音交换机、光纤交换机等。

交换机的主要功能包括物理编址、网络拓扑结构、错误校验、帧序列以及流控。交换机还具备了一些新的功能,如对 VLAN(虚拟局域网)的支持、对链路汇聚的支持,甚至有的还具有防火墙的功能。图 20-15 所示是不同大小、不同接口数量的交换机。

图 20-15　交换机

6. 路由器

路由器(Router)又称网关设备(Gateway),用于连接多个逻辑上分开的网络。逻辑网络是代表一个单独的网络或者一个子网。当数据从一个子网传输到另一个子网时,可通过路由器的路由功能来完成,因此,路由器具有判断网络地址和选择 IP 路径的功能。路由器能在多网络互联环境中建立灵活的连接,可用完全不同的数据分组和介质访问方法连接各种子网。路由器只接受源站或其他路由器的信息,属网络层的一种互联设备。图 20-16 所示是各种不同的路由器。

(a) 高档路由器

(b) 中档路由器

(c) 低档路由器

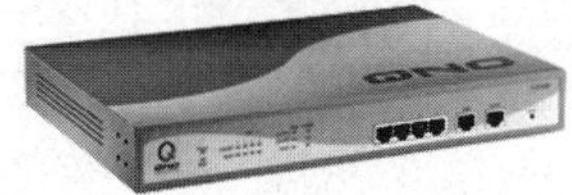

(d) 家用路由器

图 20-16　路由器

7. 无线路由器

无线路由器是一个综合的设备,集路由器、交换机、无线 AP 的功能于一体,具备 1 个 WAN 接口、4 个或 8 个 LAN 接口,有无线 AP 接入点,内置拨号、DHCP 局域网 IP 地址自动分配、网络管理等功能。图 20-17 所示是常见的无线路由器。

图 20-17 无线路由器

20.6 任务实施

通过本任务知识的学习,小林同学已经对计算机网络基础知识有了初步的了解,并根据工作室已有的计算机设备特点选择了网络设备,绘制出了网络拓扑图。

任务 20 实施

1. 确定组网方案和网络设备

工作室的终端设备不多,同时又有有线、无线两种连接需求,所以最实惠的方案是利用无线路由器作为局域网络的中心。

用无线路由器组建的局域网络既有有线网络供台式机使用,也少了“线”的束缚,能够满足笔记本、手机、PAD 等无线终端随时随地上网的需求,且连接学校校园网络也比较方便。图 20-18 方框内是工作室的办公局域网络。

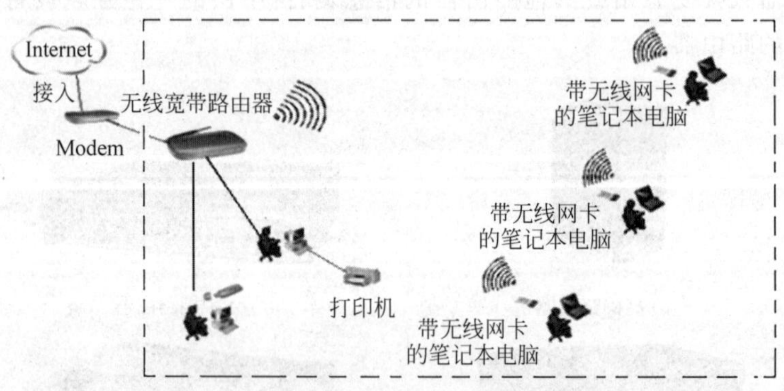

图 20-18 网络拓扑示意图

2. IP 地址的规划

工作室网络 IP 地址的规划比较简单,由于大部分无线路由器的默认地址都是 192.168.1.1/24,所以局域网络使用 192.168.1.0/24 网段,开启 DHCP 功能,使网络内的主机自动获取 IP 地址就可以了。

课 后 练 习

任务 20 课后练习

一、填空题

1. 域名到________的解析是由域名服务器完成的。

2. 以太网 10BASE-T 标准规定的网络拓扑结构是________。

3. 局域网通信选用的通信媒体通常是专用的同轴电缆、________和________。

二、单项选择题

1. 计算机网络中，共享的资源主要是指(　　)。

A. 主机、程序和通信信道　　B. 主机、外设和数据

C. 软件、外设和通信信道　　D. 软件、硬件和数据

2. 不属于计算机网络功能的是(　　)。

A. 资源共享　　B. 提高可靠性

C. 提供 CPU 运算速度　　D. 提高工作效率

3. 按覆盖范围可将网络划分为(　　)。

A. 广域网、局域网、校园网　　B. 广域网、城域网、局域网

C. 城域网、局域网、部门网　　D. 广域网、局域网、企业网

4. 为了在联网的计算机之间进行数据通信，需要制定有关的同步方式、数据格式、编码以及内容的约定，这些被称为(　　)。

A. 网络通信协议　　B. 网络操作系统

C. 网络通信软件　　D. OSI 参考模型

5. 为联网的每个网络和每台主机都分配了唯一的地址，该地址由纯数字组成并用小数点分隔，将它称为(　　)。

A. 服务器地址　　B. 客户机地址

C. IP 地址　　D. 域名

三、判断题

1. 根据计算机网络覆盖地理范围的大小，网络可分为广域网和以太网。(　　)

2. 星形、总线型和环形结构是局域网拓扑结构。(　　)

3. 目前，局域网的传输介质(媒体)主要是同轴电缆、光纤和电话线。(　　)

4. 调制解调器的主要功能是实现数字信号的放大与整形。(　　)

5. 域名地址 www.sina.com.cn 中，www 称为顶级域名。(　　)

6. 在一个局域网内，每台计算机的 IP 地址是唯一的。(　　)

7. 互联网是通过网络适配器将各个网络互联起来的。(　　)

8. 在计算机网络中，“带宽”这一术语表示数据传输的宽度。(　　)

任务 21　认识 Internet 网络

学习目标

➢ 了解 Internet 的相关知识。

➢ 了解 Internet 的起源、发展和应用领域。

➢ 学会获取 Internet 上的资源，熟悉网络购书流程。

任务描述

小林在课余时间学习 C 语言和办公软件高级应用，综合考虑价格、便利性等因素后，他决定在网上购买学习资料。具体任务如下：

(1) 打开网站注册账号。

(2) 查找图书，未能找到的图书需要留言咨询。

(3) 购买找到的图书，填写订单。

(4) 确认付款并进行评价。

21.1　Internet 基础知识

Internet 是一个世界规模最大的信息和服务资源网络，它不仅为人们提供了各种各样的简便而且快捷的通信与信息检索手段，更重要的是为人们提供了巨大的信息资源和服务资源。Internet 的基本服务包括万维网(WWW)、文件传输(FTP)、远程登录(Telnet)、电子邮件(E-mail)、IP 电话等。通过使用 Internet，全世界的人们既可以互通信息、交流思想，又可以获得各个方面的知识、经验和信息。

21.1.1　Internet 概述

Internet 中文译名为因特网，它起源于美国的五角大楼，它的前身是美国国防部高级研究计划局(ARPA)主持研制的 ARPAnet 项目。项目于 1969 年正式启用，当时连接了 4 台计算机，供科学家们进行计算机联网实验。

Internet 基础

21.1.2　Internet 的接入方式

Internet 的接入有许多不同的技术和方案，形成了众多的接入方式。近年来随着技术的发展，出现了多种新型的上网方式，人们有了更多的选择。下面介绍和普通用户相关的、常见的几种接入方式。

1. 电话线拨号接入(PSTN)

家庭个人用户接入互联网普遍使用窄带接入方式,即通过电话线,利用当地运营商提供的接入号码拨号接入互联网。这种接入方式的特点是方便,只需有效的电话线及自带调制解调器(Modem)的 PC 就可完成接入。其接入速率不超过 56kbps,主要运用在一些低速率的网络应用(如网页浏览查询、聊天、收发邮件等),适合于临时性接入或无其他宽带接入场所的使用。缺点是速率低,无法实现一些高速率要求的网络服务,费用也比较高(接入费用由电话费用和网络使用费组成)。随着宽带的发展,因这种网络速率难以满足要求而被淘汰。

2. ADSL 接入

由于 PSTN 的数据传输速率较低,不适应传输大量多媒体信息的需求,由此另一种能够通过普通电话线提供宽带上网服务的 ADSL 接入技术开始被广泛使用。图 21-1 所示为多用户使用 ADSL 共享上网。

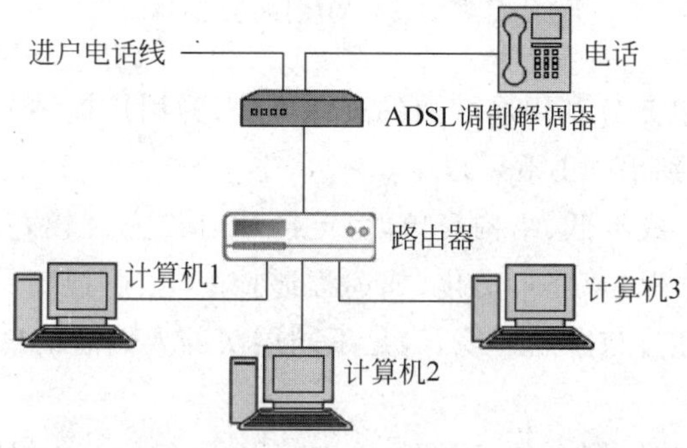

图 21-1　多用户使用 ADSL 共享上网

ADSL 使用比较复杂的调制解调技术,在普通的电话线路上进行高速的数据传输。在数据的传输方向上,ADSL 分为上行和下行两个通道,下行通道的数据传输率远远大于上行通道的数据传输速率,这就是所谓的"非对称性"。ADSL 的这种非对称性正好符合人们下载信息量大于上传信息量的特点。距离在 5 千米内,ADSL 的上行速率可以达到 16～640kbps,而下行速率可以达到 1.5～9Mbps。

3. Cable-Modem 接入

Cable-Modem(有线通)接入是一种基于数字有线电视网络铜线资源的接入方式,如图 21-2 所示。用户通过现有的数字有线电视网可以高速接入互联网,接入速度可达 100Mbps,可实现各类视频服务、高速下载等。一般常用的中广有线信息网络有限公司的宽带服务就是基于这种连接技术。

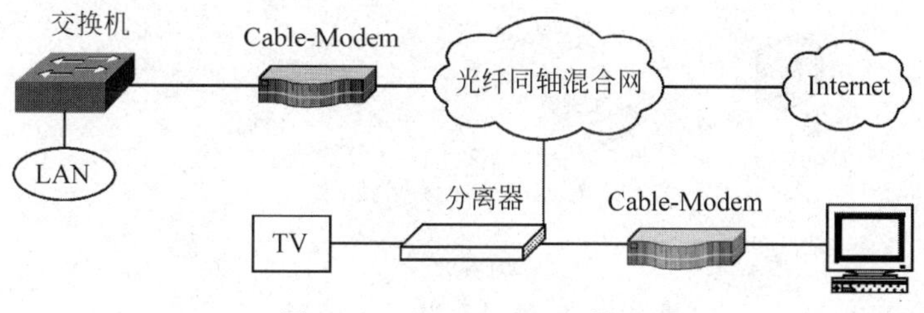

图 21-2　Cable-Modem 接入

4. 局域网(LAN)接入

LAN 方式接入是利用局域网技术,采用光缆+双绞线的方式进行综合布线,是目前小区家庭用户常见的一种宽带接入方式,如图 21-3 所示。

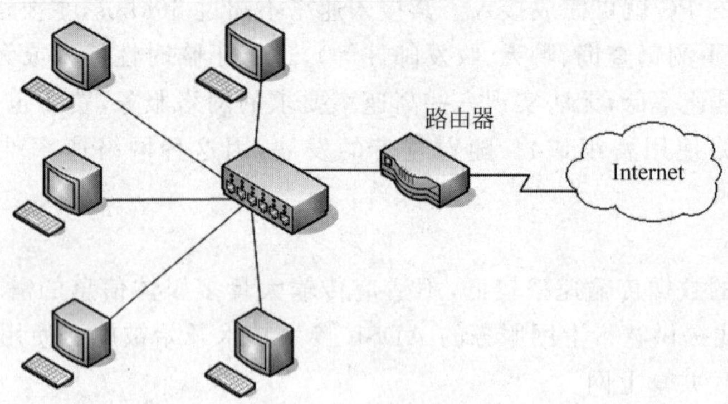

图 21-3 局域网接入

采用 LAN 接入可以充分利用局域网的资源优势,为用户提供 100Mbps 以上的带宽,并可根据用户的需求升级到 1000Mbps 以上。

这种方式技术成熟、成本低、结构简单,稳定性和可扩充性较好,同时可实现实时监控、智能化物业管理、小区安保、家庭自动化(如远程遥控家电、可视门铃)、远程抄表等功能,可提供智能化、信息化的办公与家居环境,满足不同层次的人们对信息化的需求。

5. 无线网接入

无线网接入是一种有线接入的延伸技术,使用无线射频(RF)技术收发数据,减少使用电线电缆连接,因此无线网络系统既可达到建设计算机网络系统的目的,又可自由安排和移动设备。在公共开放的场所或者企业内部,无线网络一般会作为已存在有线网络的一种补充方式,装有无线网卡的计算机通过无线手段可方便地接入互联网。

目前,无线接入主要有 Wi-Fi 和 4G 移动数据通信等方式,我国主要的电信运营商在各城市均覆盖了 4G 和 Wi-Fi。图 21-4 所示即为无线网接入。

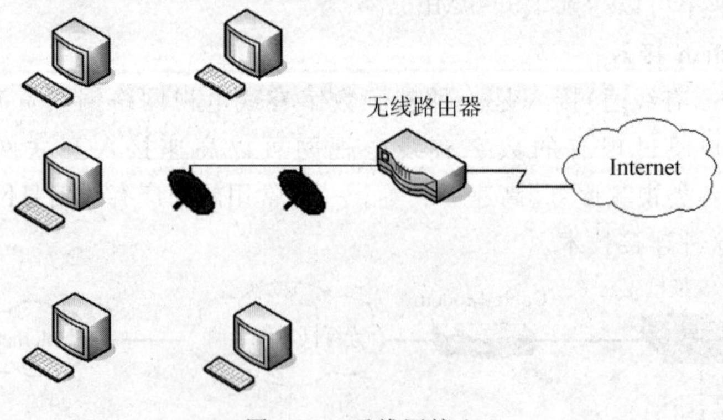

图 21-4 无线网接入

21.1.3 Internet 服务

1. WWW 服务

万维网(World Wide Web,WWW)是 Internet 上集文本、声音、图像、视频等多媒体信息于一身的全球信息资源网络,是 Internet 重要的组成部分。用户通过浏览器(Browser)即可访问 Internet,搜索和浏览自己感兴趣的信息。

Web 网页文件由超文件标记语言 HTML(Hyper Text Markup Language)编写,并在超文件传输协议 HTTP(Hype Text Transmission Protocol)支持下运行。超文本中不仅含有文本信息,还包括图形、声音、图像、视频等多媒体信息(故超文本又称超媒体),更重要的是超文本中隐含着指向其他超文本的链接,这种链接称为超链接(Hyper Links)。利用超文本,用户可以轻松地从一个网页链接到其他相关内容的网页上,而不必关心这些网页分散在何处的主机中。

常见的浏览器包括 Microsoft 的 Internet Explorer(IE)和 Edge、Google 的 Chrome、Mozilla 的 Firefox、Apple 的 Safari 等。

2. E-mail 服务

E-mail(电子邮件)是 Internet 上使用最广泛的一种服务。用户只要能与 Internet 连接并安装了收发电子邮件的程序及个人的 E-mail 地址,就可以与 Internet 上安装了电子邮件程序的所有用户方便、快速、经济地交换电子邮件了。除可以在两个用户间交换电子邮件,还可以向多个用户发送同一封邮件,或将收到的邮件转发给其他用户。电子邮件中除文本外,还可以包含声音、图像、应用程序等各类计算机文件。此外,用户还可以邮件方式在网上订阅电子杂志,获取所需文件,参与有关讨论组,获取最新的 WWW 资源等。

收发电子邮件必须有相应的软件支持。常用的收发电子邮件的软件有 Exchange、Outlook Express、Foxmail 等,这些软件提供邮件的接收、编辑、发送及管理功能。现在的 E-mail 服务商通常会提供 Web 版的电子邮件服务,在网页中实现邮件的接收、编辑、发送及管理功能而无须安装专用软件。例如,mail.qq.com、mail.163.com 等站点。

3. FTP 服务

FTP(File Transfer Protocol,文本传输服务)是 Internet 最早提供的服务功能之一,目前仍然在广泛使用。

FTP 协议是 Internet 上文件传输的基础,通常所说的 FTP 是基于该协议的一种服务。FTP 文件传输服务允许 Internet 上的用户将一台计算机中的文件传输给另一台计算机。几乎所有类型的文件,包括文本文件、二进制可执行文件、声音文件、图像文件、数据压缩文件等,都可以用 FTP 传送。

FTP 最大的特色是用户可以使用 Internet 上众多的匿名 FTP 服务器。匿名服务器是指不需要专门的用户名和口令就可进入的系统。用户连接匿名 FTP 服务器时,都可以用 anonymous(匿名)作为用户名,以自己的 E-mail 地址作为口令登录。登录成功后,用户便可以从匿名服务器上下载文件。匿名服务器的标准目录为 pub,用户通常可以访问该目录下所有子目录中的文件。考虑到安全问题,大多数匿名服务器不允许用户上传文件。

4. Telnet 服务

Telnet 又被称为远程登录服务,也是 Internet 最早提供的服务功能之一,很多人仍在使用这个服务功能。

Telnet 是 Internet 远程登录服务的一个协议,该协议定义了远程登录用户与服务器交互的方式。Telnet 允许用户从一台联网的计算机登录到一个远程分时系统中,然后像使用自己的计算机一样使用该远程系统。

要使用远程登录服务,用户必须在本地计算机启动一个 Telnet 终端应用程序,指定远程计算机的名字,并通过 Internet 与之建立连接。一旦连接成功,本地计算机就像通常的终端一样,可以直接访问远程计算机系统的资源。远程登录软件允许用户直接与远程计算机交互,通过键盘或鼠标操作,客户应用程序将有关的信息发送给远程计算机,再由服务器将输出结果返回给用户。用户退出远程登录后,用户的键盘、显示控制权又回到本地计算机。

Windows 10 用户可以使用 Telnet 客户程序进行远程登录。

5. BBS 服务

BBS(Bulletin Board Service,公告牌服务)是 Internet 上的一种电子信息服务系统。BBS 已经形成了一种独特的网上社区文化。网友们可以通过 BBS 自由地表达他们的思想、观念。BBS 实际也是一种网站,从技术角度是一种在线分布式信息处理系统。BBS 在网络的某台计算机中设置了一个公共信息存储区,任何合法用户都可以通过 Internet 在这个存储区中存取信息。

BBS 按不同的主题分为多个栏目,栏目的划分是依据大多数 BBS 使用者的需求、喜好而设立。BBS 的使用权限分为浏览、发帖子、发邮件、发送文件和聊天等。虽然所有的上网用户都有自由浏览的权力,但是只有经过正式注册的用户才可以享有其他的服务。BBS 的交流特点与 Internet 最大的不同正像它的名字所描述的,是一个“公告牌”,即运行在 BBS 站点上的合法信息对所有用户都是公开的。

21.2 利用 Edge 浏览器浏览网页

Windows 10 内置 Microsoft Edge 与 Internet Explorer 11 两个浏览器,系统默认使用的是 Edge 浏览器,如图 21-5 所示。

图 21-5　系统内置的浏览器

21.3　使用搜索引擎查询信息

搜索引擎就是根据用户需求与一定的算法，运用特定策略从互联网检索出特定信息反馈给用户的一门检索技术。搜索引擎依托于多种技术，如网络爬虫技术、检索排序技术、网页处理技术、大数据处理技术、自然语言处理技术等，为信息检索用户提供快速、高相关性的信息服务。搜索引擎技术的核心模块一般包括爬虫、索引、检索和排序等，同时可添加其他的辅助模块，为用户创造更好的网络使用环境。

目前常用的检索引擎有谷歌(Google)、百度、搜虎、雅虎等，图 21-6 是百度网站搜索页面。

图 21-6　百度网站搜索页面

21.4　网上信函——电子邮件

电子邮件(Electronic Mail，E-mail)是一种用电子手段提供信息交换的通信方式，是互联网应用最广泛的服务。通过 Internet 的电子邮件系统，用户可以以非常低廉的价格(不管发送到哪里，都只需负担网费)、非常快速的方式(几秒钟之内可以发送到世界任何指定的目的地)，与世界上任何一个角落的网络用户联系通信。

电子邮件

电子邮件的内容可以是文字、图像、声音等多种形式。同时,用户可以得到大量免费的新闻、专题邮件,并轻松实现信息的搜索。电子邮件的存在极大地方便了人与人之间的沟通与交流,促进了信息社会的发展。

21.4.1 申请电子邮箱

要使用电子邮件通信,首先需要向电子邮件服务商申请注册电子邮箱。

国内和国外有许多电子邮件服务商,包括腾讯的 QQ 邮箱、谷歌的 Gmail、网易的 163 邮箱、微软的 Hotmail、雅虎的 Yahoo Mail 等。

以网易 163 邮箱为例,先打开 Microsoft Edge 浏览器,在地址栏中输入 mail.163.com,在登录界面中单击"注册新账号"选项,再在注册页面中输入地址名、密码、手机号,选中服务条款、隐私政策等。接下来需要用手机接收验证码,验证完成后,就有了一个类似名为 support@163.com 的邮箱了,如图 21-7 所示。

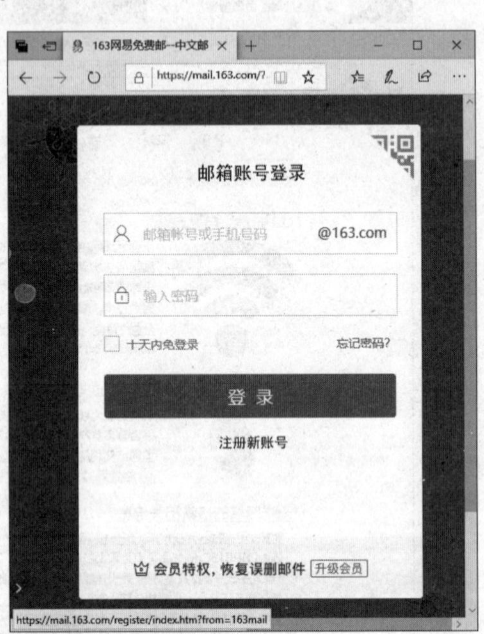

图 21-7 网易 163 邮箱注册页面

21.4.2 登录电子邮箱并发送电子邮件

注册了电子邮箱后,就可以登录电子邮箱收发电子邮件了。图 21-8 是新邮件页面示例。

大家可以试着给同学发一封邮件,需要对方的邮箱地址,根据邮件内容写好主题和正文,最后附上需要传输的附件文件,具体内容如下。

(1) 邮件地址。包括收件人、抄送人地址。

(2) 主题。主题填写要求言简意赅。

(3) 正文。内容包括称呼、问候语、正文、签名等。

(4) 附件。内容可以是各类文件,应注意文件的大小。

图 21-8 网易 163 邮箱新邮件页面

21.5 网上购物

网上购物就是通过互联网购物网站检索商品信息，并通过电子订单发出购物请求，然后填上银行支付账号或电子信用卡。商家收到订单后，通过快递公司送货上门；卖家验证商品后，将费用支付给商家。国内的电子商务网站，一般同时提供交易担保和争议处理。

目前 Internet 的知名电子商务网站如下。

(1) 亚马逊(www.Amazon.com)从 1995 年开始在线销售网上书籍，之后网站将产品扩展至日用消费品等。

(2) 淘宝(www.Taobao.com)是中国最大的在线市场，也是目前世界上最大的电子商务网站之一，拥有超过八亿商品和十亿用户。

(3) Ebay(www.eBay.com)是在 1995 年底创建的一家美国电子商务公司。Ebay 是全球较早建立的电子商务网站。

(4) 京东(www.JD.com)是中国比较受欢迎的在线零售平台，其自营业务模式在电商领域获得了比较好的口碑。

(5) 阿里巴巴(www.alibaba.com)是世界上最大的面向小型企业的在线企业交易平台，在全球开展业务。

21.6 网盘与云盘

网盘是文件在网络中进行存储的服务，其基于局域网或者互联网，着力实现数据的异地存储。云盘是网络存储与云计算技术结合的产物，云盘着力实现数据的分布存储和快捷分享。

网盘和云盘是技术迭代过程中不同时期的产品，在应用时需要根据不同的需求选择所需要的应用服务。具体从以下 4 点进行分析判断。

1. 文件存储

网盘与云盘最主要的作用就是文件在网络中的存储。服务器为用户划分一定的磁盘空间，为用户免费或收费提供文件的存储、访问、备份、共享等文件管理等功能，并且拥有高级的容灾备份。用户可以把网盘、云盘看成一个放在网络上的硬盘，不管是在家中、单位或其他任何地方，只要连接到因特网，就可以管理、编辑网盘里的文件。不需要随身携带，更不怕丢失。在文件存储方面，网盘与云盘没有区别。

2. 文件上传和下载

用户可以通过云盘和网盘上传和下载文件，两者的传输原理不同。云盘中的文件如果已经上传过，再上传的时候速度就会非常快；同样，同一个文件，如果下载的人越多，它的速度越快。这是云计算技术的一个典型应用，是对大数据分析后的综合体现。如果云盘中的文件上传、下载的人较少，那么它的速度与网盘就没什么区别了。网盘是基于一对一的文件上传和下载，速度一般。局域网的网盘速度可以满足一般需求，Internet 上网盘运营商对上传和下载速度有所限制，所以速度较慢。

3. 建设方式不同

网盘除了选择在线运营商之外，也可以自己采购软硬件进行搭建。云盘通常选择在线运营商，其云计算技术所需的软硬件环境要求较多，运维复杂，不适合小规模应用。

4. 文件的共享方式不同

云盘和网盘在文件共享方面有很多的共同点，但是云盘相对网盘来讲更加方便，分享的安全性也更高一些。大家需要文件共享时，往往都采用云盘，而不是网盘，云盘通过分享链接和密码即可。

现在网盘的运营商都开始利用云计算技术进行转化，以后云盘应用会比较多。

国内目前大规模使用的是百度云盘(https://pan.baidu.com/)，其免费功能可以满足大家日常的应用需求，付费会员的云盘功能也比较有特色。

21.7 任务实施

根据要求，在“网上书城”网站查找并购买图书，支付成功之后进行评价。

(1) 打开浏览器，输入 http://djks.edu.cn，或者打开“素材”文件夹中“网络综合应用”文件夹的 smartserver_v13.exe 文件，浏览“网上书城”网站。

(2) 进行用户注册，单击网页右上角的“注册新用户”，输入以下内容：

① 通行证用户名为准考证号；

② 电子邮箱根据真实情况填写(可以用自己的 QQ 邮箱)；

③ 密码为准考证号后 6 位；

任务 21 实施

④ 真实姓名为考生姓名；

⑤ 其余信息根据真实情况填写。

(3) 注册完成后，单击“登录”，填好用户名和密码可登录网上书城。

(4) 想要购买《C 程序设计》这本书，使用网站中提供的搜索功能，在搜索框里输入“C 程序设计”，系统中的搜索结果会排列出有关的书籍，发现系统里没有要找的这本书；在网页下部找到在线留言，单击后在网页中输入以下内容：

① 用户名用准考证号；

② 留言内容为“《C 程序设计》什么时候出版?”。

提交留言后返回主页。

(5) 要购买《办公软件高级应用 Office 2019》这本书，使用主页左边的分类浏览找到“办公应用类”中的商品，单击《办公软件高级应用 Office 2019》一书对应的链接，在订单页面输入以下内容：

① 送货信息根据真实情况填写；

② 送货方式选择“普通邮寄”；

③ 支付方式选择“预付款余额支付”；

④ 购买之后进行评论，内容为“书还不错!”。

其他内容按真实的情况填写即可，完成填写后提交订单。

课 后 练 习

一、填空题

1. 无线接入 Internet 可以分为________和________方式。

2. Internet 中专门用于搜索的服务称为________。

3. 文件传输协议的简称是________。

任务 21 课后练习

二、单项选择题

1. 对于 Internet，比较确切的一种含义是(　　)。

   A. 一种计算机的品牌

   B. 网络中的网络，即互联各个网络

   C. 一个网络的顶级域名

   D. 美国军方的非机密军事情报网络

2. Internet 起源于(　　)。

   A. 美国　　B. 英国　　C. 德国　　D. 澳大利亚

3. Cable-Modem 接入方式是通过(　　)接入 Internet。

   A. 双绞线　　B. 电话线　　C. 同轴电缆　　D. 无线

4. 电子信箱地址的格式是(　　)。

   A. 主机名@用户名　　B. 用户名@主机名

   C. 主机域名@用户名　　D. 用户名@主机域名

5. 常见的 Internet 服务不包括(　　)。

A. WWW　　B. FTP　　C. BBS　　D. TCP

三、判断题

1. ADSL 技术是通过电话线接入 Internet。(　　)

2. WWW 是 Word Wild Windows 的缩写。(　　)

3. LAN 是局域网,所以不能接入 Internet。(　　)

4. 百度搜索是全球最大的中文搜索引擎。(　　)

5. 淘宝是全球最大的电子商务平台。(　　)

任务 22 计算机的安全防范

学习目标

➢ 掌握计算机安全的基础知识。

➢ 了解病毒的特点、分类及查杀手段。

➢ 学会对计算机实施必要的保护和备份。

任务描述

工作室里的计算机和打印机等设备是公用的，大家在局域网里共享各类文件，会经常复制 U 盘数据，从 Internet 上下载各种软件和学习资料，所以计算机面临着各种网络攻击、病毒感染的可能。小林想要了解计算机安全的一些基础知识，掌握安全防范的方法，并能够根据本任务所学的知识对工作室的计算机实施安全防护。

22.1 计算机安全概述

随着计算机的广泛应用，其安全问题日益突出，计算机安全已成为一个专门的研究领域，涉及计算机技术、网络技术、通信技术、密码学、法律等内容。

计算机病毒

国际标准化组织(ISO)对计算机系统安全的定义是：为数据处理系统建立和采用的技术和管理的安全保护，保护计算机硬件、软件和数据不因偶然和恶意的原因遭到破坏、更改和泄露。

22.2 计算机病毒

22.2.1 计算机病毒的相关概念

计算机病毒是指编制或者在计算机程序中插入的破坏计算机功能或者毁坏数据，影响计算机使用，并能自我复制的一组计算机指令或者程序代码。

计算机病毒主要包含 3 部分：引导部分、传染部分、表现部分。现有的计算机病毒主要有以下 5 大特点。

1. 隐蔽性

计算机病毒的隐蔽性使人们不容易发现它，感染病毒的计算机或者 U 盘使用起来与平时没有区别。

2. 潜伏性

一般刚刚感染计算机病毒的文件并不会显露出来，当满足病毒发作的环境条件形成时，病毒程序才开始运行发作。

3. 传染性

计算机病毒程序的一个主要特点是能够将自身的程序复制给其他程序(文件型病毒),或者放入指定的位置,如引导扇区(引导型病毒)。

4. 寄生性

计算机病毒都用欺骗手段寄生在其他文件上,一旦该文件被加载,就会让病毒发作并复制病毒到其他地方。

5. 危害性

病毒的危害性是显然的,几乎没有一个无害的病毒。它的危害性不仅体现在破坏系统、删除或者修改数据方面,而且还会占用系统资源,干扰机器的正常运行等。

虽然计算机中毒无声无息,但通过仔细观察还是会发现一些现象,主要包括计算机启动异常,计算机运行速度明显变慢,系统经常报告内存不足,磁盘空间迅速减少,多了文件或文件异常丢失,没有运行网络程序网卡会不停收发数据等。

22.2.2 计算机病毒的分类

计算机病毒可以按传染方式、连接方式和病毒的特性分类。

1. 按病毒的传染方式分类

(1) 引导区病毒

引导区病毒隐藏在磁盘引导扇区内,在系统文件启动以前计算机病毒已驻留在内存内,所以计算机病毒就可完全控制底层中断功能,以便进行病毒传播和破坏活动。

(2) 文件型病毒

文件型病毒又称寄生病毒,通常感染执行文件(.EXE),但是也有些会感染其他可执行文件,如DLL、SCR等。每次执行受感染的文件时,计算机病毒便会发作,例如熊猫烧香。部分文件型病毒会将自己复制到其他可执行文件中,并且继续执行原有的程序,以免被用户察觉,例如CIH。

(3) 宏病毒

宏病毒专门针对特定的应用软件,可感染依附于某些应用软件内的宏指令,如微软公司的Word和Excel软件。它可以很容易地通过电子邮件附件、U盘、文件下载和网络共享等多种方式进行传播。宏病毒与其他计算机病毒类型的区别是攻击数据文件而不是程序文件。

(4) 木马

木马又称特洛伊木马,当执行时会进行一些恶性及不正当的活动。木马通常被黑客当工具去窃取用户的密码资料或控制计算机资源。

特洛伊木马看起来"不具传染性",它并不像其他病毒那样复制自身,也并不刻意地去感染其他文件,它主要通过将自身伪装起来,吸引其他计算机用户下载执行,从而进行更广泛的传播。

(5) 蠕虫

蠕虫是一种通过网络系统中的漏洞进行主动传播的病毒。它通常不利用文件寄生,而是只存在于内存中,通过获取部分或全部控制权进行传播。蠕虫和黑客技术相结合危害极大。

根据使用者情况，可将蠕虫病毒分为两类：一种是面向企业用户和局域网而言，这种病毒利用系统漏洞，主动进行攻击，可以对整个互联网造成瘫痪性的后果；另外一种是针对个人用户并通过网络（主要是电子邮件、恶意网页的形式）迅速传播的蠕虫病毒，以爱虫病毒、求职信病毒为代表。

蠕虫病毒的传染目标是互联网内有漏洞的计算机、局域网条件下的共享文件夹、电子邮件、网络中的恶意网页、大量存在着漏洞的服务器等。

2. 按病毒的连接方式分类

（1）源码型病毒

该病毒在高级语言所编写的程序编译前插入源程序中，经编译成为合法程序的一部分。

（2）嵌入型病毒

这种病毒是将自身嵌入到现有程序中，把计算机病毒的主体程序与其攻击的对象以插入的方式链接。这种计算机病毒编写难度较大，一旦侵入程序体后也较难消除。如果同时采用多态性病毒技术、超级病毒技术和隐蔽性病毒技术，会给当前的反病毒技术带来严峻的挑战。

（3）外壳型病毒

外壳型病毒将其自身包围在主程序的四周，对原来的程序不做修改。这种病毒最为常见，易于编写，也易于发现，一般测试文件的大小即可知晓。

（4）操作系统型病毒

这种病毒将本体加入或取代部分操作系统进行工作，具有很强的破坏力，可以导致整个系统的瘫痪。圆点病毒和大麻病毒就是典型的操作系统型病毒。

这种病毒在运行时，用自己的逻辑部分取代操作系统的合法程序模块，根据病毒自身的特点和被替代的合法程序模块在操作系统中运行的地位与作用以及病毒取代操作系统的方式等，对操作系统进行破坏。

3. 按病毒的特性分类

（1）Trojan（特洛伊木马）：在此类病毒名称中常含有 psw 或者 pwd 之类的内容，一般都表示这个病毒有盗取密码的功能，例如，Trojan.qqpass.ajw 专门盗窃 QQ 密码。

（2）Win32（系统病毒）：可以感染 Windows 操作系统的 *.exe 和 *.dll 文件。

（3）Worm（蠕虫病毒）：通过网络或者系统漏洞进行传播。比较著名的有冲击波。

（4）Script（脚本病毒）：一般来说，脚本病毒还会有 VBS JS（表明是何种脚本编写的）等前缀，比如欢乐时光病毒。

（5）Backdoor（后门病毒）：通过网络传播，给系统开后门，最著名的就是灰鸽子。

（6）Dropper（种植程序病毒）：运行时会从体内释放出一个或几个新的病毒到系统目录下，最有代表性的是落雪。

（7）Joke（玩笑病毒）：发作时可以吓唬人或者令人陷入尴尬。

（8）HackTool（黑客工具）：目的一般是为窃取信息或控制计算机。

（9）Downloader（木马下载者）：以体积小的下载者下载体积大的木马，方便隐藏。

（10）AdWare（广告病毒）：监视人们上网时的一举一动，然后把信息反馈到相应的公司。

22.2.3 计算机病毒的检测及防范

防病毒系统主要包括单机版防病毒软件、企业版防病毒软件和防病毒硬件等。

(1) 单机版防病毒软件：这是目前广泛使用的一类软件，安装在一台主机上，用于对单机的防护，常用产品包括 Windows Defender、金山毒霸、360 杀毒等。

(2) 企业版防病毒软件：安装在一个局域网或一个企业内部的一组主机上，用于对多台主机的防护。企业版防病毒软件一般由服务器端程序和客户端程序组成，常用产品包括 Norton 企业版、McAfee VirusScan 等。

(3) 防病毒硬件：防病毒硬件一般通过 U 盘等形式接入主机，可以将杀毒引擎固化在只读芯片中，防止病毒对杀毒软件的破坏并提高查杀速度，但成本较高。

无论哪一类防病毒系统，在使用时都必须经常更新病毒库，否则对于一些新出现的病毒及其变种没有效果。

22.3 防范黑客攻击

22.3.1 黑客

黑客源自英文 Hacker，也可翻译为骇客。黑客一词已被用于泛指那些专门通过计算机网络并利用计算机系统漏洞或病毒窃取信息违反法律的人。

22.3.2 黑客攻击网络的一般过程

黑客攻击网络通常包括准备阶段、实施攻击、后攻击三个阶段。

(1) 准备阶段：攻击者预先进行探测和扫描，内容包括网络拓扑结构、主机操作系统及用户组、主机 IP 及端口打开情况等。

(2) 实施攻击：实施攻击可获得系统的一定权限，内容包括获得远程权限，进入远程系统，提升本地权限，进一步扩展权限，然后进行实质性操作。

(3) 后攻击：清除痕迹，长期维持一定的权限，内容包括植入后门木马，删除日志，修补明显的漏洞，为进一步渗透扩展做准备。

22.3.3 防范黑客攻击的手段

从技术上对付黑客攻击，主要采取下列手段。

(1) 保持计算机操作系统及时更新，及时安装系统补丁。

(2) 安装防病毒软件，保持更新并定期进行查杀活动。

(3) 使用防火墙技术，建立网络安全屏障。使用防火墙技术防止外部网络对内部网络的未授权访问，作为网络软件的补充，共同建立网络信息系统的对外安全屏障。对外部网络与内部网络交流的数据进行检查，符合的予以放行，不符合的拒之门外。

(4) 部署使用入侵检测系统(IDS，Intrusion Detection System)发现黑客入侵。当网络或系统被黑客攻击时，可用该系统及时发现黑客入侵的迹象并进行处理。

(5) 时常备份系统,若被攻击可及时修复。这个安全环节与系统管理员的实际工作关系密切,系统管理员要定期备份重要的数据,以便在非常情况下(如系统瘫痪或受到黑客的攻击破坏时)能及时修复系统,将损失降到最低。

22.4　任务实施

1. 设置浏览器安全级别

提高 Edge 浏览器的安全级别,开启保护模式可以有效避免一些潜在网络攻击的可能。

(1) 打开 Edge 浏览器后,单击右上角的"…",在弹出的下拉菜单中选择"设置"选项。

任务 22 实施

(2) 在界面中单击"隐私与安全"选项,开启阻止弹出窗口和 Windows Defender SmartScreen 两个选项。

2. 开启系统自动更新,更新系统补丁

(1) 选择"开始"→"设置"命令,弹出 Windows 设置界面。

(2) 选择"更新与安全"→"Windows 更新"→"高级选项"选项。

(3) 将"更新选项" 和"更新通知"下面的开关置于"开"。

3. 杀毒软件的选择与安装

Windows 10 操作系统中集成了一套完整的反病毒软件 Windows Defender,称为 Windows Defender 安全中心,保障了操作系统的安全性。操作系统将所有常用的安全设置全部整合到安全中心,方便用户使用,同时 Windows Defender 在 Windows 的更新中得到了改进和优化。

(1) 打开"Windows 设置"界面。

(2) 选择"更新与安全"→"Windows 安全中心"→"打开 Windows 安全中心"选项。

(3) 在安全性预览中,将"病毒和威胁防护""账户保护""防护墙和网络防护"等多项内容置于开启状态,以处理系统的各类通知。

课后练习

一、填空题

1. 有一种专门盗窃计算机用户 QQ 密码的病毒是________。

2. 熊猫烧香病毒是一种典型的________型病毒。

3. 黑客攻击网络通常包括准备阶段、实施攻击、________三个阶段。

任务 22 课后练习

二、单项选择题

1. 确切地说计算机病毒是一个(　　)。

A. 细菌　　B. 程序　　C. 文件　　D. 图片

2. 下面不是感染计算机病毒时常见到的症状是(　　)。

A. 打印时显示 No paper　　B. 屏幕上出现了跳动的小球

C. 系统出现异常死锁现象　　D. 系统中的.EXE文件字节数增加

3. 当前较恶劣的计算机病毒(　　)。

A. 对人体有害

B. 抢占系统资源

C. 破坏系统数据

D. 窃取个人隐私和企事业核心机密信息

4. Symantec AntiVirus 无法修复受感染文件的最常见的原因是(　　)。

A. 没有最新的病毒库　　B. 文件本身损坏

C. 文件类型不对　　D. 磁盘损坏

5. 使用防火墙系统防止(　　)对(　　)的未授权访问，作为网络软件的补充，共同建立网络信息系统的对外安全屏障。

A. 外部用户　内部用户　　B. 内部用户　外部用户

C. 外部网络　内部网络　　D. 内部网络　外部网络

第七部分
计算机应用新技术

随着物联网、云计算、大数据和人工智能等新一代信息技术的发展，我们正在进入一个智能信息化的时代。从智能手机到智能家居，从智能车间到智能工厂，从智慧交通到智慧城市，信息技术的互联互通，不仅催生了新技术，更深层次地影响了工业、交通、医疗、金融等领域，同时也极大地改变了人们的学习、生活与工作方式。世界在变化，教育也必须改变，各行各业都在经历着深刻的变革，这就需要新的教育形式，以培养当今和未来社会、经济所需要的人才。基于信息化社会的大时代背景下，学习计算机应用新技术，不仅是当前经济社会发展的必然要求，也是很多当代大学生自身的迫切需求。

任务 23　了解云计算技术

学习目标

➢ 掌握云计算的基本概念。

➢ 了解云计算的一些基本应用。

任务描述

小董是大一的计算机专业学生，计算机专业的林老师给他推荐了一个大学生云学习平台，该平台利用云计算技术，拥有大批优质的课程，不用下载专用软件，也不用下载课程与课件，随时随地都可以在线学习，与全国各地的同学进行沟通，完成测验等。小董对这个云学习平台特别感兴趣，尤其是云计算技术。现在他想通过学习，掌握云计算技术的一些基础知识，并了解云计算的工作原理。

23.1　云计算的概念

云计算是一个新名词，却不是一个新概念，云计算这个概念从互联网诞生起就一直存在。很久以前，人们就开始购买服务器存储空间，然后把文件上传到服务器存储空间保存，需要的时候再从服务器存储空间把文件下载下来。这与百度云的模式没有本质的区别，只是简化了操作而已，如图 23-1 所示。

图 23-1　云计算

云指的是网络，计算指的是计算机资源。云计算依托于互联网，是一种全新的网络应用概念，它是与信息技术、软件、物联网相关的一种服务。通俗地讲，云就是存在于互联网上的服务器集群上的资源，云计算包括服务器、存储器、CPU 等硬件资源，以及应用软件、集成开发环境等软件资源。本地计算机只需要通过互联网发送一个需求信息，云端就有成千上万的计算机提供需要的资源，并将结果反馈到本地计算机。

云计算的定义：云端(Cloud)代表了互联网(Internet)，通过网络的计算能力，取代使用用户安装在自己计算机上的软件，或者取代用户把资料存在自己硬盘的动作，转而通过网络进行各种工作，并将档案资料存放在网络上，也就是庞大的虚拟空间上。通过所使用的网络服务，用户把资料存放在网络上的服务器中，并借浏览器浏览这些服务的网页，使用上面的界面进行各种计算和工作。

23.2 云计算的发展

云计算(Cloud Computing)这个名词来自于Google，而最早的云计算产品来自于Amazon。现在云计算的发展趋势有很多，云计算的分工将会变得更加细化；IaaS将迎来更大的降价风潮；私有云将越来越多地立足于超融合型平台之上，即将计算、网络与存储资源进行预先整合的新型平台，帮助企业更快地运行云实施；容器技术将成为云计算的标配；公有云将更深入关键业务的应用。

23.3 云计算的特点与层次架构

23.3.1 云计算的特点

理论上，云计算可以在资源不增加的情况下充分利用资源，将原来利用率只有20%～30%的服务器充分利用，达到70%～80%。云计算能够让信息技术设施在成本相当的情况下速度更快，效率更高。

这里有必要讲述一下统筹学的重要性，这对理解云计算非常重要。下面用一个生活中的例子进行说明。

一块铁板，一次能烤3块饼，而每块饼需要正反两面各烤2分钟才能烤熟。在不增加铁板的情况下，用什么方法能用最少的时间烤出4块饼呢？

方法一：人的思维往往是先把3块饼放到铁板上，烤熟一面翻过来，烤熟第二面，用时4分钟，再烤第4块饼一共8分钟，如图23-2所示。其实这种方法不仅仅浪费了是铁板资源，还浪费了燃气和时间，那么有什么办法能节省时间呢？

方法二：把前两块不熟的一面朝下放到铁板上继续烤；拿掉第三块，放上第四块；前两块熟了之后把第三块和第四块不熟的一面放到铁板上继续烤。2分钟后，4块饼全熟了，共耗时6分钟，节约25%的时间，如图23-3所示。

方法三：如果再进一步，让每家每户不用购买铁板这样的工具，而是在统一的地点烤饼，每个家庭无须建设、维护这些工具，而把精力放在“如何烤出好饼”这样更重要的事情上来，从而大幅度降低烤饼的人工成本和消耗成本，饼的质量也会愈加有保障，岂不更好？这就好比现在流行的共享经济——共享单车、共享汽车、共享充电宝、共享篮球、共享雨伞等，不用支付昂贵的设备购买费用，仅需支付低廉的使用费就可以使用。

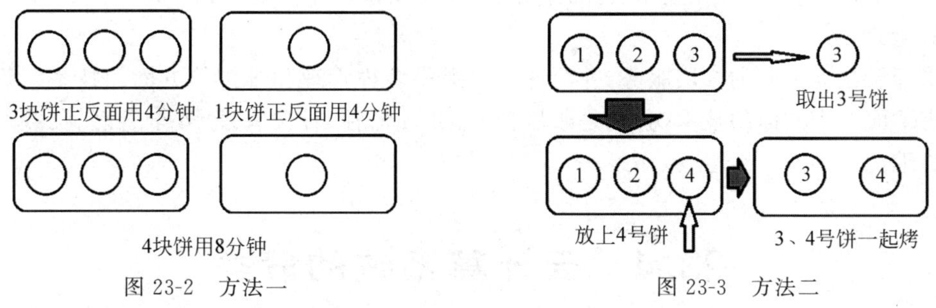

图 23-2　方法一　　图 23-3　方法二

23.3.2　云计算的层次架构

云计算架构有三层是横向的，分别是显示层、中间层和基础设施层，通过这三层技术能够提供非常丰富的云计算能力和友好的用户界面。云计算架构还有一层是纵向的，称为管理层，是为了更好地管理和维护横向的三层而存在的，如图 23-4 所示。

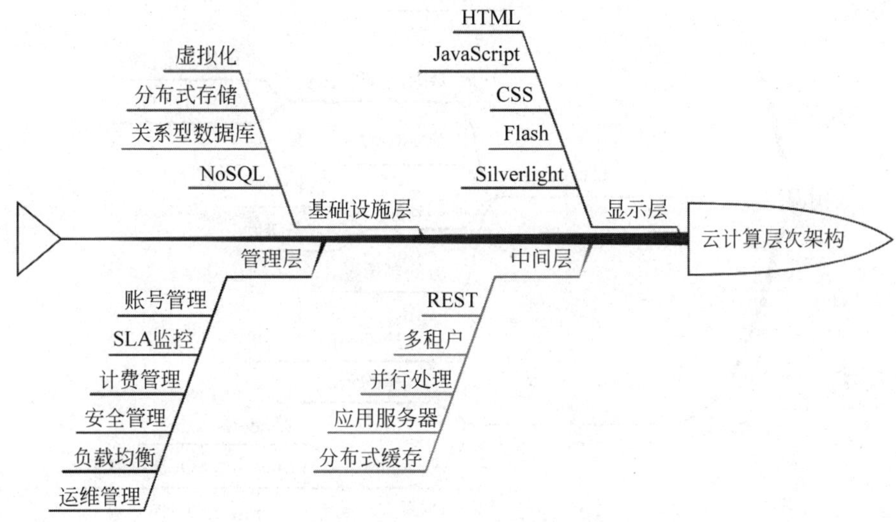

图 23-4　云计算层次架构

1. 显示层

大多数数据中心云计算架构的显示层主要用于以友好的方式展现用户所需的内容和服务体验，并会利用到下面中间层提供的多种服务。显示层主要有五种技术，分别是 HTML、JavaScript、CSS、Flash 和 Silverlight。

2. 中间层

中间层起承上启下的作用，它在下面的基础设施层所提供资源的基础上提供了多种服务，比如缓存服务和 REST 服务等，而且这些服务既可用于支撑显示层，也可以直接让用户调用。中间层主要有 5 种技术，分别是 REST、多租户、并行处理、应用服务器和分布式缓存技术。

3. 基础设施层

基础设施层是为给中间层或者用户准备其所需的计算和存储等资源。基础设施层主要有四种技术,分别是虚拟化技术、分布式存储、关系型数据库技术和 NoSQL。

4. 管理层

管理层是为横向的 3 层服务,并给这 3 层提供多种管理和维护等方面的技术。管理层主要有下面 6 个方面的技术,分别是账号管理、SLA 监控、计费管理、安全管理、负载均衡和运维管理。

23.4 云计算系统的分类

美国国家标准与技术研究院(NIST)将云计算分为 SaaS、IaaS 和 PaaS 三类,如图 23-5 所示。

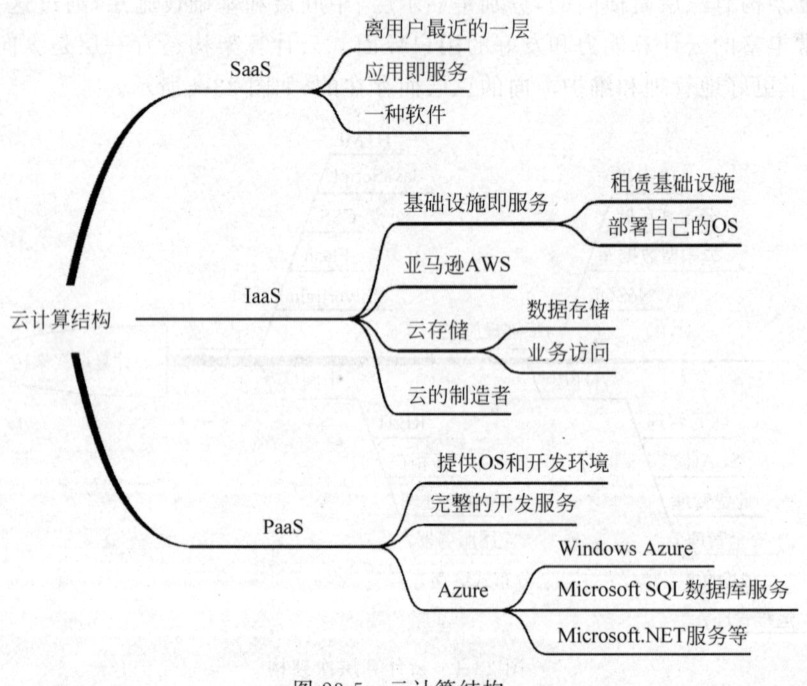

图 23-5　云计算结构

SaaS、PaaS、IaaS 是云计算的三层结构,但是三者之间并没有也不需要非常明确的划分。云计算的根本目的是解决问题,SaaS、PaaS、IaaS 都试图解决同一个商业问题——用尽可能少甚至为零的资本支出,获得功能、扩展能力、服务和商业价值。当某种云计算的模式获得成功后,这三者之间的界限就会进一步模糊。成功的 SaaS 或 IaaS 服务可以很容易地延伸到平台领域(PaaS)。

目前,全球云计算市场上,亚马逊 AWS、微软 Azure 和阿里云已经组成了 TOP3 阵营,其后是 IBM 云、谷歌云。对阿里云来说,还将受益于中国云计算市场的高速增长。未来几年内,中国云计算市场将保持每年超过 100%的增长速度。

1. SaaS(Software as a Service)(软件即服务)

用户无须安装软件,通过标准客户端(浏览器)即可使用软件服务,比如 Google Docs。

SaaS 是云计算的最上层，是基于平台上的具体应用。SaaS 层是距离用户最近的一层。例如，多备份就是让用户可以通过一个简单应用直接在云端进行数据的管理和保护，同时，用户还可以依靠多备份实现多个云之间的数据互通。比如，如果想把阿里云的数据备份到百度云，只要先把阿里云的数据从云端拿下来然后再上传即可。如果使用多备份，就可以省去将数据下载到本地这一步骤。这里的 SaaS 甚至可以定义为一种软件，所以才会有“软件即服务”的说法。

2. IaaS（Infrastructure as a Service）（基础设施即服务）

用户无须购买硬件，而是租赁云计算提供商的基础设施，部署自己的操作系统（OS）并进行自己的计算。这里的用户一般是商业机构而不是终端消费者。IaaS 最有名的提供商是亚马逊的 AWS。云存储就是将网络中大量各种不同类型的存储设备通过应用软件组合起来协同工作并共同对外提供数据存储和业务访问功能的一个系统。

3. PaaS（Platform as a Service）（平台即服务）

与 IaaS 类似，只是用户不再控制 OS，而是利用云计算提供商提供的 OS 和开发环境进行开发。PssS 实际上是指将软件研发的平台作为一种服务提供给用户。

IaaS 是云的制造者，消费者通过 Internet 可以从完善的计算机基础设施中获得服务；PaaS 提供了用户可以访问的完整或部分的应用程序功能；SaaS 则提供了完整的可直接使用的应用程序，比如通过 Internet 管理企业资源。

23.5　云计算的应用

较为简单的云计算技术已经普遍服务于现在的互联网服务中，最为常见的就是网络搜索引擎和网络邮箱。大家最熟悉的搜索引擎就是谷歌和百度，在任何时刻，通过移动终端都可以在搜索引擎上搜索任何自己需要的资源，通过云端共享数据资源。而网络邮箱也是如此，在过去，寄写一封邮件是一件比较麻烦的事情，同时也是很慢的过程，而在云计算技术和网络技术的推动下，电子邮箱成为社会生活的一部分，只要在网络环境下就可以实现实时的邮件寄收。所以，云计算技术已经融入现今的社会生活。

1. 存储云

存储云又称云存储，是在云计算技术上发展起来的一个新的存储技术。云存储是一个以数据存储和管理为核心的云计算系统。用户可以将本地的资源上传至云端，可以在任何地方联入互联网从而获取云上的资源。大家所熟知的谷歌、微软等大型网络公司均有云存储的服务，在国内，百度云和微云则是市场占有量最大的存储云。存储云向用户提供了存储容器服务、备份服务、归档服务和记录管理服务等，大大方便了使用者对资源的管理。

2. 医疗云

医疗云是指在云计算、移动技术、多媒体、4G 和 5G 通信、大数据以及物联网等新技术的基础上，结合医疗技术，使用“云计算”创建医疗健康服务云平台，实现了医疗资源的共享和医疗范围的扩大。因为云计算技术的运用与结合，医疗云提高了医疗机构的效率，方便了居民就医，现在医院的预约挂号、电子病历、医保等都是云计算与医疗领域结合的产物。医疗云还具有数据安全、信息共享、动态扩展、布局全国的优势。

3. 金融云

金融云是指利用云计算的模型,将信息、金融和服务等功能分散到庞大的分支机构中构成的互联网"云",旨在为银行、保险和基金等金融机构提供互联网处理和运行服务,同时共享互联网资源,从而解决现有问题并且达到高效、低成本的目标。在2013年11月27日,阿里云整合阿里巴巴旗下资源并推出阿里金融云服务,这其实就是现在已经普及的快捷支付。因为金融与云计算的结合,所以只需要在手机上简单操作,就可以完成银行存款、购买保险和基金买卖。现在,不仅阿里巴巴推出了金融云服务,像苏宁金融、腾讯等企业也推出了自己的金融云服务。

4. 教育云

教育云实质上是指教育信息化的一种发展。具体来说,教育云可以将人们所需要的任何教育硬件资源虚拟化,然后将其传入互联网,以向教育机构和学生、老师提供一个方便快捷的平台。现在流行的慕课就是教育云的一种应用。慕课(MOOC)是指大规模开放的在线课程。现阶段慕课的三大优秀平台为Coursera、edX以及Udacity。在国内,中国大学MOOC也是非常好的平台。在2013年10月10日,清华大学推出MOOC平台——学堂在线,现在许多大学都已经使用学堂在线开设了MOOC课程。

23.6 任务实施

小董根据林老师提供的信息,开始了解"中国大学慕课网",注册平台账号,选择课程并开始学习。

1. 了解中国大学慕课网

中国大学MOOC是由网易公司与其他机构携手推出的在线教育平台,承接教育部国家精品开放课程任务,向大众提供中国知名高校的MOOC课程。在这里,每一个有意愿提升自己的人都可以免费获得优质的高等教育。

MOOC是Massive Open Online Course(大规模在线开放课程)的缩写,是一种任何人都能免费注册使用的在线教育模式。MOOC有一套类似于线下课程的作业评估体系和考核方式。每门课程定期开课,整个学习过程包括观看视频、参与讨论、提交作业、穿插课程的提问和终极考试多个环节。

每门课程有老师设置的考核标准,当学生的最终成绩达到老师的考核标准,即可免费获取由学校发出并由主讲老师签署的合格/优秀证书(电子版),也可付费申请纸质版认证证书。获取了证书意味着学生达到了学习要求,对这门课程的理解和掌握达到了对应大学的要求。

2. 中国大学慕课网的历史

2003年教育部启动了"国家精品课程"项目,促进现代信息技术在教学中的应用,铸造了第一批一流示范性课程。

2012年启动"精品视频公开课"项目,关注提高文化素质的普及课程,塑造了一批知名教师,充分展示了各高校教师的风采。

2013年教育部启动了"国家精品资源共享课"建设,推动之前的国家精品课程转型升级并提升功能，从而提供更好的教学体验。

2014 年中国大学 MOOC 上线，完整的在线教学模式支持高等学校在线开放课程建设，实现学生、社会学习者的个性化学习。

3. 注册、登录

登录 www.icourse163.org（中国大学慕课网），单击如图 23-6 所示的“注册”按钮。

图 23-6　中国大学慕课网首页

慕课平台有手机号登录、邮箱登录和爱课程登录等多种登录方式，也可以通过微信、QQ、微博等账号登录。单击右下角“去注册”按钮，如图 23-7 所示。

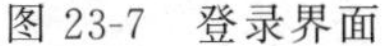

图 23-7　登录界面

注册

注册方式有手机注册和邮箱注册两种，以手机注册为例：在手机注册界面（图 23-8）中输入手机号码，单击“发送”按钮，手机将会收到一条验证码，在验证码输入框中输入收到的验证码，单击“下一步”按钮，直至完成注册。

注册完成后回到首页，单击“登录”按钮，输入刚刚注册的账号和密码，登录成功后，单击右上角的个人中心，选择资料设置页面，如图 23-9 所示，将具体的个人信息填写完成后，单击“保存”按钮保存。

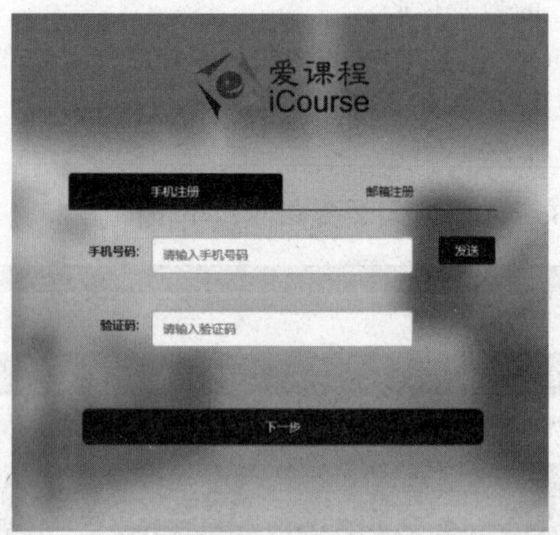

图 23-8　注册界面

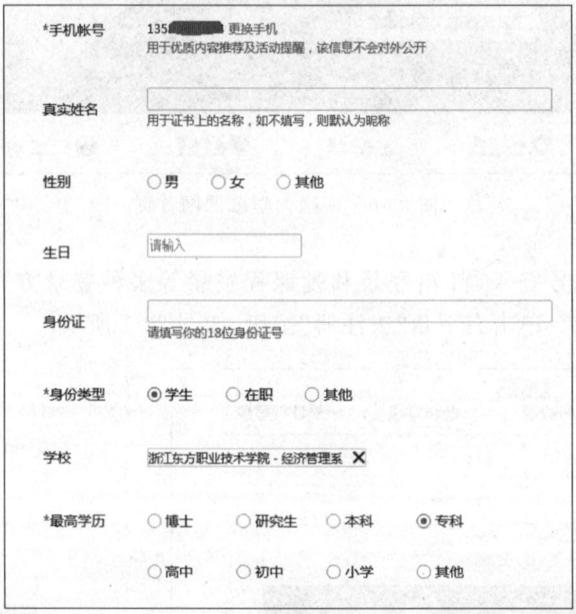

*手机帐号　135　更换手机
用于优质内容推荐及活动提醒，该信息不会对外公开

真实姓名
用于证书上的名称，如不填写，则默认为昵称

性别　○男　○女　○其他

生日　请输入

身份证
请填写你的18位身份证号

*身份类型　◉学生　○在职　○其他

学校　浙江东方职业技术学院 - 经济管理系 ✕

*最高学历　○博士　○研究生　○本科　◉专科
○高中　○初中　○小学　○其他

图 23-9　修改个人信息

4. 选择课程

回到首页，在搜索引擎中输入要学习的课程名称，再单击“放大镜”按钮进行搜索，如图 23-10 所示。

图 23-10　搜索课程

搜索到要学习的课程，单击“立即参加”按钮，如图 23-11 所示，系统会显示“报名成功！”的信息。重要的课程提醒将通过邮件通知，所以可以填入常用的邮箱号码，也可以单击“直接进入学习”链接，如图 23-12 所示。

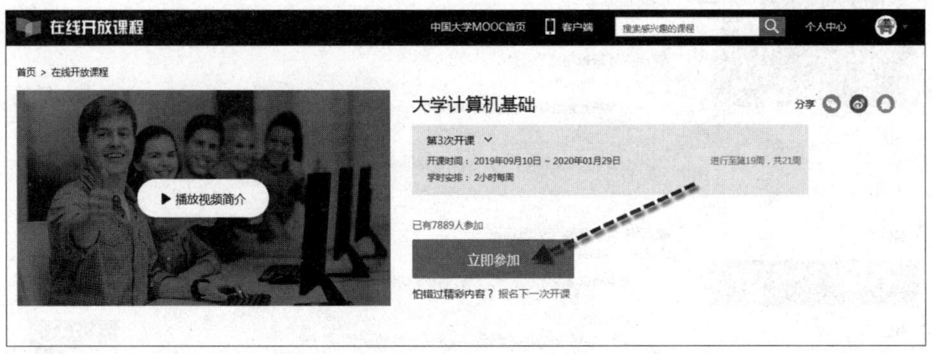

图 23-11　参加课程

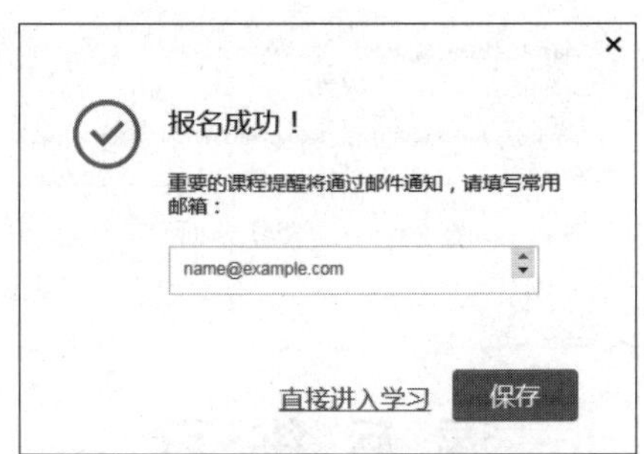

图 23-12　报名成功

5. 课程学习

添加完课程后，在首页“我的课程”中就可以看到自己选择的课程了，单击进入如图 23-13 所示界面，再单击“开始学习”按钮，进入学习界面。

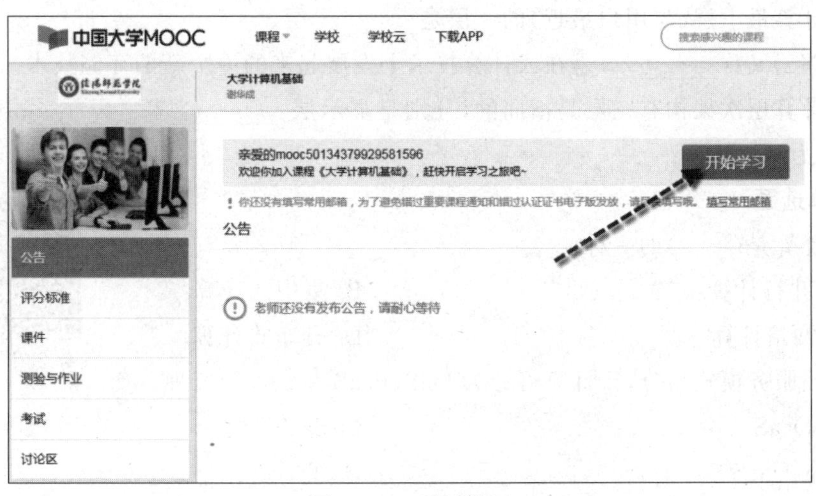

图 23-13　开始学习

课程中包含了视频课程、课件、课程素材等，在课程开放时间随时可以观看学习，其中还包含了测验与作业、考试、讨论区等，还可以直接向老师提问，如图 23-14 所示。

图 23-14　学习界面

课后练习

一、填空题

1. 云计算里的云指的是________，计算指的是________。

2. 美国国家标准与技术研究院将云计算分为三类，即________、________和________。

3. 云计算最上层(与用户最近)的一层是________层。

4. 存储云又称________，是在云计算技术上发展起来的一个新的存储技术。

5. 云计算层次架构有三层是横向的，分别是显示层、________和________；还有一层是纵向的，称为________。

二、单选题

任务 23 课后练习

1. 云计算是(　　)的一种。

A. 并行计算　　B. 集中式计算
C. 网格计算　　D. 分布式计算

2. 按照服务模式划分，云计算可分为 IaaS、PaaS 和(　　)三种。

A. OaaS　　B. SaaS
C.发 UaaS　　D. TaaS

三、多选题

1. 云计算的“云”就是存在于互联网上的服务器集群上的资源，它包括(　　)。

A. 物品资源　　B. 硬件资源

C. 软件资源　　D. 人力资源

2. 云就是存在于互联网上的服务器集群上的资源，包括硬件资源和软件资源，其中硬件资源包含(　　)、CPU 等，软件资源包含应用软件与集成开发环境等。

A. 服务器　　B. 存储器

C. 内存　　D. CPU

任务 24　了解大数据技术

学习目标

➢ 掌握大数据的基本概念。

➢ 了解大数据的一些基本应用。

任务描述

小董在云学习平台上学习了不少课程，感觉非常实用，特别是在里面找到了一些电子小制作的课程，学到了一些比较感兴趣的技术，想自己动手制作一个小音箱电路。他在各种网站搜索了相关的资料，最终决定去淘宝网购买一些电子元件和套件。没想到一打开淘宝网，在“猜你喜欢”底下居然出现了大量自己需要的商品，如图 24-1 所示。小董觉得非常奇怪，自己还没有在淘宝网搜索想要的商品，淘宝网怎么会知道自己需要什么呢？带着疑问，他找到林老师，林老师告诉他，这是因为淘宝网通过“大数据”分析了用户的信息，并通过计算得出用户需要什么商品，从而达到精准推送的目的。于是林老师交给小董一个任务，通过网络了解什么是“大数据”，找出淘宝网能准确向他推荐商品的原因。

大数据

图 24-1　淘宝网“猜你喜欢”

24.1　大数据的概念

大数据(Big Data)是 IT 行业术语,是指所涉及的数据规模庞大到无法在一定的时间内用常规软件工具对其进行捕捉、管理和处理的数据集合,它需要新的处理模式才能进行更好的管理和分析。大数据具有海量的数据规模、快速的数据流转、多样的数据类型和价值密度低四大特征,如图 24-2 所示。

图 24-2　大数据

大数据技术的战略意义不在于掌握庞大的数据信息,而在于对这些含有意义的数据进行专业化处理。换言之,如果把大数据比作一种产业,那么这种产业实现盈利的关键在于提高对数据的“加工能力”,通过“加工”实现数据的“增值”。

从技术上看,大数据与云计算的关系就像一枚硬币的正反面一样密不可分。大数据必然无法用单台的计算机进行处理,必须采用分布式架构。它的特色在于对海量数据进行分布式的挖掘,但它必须依托云计算的分布式处理、分布式数据库,以及云存储与虚拟化技术。

随着云时代的来临,大数据也吸引了越来越多的关注,大数据分析常和云计算联系到一起,因为实时的大型数据集分析需要像 MapReduce 一样的框架向数十、数百或甚至数千的计算机分配工作。适用于大数据的技术,包括大规模并行处理(MPP)数据库、数据挖掘、分布式文件系统、分布式数据库、云计算平台、互联网和可扩展的存储系统。

1. 大数据的来源

大数据的起源是互联网,其实就是巨量资料,这些巨量资料来源于世界各地随时产生的数据,在大数据时代,任何微小的数据都可能产生不可思议的价值。

2. 数据单位

数据的单位按顺序依次为 bit、Byte、KB、MB、GB、TB、PB、EB、ZB、YB、BB、NB、DB,其中最熟悉的是 MB 和 GB,因为现在使用的手机流量都会提到这两个单位。在数据通信中,最小的基本单位是比特(bit),二进制数字通信中的信息是一串 0、1 码,其中 1 个 0 或 1 就是 1 比特。比特之后是字节(Byte),1Byte=8bit。从 Byte 到 DB 是按照进率 1024(2^{10})进行计算,即 1KB=1024Byte。其他以此类推。

3. 大数据产生的背景

(1) 随着物联网、社交网络、云计算等技术不断融入我们的生活,以及现有的计算能力、存储空间、网络带宽的高速发展,人类的数据在互联网、通信、金融、商业、医疗等诸多领域不断地增长和累积。

(2) 互联网搜索引擎支持的数十亿次 Web 搜索每天处理数万 TB 数据;全世界通信网的主干网一天就有上万 TB 数据在传输;现代医疗行业如医院、药店等每天也会产生庞大的数据量,如医疗记录、病人资料、医疗图像等。数据量不断升级,应用不断深入,以及大数据不可忽视的价值,让我们不得不探索如何才能从这些数据中更好地受益。

(3) 大数据是对国家宏观调控、商业战略决策、服务业务和管理方式以及每个人的生活都具有重大影响的一次数据技术革命。大数据的应用与推广将给市场带来千万亿美元的收益,所以也称为数据带来的又一次工业革命。

(4) 随着信息技术的高速发展,数据库容量不断扩张,互联网作为信息传播和再生的平台,甚至可以用“信息泛滥”“数据爆炸”来形容,海量的数据信息使人们难以做出快速的抉择。

(5) 信息冗余、信息真假、信息安全、信息处理、信息统一等问题在随着大数据给人们带来价值的同时,也造成了一系列的困惑。人们不仅希望能够从大数据中提取有价值的信息,更希望发现能够有效支持生产生活中需要决策的更深层次的规律。

(6) 在现实情况的背景下,人们意识到如何有效地解决海量数据的利用问题十分具有研究价值和经济利益。面向大数据的数据挖掘有两个最重要的任务,一是实时性,即如何在海量的数据中实时分析并迅速反馈结果;二是准确性,需要从海量的数据中精准提取出隐含在其中用户需要的有价值的信息,再将挖掘得到的信息转化成有组织的知识并以模型等方式表示出来,从而将分析模型应用到现实生活中以提高生产效率、优化营销方案等。

24.2 大数据的发展

1. 数据的资源化

资源化是指大数据成为企业和社会关注的重要战略资源,并已成为大家争相抢夺的新焦点,因此,企业必须提前制订大数据营销战略计划,抢占市场先机。

2. 与云计算的深度结合

大数据离不开云处理,云处理为大数据提供了弹性可拓展的基础设备,是产生大数据的平台之一。大数据技术已开始和云计算技术紧密结合,未来两者关系将更为密切。除此之外,物联网、5G 网络等新兴技术也将一起助力大数据革命,让大数据发挥出更大的作用。

3. 科学理论的突破

随着大数据的快速发展,就像计算机和互联网一样,大数据将会掀起新一轮的技术革命。随之兴起的数据挖掘、机器学习和人工智能等相关技术,将会改变数据世界里的很多算法和基础理论,实现科学技术上的突破。

4. 数据科学和数据联盟的成立

数据科学将成为一门专门的学科,被越来越多的人所熟知。各大高校将设立专门的数据科学类专业,也会催生一批与之相关的新的就业岗位。与此同时,基于数据这个基础平台,也将建立起跨领域的数据共享平台,之后,数据共享将扩展到企业层面,并且成为未来产业的核心一环。

5. 数据生态系统复合化程度加强

大数据的世界不只是一个单一的、巨大的计算机网络,而是一个由大量活动构件与多种元素所构成的生态系统,终端设备提供商、基础设施提供商、网络服务提供商、网络接入服务提供商、数据服务者、数据服务提供商、触点服务、数据服务零售商等一系列的参与者共同构建出这个生态系统。而今,这样一套数据生态系统的基本雏形已然形成,接下来的发展将趋向于系统内部角色的细分(也就是市场的细分),系统机制的调整(也就是商业模式的创新),系统结构的调整(也就是竞争环境的调整)等,从而使数据生态系统复合化程度逐渐增强。

24.3　大数据的特点

大数据有 5 个特点,分别为 Volume(大量)、Variety(多样)、Velocity(高速)、Value(有价值),Veracity(真实性),因首字母都是 V,所以称之为 5V,具体如图 24-3 所示。

1. 大量

大数据的特征首先就体现为"大"。以前一个小小的 MB 级别的 Map3 就可以满足很多人的存储需求。随着时间的推移,存储单位从过去的 GB 到 TB,乃至现在的 PB、EB。随着信息技术的高速发展,数据开始爆发性增长,社交网络(微博、推特、脸书)、移动网络、各种智能工具及服务工具等,都成为数据的来源。淘宝网近 4 亿的会员每天产生的商品交易数据约 20TB;脸书约 10 亿的用户每天产生的日志数据超过 300TB。迫切需要智能的算法、强大的数据处理平台和新的数据处理技术来统计、分析、预测和实时处理如此大规模的数据。

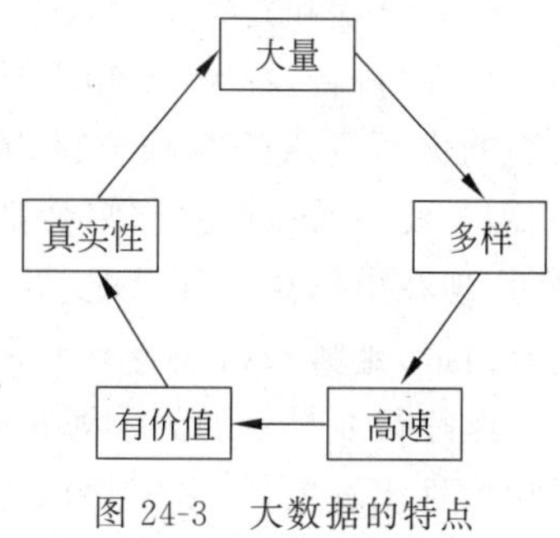

图 24-3　大数据的特点

2. 多样

广泛的数据来源决定了大数据形式的多样性。任何形式的数据都可以产生作用,目前应用最广泛的就是推荐系统,如淘宝,网易云音乐、今日头条等,这些平台都会通过对用户的日志数据进行分析,从而进一步推荐用户喜欢的东西。日志数据是结构化明显的数据;还有一些数据结构化不明显,如图片、音频、视频等,这些数据因果关系较弱,需要人工对其进行标注。

3. 高速

大数据的产生非常迅速,主要通过互联网传输。现实生活中每个人都离不开互联网,也就是说每个人每天都在向大数据提供大量的资料,并且这些数据需要及时处理,因为花费大量资本去存储作用较小的历史数据是非常不划算的。对于一个平台而言,也许只能保存过去几天或者一个月之内的数据,超过这个时间段的数据就需要及时清理。基于这种情况,大数据对处理速度有非常严格的要求,服务器中大量的资源都用于处理和计算数据,很多平台都需要做到实时分析。数据无时无刻都在产生,谁处理数据的速度更快,谁就更有优势。

4. 有价值

这也是大数据的核心特征。现实世界所产生的数据中,有价值的数据所占比例很小。相比于传统的小数据,大数据最大的价值就在于通过从大量不相关的、各种类型的数据中挖掘出对未来趋势与模式预测分析有价值的数据,并通过机器学习方法、人工智能方法或数据挖掘方法深度分析,发现新规律和新知识,并运用于农业、金融、医疗等各个领域,从而最终达到改善社会治理、提高生产效率、推进科学研究的目的。

5. 真实性

真实性是指与传统的抽样调查相比,大数据反映的内容更加真实、全面。

24.4 大数据的应用

不管是移动互联网、云计算还是物联网,都与大数据关系密切。大数据已经成为有特别含义的专用词汇,也吸引了越来越多的关注。

在零售业务中,可以利用大数据技术对客户在消费过程中留下的海量数据进行分析和挖掘,从而为不同类型、不同需求的客户提供差异化服务。大数据极高的精准度,极大地提升了产品设计和营销推广效率,为打造"智慧零售"不断注入"数据动力"。

打开"抖音"视频,不知不觉中几个小时就过去了,这是因为里面都是通过大数据分析后推送的你所喜欢的视频节目;在某明星的演唱会上,人民警察总是能在茫茫人海中找出逃犯,因为要观看该明星演唱会都要进行人脸识别,再经过大数据的对比,即可分析出观众的身份;现在出行离不开导航,导航软件通过大数据可以分析出哪些路段开始拥堵了,哪些地方有封道,走哪条路线会节约多少时间等。

医疗行业早就遇到了海量数据和非结构化数据的挑战,近年来很多国家都在积极推进医疗信息化发展,很多医疗机构投入大量资金进行大数据分析。

在大数据时代,每个人都会享受到大数据带来的便利。买东西可以足不出户;有急事出门可以不用再随缘等出租车;想了解天下事只需要动动手指。虽然大数据会产生个人隐私泄露的问题,但总的来说,大数据还是在不断地改善着我们的生活并使我们的生活更加方便。

24.5 任务实施

小董通过知乎网找到了答案,了解了淘宝网的"猜你喜欢"是如何猜出来的。

"猜你喜欢"产品排名主要是由一个"人群标签"和"猜你喜欢权重"决定的。淘宝网为了让我们的流量更加精准化,也为了让平台的流量更加精准化,让用户能够快速找到符合该用户购买习惯、价格等因素的产品,不同的价格、不同的人群,淘宝网会展示不同的产品。做产品之前要经过一系列的市场调查与数据分析。因为要找到和产品匹配度高的人群来打造店铺精准的人群标签,所以首先要分析自己店铺的标签是什么,然后才能找到属于自身店铺的人群并有针对性地打造标签。人群标签主要由价格、性别、购买习惯、年龄和地区5个维度组成。

1. 人群标签

(1) 价格。不同价格标签的人群,淘宝会展示不同的产品。比如,一些三四十块钱的产品一般不会推送给那些经常购买三四百块钱产品的人群。经过长期的标签积累,不管是店铺还是买家的标签都已经定性。

(2) 性别。性别分为男和女。我们假设一下,某商家卖的是女士内衣,如果推送给男性,试想能有多少男性会去买女士内衣?就算淘宝默认该产品是男士买给女朋友的,比例也不会超过10%~20%,也就是说性别人群标签一定是女性占绝大多数,这样才能更有机会推送给女性。

(3) 购买习惯。以往某个用户 ID 有没有购买过相似的产品是很重要的分析依据,如果以前购买过相似的产品,这个客户下单的时候打上一个标签,那他以后再买同类产品的可能性比没有买过类似产品的人更大。

(4) 年龄。产品符合哪个年龄段人群的用户,哪个年龄段的人群购买得更多,淘宝就会默认推送给这个年龄段的人群。

(5) 地区。哪个地区的人群购买的产品多,淘宝就会把产品推荐给这些地区的人群。

2. 推荐原理

根据浏览记录、收藏记录、购买记录提取某个产品的属性标签。属性标签包含所属店铺、类目、购买该单品的主要用户特征等,根据这些标签可以做相似的推荐。

买过这类东西,就说明有可能再买,产品分为标品和非标品。标品是可规格化分类的产品,可以有明确的型号等,比如笔记本电脑、手机、电器、美容化妆品;非标品是指无法进行规格化分类的产品,比如服装、鞋子等。在推荐的时候会优先推荐购买、收藏过的店铺的商品,人们喜欢和自己熟悉的店铺打交道,因为这样更容易建立信任。

根据网页 Cookie 记录客户在任何网站的浏览习惯,然后分析出该客户可能对哪一类的产品感兴趣,最后就可以进行精准推荐了。

小董通过知乎网得知,虽然自己还没有在淘宝网搜索想要的商品,但是淘宝网根据 Cookie 记录了他在其他网站搜索过的相关商品的信息,然后分析出他可能对哪一类的产品感兴趣,从而进行精准推荐。

课后练习

一、填空题

1. 大数据的英文是________。

2. 数据最小的基本单位是________(bit),比特之后是________(Byte),1Byte=8bit。

3. 大数据指的是所涉及的________、________庞大到无法在一定的时间内用常规软件工具对其进行捕捉、管理和处理的________。

4. 大数据离不开________,它为大数据提供了弹性可拓展的基础设备,是产生大数据的平台之一。

5. 大数据有 5 个特点,分别为________、________、________、________和 Veracity(真实性),因为首字母都是 V,所以称之为 5V。

二、单选题

1. 大数据的起源是(　　)

A. 电信　　B. 金融　　C. 互联网　　D. 公共管理

2. 大数据的最显著特征是(　　)

A. 数据价值密度高　　B. 数据类型多样

C. 数据处理速度快　　D. 数据规模大

三、多选题

1. 大数据的发展趋势有(　　)和数据泄露泛滥,数据管理成为核心竞争力,数据质量是BI(商业智能)成功的关键,数据生态系统复合化程度加强。

A. 数据的资源化　　B. 与云计算的深度结合

C. 科学理论的突破　　D. 数据科学和数据联盟的成立

2. 要认知大数据,必须要全面而细致的分解它,应着手从三个层面展开,分别是(　　)

A. 理论　　B. 技术　　C. 实践　　D. 资源

任务24课后练习

任务 25 了解物联网技术

学习目标

➢ 掌握物联网的基本概念。

➢ 了解物联网技术在生活中的应用。

任务描述

小董在淘宝网购买了合适的电路板套装和其他必备的材料，自己动手做了一款小音箱，虽然花费的成本已经接近购买一款小音箱了，但是毕竟是自己动手制作的，所以有着满满的自豪感。小董把自己做的音箱拿给林老师，希望林老师给他一些点评。林老师表示他的动手能力值得肯定，但是目前大部分音箱都带有蓝牙功能，小董可以在原来的基础上加以改进，加入蓝牙模块，可以让音箱变得更加智能！

物联网

现在有些音箱还可以人机互动，比如“小爱同学”“天猫精灵”“小度”等，如图 25-1 所示，音箱不仅可以和手机连接，还可以通过 Wi-Fi 连接到互联网，甚至还可以控制智能家居设备。听到这里，小董马上对智能家居产生了兴趣，请林老师给他讲解一下关于智能家居的知识。在了解智能家居前，首先要了解物联网，智能家居是物联网的一部分。

图 25-1 智能音箱

25.1 物联网的概念

25.1.1 什么是物联网

物联网的英文名称为 The Internet of Things，简称 IOT，即物物相连的互联网，如

图 25-2 所示。物联网是通过信息传感设备,按照约定的协议,把任何物品与互联网连接起来,并进行信息交换和通信,以实现智能化的识别、定位、监控和管理的一种网络,它是在互联网基础上的延伸和扩展的网络。在物联网领域,我们期望物体成为商务、信息和社会过程等领域的主动参与者。在这些领域里,它们能够通过感知环境信息和交换数据,实现物体与物体、物体与环境之间的互动和交流。这个过程通过触发动作或者建立服务,自主地对真实的、物理世界的事件做出反应,它可以接受人的干预。也可以独立处理信息,并实现信息互动与交流。

图 25-2 物联网

25.1.2 物联网的特征

物联网强调无处不在的信息采集,无处不在的传输、存储和计算处理,无处不在的"对话",表现出了其鲜明的特性,如图 25-3 所示。

图 25-3 物联网的特性

1. 全面有效的感知

通过任何可以随时随地提取、测量、捕获和传递信息的设备与系统或流程,在需要得到某个物体的信息时,该物体内和物体周围的一切设备,便将当时提取到的数据传递到网络层。例如,使用必要的信息获取设备(射频识别器、二维码扫描器、传感器等),人的血压、公司财务数据、城市交通状况等任何信息,都可以被精准、快速地获取。

2. 广泛的互联互通及可靠传输

凡是需要感知和能够感知的物体,任何地方、任何时间都可以将它的状态数据可靠地传递到物联网的任何地方,以便共享。

3. 深入的智能分析处理

对收集到的数据进行深入分析并有效地处理,以应用更加新颖、系统且全面的方法来解决特定问题。对物体实施智能化的控制,真正达到人与物、物与物之间的沟通。

4. 个性化的体验

个性化的体验指物联网软件及终端产品本着以人为本的理念,针对用户的身份和业务需求提供个性化的服务,打造无缝的个性化体验,使人们在现实与虚拟的场景中实现自己的目标。

25.2 物联网的发展

物联网作为传统信息系统的继承和延伸,并不是一门新兴的技术,而是一种将现有的、遍布各处的传感设备和网络设施连成一体的应用模式,是一个在近几年形成并迅速发展的新概念,被称为继计算机、互联网之后,信息产业的一次新浪潮。

物联网概念最早出现于比尔·盖茨 1995 年出版的《未来之路》一书,只是当时受限于无线网络、硬件及传感设备的发展,并未引起世人的重视。

2005 年 11 月 17 日,在突尼斯举行的信息社会世界峰会(WSIS)上,国际电信联盟(ITU)发布了《ITU 互联网报告 2005: 物联网》,正式提出了物联网的概念。报告指出,无所不在的物联网通信时代即将来临,世界上所有的物体从轮胎到牙刷、从房屋到纸巾都可以通过互联网主动进行交换,射频识别技术(RFID)、传感器技术、纳米技术、智能嵌入技术将得到更加广泛的应用。

2010 年 3 月,温家宝总理在《政府工作报告》中将"加快物联网的研发应用"明确纳入重点振兴产业,代表着中国传感网、物联网的"感知中国"已成为国家的信息产业发展战略。2013 年 2 月,《国务院关于推进物联网有序健康发展的指导意见》中确定将物联网作为我国战略性新兴产业的一项重要组成内容,并加大扶持力度。

25.3 物联网的特征与关键技术

25.3.1 物联网的体系结构

从通信对象和过程来看,物与物、人与物之间的信息交互是物联网的核心。物联网的基本特征可概括为整体感知、可靠传输和智能处理。从实际应用方面看,物联网已经成为以数据为核心、多业务融合的"虚拟+实体"的信息化系统,其体系结构可以分为感知互动层、网络层和应用服务层三个层次,如图 25-4 所示。

1. 感知层

感知层是物联网的"皮肤"和"五官",用于识别物体、采集信息、通信和协同信息处理等,

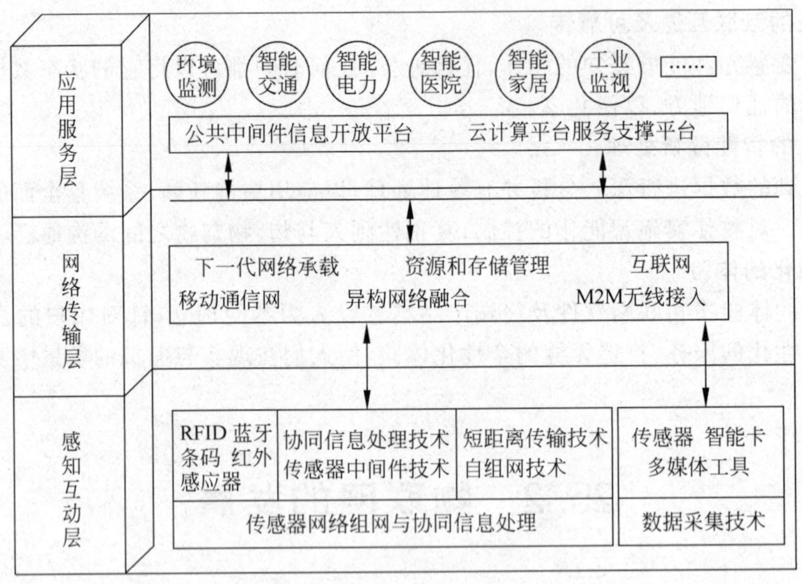

图 25-4　物联网三层体系结构

包括二维码标签和识读器、RFID 标签和读写器、摄像头、GPS、传感器、M2M 终端、传感器网关等，所需要的关键技术包括检测技术、短距离无线通信技术等。

感知层解决的是人类世界和物理世界的数据获取问题，是物联网的最底层。通过传感器、RFID、智能卡、条形码、人机接口等多种信息感知设备，识别和获取物理世界中的各类物理事件和数据信息，例如各种表征物体特征的物理量、标识、音视频多媒体数据等。同时将采集到的数据在局部范围内进行协同处理，以提高信息的精度，降低信息冗余度，并通过网关接入广域承载网络。

在有些应用中，感知互动层还需要通过执行器或其他智能终端对感知结果做出反应，实现智能控制，并可进一步划分为两个子层。首先是通过传感层、智能卡、数码相机等设备采集外部物理世界的数据，然后通过 RFID、条形码、工业现场总线、蓝牙、红外等短距离传输技术实现初步的协同处理，并将经过初步处理的数据传递到网络层，如图 25-5 所示。

图 25-5　感知层全方位有效感知

对于目前关注和应用较多的 RFID 网络来说，附着在设备上的 RFID 标签和用来识别 RFID 信息的扫描仪、感应器都属于物联网的感知层。在这一类物联网中被检测的信息就是 RFID 标签的内容,现在的电子收费系统(即 ETC,不用停车)、超市仓储管理系统、飞机场的行李自动分类系统等都属于这一类结构的物联网应用。

2. 网络层

网络层是物联网的神经中枢和大脑,用于将感知层获取的信息进行传递和处理,包括通信网与互联网的融合网络、网络管理中心、信息中心和智能处理中心等,网络层所需要的关键技术包括长距离有线和无线通信技术、网络技术等。

物联网的网络层建立在现有的移动通信网和互联网基础上,通过各种接入设备与移动通信网和互联网相连,解决传输和预处理感知层所获得数据的问题。这些数据可以通过移动通信网、互联网、企业内部网、各类专网、小型局域网等进行传输。特别是在三网融合后,有线电视网也能承担物联网网络层的功能,有利于物联网的加快推进,如图 25-6 所示。

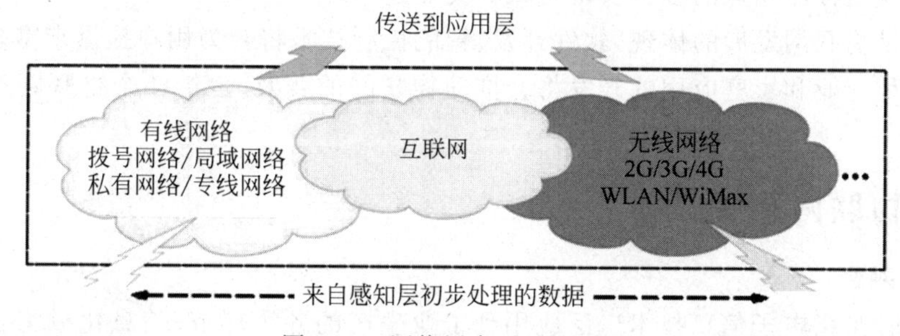

图 25-6　网络层广泛互通互联

网络层中的感知数据的管理与处理技术是实现以数据为中心的物联网的核心技术,包括数据的存储、查询、分析、挖掘和理解,以及基于感知数据决策的理论与技术。云计算平台作为海量感知数据的存储、分析平台,将是物联网网络层的重要组成部分,也是应用层众多应用的基础。在产业链中,通信网络运营商和云计算平台提供商将在物联网网络层占据重要的地位。例如手机付费系统中由刷卡设备将内置手机的 RFID 信息采集上传到互联网,网络层完成后台鉴权认证,并从银行网络划账。

3. 应用层

应用层是物联网结合行业需求,实现广泛智能化。应用层是物联网与行业专业技术的深度融合,结合行业需求实现行业智能化,类似于人的社会分工。

物联网应用层利用经过分析处理的感知数据,为用户提供丰富的特定服务。物联网的应用可分为监控型(物流监控、污染监控)、查询型(智能检索、远程抄表)、控制型(智能交通、智能家居、路灯控制)和扫描型(手机钱包、高速公路不停车收费)等,如图 25-7 所示。

应用层解决的是信息处理和人机交互的问题。网络层传输而来的数据在这一层进入各类信息系统进行处理,并通过各种设备与人进行交互。这一层也可按形态直观地划分为两个子层,一个是应用程序层,另一个是终端设备层。

(1) 应用数据层进行数据处理,它涵盖了国民经济和社会的每一领域,包括电力、医疗、银行、交通、环保、物流、工业、农业、城市管理、家居生活等,其功能可包括支付、监控、安保、定位、盘点、预测等,可用于政府、企业、社会组织、家庭、个人等,这正是物联网作为深度信息化的重要体现。

(2)终端设备层提供人机接口。物联网虽然是物物相连的网,但最终是要以人为本的,

图 25-7　应用层深入处理数据

还是需要人的操作与控制,不过这里的人机界面已远远超出现在的人与计算机交互的概念,而是泛指与应用程序相连的各种设备与人的交互。

应用层是物联网发展的体现,软件开发、智能控制技术将会为用户提供丰富多彩的物联网应用。各种行业和家庭应用的开发将会推动物联网的普及,也给整个物联网产业链带来丰厚的利润。

25.3.2　物联网相关技术

1. 两化融合

两化融合是指电子信息技术广泛应用到工业生产的各个环节,信息化成为工业企业经营管理的常规手段。信息化进程和工业化进程不再相互独立进行,不再是单方的带动和促进关系,而是两者在技术、产品、管理等各个层面的相互交融,彼此不可分割,并催生工业电子、工业软件、工业信息服务业等新兴产业。两化融合是工业化和信息化发展到一定阶段的必然产物。"企业信息化,信息条码化"是国家物联网十二五规划中的描述。

2. 射频识别

射频识别(Radio Frequency Identification,RFID)的原理为阅读器与标签之间进行非接触式的数据通信,达到识别目标的目的。RFID 的应用非常广泛,典型应用有动物晶片、汽车晶片防盗器、门禁管制、停车场管制、生产线自动化、物料管理等。

最简单的 RFID 系统由电子标签、阅读器及天线组成,实际应用时需与计算机及应用系统相结合,其组成如图 25-8 所示。阅读器是将标签中的信息读出,或将标签所需要存储的信息写入标签的装置。电子标签由收发天线、AC/DC 电路、解调电路、逻辑控制电路、存储器和调制电路组成。

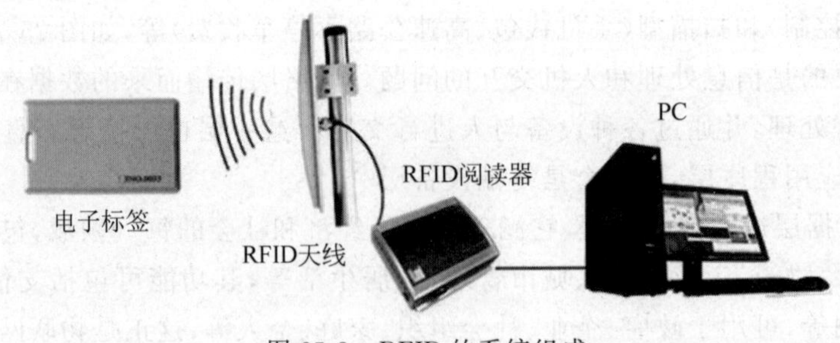

图 25-8　RFID 的系统组成

射频识别技术根据其供电方式可分为三类，即无源 RFID、有源 RFID 与半有源 RFID。根据其频率可分为超高频电子标签、高频电子标签、低频标签，如表 25-1 所示。应用领域包括物流、交通、身份识别、防伪、资产管理、食品、信息统计、查阅应用与安全控制等。

表 25-1　各款电子标签

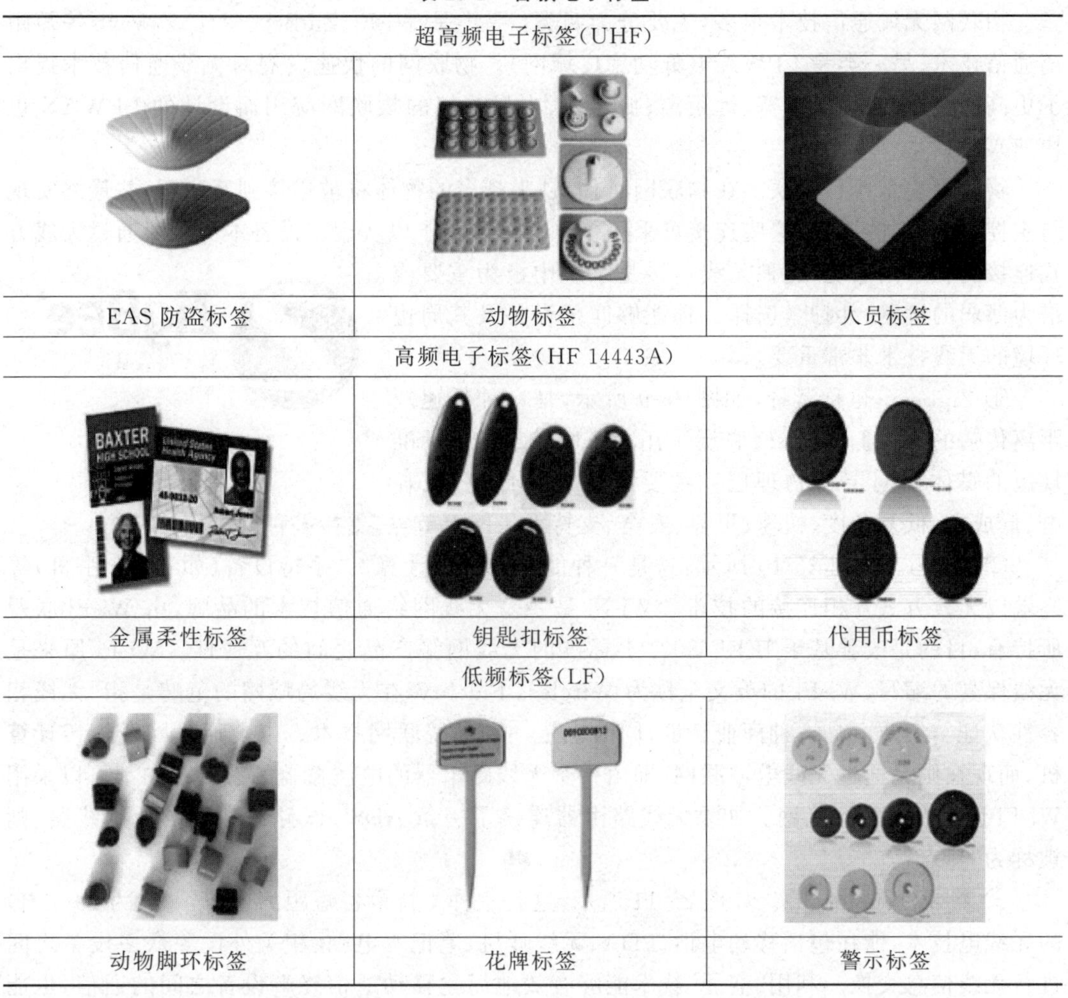

超高频电子标签(UHF)		
EAS 防盗标签	动物标签	人员标签
高频电子标签(HF 14443A)		
金属柔性标签	钥匙扣标签	代用币标签
低频标签(LF)		
动物脚环标签	花牌标签	警示标签

3. 传感网

传感技术、无线通信技术与嵌入式计算技术的不断进步，推动了低功耗、多功能传感器的快速发展，使其在微小体积内能够集成信息采集、数据处理和无线通信等多种功能。这种微型传感器网络的应用成为物联网发展中的一个重要组成部分。

无线传感器网络(简称无线传感网或传感器网络)就是由部署在检测区域内大量的廉价微型传感器节点组成，通过无线通信方式形成的一个多跳的自组织的网络系统，其目的是协作性地感知、采集、处理网络覆盖区域中的感知对象的信息，并发送给观察者。无线传感网络由传感器、感知对象、观察者构成。

(1) 传感器分类

① 按照用途分类：包括压力敏和力敏传感器、位置传感器、液面传感器、能耗传感器、速度传感器、射线辐射传感器、热敏传感器、2.4GHz 雷达传感器。

② 按照原理分类：包括振动传感器、湿敏传感器、磁敏传感器、气敏传感器、真空度传感器、生物传感器。

③ 按照输出信号为标准分类：包括模拟传感器、数字传感器、开关传感器等。

(2) 物联网无线通信技术

物联网无线通信技术很多，主要分为两类：一类是 Wi-Fi、ZigBee、蓝牙、Z-wave 等短距离通信技术；另一类是 LPWAN(低功率广域网)。物联网的快速发展对无线通信技术提出了更高的要求，专为低带宽、远距离、低功率、大量连接的物联网应用而设计的 LPWAN 也快速兴起。

物联网表示万物互联。在物联网时代，越来越多的物体将被连接到互联网，并最终实现与主控端/云端的连接，这些连接可采用多种通信链路予以实现。设备本身一般通过无线方式连接到物联网系统，这种无线连接是系统中极为重要或最为薄弱的链路。因此，选择一种能够匹配设备及其周边环境的无线技术非常重要。

图 25-9 ZigBee

① Zigbee。也称紫蜂，如图 25-9 所示，是一种低速短距离传输的无线上网协议，底层采用 IEEE 802.15.4 标准规范的媒体访问层与物理层。主要特色包括低速、低耗电、低成本、低复杂度、快速、可靠、安全、支持大量网上节点，支持多种网上拓扑结构。

② Wi-Fi。如图 25-10 所示，这是一种能够将个人计算机、手持设备(如 PDA、手机)等终端以无线方式互相连接的技术。Wi-Fi 是一个无线网络通信技术的品牌，由 Wi-Fi 联盟所持有，目的是改善基于 IEEE 802.11 标准的无线网络产品之间的互通性。Wi-Fi 原来是无线保真的缩写，Wi-Fi 的英文全称为 Wireless Fidelity，在无线局域网的范畴是指“无线相容性认证”，实质上是一种商业认证，同时也是一种无线联网技术。以前通过网线连接计算机，而现在则是通过无线电波联网，即由一个无线路由器的电波覆盖的有效范围都可以采用 Wi-Fi 连接方式进行联网。如果无线路由器连接了一条 ADSL 线路或者别的上网线路，则被称为“热点”。

③ 蓝牙(Bluetooth)。如图 25-11 所示，这是一种支持设备短距离通信(一般为 10m 内)的无线电技术，能在包括移动电话、PDA、无线耳机、笔记本电脑、相关外设等众多设备之间进行无线信息交换。利用“蓝牙”技术能够有效地简化移动通信终端设备之间的通信，也能够成功地简化设备与 Internet 之间的通信，从而使数据传输变得更加迅速高效，为无线通信拓宽了道路。

图 25-10 Wi-Fi

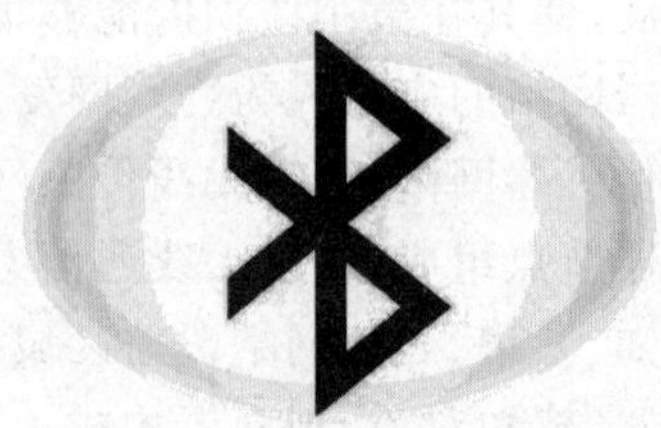

图 25-11 蓝牙

蓝牙技术也在不断地升级，蓝牙 5.0 的开发人员称，新版本的蓝牙传输速度上限为 24Mbps，是之前 4.2LE 版本的 2 倍，如图 25-12 所示。蓝牙 5.1 规范还增加了一些其他功能，例如对通用属性配置文件(GATT)缓存的改进，可以在服务器和客户端之间实现更快、更节能的连接。蓝牙 5.0 的另外一个重要改进是，它的有效距离是上一版本的 4 倍，理论上，蓝牙发射和接收设备之间的有效工作距离可达 300m。

④ Z-Wave。如图 25-13 所示，Z-Wave 是一种新兴的基于射频的、低成本、低功耗、高可靠、适于网络的短距离无线通信技术。工作频带为 868.42MHz(欧)～908.42MHz(美)。

Z-Wave 采用 FSK(BFSK/GFSK)调制方式，数据传输速率为 9.6kbps，信号的有效覆盖范围在室内是 30m，室外可超过 100m，适合窄宽带应用的场合。随着通信距离的增大，设备的复杂度、功耗以及系统成本都在增加，相对于现有的各种无线通信技术，Z-Wave 技术是最低功耗和最低成本的技术，有力地推动着低速率无线个人区域网的发展。

图 25-12　蓝牙 5.0 版本

图 25-13　Z-Wave

⑤ M2M。广义上讲，M2M 涵盖了所有在人、机器、系统之间建立通信连接的技术和手段。可表示机器对机器、人对机器、机器对人、移动网络对机器之间的连接与通信。

狭义上讲，M2M 是将数据从一台终端传送到另一台终端，也就是机器与机器的对话。目前，人们提到 M2M 的时候，更多的是指非 IT 机器设备通过移动通信网络与其他设备或 IT 系统的通信。

物联网的定义是通过射频识别(RFID)、红外感应器、全球定位系统、激光扫描器等信息传感设备，按约定的协议，把任何物品与互联网相连接，进行信息交换和通信，以实现智能化识别、定位、跟踪、监控和管理等。

25.4　物联网的应用

1. 智能家居

智能家居是通过物联网技术将家中的各种设备(如照明系统、空调控制、窗帘控制、安防系统、影音服务器、数字影院系统、网络家电等)连接到一起，提供家电控制、照明控制、电话远程控制、室内外遥控、防盗报警、环境监测、暖通控制、红外转发以及可编程定时控制等多种功能和手段。与普通家居相比，智能家居不仅具有传统的居住功能，兼具网络通信、信息家电、设备自动化等功能，实现了全方位的信息交互，甚至可以节省各种能源费用，如图 25-14 所示。

智能家居

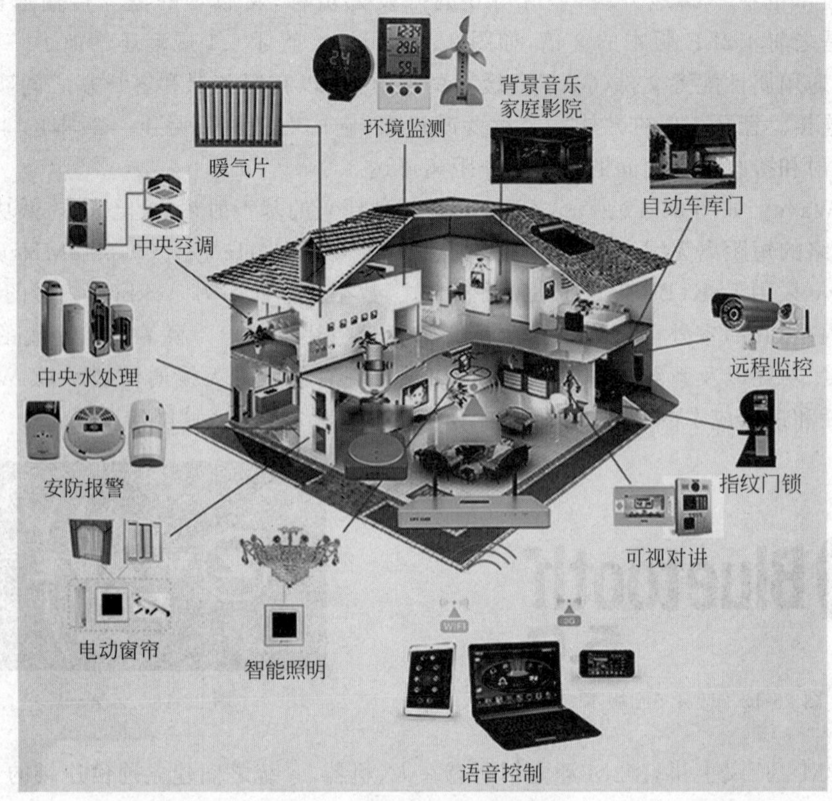

图 25-14　智能家居

2. 智慧交通

智慧交通是将物联网、互联网、云计算为代表的智能传感技术、信息网络技术、通信传输技术和数据处理技术等有效地集成,并应用到整个交通系统中,在更大的时空范围内发挥作用的综合交通体系。智慧交通是以智慧路网、智慧出行、智慧装备、智慧物流、智慧管理为重要内容,以信息技术高度集成、信息资源综合运用为主要特征的大交通发展新模式,如图 25-15 所示。

3. 智能医疗

智能医疗是通过打造健康档案区域医疗信息平台,利用最先进的物联网技术,实现患者与医务人员、医疗机构、医疗设备之间的互动,逐步达到信息化。在不久的将来,医疗行业将融入更多人工智慧、传感技术等高科技,使医疗服务走向真正意义的智能化,推动医疗事业的繁荣发展。在中国新医改的大背景下,智能医疗正在走进寻常百姓的生活,如图 25-16 所示。

4. 智能电网

智能电网是在传统电网的基础上构建起来的集传感、通信、计算、决策与控制为一体的综合系统。智能电网通过获取电网各层节点资源和设备的运行状态,进行分层次的控制管理和电力调配,实现能量流、信息流和业务流的高度一体化,提高电力系统运行稳定性,以达到最大限度地提高设备利用率,提高安全可靠性,提高用户供电质量,提高可再生能源的利用效率,节能减排,如图 25-17 所示。

图 25-15　智慧交通

图 25-16　智能医疗

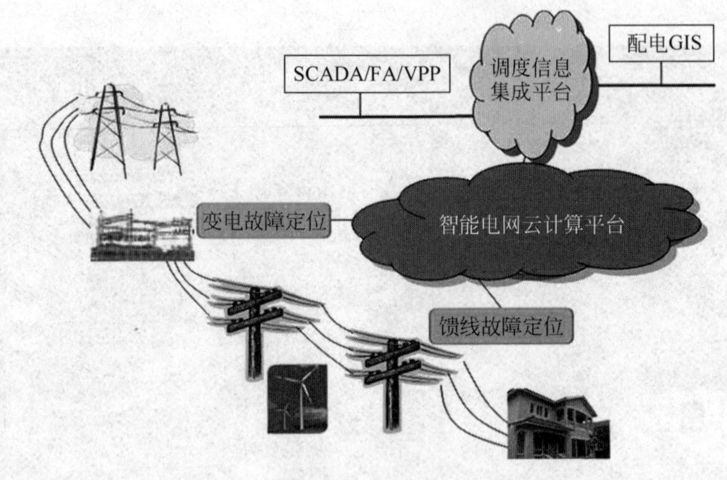

图 25-17　智能电网

5. 智能物流

智能物流就是利用条形码、射频识别技术、传感器、全球定位系统等先进的物联网技术，通过信息处理和网络通信技术平台而广泛应用于物流业运输、仓储、配送、包装、装卸等基本活动环节，实现货物运输过程的自动化运作和高效率优化管理，提高物流行业的服务水平，降低成本，减少自然资源和社会资源的消耗，如图 25-18 所示。

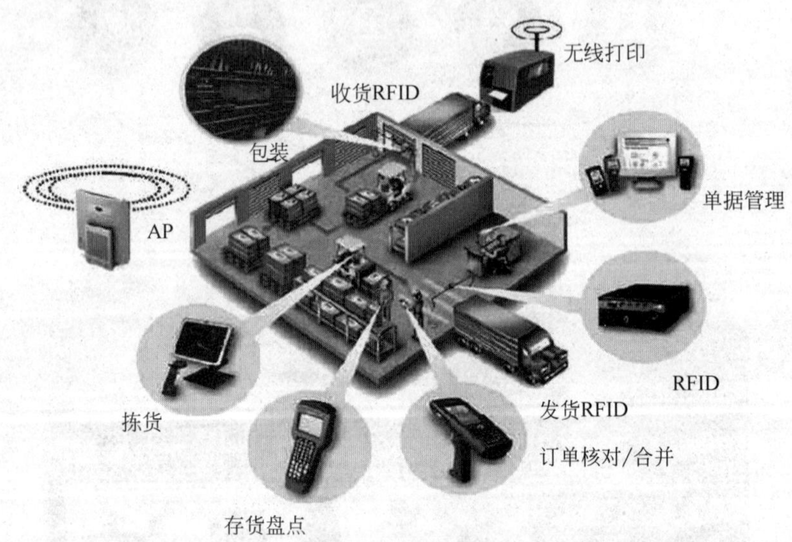

图 25-18　智能物流

6. 智能农业

智能农业应用比较多的场合是智能农业大棚。通过实时采集温室内温度、土壤温度、二氧化碳浓度、湿度信号以及光照、叶面湿度、露点温度等环境参数，自动开启或者关闭指定设备。可以根据用户需求随时进行处理，为农业综合生态信息的自动监测、环境的自动控制和智能化的管理提供科学依据。通过模块采集温度传感器信号，经由无线信号收发模块传输数据，实现对大棚温度和湿度的远程控制，如图 25-19 所示。

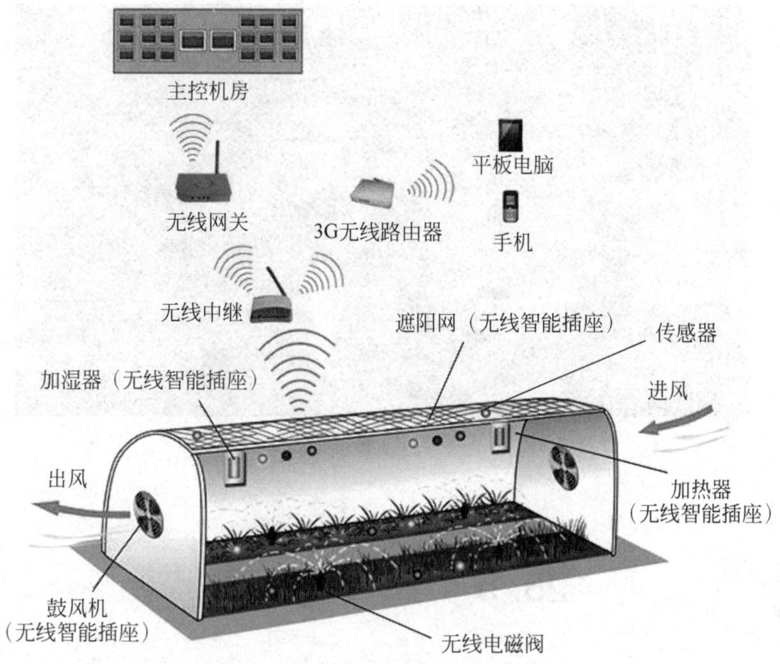

图 25-19　智能农业大棚

7. 智能安防

智能安防技术的主要功能是其相关内容和服务的信息化、图像的传输和存储、数据的存储和处理等。就智能安防来说，一个完整的智能安防系统主要包括门禁、报警和监控三大部分，如图 25-20 所示。

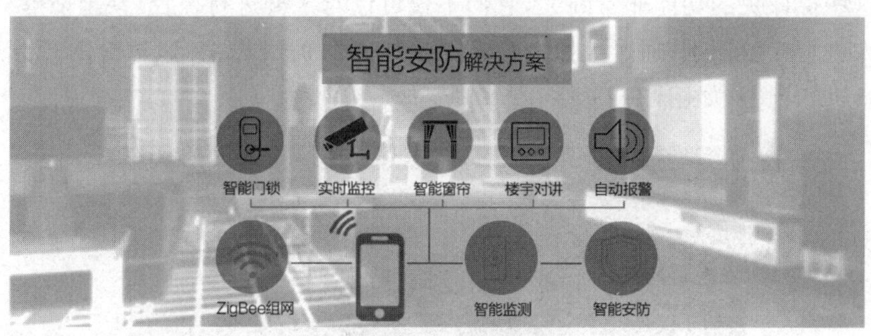

图 25-20　智能安防

8. 智慧城市

智慧城市就是运用信息和通信技术手段感测、分析、整合城市运行核心系统的各项关键信息，从而对包括民生、环保、公共安全、城市服务、工商业活动在内的各种需求做出智能响应。其实质是利用先进的信息技术，实现城市智慧式管理和运行，进而为在城市中生活的人创造更美好的生活，促进城市的和谐、可持续成长，如图 25-21 所示。

图 25-21　智慧城市

25.5　任务实施

根据物联网的基本知识，林老师带着小董寻找生活中的物联网设备。通过观察街头的监控，参观医院的药品分拣系统，体验智能公交出行，在林老师的指导下，小董找出许多的物联网设备。

1. 安防系统

林老师指着电线杆上的监控摄像头(图 25-22)，告诉小董这个城市有几十万个这样的摄像头。这些摄像头的功能非常强大，它们不仅可以对人群进行监控，甚至能够对监控人群中的某个人进行人脸识别，通过大数据分析得出该对象的身份信息，对他的行为进行分析，进而对危险进行预警，如图 25-23 所示。

图 25-22　智能监控

2. 医院药房智能分拣

林老师和小董在医院仔细观察到一位大爷看诊结束后来到药房，他看见自己的名字已经在药房的大屏幕上，药剂师坐在计算机前确认了大爷的名字和卡号，伸手从身边的传送带上把药拿给了大爷。林老师指着药剂师身边的设备告诉小董："这是药品自动分拣器，有了这两条传送带，药剂师就不用跑来跑去配药、取药，所有的药已经通过药房的智能分拣系统分拣完成，药剂师只需核对病人信息和药品种类及数量即可。"(图 25-24)。

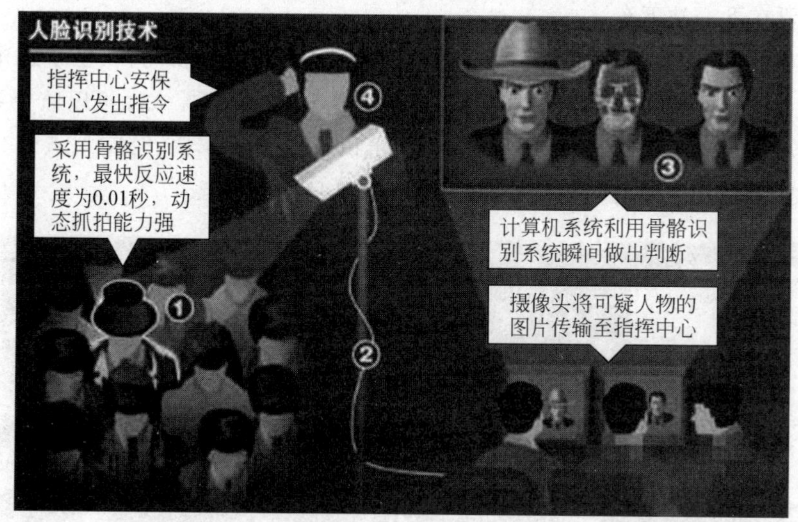

图 25-23　人脸识别技术

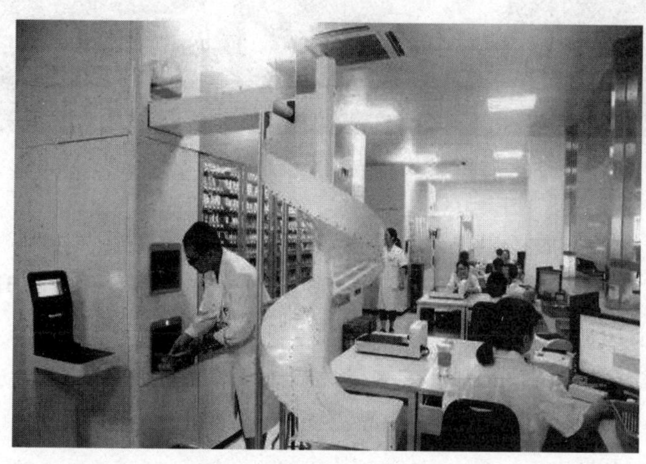

图 25-24　药房智能分拣

3. 智能公交系统

小董打算体验一下城市的智能公交线路，上公交车前，他用手机打开了"掌上公交"App，查询要去的目的地，有多条线路可供选择，上面还显示了每条线路的票价、所经路线、具体站牌等信息，甚至还能看到离小董所在站点最近的一辆公交车目前在哪个位置。看着地图上的公交车离自己越来越近，小董抬头一看，对应的公交车真的进站了。现在公交车上基本都安装了定位系统，如果 5G 信号全面覆盖，定位将会更加精准。现在的公交车不用带钱也可以乘坐，因为公交车除了投币外，还可以使用市民卡或者手机进行支付，只要在手机 App 上开通乘车码即可进行扫码支付。小董出门仅带了一部手机，就可以在城市里畅行无阻。

由于小董所要去的目的地比较远,对目的地也比较陌生,所以在 App 上开启了下车提醒服务。当公交车离目的地仅剩一个站点时,手机将会根据小董设定的方式(响铃或振动)提醒小董将要在下一站下车。

在公交车上,小董看到公交车都配备了移动电视,正在播放新闻,在坐车途中还可以了解一下国家大事。他抬头一看,车上安装了监控摄像头,公交监控大厅可以监控到每辆公交车上的情况,摄像头把车内的情况都录了下来,可以提供公交车内、公交站点及公交场站视频数据,为实现平安、智能公交提供依据,如图 25-25 所示。

图 25-25　智能公交监控系统

目前我国物联网的发展还属于初级阶段,我们身边的公交卡、门禁卡、身份证、条码、二维码仅仅是物联网的一部分,很多行业所谓的物联网是进行信息化改造升级的一个概念包装,或者是一个个应用孤岛。

真正意义的"物联网"是什么呢? 主要分为以下 4 个方面。

(1) 物联网是通过射频设备、传感设备、卫星定位系统、激光扫描器等设备,按照约定的协议,把任何物进行互联;

(2) 物联网的基础仍是互联网;

(3) 物联网的上层应用应该有统一的、开放的接口标准;

(4) 物联网的上层应用独立于硬件系统。

物联网将会突破行业的束缚,真正具备物物之间的互联对话能力,比如智能电表能够跟电冰箱对话,进行节能控制;电视能跟电灯对话,根据节目进行亮度调节;电源能跟汽车对话,汽车没电可以自动去充电。在这样的对话基础上,物与物就形成了庞大的基础网络,最重要的是,能够为上层应用提供统一的标准接口,这样才能真正把应用独立于硬件,才会产生不可想象的跨行业、跨领域的应用。

课 后 练 习

一、填空题

1. 物联网指的是物物相连的________,英文简称为________。

2. 物联网的体系结构可以分为________、________和________ 3 个层次。

3. RFID 中文名称是________。

4. 最简单的 RFID 系统,由________、________及________组成,实际应用时需与计算机及应用系统相结合。

5. 电子标签根据频率可分为________、________和________。

二、单选题

1. 物联网的核心是(　　)。

A. 产业　　B. 标准　　C. 应用　　D. 技术

2. 顾名思义,物联网就是物物相连的(　　)。

A. 互联网　　B. 广域网　　C. 因特网　　D. 局域网

三、多选题

1. 物联网无线通信技术很多,主要分为两类:一类是(　　)、Z-Wave 等短距离通信技术;另一类是 LPWAN(低功率广域网)。

A. LAN　　B. Wi-Fi　　C. ZigBee　　D. 蓝牙

2. 感知层是物联网用于识别物体、采集信息、通信和协同信息处理等,包括(　　)、摄像头、GPS、M2M 终端等,所需要的关键技术包括检测技术、短距离无线通信技术等。

A. 二维码标签和识读器　　B. RFID 标签和读写器传感器

C. 传感器网关　　D. 调制解调器

任务 25 课后练习

任务 26　了解人工智能技术

学习目标

➢ 掌握人工智能的基本概念。

➢ 了解人工智能在生活中的应用。

任务描述

小董得知林老师家里新安装了一套智能家居，其中就包括“小爱同学”智能音箱，于是想去林老师家体验一下智能家居的魅力。来到林老师家门口，林老师没有拿钥匙，而是用指纹开锁，刚打开家门，客厅的灯就亮了，紧接着客厅的窗帘也缓缓关上，客厅的“小爱同学”讲了一句“欢迎主人回家”。地上的扫地机器人缓缓地回到了充电的位置。小董看得目瞪口呆，林老师对着“小爱同学”说：“小爱同学，放一首音乐”，“小爱同学”就开始播放设定好的音乐。林老师告诉小董，这些都是利用了人工智能技术，让各种家用电器变得更加智能化！

26.1　人工智能的概念

人工智能(Artificial Intelligence)英文缩写为 AI，如图 26-1 所示。它是研究、开发用于模拟、延伸和扩展人的智能理论、方法、技术及应用系统的一门新的技术科学。

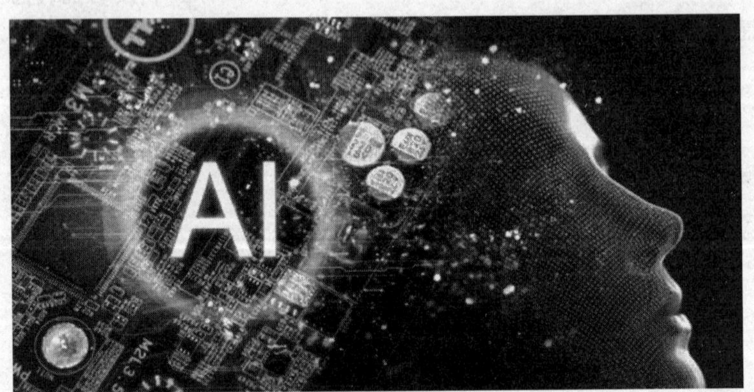

图 26-1　AI 人工智能

人工智能是计算机科学的一个分支，它企图了解智能的实质，并生产出一种新的、能与人类智能相似的方式做出反应的智能机器，该领域的研究包括机器人、语言识别、图像识别、自然语言处理和专家系统等。人工智能从诞生以来，理论和技术日益成熟，应用领域也不断扩大，可以设想，未来人工智能带来的科技产品将会是人类智慧的“容器”。人工智能可以对人的意识、思维的信息过程进行模拟。人工智能不是人的智能，但能像人一样思考，并可能超过人的智能。

人工智能是一门极富挑战性的科学，从事这项工作的人必须掌握计算机、心理学和哲学等方面的知识。人工智能涉及的学科十分广泛，它是由不同的领域组成的，如机器学习、计算机视觉等。总的说来，人工智能研究的一个主要目标是使机器能够胜任一些通常需要人类智能才能完成的复杂工作。但不同的时代、不同的人对这种“复杂工作”的理解是不同的。

26.2 人工智能的发展

20 世纪 50 年代，数字计算机研制成功，研究者开始探索人类智能是否能简化成符号处理。研究主要集中在卡内基梅隆大学、斯坦福大学和麻省理工学院，它们各自都有独立的研究风格。有专家称这些方法为出色的老式人工智能。20 世纪 60 年代，符号方法在小型证明程序上模拟高级思考取得很大的成就。基于控制论或神经网络的方法则置于次要位置。20 世纪六七十年代的研究者确信符号方法最终可以成功创造强人工智能的机器，同时这也是他们的目标。

1. 子符号法

20 世纪 80 年代符号人工智能停滞不前，很多人认为符号系统永远不可能模仿人类所有的认知过程，特别是感知、机器人、机器学习和模式识别。很多研究者开始关注利用子符号方法解决特定的人工智能问题。

2. 统计学法

20 世纪 90 年代，人工智能研究发展出利用复杂的数学工具解决特定的分支问题。这些工具是真正的科学方法，即这些方法的结果是可测量的和可验证的，同时也是人工智能成功的原因。共用的数学语言也允许已有学科的合作（如数学、经济学或运筹学）。有专家指出这些进步不亚于“革命”。有人批评这些技术太专注于特定的问题，而没有考虑长远的强人工智能目标。

3. 集成方法

智能代理是一个可以感知环境并做出行动以达成目标的系统。最简单的智能代理是那些可以解决特定问题的程序，更复杂的智能代理包括人类和人类组织（如公司）。这些范式可以让研究者研究单独的问题和找出有用且可验证的方案，而不需考虑单一的方法。一个解决特定问题的智能代理可以使用任何可行的方法——一些智能代理用符号方法和逻辑方法，另一些则是用子符号神经网络或其他新的方法。范式同时也给研究者提供一个与其他领域沟通的共同语言，如决策论和经济学（也使用抽象代理的概念）。20 世纪 90 年代智能代理范式被广泛接受。智能代理体系结构和认知体系结构研究者设计出一些系统处理多智能代理系统中智能代理之间的相互作用。一个系统中包含符号和子符号部分的系统称为混合智能系统，而对这种系统的研究则是人工智能系统集成。分级控制系统则给反应级别的子符号 AI 和最高级别的传统符号 AI 提供桥梁，同时放宽了规划和世界建模的时间。

26.3 人工智能的特点

人工智能就其本质而言，是对人的思维的信息过程的模拟。

对于人的思维模拟可以从两方面进行，一是结构模拟，仿照人脑的结构，制造出“类人脑”的机器；二是功能模拟，暂时撇开人脑的内部结构，而从其功能过程进行模拟。现代电子计算机的产生便是对人脑思维功能的模拟，是对人脑思维的信息过程的模拟。以人工智能的能力划分，可分为弱人工智能和强人工智能。对人工智能的定义大多可划分为四类，即机器“像人一样思考”“像人一样行动”“理性地思考”和“理性地行动”。

1. 强人工智能

强人工智能观点认为有可能制造出真正能进行推理和解决问题的智能机器，如图 26-2 所示。这样的机器被认为是有知觉、有自我意识的。强人工智能分为两类：一是类人的人工智能，即机器的思考和推理就像人的思维一样；二是非类人的人工智能，即机器产生了和人完全不一样的知觉和意识，使用和人完全不一样的推理方式。

图 26-2 强人工智能

2. 弱人工智能

弱人工智能观点认为不可能制造出能真正地进行推理和解决问题的智能机器，这些机器只不过看起来像是智能的，但是并不真正拥有智能，也不会有自主意识。

主流科研人员集中在弱人工智能上，并且一般认为这一研究领域已经取得可观的成就。强人工智能的研究则处于停滞不前的状态。有学者认为让计算机拥有智商是很危险的，它可能会反抗人类。这种隐患也在多部电影中发生，其关键为是否允许机器拥有自主意识。如果使机器拥有自主意识，则意味着机器具有与人同等或类似的创造性，自我保护意识、情感和自发行为会存在一定的安全问题。

26.4 人工智能的应用

人工智能主要运用的功能有机器视觉、指纹识别、人脸识别、视网膜识别、虹膜识别、掌纹识别、专家系统、自动规划、智能搜索、定理证明、博弈、自动程序设计、智能控制、机器人学、语言和图像理解、遗传编程等。

手机人脸识别技术

人工智能应用的范围很广泛，包括计算机科学、金融贸易、医药、诊断、重工业、运输、远程通信、在线和电话服务、法律、科学发现、玩具和游戏、音乐等诸多方面。

1. 计算机科学

人工智能(AI)产生了许多方法用于解决计算机科学最困难的问题。它们的许多发明已被主流计算机科学采用。

2. 金融

银行用人工智能系统组织运作金融投资和管理财产。金融机构已用人工神经网络系统协助完善顾客服务系统，帮助工作人员核对账目、发行信用卡和恢复密码等。

3. 医院和医药

医学临床可用人工智能系统组织病床计划，并提供医学信息。人工神经网络用来做临床诊断决策支持系统。人工智能用在医学方面还有下列潜在可能：计算机帮助解析医学图像，系统帮助扫描数据图像，从计算 X 光断层图发现疾病，典型应用是发现肿块，如图 26-3 所示。

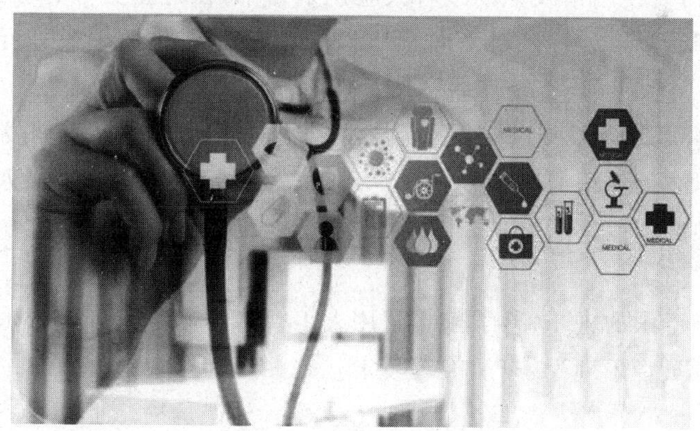

图 26-3 医学人工智能

4. 重工业

在工业生产中已经普遍使用机器人从事十分危险的工作。目前日本是世界上使用和生产机器人较先进的国家之一。

5. 顾客服务

人工智能是线上自动服务的好助手，可以减少人工操作，机器也会模仿人工呼叫中心人员的回答，或通过语言识别软件使顾客较好地操作计算机。常见的有淘宝智能客服，一般的问题都能解决。

6. 交通运输

人工智能在智能运输方面应用广泛，比如自动驾驶技术，如图 26-4 所示。谷歌自动驾驶汽车于 2012 年 5 月获得了美国首个自动驾驶车辆许可证。自动驾驶汽车依靠人工智能、视觉计算、雷达、监控装置和全球定位系统协同合作，让计算机可以在没有任何人主动操作时自动安全地操作机动车辆。

图 26-4　无人驾驶

7. 移动通信

现在生活中手机已经成为必不可少的通信工具。手机上已经运用了多种人工智能的技术，比如打开手机需要使用指纹识别或者人脸识别技术，在人脸支付的时候还会运用到视网膜识别技术，有时候还可以唤醒“小爱同学”或者“hi siri”，与你的手机进行语音对讲。

8. 玩具

市场上的许多玩具都植入了人工智能技术，小朋友们可以直接和机器对讲，学习许多知识；市场上还流行如“天猫精灵”“小爱同学”“小度”等智能音响设备，不仅能说会道，而且还可以直接控制家中的智能家居设备，让生活更加智能化。

9. 音乐

技术常会影响音乐的进步，科学家希望用人工智能技术尽量赶上音乐家的活动，现在正集中研究作曲、演奏、音乐理论、声加工等技术。

26.5　任务实施

当前生活中，已经出现了各种各样的人工智能产品，不仅能给人们的生活带来了便利，更能提高生活的品质。下面一起来寻找生活中常见的人工智能设备及其场景吧。

1. 钉钉智能前台

随着科技的发展，智能手机得到推广，越来越多不同种类的软件被开发出来，这些软件的推出让我们生活中越来越多的事情可以通过手机完成，从买票到消费再到吃饭刷卡。“钉钉”让企业进入移动办公的时代，2020 年的春天，钉钉更是成为各大学校网课的首选平台，如图 26-5 所示。

钉钉是阿里巴巴集团专门为中国企业打造的免费沟通和协同的多端平台。钉钉因中国企业而生，帮助中国企业通过系统化的解决方案，全方位提升中国企业沟通和协同的效率。目前，钉钉已经被很多企业应用，员工可以通过钉钉完成公司的日常打卡考勤，加入企业通信录，与同事取得联系，也可以快速找人。

图 26-5　钉钉 APP

钉钉推出的“钉钉智能前台”引发了业界的高度关注。这个前台的核心就是一款考勤机，采用高端智能识别，实现人脸考勤，将辅助企业实现无人考勤的目标，如图 26-6 所示。

有了钉钉智能前台，员工打卡变得方便快捷了很多，可以免除按指纹或者手机端登录的麻烦。传统的指纹考勤机由于配置时间长、录入员工信息时间长、指纹识别困难，所以打卡效率较低，还容易出现考勤作弊、照片代打卡等弊端，如图 26-7 所示，而钉钉智能前台配置简单，全环境人脸快速识别，只要在距离 3m 以内的地方，即能在 0.6s 内完成人脸识别考勤，采用活体识别技术，杜绝主流纸质照片打卡，动态捕捉信息以防止作弊。

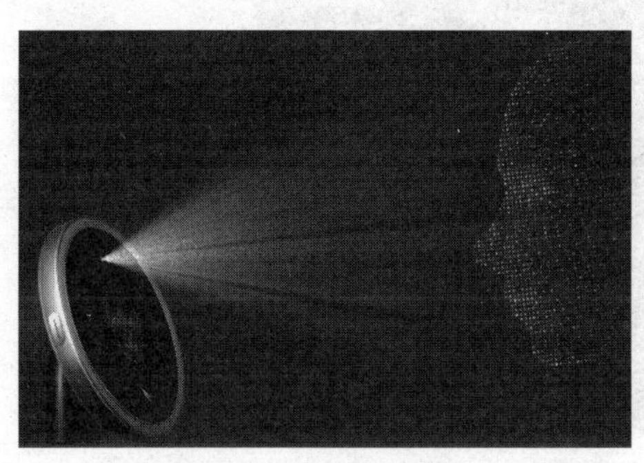

图 26-6　钉钉智能前台

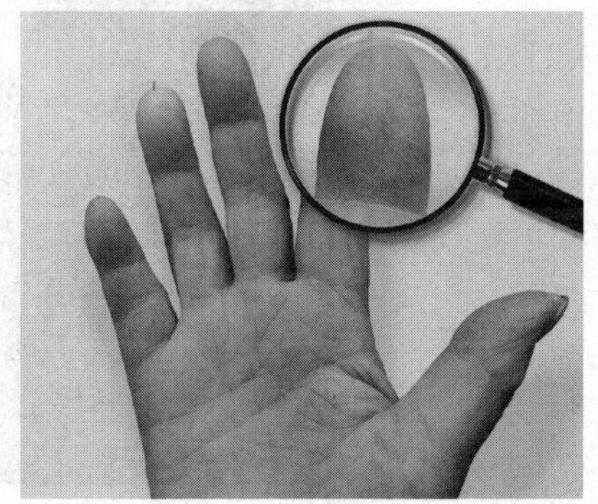

图 26-7　指纹识别困难

人工智能让钉钉智能前台知人知面更知心，智能语音反馈更是贴心，如图 26-8 所示。它可以快速识别人员信息，并能通过语音对员工进行不同的贴心问候。

智能前台还可以根据访客到访情况匹配门禁权限，将到访记录保存，需要时还可以一键导出，保护了公司信息的安全。

钉钉智能前台可以体现钉钉对企业的实质意义：用高科技实现高效率。

2. 海康威视校园综合安防集成系统

海康威视“校园综合安防集成系统”采用人工智能的手段，以人脸作为在校师生的身份标识，有效辅助学校在人力防范的基础上，加强对学生宿舍安全的监管和维护校园内秩序的安全稳定。

(1) 学生的住宿管理系统

海康威视“人脸宿管识别系统” 以学生人脸作为身份核实的依据，完善宿舍进出人员的管理。在通过宿舍进出通道时，学生刷脸进行身份验证，人脸识别设备将学生面部照片与人脸库照片进行比对,成功后通道打开;若身份未比对成功,闸机不开,无法进出宿舍楼,有效阻止了非法人员进入宿舍,宿舍安全性得到显著提升,如图 26-9 所示。

图 26-8 贴心问候

图 26-9 人脸宿管识别系统

系统向学校提供每晚签到数据统计展示、各楼栋未归人数展示、未归学生信息展示等多类学生归寝数据,方便学校及时对未归寝学生进行联系,落实去向。

(2) 校门人脸进出管理系统

校门人脸进出管理系统可以强化校园的安全管理,如图 26-10 所示。一些不法分子有可能混入校园对师生实施偷盗甚至人身伤害,海康威视提供的"校园人脸进出管理系统"有效协助安保部门做好进出人员管理。学校或上级主管单位可以及时更新黑名单库,人脸抓拍机实时抓拍进出人员面部图片并与黑名单库进行比对,及时阻止不法分子混入校园给师生带来安全隐患,保

图 26-10 校门人脸进出管理系统

障了师生人身安全。系统进行7×24h不间断高效运行管理，完美地解决了校园安保资源不足易造成的安全疏漏的问题，不给校园安全防范工作留死角。

校门口安全进出管控主要依托超脑NVR进行黑名单库人脸比对报警，实现防范不法分子人员进入校园的目的。

知识小链接：超脑NVR

超脑NVR是海康威视2016年推出的一款智能型NVR。普通NVR仅仅具有音视频储存、传感器报警、联动输出，快速侦测等功能；超脑不仅能实现上述功能，还能实现人体属性结构化、人脸黑名单报警等功能。人体属性结构化是指把图片中的人按照属性进行存储，也就是说穿什么颜色的衣服，是否戴眼镜，是否挎包，以及年龄段等特征，超脑都可以分析出来并进行存储，比如以后要搜索一个戴帽子穿白色衣服的人，只要在客户端输入戴的帽子和白色衣服，所设定的时间段内符合这种特性的人都会显示出来，所处的视频段也会显示出来。

人脸比对是用一个普通IPC接在超脑NVR上，超脑可以保存通缉犯的照片，当摄像机拍到人脸时，超脑会给人脸建模，然后和数据库进行比对，如果相似度达到设定的阈值就报警。

3. 扫地机器人

扫地机器人又称自动打扫机、智能吸尘、机器人吸尘器等，是智能家用电器的一种，能凭借一定的人工智能，自动在房间内完成地板清理工作。一般采用刷扫方式，将地面杂物先吸入自身的垃圾收纳盒，从而完成地面清理的功能。一般来说，将完成清扫、吸尘、擦地工作的机器人统一归为扫地机器人，如图26-11所示。

扫地机器人的机身为无线机器，以圆盘形为主。使用充电电池，操作方式可用手机遥控器或是机器上的操作面板进行控制。一般能设定时间预约打扫并可自行充电。前方设置有感应器，可以侦测障碍物，如碰到墙壁或其他障碍物会自行转弯，并可依不同需求设定不同的路线，也可以规划清扫地区。因为其操作简单且使用便利，已慢慢普及，成为上班族或现代家庭的常用家电产品。

工作原理：扫地机器人的机身为自动化技术的可移动装置，有集尘盒的真空吸尘装置，可以配合机身设定控制路径，如采用沿边清扫、集中清扫、随机清扫、直线清扫等方式打扫，并辅以边刷、中央主刷旋转、抹布等方式，以加强打扫效果，并实现拟人化居家清洁效果。当扫地机器人电量即将用尽，它会自行返回设定的位置充电，如图26-12所示。

图26-11　扫地机器人

图26-12　自动充电

4. 智能警察

上海街头,两台国内自主研发生产的智能警用机器人正在进行测试,如图 26-13 所示。上海正依托智慧公安赋能实战,建设立体防控系统,警用巡逻机器人实战应用测试将为后期大规模定型研发警用机器人累积数据,同时为功能开发提供依据。不久的将来,更多中国制造的警用机器人将会出现在城市治安的各个岗位。

图 26-13 智能警用机器人"瓦力"

"我是黄浦公安巡逻机器人瓦力,正在执行值守工作。外滩区域今日没有跨年迎新年活动,请听从民警指挥,不要长时间滞留。目前客流量较大,请注意自身安全,保管好财物,照看好老人与小孩,防止走失。"

"瓦力"边走边说话,提醒游客注意人身安全、财物安全。遇到周围一米内有障碍物,"瓦力"会利用自身的三维红外热成像仪进行识别,然后停止前进;行进到大客流区域,它还会停下来让行人先走,如图 26-14 所示。

图 26-14 巡逻中的"瓦力"

"瓦力"装备齐全,搭载四路广角高清摄像机。自带升降式巡检云台,可以全角度旋转,最高可升至 1.8m。只要就近配置充电设施,它便可以 24h 户外巡逻,有效弥补监控盲点,尤其是部分支小道路以及受恶劣天气影响视线不好的监控区域,一旦发现异常情形,"瓦力"会实时拍摄、实时发送至公安指挥中心,呼叫后台及时处置。

其实上海并不是第一个使用智能机器人警察的城市,如图 26-15 所示。媒体曾经报道,江西警方在南昌国际体育中心张学友演唱会上抓获一名网逃嫌犯,这场演唱会有 6 万多人,锁定嫌疑犯的正是智能机器人警察。

图 26-15　智能机器人警察

当今社会人工智能几乎已经无处不在,它可以使我们的工作和生活更加高效便利,还可以提高各行各业的生产效率。当然,它也可以逐步成为一位名副其实的智能机器人警察,以便深入到工作一线。

深圳在新洲莲花路口试用了一套人脸识别闯红灯抓拍设备。该设备用摄像头自动拍摄行人闯红灯的行为,并在安全岛的大屏幕上即时播放。该系统由云天励飞公司提供,通过检测行人闯红灯的行为,对人脸进行提取、识别。通过实时搜索比对,查找同一个人是否多次闯红灯,并通过数据对接,落实违反交通规则的人员身份,并用大屏幕对违反交通规则的人员进行相应信息的显示,如图 26-16 所示。

图 26-16　违反交通规则曝光台

人工智能已经在全球各地崭露头角,迪拜计划到 2030 年让机器人警察占到迪拜警察队伍的 25%,这意味着,每 4 个警察中就有 1 个机器人警察。

在我国的首都北京,机场高速公路上“机器人交警”也已经上岗,一旦有人或者运动中的物体进入 2m 之内的距离，机器人就会自动播报：“您已进入视频监控范围，执法设备，请勿靠近。”设备集成了自动抓拍摄像头和上方的 360°监控云台，可自动对应急车道内违法停车/行车行为进行抓拍，通过无线链路自动上传。下一步北京市交管部门将继续推进移动式护栏巡逻预警机器人的应用测试，并准备在北京其他高速公路推广使用，以便进一步依托科技手段加大对各类高速公路违法停车行为的打击力度。

课后练习

一、填空题

1. 人工智能的英文缩写为________。

2. 人工智能是研究、开发用于________、延伸和扩展________、方法、技术及________的一门新的技术科学。

3. 人工智能就其本质而言，是对人的________的模拟。

4. 强人工智能可分为两类，即________和________。

5. 人工智能应用的范围很广泛，包括________、金融贸易、医药、诊断、重工业、运输、远程通信、在线和电话服务、法律、________、________、音乐等诸多方面。

二、多选题

1. 人工智能是一门极富挑战性的科学，从事这项工作的人必须掌握(　　)。

A. 计算机知识　　B. 心理学　　C. 哲学　　D. 教育学

2. 人工智能是按照智能的高低划分等级的，一般分为(　　)几个等级。

A. 中人工智能　　B. 弱人工智能　　C. 超强人工智能　　D. 强人工智能

三、简答题

请列举生活中常见的人工智能设备及场景。

任务 26 课后练习

参 考 文 献

[1] 龙马高新教育. 新手学电脑从入门到精通(Windows 10+Office 2019 版)[M]. 北京:北京大学出版社,2018.

[2] 教育部考试中心. 全国计算机等级考试一级教程——计算机基础及 WPS Office 应用(2019 年版)[M]. 北京:高等教育出版社,2018.

[3] 王雪蓉. 计算机应用基础[M]. 北京:清华大学出版社,2015.

[4] 王雪蓉. 计算机应用基础(微课版)[M]. 北京:人民邮电出版社,2017.